国家数值风洞工程验证与确认系列译著

不确定度量化与面向预测的计算科学

物理科学家和工程师研究基础

Uncertainty Quantification and Predictive Computational Science

A Foundation for Physical Scientists and Engineers

【美】瑞安·G. 麦克拉伦(Ryan G. McClarren)著

张培红　杨福军　肖中云　陈江涛　等译

国防工业出版社

·北京·

内 容 简 介

本书内容包括不确定度量化和预测的各个方面。第一部分介绍了科学计算、概率和统计学的背景知识,构成不确定度量化方法的基础。第二部分介绍了基于导数、回归和伴随的局部灵敏度分析方法,可用于确定对关注量影响最大的参数。第三部分介绍了不确定度传播方法,讨论了抽样方法、可靠性方法、随机投影与配置法。第四部分介绍了综合数值模拟与实验的科学预测,内容包括构建代理模型、校准模型和分析认知不确定度。在附录中,给出了随机变量的典型分布及其数学特性。

本书适用于工科高年级本科生和研究生。

著作权合同登记　图字:01-2023-0634 号

图书在版编目(CIP)数据

不确定度量化与面向预测的计算科学:物理科学家和工程师研究基础/(美)瑞安·G. 麦克拉伦(Ryan G. McClarren)著;张培红等译. —北京:国防工业出版社,2024.4

书名原文:Uncertainty Quantification and Predictive Computational Science:A Foundation for Physical Scientists and Engineers

ISBN 978-7-118-13223-6

Ⅰ.①不…　Ⅱ.①瑞…　②张…　Ⅲ.①不确定度—计算　Ⅳ.①P207

中国国家版本馆 CIP 数据核字(2024)第 066385 号

※

国防工业出版社出版发行
(北京市海淀区紫竹院南路 23 号　邮政编码 100048)
天津嘉恒印务有限公司印刷
新华书店经售

*

开本 710×1000　1/16　印张 18¾　字数 328 千字
2024 年 4 月第 1 版第 1 次印刷　印数 1—2000 册　定价 132.00 元

(本书如有印装错误,我社负责调换)

国防书店:(010)88540777　书店传真:(010)88540776
发行业务:(010)88540717　发行传真:(010)88540762

本书翻译和校对人员

翻　译	张培红	杨福军	肖中云	陈江涛
	章　超	赵　娇	赵　炜	肖　维
	吕罗庚	沈盈盈	胡向鹏	郭勇颜
	金　韬	吴晓军	李　立	崔鹏程
	贾洪印	余　婧	刘深深	华如豪
	唐　怡	付　眸	冯　姣	曾志春
	张　凡	刘　婉	何乾伟	李海峰
	贺卿丰	刘　畅	王　昊	周晓军
	丁　涛	任　丽	刘东亚	
校　对	章　超	赵　娇	陈江涛	

感谢 *Beatrix*、*Flannery*、*Lowry* 和 *Cormac* 给我的生活增添了令人快乐的不确定性。

前　　言

2009 年,我开始在得克萨斯农工大学教授“预测科学”课程,本书素材便来自任课期间整理的笔记。统计系开设这门课程的初衷是让工程师和统计学人才掌握利用模拟预测真实现象的通用知识。课程最初涵盖的内容包括代码验证、模型确认和不确定度量化(Uncertainty Quantification,UQ)。我的课堂上会对不确定度量化部分进行扩展,最终不确定度量化变成了整个课程的主要内容。这种变化既是对学生反馈的回应,也体现了近年来关于不确定度量化的研究和实践的蓬勃发展。本书囊括了我总结的一系列关键主题,这些主题能为工程师和物理学家提供不确定度量化与预测科学的关键知识。我将尽可能通过示例来方便读者了解本书所述方法是如何发挥作用的,并为读者应用这些方法解决其他问题提供相应的指导。

本书适用于采用数值方法求解数学模型的读者,这里的数学模型通常为偏微分方程的形式,包含由于输入分布、离散和求解器误差、模型误差而产生的不确定度。本书涵盖多个主题,通过阅读本书,读者可以学会分析不确定度是如何影响计算机模拟和最终预测结果的。在基于模拟的预测背景下,第 1 章深入探讨了不确定度量化的前景和整体设置。

平流-扩散-反应方程贯穿全书,用作各种不确定度量化方法的实验台,这是因为在大多数工程和科学研究中,可以找到该方程的各种形式。我希望大部分读者能根据此方程找到与自己工作相关的示例。不确定度量化的思想几乎可以应用于任何问题,但列举与读者经验直接相关的示例会让我的观点更具说服力。

在我看来,许多学生掌握的概率和统计学知识不足以完全掌握不确定度量化过程中采用的所有方法。因此,本书第一部分为读者提供概率和统计学方面的必要背景知识。这部分不仅涵盖基本定义,还涵盖 copula、Karhunen-Loève 展开、尾部相关性、拒绝抽样等内容。

本书第二部分探讨的主题为局部灵敏度分析。我认为局部灵敏度分析有助于初学者理解不确定度量化的整体内容,并且局部灵敏度可以有效缩减输入参数空间大小。局部灵敏度的讨论范围不限于导数近似和输出方差估计,还包括使用回归方法(包括正则化回归)估计一阶和二阶灵敏度。第6章讨论用于估计灵敏度的伴随方程,并提出导出非线性时变问题伴随矩阵的简易程序。

本书第三部分介绍常规不确定度量化方法,即估计参数或输入的不确定度引起的输出不确定度,内容涵盖蒙特卡洛方法、可靠性方法和随机投影法。第7章介绍蒙特卡洛方法,内容不限于简单随机抽样,还包括拉丁超立方设计(以及变化形式)和拟蒙特卡洛方法,并比较了本书涉及的所有基于抽样的方法。第8章介绍可靠性方法,这是一种通过少量模拟估计输出性质的方法。

第9章详细介绍随机投影与配置方法(有时称为混沌多项式法),并给出了几个不同正交多项式展开的例子,包括所需求积集的详细内容。为使得展开式更容易计算,本章自行定义了随机变量贝塔和伽马,与标准定义略有不同。第9章还讨论了多维积分的稀疏求积,如何利用正则化回归估算展开系数,以及随机有限元/随机投影法。第9章涵盖内容全面,解决了学生经常遇到的问题,即由于正交多项式和求积的定义不一致,混沌多项式难以应用。一个小小的不足是第9章中光编号方程就超过100个。

第四部分展示如何使用代理模型(有时称为仿真器)融合实验数据和模拟数据进行预测。第10章介绍用于构建代理模型的高斯过程回归方法。第11章讨论基于Kennedy和O'Hagan的校准和预测模型,包括模型保真度层次结构的扩展。第11章介绍马尔可夫链蒙特卡洛和Metropolis-Hastings算法的必要背景,以拟合预测模型。第12章还专门讨论了如何处理不具有分布形式的不确定度,介绍了区间不确定度的处理方法及其对预测结果的影响。

本书涉及的内容可以独立为一门关于不确定度量化的课程。我假定读者已掌握工程/物理科学本科课程中的数学知识,并对偏微分方程有一定了解,所以本书将着重介绍相对陌生的内容。第9章~第11章包含的数学内容可能具有挑战,我尽可能以简单的方式表述,使所述方法看起来不那么像隐晦的黑匣子。

最后,关于写作风格的说明如下:在本书中,我尽量避免过于迂腐,但也不想表现得过分随意,希望能让读者感觉我们就像在面对面地讨论。在讨论中,我常引用一些与科学和工程无关的主题。我会尽量减少读者利用搜索引擎查找资料的次数,但同时,我也希望读者能够学到的知识不只限于不确定度量化。

本书能够最终成文,我要向以下人士和机构表达诚挚的谢意。感谢施普林格的长期项目管理者Denise Penrose,感谢他审阅了手稿草稿,以及提供的相应指导。几位匿名审稿人以及卡尔斯鲁厄理工学院(KIT)的Martin Frank和Jonas Kusch也提供了一些反馈,促成了本书的完善。在得克萨斯农工大学任教期间的理工科同事 Marvin Adams、Jim Morel 和 Jean Ragusa 对我撰写本书也多有帮助。还要感谢 Bani Mallick 和 Derek Bingham 与我一次次探讨,让我获益良多。在整编手稿阶段,感谢卡尔斯鲁厄理工学院和亚琛工业大学接待了我,包括 2016 年为亚琛高等计算工程科学研究院的 EU Regional School 研讨会提供了关于第 9 章的短期课程。最后,非常感谢我的妻子 Katie,没有她的支持和帮助,本书也无法完成。

美国印第安纳州圣母镇

Ryan G.McClarren

2018 年 7 月

目　录

第一部分　基本原理

第二部分　局部灵敏度分析

第三部分 不确定度传播

第四部分　结合使用模拟、实验和代理模型

第一部分　基本原理

本书第一部分介绍科学计算、概率和统计学的背景知识，这些都是不确定度量化方法发展的基础。第 1 章讨论为何需要理解以及如何理解计算机模拟结果的不确定度问题，并为将要解决的问题奠定基础。第 2 章和第 3 章讨论如何使用概率和统计方法，且在第 3 章深入讨论进行不确定度分析所需的更先进的统计工具和概念。

第1章　不确定度量化与面向预测的科学概论

我从小时候就对用电脑解决纸和笔解决不了的问题着迷。读者也可能体会到电脑解决问题的强大能力。但目前计算机在解决偏微分方程(如积分变换、特征函数展开等)方面适用性有限,这在某些时候使得计算科学领域的大多数人十分失望。计算机模拟的优点在于,只要你能用有限量来表示连续性方程,并且有足够的计算机资源可供支配,任何问题都可以解决。

除了计算可以解决其他方法难以解决的问题,模拟还可以探索实验测量无法解决的领域。没有任何实验可以得到空间再入飞行器表面每个点的温度分布或核反应堆中的中子分布。在计算机上求解方程不仅能得到人们期望的尺度上的信息,还能了解现象背后的机理,而实验仅能给出一些启示。

展现实验现象的能力可以外推,进而做出预测。计算模拟可以让研究人员了解尚未进行的实验会发生什么,如提前弄清生产的新系统性能如何。通常情况下,会先通过计算淘汰部分设计,再对未被计算淘汰的设计开展小尺度实验测试,之后才开始生产新系统。淘汰某些设计能减少需要构建和测试的原型数量,从而显著节省成本和时间。在这种方式下使用计算是完全合理的,尤其是有与新候选设计类似的运行历史和实验结果供参考时。以飞机为例,从我这个外行的角度来看,21世纪生产的商用喷气式飞机与20世纪80年代生产的商用飞机在基本航空学方面没有显著差别。新飞机设计可能与以前的设计有诸多共同点,如果计算模型能够恰当预测以前系统的行为,那么也就有希望恰当模拟新飞机的性能。当然,这也会引发一些问题:“近似设计意味着什么?”以及“如何量化恰当模拟的性能?”这些话题稍后再讨论。

如果演化设计的模拟有意义,那么只要我们明确目标,就可以更进一步:在出于成本、安全或监管原因而无法进行全尺寸实验的情况下,预测系统的表现。这些问题往往最棘手,影响也最大。当航天飞机在发射过程中被坠落的碎片损坏时,如何利用计算来证实飞行器的可靠性?任务决策者们想要得到答案,但我们也需要量化答案中的不确定度。另外,值得一提的是系统的长期可靠性问题。以核反应堆为例,最初设计是核反应堆可持续运行30年。如果这一期限再延长50年,我们对系统安全性会有什么看法?显然无法进行这样的实验,即核反应堆系统在运行条件下接受80年辐射,而实际上系统并没有运行那么长时间(即使进行了这样的实验,那也只是众多可能结果中的一个)。不过,可以进行一些小尺度实验,如让某些部件受到与几十年辐射相当程度的辐射,但问题是如何收集实验数据来证明整个系统安全?如何说明对结果的风险/不确定度的感知?

这两个应用都是高影响决策系统,都需要在对系统没有完全认知的情况下决策。我们的生命可能面临危险,需要根据已掌握的实验、计算和理论数据做出最佳决策。我们也可能很"安全",并且总是以否定的方式回答问题。在这种情况下,几乎没有新技术能够使用,可能整个生活都会受到影响。在很大程度上,经济增长取决于技术发展;自农业出现以来,即是如此;鉴于我们目前所掌握的工具,阻止技术进步无异于犯罪。可以说,如今在第一世界国家拿最低工资生活的人,放在过去两个世纪,甚至是君主都会嫉妒不已(即使仅仅为了抗生素)。

我认为默认的"安全"选项根本算不上一个选项。我想你也感同身受:你很可能已经决定开车去某处旅行。没人能保证这趟出行没有风险,但是你,也许不知不觉地认为这些风险是值得的。最好的答案就是利用风险效益去平衡结果中的不确定度。

本书不涉及在不确定情况下做出决策的过程。也就是说,不会处理在某种情况下什么是可接受风险的政策问题。我们要讨论的是如何评估基于模拟做出预测中的不确定度。我们将基于计算机模拟和可用实验数据做出可靠预测的过程称为预测科学。

1.1 预测的局限性

在开始用模拟进行预测之前,先简单讨论一下进行预测面临的理论局限,以及为达到"我们认为可以通过理解预测中的不确定度来进行预测"这一现状所走的科学进步之路。

可预测性的高度,即决定论,可以通过思想实验来表达。1814年,皮埃尔·西蒙·拉普拉斯提出了假想生物"恶魔"概念。他认为,如果"恶魔"知道宇宙中每个原子的确切位置和动量,它就能够使用牛顿定律来决定宇宙的未来状态。从这个意义上说,未来的一切都是可知的。但显然,量子力学的诠释使得拉普拉斯恶魔受到质疑,因为每个原子的位置和动量都是不可知的。此外,即使从经典意义上讲,恶魔也不可能知道宇宙中每个原子的位置和动量,这一点最近已经得到证明(Collins,2009;Wolpert,2008)。当然,拉普拉斯恶魔是一种相当强的决定论形式。

基于坚实的物理学和数学进行强有力预测的想法,这一观点直到20世纪早期才有稳固的根基。人类认为,自己已经拥有解决自然问题的办法,利用经典物理学成功预测当时可观测宇宙的行为就是证明。此外,数学家和逻辑学家开始寻求提供一个适用于所有数学的理论基础。Russell 和 Whitehead 的《数学原理》就是一个例子,他们试图从一组基本公理中推导出数学真理。这本著作用了 379 页纸来证明 1+1=2,而这一结果旁边还注明了一句“以上命题偶尔有用”。

20 世纪的许多突破确实抑制了当时的繁荣局面。Heisenberg 的不确定性原理和量子力学其他奇奇怪怪的结果表明,在某种程度上,物理学最有用之处就是给出事件的概率。后来,Russell 和 Whitehead 的程序也因 Gödel 的不完备性定理产生偏差。不完备性定理表明,对于所有数学而言,一套完整一致的公理是不存在的。Gödel 推导出一个说谎者悖论,即“真命题 G 无法得到证明”。计算机科学领域 Turing 等的工作也展示了这一主题方面的相关知识。

尽管我们知道知识以及能预测到的东西有限,但一切都没有失去。我们设计、构建系统,系统通常也能按我们预期的方式工作。技术在不断进步,但作为科学家的我们仍依赖于某种不可言喻的弱决定论。在本书中,我们将研究如何使用模型和计算进行预测,同时认识到预测的局限性。

1.2 验证和确认

验证和确认(Verification and Validation,V&V)是计算科学中为模拟结果提供信心的两个过程。成功的验证和确认对于执行不确定度量化至关重要。验证和确认方法是不少书籍的研究课题,其中三本分别是 Roache(1998)、Oberkampf 和 Roy(2010)以及 Knupp 和 Salari(2002)。

1.2.1 代码验证和解验证

验证是证明模拟代码能够求解内在数学模型方程和表征数值误差的过程。简言之,验证回答以下问题:

(1) 代码能求解方程吗?

(2) 误差有多大?

(3) 当网格、时间步长等发生变化时,误差会发生怎样的变化?

验证通常是计算机科学和数学过程。验证与计算机科学之间的关系很明显,代码中的错误(漏洞)稍稍改变模拟解,导致模拟误差。也就是说,代码错误会导致代码求解与预期不同的方程。验证数学方面的特点体现在,代码存在数值误差(即离散误差、迭代误差等的混合),具体视内在数值方法的精确性、稳定性等特征而定。为了证明误差行为符合预期,人们通常将代码与基本方程的精确解进行比较,并表明随着模拟分辨率的提高,计算中的误差以预期的方式归零。

验证过程中还包括解验证。解验证试图限制并可能量化计算中的数值误差。有人可能认为,当模拟大型系统时,由于网格生成困难或计算机可用时间有限,只能在有限分辨率下完成计算。量化这种情况下的误差可能很困难。此时,可以选用加速收敛方法或其他估计方法,如理查德森(Richardson)外推法或单套网格误差估计。解验证是不确定度研究的重要部分,因为计算中的数值误差是不确定度的来源。人们需要知道误差的大小,才能考虑其影响。面向目标的自适应细化等方法,将解验证作为求解过程的一部分。

1.2.2 确认

确认回答内在数学模型是否适合关注系统的问题。换言之,确认就是要回答“是否求解正确的方程?”这一问题。确认是物理学和工程学的尝试。这是因为要进行确认,就需要将数值解与实验进行比较,若关注系统没有实验数据,则需要专家判断确定数学模型是否适用。除物理/工程问题外,数学模型是否具有预测性也是一个哲学问题。确认必须视情况而定:对一个系统有效的代码不一定对另一个系统也有效。也就是说,确认过的代码是不存在的。尽管这个术语经常使用,但人们总能想出数学模型会失效的情况。确认的最有用之处在于,就数学模型在特定情况下对系统的适用性做出具体而狭义的说明。模型有效的场景范围称为确认域。

这里可以引用 George Box 的格言:“所有模型都是错误的,但有些是有用的。”确认回答了以下问题:给定现实简化的数学模型,在何处可用于描述物理现象。

值得注意的是,在没有对代码进行彻底的验证之前,不能执行确认,因为除非我们了解数值误差,否则不可能对代码的有效性做出任何结论。这也将确认与不确定度量化联系起来,如果不知道模拟结果的不确定度,就无法量化模拟和实验之间的一致性。

如果说验证是一个数学和计算机科学的过程,那么确认,可以说是一个科学的努力。有理论认为,一个特定模型或方程组可以解释现实世界中的现象;但要证明其理论适用绝非易事。此外,由于确认回答的是科学问题,所以各科学分支采用的确认方法之间存在很大差异。与之相反,数学是通用结构,所以各学科的验证过程相同,只是方程有差异。确认过程中需要利用基础科学分支的知识,包括物理学、工程学、化学、生物学、经济学或社会学。

即使是科学领域初出茅庐的学生也知道,科学进程的关键是利用实验来支撑假设或者证明其错误。支持给定数学模型可以解释现象这一观点也没有什么不同。问题在于,将实验与数值结果进行比较的过程并不像计算一个数字,然后判断其是否与实验测量值一致那么简单。

遗憾的是,实验数据往往缺乏或无法收集。这种困境并不少见,核废物的地质处置问题就是一个典型的例子。我们可以利用地质、水文和核工程方面的考虑因素来模拟核废物处置库的行为,观察废物是否会污染地下水,但我们无法进行实验,除非我们愿意等10000年后才看到实验结果。在这种情况下,往往最好直截了当地陈述模型中的假设,并逐点证明每个假设的合理性。

1.2.3 确认实验

将实验测量值与模拟结果进行比较是模型确认的基础。然而,将数值结果与实验结果进行比较可能非常困难。明确数值代码解决的问题并不容易。例如,实验设置的边界和初始条件可能不够精确,或者可能不适合代码框架。模拟给定实验需要小心谨慎以及大量的细节内容。

计算机模拟实验条件需要大量的细节内容,这通常意味着旧实验不适合确认任务。一般来说,记录在案的实验细节并不充分,特别是在期刊出版物上,更倾向于节省篇幅,而不是详细地描述实验以及冗长的数据列表。所以,最好利用明确设计的实验去确认计算模型。这样可以精确表征实验设置,提供大量数据,并提供测量误差的详细估计。

关于实验,另一个应该考虑的事实是,实验很少报告原始数据。相反,实验通常使用一些概念模型来处理原始数据并生成结果。例如,考虑实验测量新材料的屈服应力。在该实验中,假设材料屈服应力为特定值。此外,屈服应力并非直接测量,而是测量其他参数,然后推断屈服应力。

1.2.4 模拟与实验

在大多数情况下,计算机模拟在被证明无错之前都是有错的,因为证明模拟表征现实的责任在于进行模拟的人。此外,人们普遍认为,实验结果是对现实的准确描述。很少有人会质疑完成实验的团队是否正确描述并考虑了所有误差来源。按照 Roache(1998)的解释,事情是这样的:除了进行模拟的人,没有人会相信模拟的结果;除了进行实验的人,每个人都相信实验的结果。

实验者的观点通常是正确的,也就是说,认为一次实验的结果就是对特定现象或系统的最终定论是天真的想法。这也应该是试图确认特定模型的计算科学家的观点:一个实验中的一个数字不应该构成或破坏一个模型。

1.2.5 小尺度实验

上述提到的小尺度实验测试了系统模拟特定方面的模拟性能。例如,如果所述系统涉及传热、流体流动和化学反应,那么就可以进行多次小尺度实验。一种类型是单一物理现象实验,在这种实验中,可以单独观察和测量特定的物理现象,如可以单独进行传热实验和流体流动实验。然后将该单一物理现象的模拟与实验进行比较。如果模拟代码再现每种单一物理现象的实验,那就有希望模拟耦合情况。

另一种类型的小尺度实验所用的系统与全系统类似,只是为了进行实验,对系统进行了一些更改。例如,系统更小,加热速率更低,所用的材料可能是实际材料的替代材料。这些实验是为了检验模拟是否能够尽可能再现与全尺寸系统相似的耦合系统现象。一个例子是核反应堆中的热传递。在典型的反应堆中,每个燃料组件都可能产生兆瓦的功率。小尺度实验可能涉及含有非核材料(替代材料)的燃料组件,并用千瓦能量进行电加热(缩小系统负载)。做出这些选择有几个原因;用铀等核材料进行实验需要在安全和监管批准方面做出更多努力,并可能限制可用的诊断类型。功率水平降低是因为除了专门的设施,兆瓦电力难以获得。

1.3 什么是不确定度量化?

不确定度量化试图回答计算结果的不确定度问题(美国国家科学院,2012)。每个模拟都有固有的输入不确定度,包括制造公差造成的尺寸偏差、材料本构特性或环境条件认知不足等。这些不确定度的传播是不确定度量化的一个方面。除了输入不确定度(也称参数不确定度)的传播,不确定度量化还包括数值误差(可能源自解验证)和数学模型误差的相关认知。

由于不确定度的概率特性以及模拟中通常存在大量不确定度,所以不确定度量化常视为统计学中的一个概念。不过,统计模型的结果还应考虑问题的物理性质,所以不确定度量化并不纯粹是一个统计概念。考虑物理知识的统计数据可以更好地估计不确定度,因为物理考虑会约束关注量的分布。

不确定度量化并不是单一步骤,而是包含几个阶段,只有完成这几个阶段,才能可靠准确地量化实物系统模拟中的不确定度。不确定度量化的每一步都足以构成一本书的主题,而且是活跃的研究主题。不确定度量化的步骤如下:

(1) 识别关注量。

(2) 识别问题输入中的不确定度并建模。

(3) 选择不确定输入。

(4) 模拟中输入不确定的传播。

(5) 确定不确定度如何影响预测。

不确定度量化的第一步通常不难。选择关注量(Quantities of Interest, QoI),也就是选择通过什么指标来评估给定的系统或设计。关注量通常是一个标量值,如系统最高温度、结构破坏应力等。这些量通常用模型方程(如偏微分方程、代数关系等)解的函数表示。例如,用最大值函数作用于热方程解,可以得出系统最高温度。另一种常见情况是需要在时间和/或空间上对模型方程解进行积分,如系统在特定时间内的平均温度。

为了进行不确定度量化,需要能够对输入的不确定度进行说明。但不能简单地说输入 x 是不确定的,而需要说明它的不确定度是怎样的,能给出一个概率分布吗?输入 x 是否与另一个输入相关?是否知道输入的基本统计数据,如均值和方差？回答这些问题可能很困难。例如，观察到 1000 次输入参数 x 都在 $[a,b]$ 范围内，那这是否意味着 x 永远不能超出该范围？这个问题的答案会影响关注量的不确定度。

揭示和识别模拟中的不确定度通常会出现一些之前没有提出的问题。模拟中使用的一些数据来源不明或基于近似模型。在这些情况下，可能很难表征不确定度。此外，数值误差和模型误差也会对模拟产生影响，应予以考虑。

识别不确定度通常会揭示模拟中的许多不确定参数。通常，随着不确定参数的增多，需要更多的模拟结果来量化每个参数引起的不确定度。此外，在模拟需要耗费大量计算时间、成本太高的情况下，无法进行大量模拟来研究所有不确定参数的影响。这时，若一些不确定参数对关注量的影响较小，则可以明智地删除这些参数。对此，可以估计局部灵敏度和使用其他近似值，如活跃子空间投影(Constantine，2015)。当然，在不确定度量化中，选择去除一些参数也会引起不确定度问题。

给定需要分析的不确定参数，下一步是量化这些参数影响下关注量的不确定度。不确定度量化有多种方法，从快速但近似的简单方法，到耗时但更稳健的方法。选择通常取决于分析的用途。如果想要判断标准安全系数是否适用于系统，可靠性方法可以快速评估系统距故障的距离。如果关注量的分布和极值很重要，且系统(如核反应堆安全系统)中存在小概率但影响较大的事件，那么可能需要采用混沌多项式或蒙特卡洛(Monte Carlo)方法等更加复杂的方法。

到这里，许多人可能就认为不确定度量化已经完成，但事实上关于系统知识的应用也是一个重要的考虑因素。如果人们知道关注量如何随输入变化，这对于做出预测意味着什么呢？此外，需要根据不确定度重新评估过去的实验数据，确定模拟能预测不同系统的准确程度。解决这些问题需更深入地了解模拟和输入不确定度。为了回答这些问题，当模拟的时间预算或其他资源有限时，通常需要构造模拟的近似，称为仿真器或降阶模型。此外，输入不确定度的类型也会影响预测的解释。

不确定度量化的过程和科学不仅是在模拟中设置误差带。它需要好奇心来提出与结果影响相关的问题，需要物理和工程直觉来解释结果，还需要谦卑地理解并非所有问题都可以用确切的事实来回答。

本书主要侧重于使用概率理论来估计不确定度，还有其他数学方法尚未涉及，包括模糊逻辑和最坏情况分析。Halpern(2017)讨论了这些其他方法。

1.4 选择关注量

如上所述，选择关注量是不确定度量化的一个必要步骤。这些关注量对执行许多后续不确定度量化任务必不可少。对于许多计算科学家来说,关注量是有限个标量值这一事实可能违反直觉。计算机模拟的一个优点在于,通常可以在问题的“任何地方”获得解。也就是说,可以获得内在模型方程在问题空间和时间等全域上的解。然而,讨论函数的不确定度问题,或者更专业地说,讨论函数分布的问题,是一个更困难的命题。从某种意义上说,函数的不确定度等同于拥有无限个关注量。下面将看到,处理少量关注量已经足够困难。

为了说明选择关注量,将引入贯穿整本书的一个模型问题,这就是平流-扩散-反应方程。关注函数 $u(\boldsymbol{r},t)$ 在空间域 V 上满足偏微分方程:

$$\frac{\partial u}{\partial t} + \boldsymbol{v} \cdot \nabla u = \nabla \cdot \omega \, \nabla u + R(u), \boldsymbol{r} \in V, t > 0 \tag{1.1}$$

边界条件和初始条件为

$$u(\boldsymbol{r},t) = g(\boldsymbol{r},t), \boldsymbol{r} \in \partial V, \ u(\boldsymbol{r},t) = f(\boldsymbol{r}) \tag{1.2}$$

在该模型中,$\boldsymbol{v}$ 为 u 各方向的对流速度,ω 为扩散系数,$R(u)$为反应函数。之所以选择这个模型是因为它是许多物理过程的简化模型。例如,若 u 是温度,且 $R(u)=0$,则可以得到一个热方程,其中包括通过$\boldsymbol{v} \cdot \nabla$项的对流和通过扩散项的热传导。该模型还可用于处理粒子输运中的简化问题、污染扩散问题、流体流动问题和阻尼弹簧质点系统。

对于式(1.1)是恰当模型的物理系统,可能对以下物理量感兴趣:

(1) 给定时段$[a,b]$内 u 的最大值:

$$\max_{\boldsymbol{r}, t \in [a,b]} u(\boldsymbol{r},t)$$

(2) 特定空间区域 D 和时段$[a,b]$内的均值:

$$\frac{1}{b-a} \frac{1}{|D|} \int_D \mathrm{d}\boldsymbol{r} \int_a^b \mathrm{d}t \, u(\boldsymbol{r},t)$$

式中,$|D|$为区域 D 的体积。

(3) 给定时段$[a,b]$内系统的总反应速率:

$$\int_V \mathrm{d}\boldsymbol{r} \int_a^b \mathrm{d}t R(u(\boldsymbol{r},t))$$

(4) 给定时段$[a,b]$内的流出量:

$$\int_{\partial V} \mathrm{d}A \int_a^b \mathrm{d}t (\boldsymbol{v} \cdot \boldsymbol{n} - \boldsymbol{n} \cdot \omega \, \nabla) u(\boldsymbol{r},t)$$

式中,$\boldsymbol{n}(\boldsymbol{r})$ 为 ∂V 上的外法线。

这些例子可以很容易地应用到其他许多问题和场景。作为表示关注量的一种通用方法,通常可以将关注量表示为

$$Q = s(u) + \int_V \mathrm{d}\boldsymbol{r} \int_0^T \mathrm{d}t \omega(u, \boldsymbol{r}, t) \tag{1.3}$$

式中,$s(u)$ 为将 $u(\boldsymbol{r},t)$ 输出映射到标量的函数,如上面所示的 max 函数; $\omega(u,\boldsymbol{r},t)$

为权函数。例如,如果关注量是一段时间内的反应速率,则 $s(u)=0$ 以及

$$\omega(u,\boldsymbol{r},t)=\begin{cases}R(u),t\in[a,b]\\0,\text{其他}\end{cases}$$

或者,若对 u 的最大值感兴趣,则 $s(u)$ 将是一个最大值函数。

本部分讨论的结果是,关注量是非常广泛的,并且通常可以用式(1.3)表示。如果 u 的域不仅包括空间和时间,那么积分将包括这些增加的维度。

1.5 不确定度的类型

一个问题主要有两大类不确定度,这两类并非截然不同,因为一些不确定度可以归为两类中的任何一类。不确定度的本质确实影响处理分析结果的方式。有关这些概念的进一步讨论,请参见 Der Kiureghian 和 Ditlevsen(2009)。

1.5.1 偶然不确定度

偶然不确定度源于系统的内在随机性。这个术语来源于拉丁文 aleator,本意是掷骰子,这为这些不确定度提供了良好的思维模型。如果考虑再现每个实验或已部署的系统,由于制造公差、环境条件(如天气)、其他随机条件等因素,就会出现细微差异。

偶然不确定度的一个性质是可以用分布来描述随机性。例如,系统零件制造工艺会导致零件尺寸的分布,零件尺寸的分布可以通过观察制造过程的实现进行拟合。

偶然不确定度的另一个例子是混凝土中骨料(即岩石)的位置。不同混凝土样品中的骨料位置和大小分布不尽相同,可以获得骨料位置、形状、大小等的分布。

1.5.2 认知不确定度

认知不确定度源于对系统认知不足。这些不确定度通常是由近似模型引起的,但也可能来源于数值误差。在这两种情况下,很可能存在近似误差,并且不知道误差有多大,这些误差不用概率分布来描述。多数情况下,能做得最好的就是给出不确定度边界,但接下来要处理的是区间而不是概率。

认知不确定度可能源自系统分析中的近似。例如,当分析人员根据样本为偶然不确定度指定分布时,很可能会出现误差。该不确定度源自对输入的真实分布认知不足。

其他来源包括未知的不确定度,或者没有视为不确定的不确定度。这些不确定度有时称为未知的未知,是指系统中尚未识别、分析中未考虑的不确定度。

以“0.1%失效概率”的汽车制动系统为例来说明认知不确定度,0.1%这一数

字的含义取决于估计中的不确定度类型。一种情况是由于偶然不确定度:制动系统性能由制造零件的可变性决定。分析表明,0.1%的制造零件将超出公差范围,制造工艺中的固有不确定度会致其失效。分析结果是,0.1%的系统会失效。

然而,制动系统失效温度也存在不确定度。根据失效温度的可能范围,该范围的0.1%将导致系统失效。这意味着,若系统的失效温度在这0.1%范围内,则所有制动都会失效。换句话说,0.1%的失效概率意味着所有制动器失效的概率均为0.1%。

正如此例子所示,不确定度的类型会影响输出的解释。此外,认知不确定度没有相关的概率分布,因此解决认知不足的数学工具较少。但是可以使用专用方法在实际系统中考虑。

如上所述,不确定度有时可根据场景视为认知不确定度或偶然不确定度。例如,当谈到物理量的不确定度时,首先可能会想到该物理量概念中隐含的模型。一个例子是假设伽马定律的气体状态方程模型。根据某些环境条件,参数γ可能有一个分布,但正确的γ值是不存在的,因为它是根据气体分子行为的简化模型得出的。在这种情况下,可以说部分不确定度是偶然不确定度(基于气体实验数据使用的γ值),部分是认知不确定度(使用简化模型产生的不确定度)。

1.6 基于物理的不确定度量化

不确定数据来自何处是不确定度量化中的一个重要考虑因素。这是识别不确定度的一部分,考虑数据来源十分重要。例如,在一些模拟中,输入量是材料的状态方程(如材料压强、温度和内能之间的关系)。在代码中,状态方程可以用可能包含数千个条目的大的查找表来表示,但这并不意味着其中有成千上万的不确定参数。状态方程表可以由实验测量值、理论模型或模拟组合生成,这几个部分都具有自身的不确定度。例如,实验的测量中存在不确定度,理论模型具有不确定度参数(如气体常数),模拟也具有不确定度。这几个组成部分中不确定度的总和可能比表中参数数量小得多。因此,不确定度的真实维度不是基于状态方程表,而是基于表背后的物理。

这是一个基于物理的不确定度量化示例,它有力地证明了模拟及其背后过程的认知对不确定度量化实践是有用的。此外,还可以通过许多其他方式利用领域专业知识为不确定度量化研究提供信息。如果了解输入和关注量的属性,可以根据具体情况调整不确定度量化过程,使其更加高效准确。例如,如果已知某个参数严格为正,这将影响其可能的分布类型。此外,如果关注量不能超过给定量,不确定度量化过程应遵守这一点。

这些基于物理的不确定度量化示例表明,在进行不确定度量化研究时,专家的专业知识不能忽视,或者换句话说,当专家知识与领域专业知识相结合时,不确定度量化最有效。此外,这类领域知识不限于物理,也可以涉及化学、生物学等技术领域。

1.7 从模拟到预测

在已知不确定度量化研究结果时,即已知关注量及其不确定度,下一个问题是如何应用该信息。几种情况可以作为理解参数不确定度和应用这些知识进行预测之间的桥梁。为此,下面将详细介绍一些预测科学的实例。

1.7.1 最佳估算加不确定度

最佳估算加不确定度是世界各地核反应堆认证监管机构普遍使用的一个术语。该术语是指使用经证明适用于关注系统和条件的模拟代码与模型。具体而言,首先在不确定参数的最可能取值处计算关注量(通常为失效概率),这是最佳估计部分;其次是该估计的置信区间,即不确定度部分。对不确定参数进行抽样,运行模拟,查看输出分布或根据输出建立近似模型,可以估计置信区间。

1.7.2 裕度与不确定度量化

裕度与不确定度量化(Quantification of Margins and Uncertainty,QMU)是在考虑系统性能裕度和模拟不确定度的情况下,决定系统是否会按预期运行。举一个最简单的示例,一个系统的性能指标在$[q, q+M]$范围内,即表明系统裕度为M。再根据最佳估算加不确定度研究,可以得到模拟系统输出范围U。然后,根据M/U的值、主观专业知识(即专家判断)和系统组件小尺度实验,决定系统失效概率是否在可接受范围内。

1.7.3 不确定度优化

不确定度优化是指设计系统的同时考虑模拟中的不确定度。在这个过程中,希望调整输入来调整系统的性能,但考虑了不能准确知道系统性能的事实。该类型优化中出现了独特的问题。全局最大值(即名义上的最佳设计)的不确定度可能比非最大值的不确定度更大。换言之,如果两种设计的关注量为q_1和q_2,且$q_1>q_2$。但q_1设计的不确定度为±10%,q_2设计的不确定度为±1%,如果最坏情况下的性能比最佳性能更重要,第二种设计就可能是更好的选择。

1.7.4 数据驱动实验设计

不确定度量化研究的结果之一可能是,输入或模型中的哪些不确定度对关注量的不确定度影响最大。利用该信息,额外的实验投入、更高保真度模型以及额外计算资源等可以分清主次。对关注量不确定度来源以及如何减少不确定度做出可量化的描述是一个强有力的结果。例如,如果工程师说系统性能80%的不确定度源于部件熔点的不确定度,那么我们就知道,增加对熔点的了解将大大降低系统性能的不确定度。这是严格不确定度量化十分重要的好处,但经常被忽视。

第 2 章　概率和统计的基本要素

读者需要了解一些关于概率论的定义,以及少量统计学的术语和定义。熟悉相关内容的读者完全可以跳过本章。以下还将对本章中使用的标记方法进行说明。

本章和下一章将按惯例用大写字母(如 X)表示随机变量,同时用对应字母的小写形式(即 x)表示该变量的实现或样本。换言之,x 即随机变量 X 的实现。为行文便利,在确保不会引起混淆的前提下,文中亦有不符合上述惯例的例外情况。

2.1　随 机 变 量

2.1.1　概率密度函数和累积分布函数

概率密度函数和累积分布函数是与随机变量相关的关键信息。有时,此类函数为已知函数,如代码输入服从正态分布;有时(以关注量为例)则需要自行确定此类函数。不管是哪种情况,均需了解二者之间的关系及各自的关键属性。

针对给定的实随机变量 $X \in \mathbb{R}$,累积分布函数(Cumulative Distribution Function,CDF)被定义为

$$\begin{aligned} F_X(x) &= P(X \leqslant x) \\ &= \text{随机变量 } X \text{ 小于等于 } x \text{ 的概率} \end{aligned} \tag{2.1}$$

通常情况下,若提及的随机变量非常明确,则将省略 F 的下标。累积分布函数的用途之一即确定随机变量在两个数字之间的概率。由上述定义可知,通过以下减法运算可以确定 X 在 a 和 b 之间的概率:

$$F_X(b) - F_X(a) = P(a < X \leqslant b) \tag{2.2}$$

由式(2.2)可知,此概率下 X 大于 a,且小于或等于 b。根据累积分布函数的定义得出上述结论。由于概率必须在闭区间[0, 1]内,可以断定

$$F_X(x) \in [0,1]$$

同样,由于 X 为一个实数,可知

$$\lim_{x\to\infty} F_X(x) = 1,\ \lim_{x\to-\infty} F_X(x) = 0$$

根据这些关系式,可以确定 X 取负无穷和正无穷之间的某个值。我们还需要利用

累积分布函数的另一特性,即非减特性。要证明这一点,可以利用

$$F_X(x+\varepsilon) \geqslant F_X(x), \varepsilon > 0$$

换言之,如果 x 增大,X 小于或等于 x 的概率就不会降低。以下会提供一些累积分布函数的示例。

若 X 为连续随机变量,即 X 可以取实轴或实轴部分区间上的任意值,则将概率密度函数(Probability Density Function,PDF)定义为

$$f(x) = \frac{\mathrm{d}F_X}{\mathrm{d}x} \tag{2.3}$$

由于 $f(x)$ 为密度,若用密度乘以微分体积单元 $\mathrm{d}x$,则

$$f(x)\,\mathrm{d}x = X \text{ 在 } x \text{ 的 } \mathrm{d}x \text{ 范围内的概率}$$

可以通过反向定义概率密度函数,得到累积分布函数:

$$F_X(x) = \int_{-\infty}^{x} f(x')\,\mathrm{d}x'$$

按照这个思路,可以推断 X 在 a 和 b 之间的概率,记作

$$P(a < X \leqslant b) = \int_a^b f(x)\,\mathrm{d}x = F_X(b) - F_X(a)$$

此外,根据 $F_X(x)$ 的限值,有

$$\int_{-\infty}^{\infty} f(x)\,\mathrm{d}x = 1$$

在此特别说明,给定随机变量可能会存在密度未定义的情况。例如,当累积分布函数不可微分时,就可能出现上述情况。

以正态分布(也称为高斯分布)的概率密度函数和累积分布函数为例。该分布包含两个参数,即 $\mu \in \mathbb{R}$ 和 $\sigma > 0$。二者对应该分布的均值和标准差,详见下文。正态分布随机变量 X 的概率密度函数记作

$$f(x) = \frac{1}{\sigma\sqrt{2\pi}} \exp\left(-\frac{(x-\mu)^2}{2\sigma^2}\right) \tag{2.4}$$

累积分布函数记作

$$F(x) = \frac{1}{2}\left(1 + \operatorname{erf}\left(\frac{x-\mu}{\sigma\sqrt{2}}\right)\right) \tag{2.5}$$

式中

$$\operatorname{erf}(x) = \frac{2}{\sqrt{\pi}} \int_0^x \mathrm{e}^{-t^2}\,\mathrm{d}t$$

为误差函数。当随机变量 X 服从参数为 μ 和 σ 的正态分布时,记作 $X \sim N(\mu, \sigma^2)$。

图2.1和图2.2所示为不同 μ 值与 σ 值条件下正态分布随机变量的概率密度函数和累积分布函数。请注意,当 $x=\mu$ 时,概率密度函数值最高。概率密度函数

关于μ对称。此外,参数σ决定概率密度函数的宽度。σ值越大,概率密度函数越宽。根据累积分布函数可知,当$x=\mu$时,$F(x)=0.5$。σ越小,$F(x)$增长越快。这些特性可以根据概率密度函数和累积分布函数的定义得出。

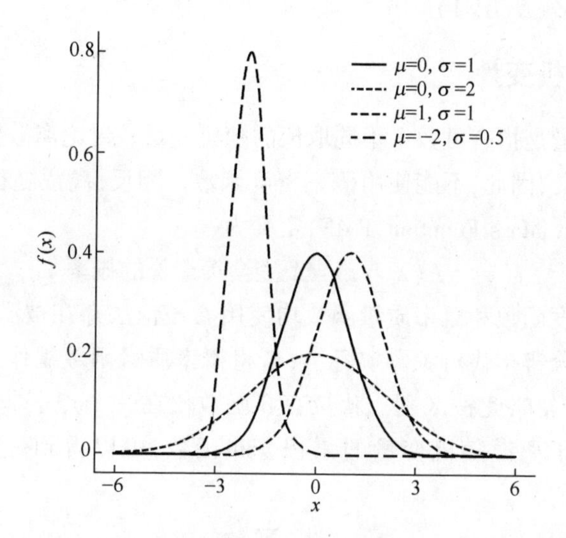

图 2.1 不同μ值和σ值条件下正态分布随机变量的概率密度函数

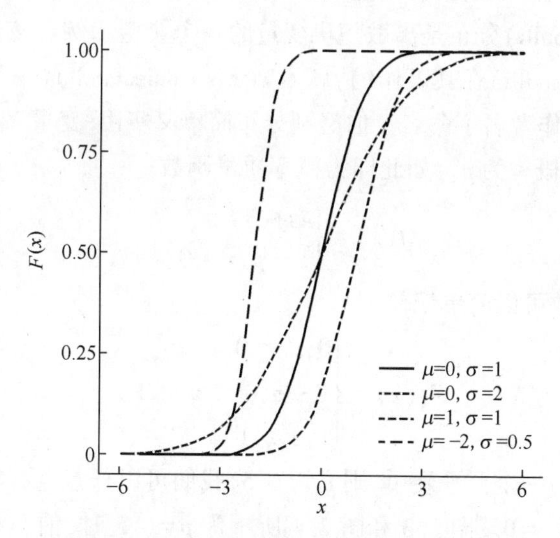

图 2.2 不同μ值和σ值条件下正态分布随机变量的累积分布函数

$\mu=0$且$\sigma=1$时,正态分布称为标准正态分布。此时,概率密度函数记作$\phi(x)$,累积分布函数记作$\Phi(x)$。此外,可以根据标准正态分布表示所有正态随机

变量。若 $X \sim N(\mu, \sigma^2)$，则根据

$$z = \frac{x - \mu}{\sigma} \tag{2.6}$$

随机变量可记作 $Z \sim N(0, 1)$。

2.1.2 离散随机变量

离散随机变量是指有可数个不同取值的随机变量。讨论离散变量的微分体积单元没有实际意义，因此，不能使用概率密度函数。相反，离散随机变量的概率质量函数（Probability Mass Function，PMF）定义为

$$f(x) = P(X = x) = X \text{ 完全等于 } x \text{ 的概率} \tag{2.7}$$

由于概率密度函数和概率质量函数均使用 f，该记法存在被滥用的情况，我们可以根据上下文分辨指代对象。实际上，若将概率质量函数视作狄拉克（Dirac）δ 函数之和，则可以忽略此种区别。狄拉克 δ 函数仅在一个点上非零，且有明确定义的定积分。对于离散随机变量的累积分布函数，可以得到一个和，而非一个积分：

$$F_X(x) = \sum_{s \in S} f(s) \tag{2.8}$$

式中，S 为 X 小于等于 x 的所有可能取值的集合。

伯努利（Bernoulli）分布是离散随机变量的一个典型示例。该分布由雅各布·伯努利（Jacob Bernoulli）在其著作《猜度术》（Ars Conjectandi）（伯努利 1713 年著）中首次提出，并以作者名字命名。伯努利分布简单又实用，变量 X 的取值仅可为 0 或 1。当 $x=1$ 时，概率为 p。如此即为概率质量函数。

$$f(x) = \begin{cases} p, x = 1 \\ 1 - p, x = 0 \end{cases} \tag{2.9}$$

累积分布函数可以简单记作

$$F_X(x) = \begin{cases} 0, x < 0 \\ 1 - p, 0 \leqslant x < 1 \\ 1, x \geqslant 1 \end{cases} \tag{2.10}$$

若随机变量为一个公平硬币，则 p 为 0.5，我们可以任意选择将硬币的正面设为 $x=1$，背面设为 $x=0$。图 2.3 和图 2.4 所示为 $p=0.5$ 时，伯努利分布 X 的概率质量函数和累积分布函数。请注意，由于 x 小于或等于给定数值的概率在 0 到 1 之间呈非连续的“跳跃”状态，因此，累积分布函数呈“阶梯”状。

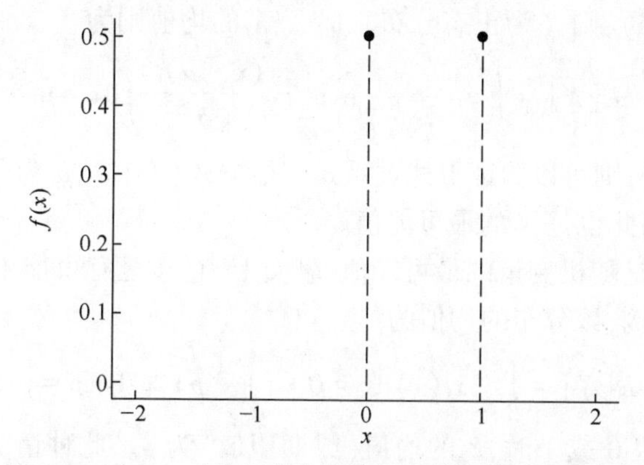

图 2.3 $p=0.5$ 时伯努利分布随机变量的概率质量函数

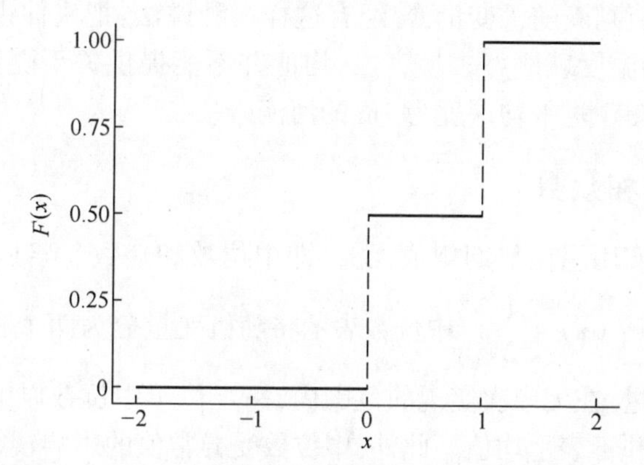

图 2.4 $p=0.5$ 时伯努利分布随机变量的累积分布函数

2.2 期 望 值

概率密度函数或概率质量函数的特定矩称为期望值,通常用其表示随机变量属性。函数 $g(x)$ 的期望值(或期望)为

$$E[g(X)] = \int_{-\infty}^{\infty} g(x)f(x)\mathrm{d}x \tag{2.11}$$

该期望值为 $g(x)$ 的加权平均数,其中加权函数为概率密度函数(或概率质量函数)。

x 的期望值等于均值,这是期望值的一个典型特例,通常用 μ 表示为

$$\mu = E[X] = \int_{-\infty}^{\infty} xf(x)\mathrm{d}x \tag{2.12}$$

一般而言,均值是绘制随机变量时"期望"的 X 值。大多数情况下,确实如此。例

如,若 $X \sim N(\mu,\sigma^2)$,则 X 为正态分布。那么,X 的均值则为

$$E[X]=\int_{-\infty}^{\infty}\frac{x}{\sigma\sqrt{2\pi}}\exp\left(-\frac{(x-\mu)^2}{2\sigma^2}\right)\mathrm{d}x=\mu \tag{2.13}$$

将 $u=x^2$ 代入积分,则可以验证上述关系式。根据式(2.13),μ 为分布的均值,也是 $f(x)$ 的最大值,因此也是 X 的最可能值。

均值并不总是随机变量的最可能值,事实上,它甚至有可能不是 X 的可能值。以伯努利分布为例,该分布的均值为

$$E[X]=\int_{-\infty}^{\infty}xf(x)\mathrm{d}x=0\cdot(1-p)+1\cdot p=p \tag{2.14}$$

因此,当 X 只能取0或1时,X 的均值(或期望值)为 p。此种情况下,均值仍然有用,只是不能将其解释为最可能值。

关于根据均值判断随机变量,曾经有这样一种说法:把头伸进火炉里,把脚放到冰水里,那平均温度就刚好。换言之,均值并不能提供关于随机变量的全部信息:因此,不要试图蹚过平均深度为1m的河流。

2.2.1 中位数和众数

分布有两个实用属性与期望值无关,即中位数和众数。累积分布函数为1/2的点即中位数,即 $F(x)=\dfrac{1}{2}$。中位数表示将随机变量分为两个相等部分的点,因此是一个有用的量:在无限次实现的范围内,一半位于中位数以上,一半位于中位数以下。中位数并不表示均值。此外,中位数受异常值的影响较小。

概率密度函数取其最大值时的点为众数。因此,众数是分布的最可能值。仅有一个众数的分布称为单峰分布。

2.2.2 方差

$(x-\mu)^2$ 的期望值称为方差,通常简写为 σ^2。值得注意的是,根据下式,可以用均值和 $E[X^2]$ 表示方差

$$\mathrm{Var}(X)=E[(X-\mu)^2]=E[X^2]-2E[\mu X]+E[\mu^2]=E[X^2]-\mu^2$$

在该关系式中,$E[X]=\mu$,$E[\mu X]=\mu^2$,且 $E[\mu^2]=\mu^2$。方差可以解释为随机变量与其均值之间的平均平方差。方差值越大,偏离均值的可能性越大。方差的平方根称为标准差 σ。标准差的用处在于其单位和 X 相同,而方差的单位与 X^2 的单位相同。

对于正态分布随机变量 $X \sim N(\mu,\sigma^2)$,X 的方差为 σ^2。从图2.1可以看出,σ^2 值越大,偏离均值的可能性也越大。该图中,σ 值较大的曲线范围更宽。对于伯努利分布,方差可表示为 $p(1-p)$。因此,伯努利分布的 σ^2 最大值为 $0.5^2=0.25$,且

在 $p=0.5$ 时出现。

2.2.3 偏度

均值和方差分别与 X 和 X^2 的期望值相关。偏度 γ_1 与 $f(x)$ 三阶矩，即 X^3 的期望值相关：

$$\gamma_1 = \frac{E[(X-\mu)^3]}{\mathrm{Var}(X)^{3/2}} \tag{2.15}$$

偏度体现了分布以均值为中心对称。偏度为正的分布看起来可能会向左侧或负方向侧倾斜，因此，偏度可能与直觉相反。

如图 2.5 所示，当分布为单一最大值（单峰分布）时，偏度表明分布偏离均值，趋于零的过程。对于此类分布，偏度为负时，分布向均值左侧变化，趋于零的速度更慢，而偏度为正时，则与之相反。由于正态分布以均值为轴呈对称状态，因此其偏度为 0。

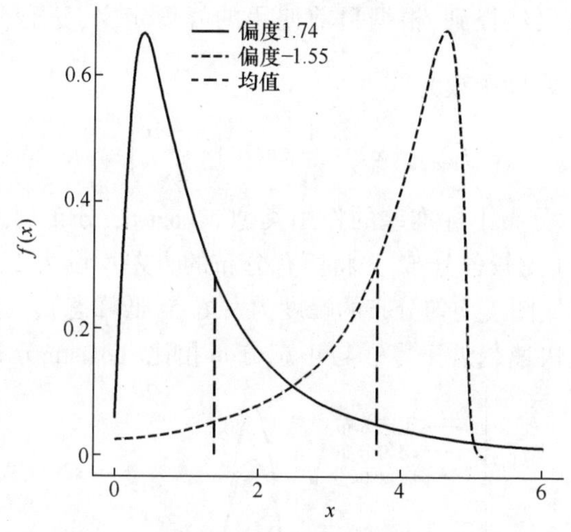

图 2.5 正负偏度两种分布的概率密度函数。注意，偏度为正时，分布的峰值位于均值的左侧；偏度为负时，分布的峰值位于均值的右侧

2.2.4 峰度

峰度是分布的另一个属性，用于衡量分布的“尾部厚度”。峰度 $\mathrm{Kurt}(X)$ 与随机变量概率密度函数的四阶矩相关，其定义如下：

$$\mathrm{Kurt}(X) = \frac{E[(X-\mu)^4]}{\sigma^4} - 3 \tag{2.16}$$

式中包含“-3”一项，因此，正态分布的峰度为 0。根据峰度的定义，对于单峰分布,离众数越远,概率密度函数趋近于零的速度越慢,则峰度越高。换一个思路,根据峰度的符号,可以判断分布的尾部厚度是大于正态分布的尾部厚度(正峰度),还是小于正态分布的尾部厚度(负峰度)。上述情况均有更加贴切的名称。峰度为负的分布称为"低峰态(platykurtic)分布",源自希腊语的"platy"一词,意为"平坦"。峰度为正的分布称为"尖峰态(leptokurtic)分布",源自希腊语的"leptós"一词,意为"狭窄"。峰度为零的分布则称为常峰态分布。

举个例子,从峰度的角度分别观察均匀分布、正态分布和Logistic分布。在有限区间内,均匀分布的概率密度函数是均匀的:

$$f_{\text{uni}}(x)=\begin{cases}\dfrac{1}{b-a}, x \in [a,b]\\ 0,\text{其他}\end{cases} \tag{2.17}$$

在区间$[a, b]$内的均匀分布记作$X \sim U(a, b)$。均匀分布的峰度为$-\dfrac{6}{5}$,方差为$\dfrac{1}{12}(b-a)^2$。前文已经提到,根据目前使用的峰度定义,正态分布的峰度为零。Logistic分布的概率密度函数为

$$f_{\text{logistic}}(x)=\frac{1}{4s}\operatorname{sech}^2\left(\frac{x-\mu}{2s}\right) \tag{2.18}$$

式中,参数s与正态分布中标准差的作用类似。Logistic分布的方差为$s^2\pi^2/3$,其峰度为6/5。为便于比较各分布,先将所有分布的方差均设为1。图2.6和图2.7所示均为三者的对比图。均匀分布的峰度为$-6/5$(低峰态),其形状扁平,且在距离均值较远的位置快速趋近于零。与正态分布相比,Logistic分布峰值更高,为正

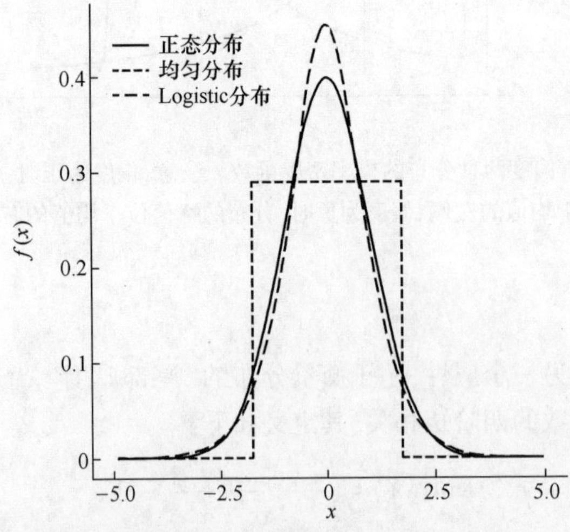

图2.6 均值为0且方差为1的均匀分布、正态分布和Logistic分布

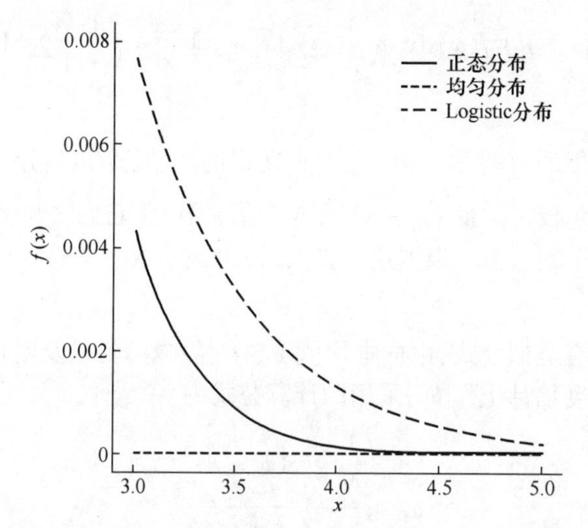

图 2.7 图 2.6 局部放大图。由图可知,与正态分布相比,
Logistic 分布更有可能出现极值(超过均值 3 个标准差)

峰度 6/5(尖峰态)。从图 2.6 中可以看出各个分布的相对平坦度和峰态。将尾部放大到超过 $x=3$,即超过均值 3 个标准差,可看出尖峰态分布的概率密度高于正态分布的概率密度。这就意味着,Logistic 分布中,随机变量的取值更有可能出现远超出均值的“极值”。

2.2.5 样本矩估计

在给定一个随机变量的若干样本或实现的情况下,估算潜在分布的矩和其他量具有实际意义。利用该知识点,可以近似估计随机变量的概率分布。矩是概率分布上的积分。要估算这些量,需要使用自然估计量:

$$E[g(X)] = \int_{-\infty}^{\infty} \mathrm{d}x g(x) f(x) \approx \frac{1}{N} \sum_{i=1}^{N} g(x_i) \tag{2.19}$$

式中,x_i 为概率分布函数 $f(x)$ 的样本;N 为样本数。换言之,$g(x)$ 的期望值近似于 $g(x_i)$ 的均值。因此,可以通过近似值估计概率密度函数的均值:

$$\mu \approx \frac{1}{N} \sum_{i=1}^{N} x_i \equiv \bar{x} \tag{2.20}$$

符号 $\bar{x}$ 用于估算均值,称为样本均值或样本平均数。鉴于所涉及样本的随机性,该均值的估计值将存在误差。通过中心极限定理,可以证明均值的估计误差与 $1/\sqrt{N}$ 成正比,其中 $N \to \infty$ 。

方差估计是估计一个积分。但是,由于在估计方差时,采用了均值的估计值,所以,还存在一点小困难。基于随机变量样本的方差估计记为 s^2,具体公式如下:

$$\mathrm{Var}(X)=\int_{-\infty}^{\infty}(x-\mu)^2 f(x)\mathrm{d}x\approx\frac{1}{N}\sum_{i=1}^{N}(x_i-\mu)^2\approx\frac{1}{N-1}\sum_{i=1}^{N}(x_i-\bar{x})^2\equiv s^2 \tag{2.21}$$

由于必须使用均值的估计值 $\bar{x}$，而非真正的均值，所以使用系数 $1/(N-1)$。该系数称为贝塞尔校正。量 $(x_i-\bar{x})$ 有 N 个值，但由于它们之和必须等于零，所以该量只有 $N-1$ 个独立值。根据这一事实，得出该系数。尽管如此，若 N 较大，则修正的影响很小。

偏度估计也有类似公式，由样本均值 $\bar{x}$、样本方差 s^2，以及附加积分估计组合而成。样本的偏度估计记作 b_1，采用的计算公式为

$$b_1=\frac{\frac{1}{N}\sum_{i=1}^{N}(x_i-\bar{x})^3}{(s^2)^{3/2}} \tag{2.22}$$

样本的超值峰度记作 g_2，则

$$g_2=\frac{\frac{1}{N}\sum_{i=1}^{N}(x_i-\bar{x})^4}{(s^2)^2}-3 \tag{2.23}$$

没有用于计算样本中位数的简易公式。原则上，若样本数量为奇数，则需要对样本列表进行排序并找到中间元素。若样本数量为偶数，则需要取列表中间两个元素的均值。采用其他算法也可以确定列表中最小的 $N/2$ 项，但这些算法都较为复杂。

2.3 多元分布

以 p 个随机变量的向量为例：$\boldsymbol{X}=(X_1, X_2,\cdots,X_p)^{\mathrm{T}}$。论述随机变量集合属性的方法与论述单个随机变量属性的方法类似。首先，将联合累积分布函数（联合 CDF）定义为

$$F(\boldsymbol{a})=F(a_1,a_2,\cdots,a_p)=P(X_1\leqslant a_1,X_2\leqslant a_2,\cdots,X_p\leqslant a_p) \tag{2.24}$$

该函数为各个随机变量小于给定数值的概率。如前文所述，按照该定义，联合 CDF 的差可以得出各个随机变量均在区间内的概率：

$$F(\boldsymbol{b})-F(\boldsymbol{a})=P(a_1\leqslant X_1\leqslant b_1,a_2\leqslant X_2\leqslant b_2,\cdots,a_p\leqslant X_p\leqslant b_p)$$

再如前文所述，联合 CDF 的导数为联合概率密度函数（联合 PDF）：

$$f(\boldsymbol{x})=f(x_1,x_2,\cdots,x_p)=\left.\frac{\partial^p F(\boldsymbol{x})}{\partial x_1\partial x_2\cdots\partial x_p}\right|_{\boldsymbol{x}} \tag{2.25}$$

与单个变量类似，联合 CDF 是联合 PDF 的积分：

$$F(\boldsymbol{x})=\int_{-\infty}^{x_1}\mathrm{d}x'_1\int_{-\infty}^{x_2}\mathrm{d}x'_2\cdots\int_{-\infty}^{x_p}\mathrm{d}x'_p f(\boldsymbol{x}') \tag{2.26}$$

使用联合 PDF,可以得到单个变量的概率密度函数。例如,可以通过求 $p-1$ 个其他变量的积分来计算 $f(x_1)$:

$$f(x_1)=\int_{-\infty}^{\infty}\mathrm{d}x_2\cdots\int_{-\infty}^{\infty}\mathrm{d}x_p f(\boldsymbol{x}') \tag{2.27}$$

也就是说,若求第二个到第 p 个变量的积分,则可以得到仅有 x_1 的函数,该函数等于其概率密度函数。此种情况下,$f(x_1)$ 称为随机变量 X_1 的边际概率密度函数。此外,可以将 X_1 的边际累积分布函数定义为

$$F(x_1)=\int_{-\infty}^{\infty}\mathrm{d}x'_1\int_{-\infty}^{\infty}\mathrm{d}x'_2\cdots\int_{-\infty}^{\infty}\mathrm{d}x'_p f(\boldsymbol{x}') \tag{2.28}$$

显然,可以针对多元分布中的任意 p 个变量定义边际概率密度函数和累积分布函数。

边际概率密度函数的概念可以推广到 p 个变量所有子集的联合边际概率密度函数。若变量数为 $l<p$,则 l 个变量的联合概率密度函数为

$$f(x_1,x_2,\cdots,x_l)=\int_{-\infty}^{\infty}\mathrm{d}x_{l+1}\cdots\int_{-\infty}^{\infty}\mathrm{d}x_p f(\boldsymbol{x}') \tag{2.29}$$

根据该定义,可以定义一个条件概率密度函数(条件 PDF)。在另一随机变量集合取特定值的前提下,条件概率密度函数给出某随机变量集合的分布。举个例子,假设一个集合包含 X 和 Y 两个随机变量,则可以将给定 $X=x$ 下 Y 的概率分布定义为

$$f(y\mid X=x)=\frac{f(x,y)}{\int_{-\infty}^{\infty}f(x,y)\,\mathrm{d}y}=\frac{x\text{ 和 }y\text{ 的概率密度}}{y\text{ 为任意值时},x\text{ 的概率密度}} \tag{2.30}$$

利用式(2.27)的定义,当 $f_X(x)\neq 0$ 时,可以将其简化为

$$f(y\mid X=x)=\frac{f(x,y)}{f_X(x)}$$

式中,下标 X 表示 f_X 是随机变量 X 的概率密度函数。现在回到更常见的情况,给定 $p-l$ 个其他变量下 l 个随机变量的条件概率为

$$f(x_1,\cdots,x_l\mid X_{l+1}=x_{l+1},\cdots,X_p=x_p)=\frac{f(\boldsymbol{x})}{f(x_{l+1},\cdots,x_p)}\quad f(x_{l+1},\cdots,x_p)\neq 0 \tag{2.31}$$

其中

$$f(x_{l+1},\cdots,x_p)=\int_{-\infty}^{\infty}\mathrm{d}x_1\cdots\int_{-\infty}^{\infty}\mathrm{d}x_l f(\boldsymbol{x})$$

随机变量集合的均值即集合中各个元素期望值的向量,$\boldsymbol{\mu}=(\mu_1,\cdots,\mu_p)$:

$$\mu_i = \int_{-\infty}^{\infty} \mathrm{d}x_1 \int_{-\infty}^{\infty} \mathrm{d}x_2 \cdots \int_{-\infty}^{\infty} \mathrm{d}x_p x_i f(\boldsymbol{x}) \tag{2.32}$$

由于可以观察随机变量如何相互改变,所以随机变量集合的方差比单个变量的方差更复杂。此种测度称为协方差,X_i和X_j之间的协方差记作σ_{ij}:

$$\begin{aligned}\sigma_{ij} &= E[(X_i - \mu_i)(X_j - \mu_j)] \\ &= \int_{-\infty}^{\infty} \mathrm{d}x_1 \int_{-\infty}^{\infty} \mathrm{d}x_2 \cdots \int_{-\infty}^{\infty} \mathrm{d}x_p (x_i - \mu_i)(x_j - \mu_j) f(\boldsymbol{x})\end{aligned} \tag{2.33}$$

注意$\sigma_{ij}=\sigma_{ji}$。X_i与其本身之间的协方差为X_i的方差:

$$\sigma_{ii} = \sigma_i^2 = \int_{-\infty}^{\infty} \mathrm{d}x_1 \int_{-\infty}^{\infty} \mathrm{d}x_2 \cdots \int_{-\infty}^{\infty} \mathrm{d}x_p (x_i - \mu_i)^2 f(\boldsymbol{x}) \tag{2.34}$$

协方差构成一个$p \times p$的对称矩阵,矩阵的对角线为各随机变量的方差。协方差矩阵通常用$\Sigma(\boldsymbol{x})$表示,因此

$$\sum_{ij}(\boldsymbol{x}) = \sigma_{ij} \tag{2.35}$$

随机变量集合存在特殊情况,即联合概率密度函数可以分解为多个独立概率密度函数的乘积,如

$$f(\boldsymbol{x}) = \prod_{i=1}^{p} f(x_i)$$

此类多元分布视为独立分布:一个随机变量的值不依赖于另一个随机变量的值。随机变量独立集合的协方差矩阵不包含非零对角线外的元素,反之则不然。变量之间的协方差为零但各变量不独立是有可能的。换句话说,独立是两个变量之间协方差为零的充分条件,但并非必要条件。

示例:多元正态分布

多元正态分布是正态随机变量的高维版本。此种情况下,变量集合的联合分布根据每个变量的均值和变量之间的协方差矩阵得到。k个变量的多元正态概率密度函数为

$$f(\boldsymbol{x}) = \frac{1}{\sqrt{(2\pi)^k |\Sigma|}} \exp\left(-\frac{1}{2}(\boldsymbol{x} - \boldsymbol{\mu})^{\mathrm{T}} \Sigma^{-1} (\boldsymbol{x} - \boldsymbol{\mu})\right) \tag{2.36}$$

式中,$\boldsymbol{x}$为k维向量,$\boldsymbol{x} = (x_1, x_2, \cdots, x_k)^{\mathrm{T}}$;$\boldsymbol{\mu}$为各随机变量$X_i$期望值或均值的向量:

$$\boldsymbol{\mu} = (E[X_1], E[X_2], \cdots, E[X_k])^{\mathrm{T}} = (\mu_1, \mu_2, \cdots, \mu_k)^{\mathrm{T}}$$

协方差矩阵Σ的定义见式(2.35),矩阵的行列式表示为$|\Sigma|$。随机变量$\boldsymbol{X}$服从均值向量为$\boldsymbol{\mu}$和协方差矩阵为Σ的多元正态分布,记为$\boldsymbol{X} \sim N(\boldsymbol{\mu}, \Sigma)$(图2.8)。

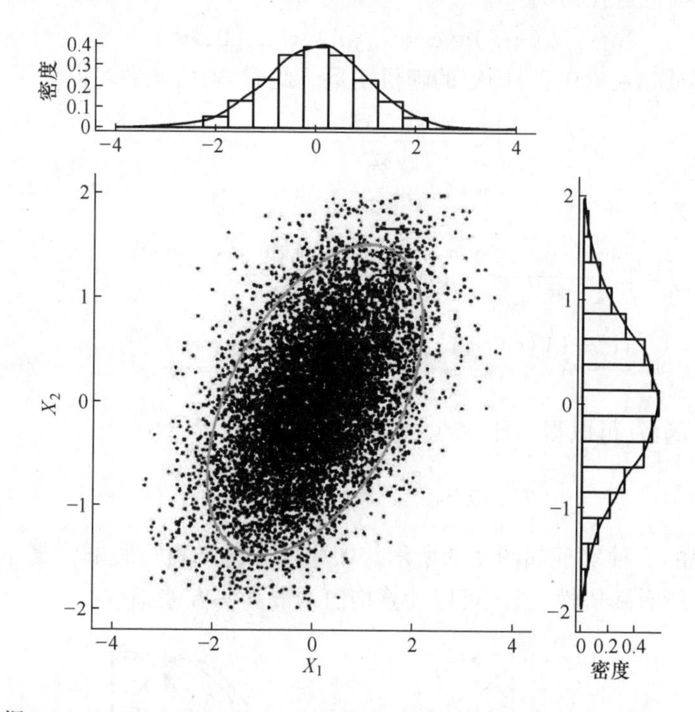

图 2.8 根据 $\mathrm{Var}(X_1)=1$,$\mathrm{Var}(X_2)=0.5$,且协方差 $\sigma_{12}=0.35$ 得到的二维正态随机变量的10000 个样本。其中直方图显示了样本的边际分布,椭圆区域是分布的 95%概率区间(即该椭圆区域内联合概率密度函数的积分为 0.95)

2.4 随 机 过 程

随机过程是随机变量的连续集合,我们可以通过推广随机变量有限集合的概念来定义随机过程。从这个意义上说,随机过程为随机变量的无限维集合,其索引类似于函数的输入。对于将用到的随机过程,我们将在有限域上对其进行定义。随机过程中,均值和协方差均为函数。

域 $x\in[a,b]$ 内的随机过程 u 表示为 $u(x;\xi)$,其中 ξ 用于表示随机过程的特定实现。由于随机过程的累积分布函数是函数的函数,而非向量的函数,因此,定义随机过程的累积分布函数和概率密度函数要比有限集合的随机变量复杂。下文将给出一个用于定义这些函数的随机过程。

可以定义一个均值函数 $\mu(x)$(即随机过程的均值)作为 x 的函数。此外,$k(x_1,x_2)$ 可以表示为 x_1 和 x_2 点处随机过程值之间的协方差。根据协方差函数,可以将方差定义为 $\sigma^2(x)=k(x,x)$。

示例:

以下述随机过程为例：

$$\mu(x;\xi)=\cos(x+A), x\in[0,2\pi]$$

式中，A 为根据 $A\sim N(0,1)$ 确定的随机变量。此时，均值函数可以表示为

$$\mu(x)=\int_{-\infty}^{\infty}\frac{\cos(x+a)}{\sqrt{2\pi}}\mathrm{e}^{-a^2/2}\mathrm{d}a=\frac{\cos(x)}{\sqrt{\mathrm{e}}}$$

协方差函数为

$$k(x_1,x_2)=\int_{-\infty}^{\infty}\frac{(\cos(x_1+a)-\mu(x_1))(\cos(x_2+a)-\mu(x_2))}{\sqrt{2\pi}}\mathrm{e}^{-a^2/2}\mathrm{d}a$$

$$=\frac{(\mathrm{e}-1)(\mathrm{e}\cos(x_1-x_2)-\cos(x_1+x_2))}{2\mathrm{e}^2}$$

根据协方差函数，可以得到任一点 x 处的方差为

$$\sigma^2(x)=\frac{(\mathrm{e}-1)(\mathrm{e}-\cos(2x))}{2\mathrm{e}^2}$$

该过程的5种实现如图2.9所示。图中所示的随机过程非常简单，因为一个参数涵盖了所有随机性，所以可以计算均值函数和协方差函数。

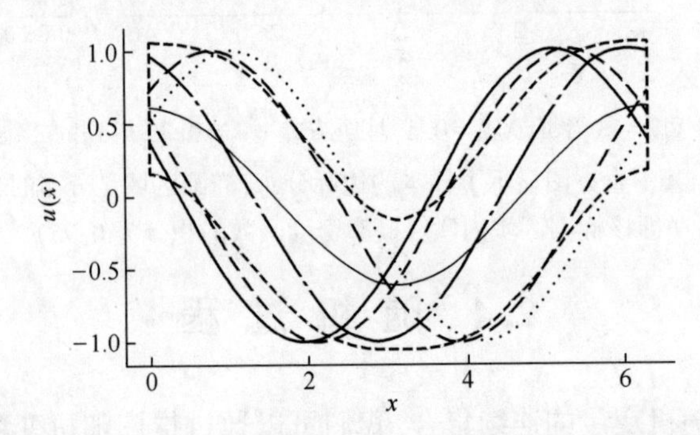

图2.9　简单随机过程 $u(x;\xi)=\cos(x+A), x\in[0,2\pi]$ 的5种实现，式中，A 为根据 $A\sim N(0,1)$ 确定的一个随机变量，黑色实线表示过程的均值函数 $\mu(x)$，灰色区域表示 $\mu(x)\pm\sigma(x)$

2.4.1 高斯过程

高斯过程是一种特殊的随机过程。该过程中，x 的任意有限集合被描述为一个多元正态分布，其均值为 $\mu(x)$，协方差矩阵元素为

$$\sum_{ij}=k(x_i,x_j)$$

函数 $k(x_i,x_j)$ 有时称为核函数，需对其进行定义，以便得出有效的协方差矩阵。例如，核函数在其自变量中必须呈对称分布，即 $k(x_i, x_j)=k(x_j,x_i)$，且 $k(x_i, x_j)\geqslant 0$。

与多元正态分布类似,高斯过程完全采用其均值和协方差进行描述,因此具有实际意义。这表示,只要知道随机过程的均值和协方差,就可以定义高斯过程。此外,因为 $\sigma^2(x)=k(x, x)$,可知随机过程在坐标系中任一点的方差。

高斯过程示例如图 2.10~图 2.12 所示。在三幅图中,所用协方差和均值函数不同,以体现不同的过程行为。请注意,与平方指数协方差函数相比,当协方差函数为简单指数时,空间内行为的随机性似乎更大(即空间相关性更小)。

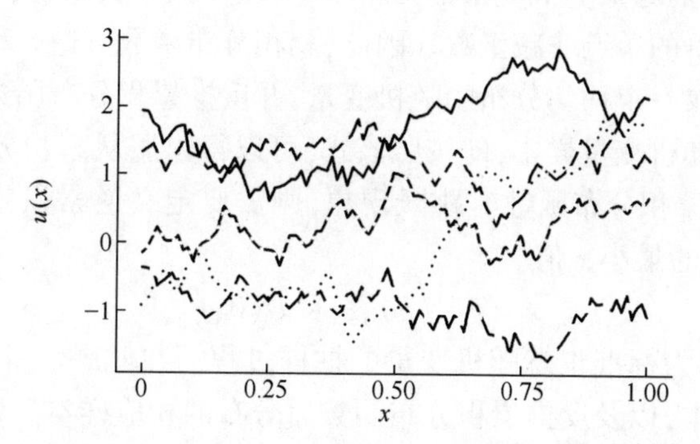

图 2.10 $x\in[0, 1]$,$\mu(x)=0$ 且 $k(x_1, x_2)=\exp(-|x_1-x_2|)$ 情况下高斯过程的 5 种实现

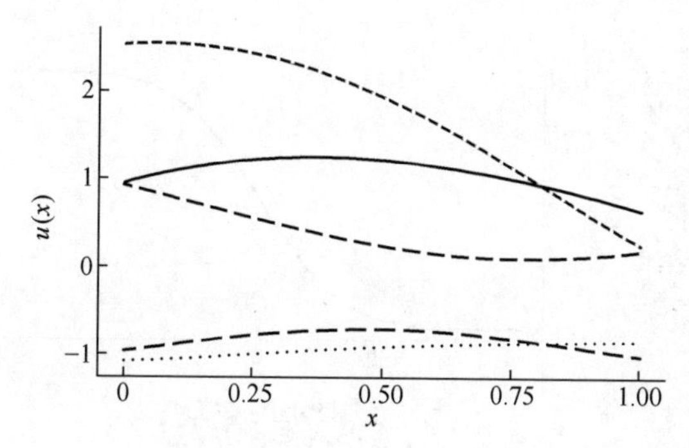

图 2.11 $x\in[0, 1]$,$\mu(x)=0$ 且 $k(x_1, x_2)=\exp(-(x_1-x_2)^2)$ 情况下高斯过程的 5 种实现

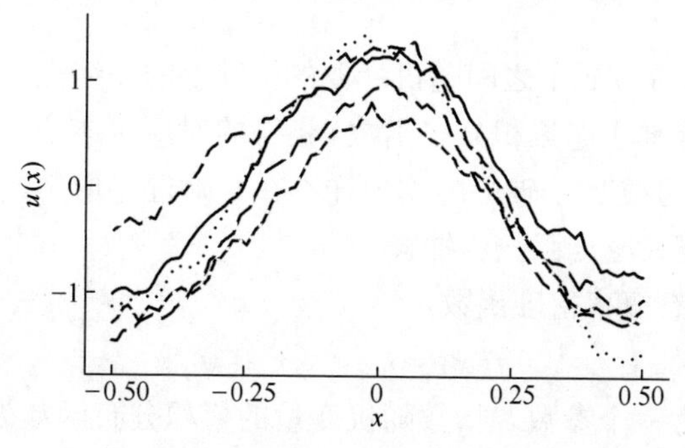

图 2.12 $x\in[-0.5, 0.5]$,$\mu(x)=\cos(2\pi x)$ 且 $k(x_1, x_2)=0.1\exp(-|x_1-x_2|)$ 情况下,高斯过程的 5 种实现

2.5 随机变量抽样

一般来说,容易得到在0到1之间均匀分布的随机变量。事实上,几乎所有编程语言均有生成此等随机数的功能。我们需要生成任意类型随机变量样本的能力,这可以通过反推已知随机变量的CDF来实现。如上文所述,累积分布函数是取值范围为[0, 1]的单调非减函数。因此,累积分布函数可逆。利用这一结果,可以在0到1之间取一个均匀分布的随机变量,并反推累积分布函数,得到与该累积分布函数相关的随机变量样本,即按照该式,可以得出服从累积分布函数$F(x)$的样本x。注意:若累积分布函数有跳跃现象,则需要定义逆累积分布函数,以便得到满足$F(x)=\xi$的最小x值。

$$x = F^{-1}(\xi), \xi \sim U(0,1) \tag{2.37}$$

图2.13所示为标准正态随机变量的抽样过程。在此展示了在0到1之间均匀分布变量的样本,以及反推累积分布函数后分布的相应样本。请注意,累积分布函数变化越快,样本密度越大。

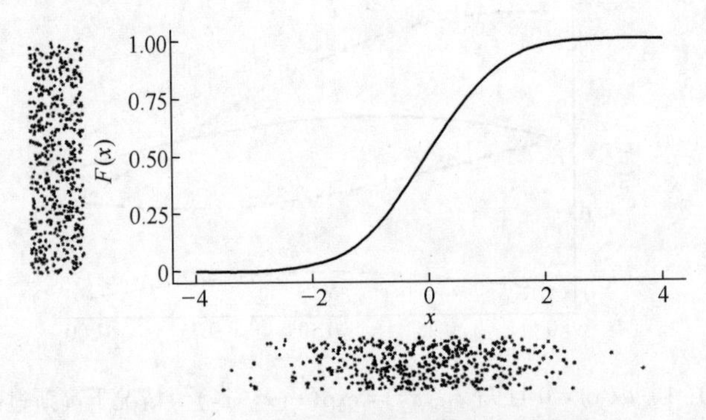

图2.13 标准正态随机变量的抽样过程

图2.13所示为在0到1之间随机择取的y轴上的一组点。x轴显示通过反推累积分布(此时为标准正态累积分布函数)获得的对应样本点。注意:按照对标准正态随机变量抽样的预期,y轴上的均匀样本在0附近非均匀聚集。

示例:从指数概率密度函数中抽样

指数随机变量有概率密度函数:

$$f(x) = \lambda e^{-\lambda x}, x \geqslant 0$$

其中自然数$\lambda > 0$为一个参数。指数随机变量的累积分布函数为

$$F(x) = \int_0^x \lambda e^{-\lambda x'} dx' = 1 - e^{-\lambda x}$$

如需抽取指数随机变量样本,应随机选择 $\xi \sim U(0,\ 1)$,并设

$$F(x) = 1 - e^{-\lambda x} = \xi \Rightarrow 1 - \xi = e^{-\lambda x}$$

因此,有

$$x = \frac{-\log(1-\xi)}{\lambda}$$

且 x 服从分布 $f(x)$。

示例:正态随机变量

我们以此为例介绍一种反推标准正态随机变量累积分布函数的方法。标准正态随机变量的样本可以通过以下关系式转换为一般正态随机变量:

$$x = \mu + z\sigma, Z \sim N(0,1)$$

以均值为 0 且标准差为 1 的正态随机变量为例,相关概率密度函数为

$$f(x) = \frac{1}{\sqrt{2\pi}} e^{-\frac{x^2}{2}}$$

利用 Box-Muller 变换,可以同时获得两个样本。以两个概率密度函数的乘积为例:

$$f(x)\mathrm{d}x f(y)\mathrm{d}y = \frac{e^{-\frac{(x^2+y^2)}{2}}}{2\pi}\mathrm{d}x\mathrm{d}y$$

若将坐标变为极坐标,则

$$\mathrm{d}x\mathrm{d}y = r\mathrm{d}r\mathrm{d}\theta$$

由于 $r = \sqrt{x^2 + y^2}$,且 $\theta = \arctan(y/x)$,可以写作

$$f(x)\mathrm{d}x f(y)\mathrm{d}y = e^{-\frac{r^2}{2}} r\mathrm{d}r \frac{\mathrm{d}\theta}{2\pi}, r \in [0, \infty), \theta \in [0, 2\pi]$$

该表达式可分成两个函数:

$$g(r) = e^{-\frac{r^2}{2}} r$$

和

$$h(\theta) = \frac{1}{2\pi}$$

两个函数均为正确标准化的概率密度函数:

$$\int_0^\infty g(r)\mathrm{d}r = \int_0^\infty \mathrm{d}\theta h(\theta) = 1$$

可以轻松获得 θ 的样本:

$$\theta = 2\pi\xi_1, \xi_1 \in [0,1]$$

要从 $g(r)$ 中抽取 r 的样本,若定义 $u = r^2$ 且 $\mathrm{d}u = 2r\mathrm{d}r$,则利用前一示例的结果,可以得

$$r = \sqrt{-2\log(1-\xi_2)}, \xi_2 \in [0,1]$$

因此,取两个随机数 ξ_1 和 ξ_2,利用高斯过程得到两个样本:

$$x = r\cos\theta, y = r\sin\theta$$

与反推正态随机变量累积分布函数的粗略近似法相比,该方法可以反推两个简单的累积分布函数。而其不足之处在于需要同时生成两个样本。

2.5.1 多元正态分布抽样

以服从多元正态分布的 p 个随机变量的集合为例,$\boldsymbol{X} \sim N(\mu, \Sigma)$。要从该分布中抽样,首先对协方差矩阵进行 Cholesky 分解:

$$\boldsymbol{\Sigma} = \boldsymbol{L}\boldsymbol{L}^{\mathrm{T}}$$

式中,$\boldsymbol{L}$ 为下三角矩阵。所有正定的实对称矩阵均可以进行 Cholesky 分解。协方差矩阵具备上述属性。Cholesky 分解需要使用 $O(p^3)$ 浮点运算来进行计算,因此,当 p 值较大时,分解成本非常高。

利用 Cholesky 分解,可以通过标准正态随机变量生成 p 个独立样本:

$$z = (z_1, \cdots, z_1)^{\mathrm{T}}, Z_i \sim N(0,1)$$

要从 $\boldsymbol{X}$ 中抽样,则需计算

$$\boldsymbol{x} = \boldsymbol{\mu} + \boldsymbol{L}\boldsymbol{Z}$$

为证明该过程的实现方式,我们要观察向量 $Z \sim N(\mathbf{0}, \mathbf{1})$ 的协方差矩阵。从期望值来看,有

$$\Sigma(\boldsymbol{Z}) = E[\boldsymbol{Z}\boldsymbol{Z}^{\mathrm{T}}] = \boldsymbol{I}$$

现在以向量 $\boldsymbol{X} = \boldsymbol{L}\boldsymbol{Z}$ 为例。随机变量集合的协方差矩阵为

$$E[\boldsymbol{X}\boldsymbol{X}^{\mathrm{T}}] = E[\boldsymbol{L}\boldsymbol{Z}(\boldsymbol{L}\boldsymbol{Z})^{\mathrm{T}}] = E[\boldsymbol{L}\boldsymbol{Z}\,\boldsymbol{Z}^{\mathrm{T}}\boldsymbol{L}^{\mathrm{T}}]$$

由此,可将 $\boldsymbol{L}$ 的期望值从期望算子外移走,求得

$$E[\boldsymbol{X}\boldsymbol{X}^{\mathrm{T}}] = \boldsymbol{L}E[\boldsymbol{Z}\boldsymbol{Z}^{\mathrm{T}}]\boldsymbol{L}^{\mathrm{T}} = \Sigma(\boldsymbol{X})$$

要将该结果转换为带有非零均值的变量,需加上所需均值 $\boldsymbol{\mu}$。

2.5.2 高斯过程抽样

前文已经对高斯随机过程进行论述。高斯过程为随机过程,该过程中,任意有限数量的点是已知均值函数 $\mu(x)$ 和协方差函数 $k(x_1, x_2)$ 的联合高斯分布。要实现高斯过程,必须指定空间中需要进行过程求解的点的个数 I,以及各点处的 x 值:x_i, $i = 1, 2, \cdots, I$。

然后从多元正态分布中抽样,均值向量为

$$\boldsymbol{\mu} = (\mu(x_1), \mu(x_2), \cdots, \mu(x_I))^{\mathrm{T}}$$

协方差矩阵为

$$\Sigma_{ij} = k(x_i, x_j), i, j = 1, 2, \cdots, I$$

抽样的向量可以解释为在各点处求解的高斯过程：

$$U(x_1),\cdots,U(x_l) \sim N(\boldsymbol{\mu},\boldsymbol{\Sigma})$$

利用该方法获得的高斯过程实现参见图 2.10~图 2.12。

由于需要计算协方差矩阵的 Cholesky 分解，如果点的个数较多，那么获得高斯过程实现的费用就较为昂贵。该情况对实现高斯过程的点的数量有一定的限制作用。

2.6 拒绝抽样

某些情况下，根据概率密度函数创建累积分布函数可能很难，或者已知累积分布函数并非封闭形式，或只能利用成本高昂的数值解法进行反推。此时，采用拒绝抽样法更为便利。为说明该方法的实现过程，给定随机变量 X 的概率密度函数，其中随机变量仅在给定范围 $[a,b]$ 内取值。然后，围绕函数做一个矩形。矩形的底边从 a 延伸到 b，矩形的高度为概率密度函数的最大值，此处称为 h。矩形示例参见图 2.14。随后，在框内随机取点，即 $X \sim U(a, b)$ 且 $Y \sim U(0, h)$。若该点在概率密度函数下方，即 $y \leqslant f(x)$，则接受该点，否则便拒绝。被接受点的 X 值即为随机变量样本。图 2.15 所示为通过择取更多点进行拒绝抽样的过程。

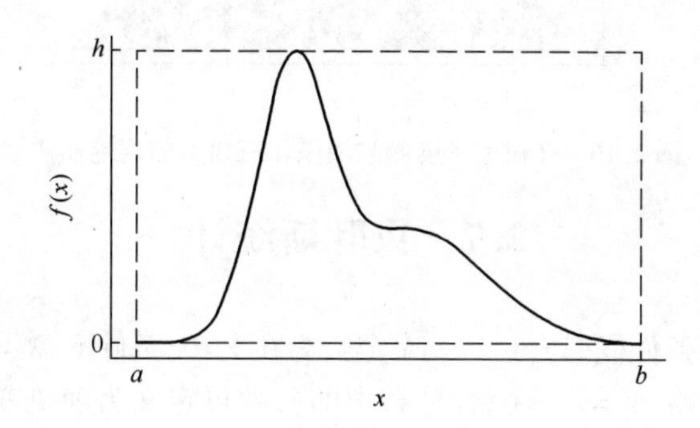

图 2.14 在随机变量概率密度函数周围绘制矩形框，以进行拒绝抽样的示意图

拒绝率是衡量拒绝抽样过程有效性的重要指标。如果函数峰度高，且趋近于零的速度缓慢，就需要拒绝多个抽样点。如果拒绝率高，尤其是在概率密度函数求值成本高昂的情况下，生成样本就会比较困难。

这一点在高峰度分布中即可看出。此种情况下，围绕函数绘制除矩形之外的其他形状更为有效。图 2.16 中，围绕概率密度函数作一个三角形，以证明这一观点。若画矩形，则该函数的拒绝率将会更高。

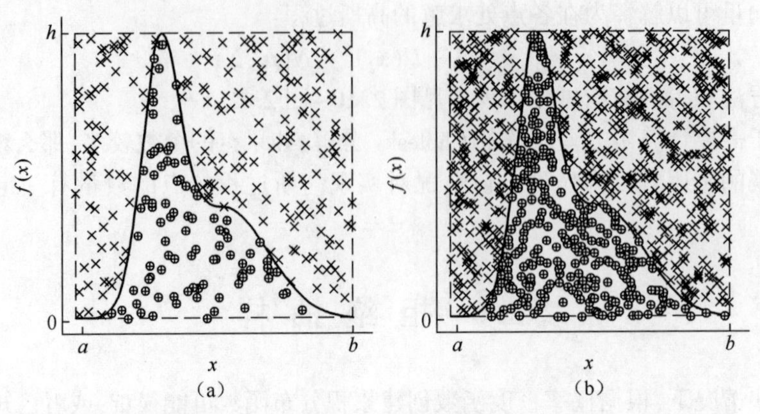

图 2.15 不同尝试样品个数(图(a)300个、图(b)1000个)的拒绝抽样
(拒绝带有“×”符号的点,接受带有“⊕”的点)

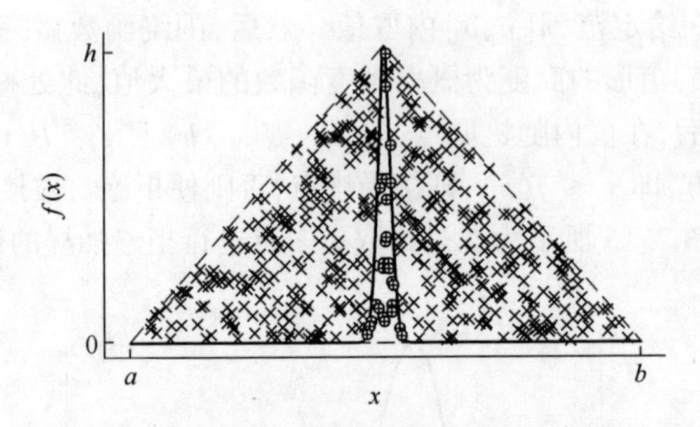

图 2.16 在概率密度函数周围作三角形的拒绝抽样

2.7 贝叶斯统计

前文中,已将条件概率 $f(x|Y=y)$ 定义为在 $Y=y$ 条件下,$X=x$ 的概率密度。表达时,一般会省略“$Y=$”。注意:分布中的参数可定义为随机变量。例如,正态随机变量的均值和方差均可以作为随机变量。从这个意义上说,当 $\mu = 0$ 且 $\sigma^2 = 1$ 时,X 的 条件概率可以写作

$$f(x|\mu = 0, \sigma^2 = 1) = \frac{1}{\sqrt{2\pi}} e^{-x^2/2}$$

此外,在式(2.31)中,条件概率写作联合概率密度函数除以边际概率密度函数,即

$$f(x_1, \cdots, x_l | X_{l+1} = x_{l+1}, \cdots, X_p = x_p) = \frac{f(\boldsymbol{x})}{f(x_{l+1}, \cdots, x_p)}, f(x_{l+1}, \cdots, x_p) \neq 0$$

因此,对于随机变量 X 和 Y,当 Y 值确定时,X 的条件概率可写作

$$f(x|y)f_Y(y)=f(x,y) \tag{2.38}$$

此外,当 X 值确定时,Y 的条件概率可写作

$$f(y|x)f_X(x)=f(x,y) \tag{2.39}$$

使两个表达式相等,然后重新排列,可以得到贝叶斯(Bayes)定律(也称为贝叶斯定理或贝叶斯法则)

$$f(x|y)=\frac{f(y|x)f_X(x)}{f_Y(y)} \tag{2.40}$$

表示贝叶斯定律的常见方法是用关系式

$$f_Y(y)=\int_{-\infty}^{\infty}f(x,y)\,\mathrm{d}x=\int_{-\infty}^{\infty}f(y|x)f_X(x)\,\mathrm{d}x$$

则贝叶斯定律为

$$f(x|y)=\frac{f(y|x)f_X(x)}{\int_{-\infty}^{\infty}f(y|x)f_X(x)\,\mathrm{d}x} \tag{2.41}$$

贝叶斯定律一般用可以表达定律含义的特殊符号表示。$\pi(x)$ 表示 X 的先验概率密度函数,$\pi(x|y)$ 表示当 $Y=y$ 时,X 的后验条件概率密度函数,$f(y|x)$ 则表示当 $X=x$ 时,y 的条件似然度或似然度。利用上述符号,将贝叶斯定律写作

$$\pi(x|y)=\frac{f(y|x)\pi(x)}{\int_{-\infty}^{\infty}f(y|x)\pi(x)\,\mathrm{d}x} \tag{2.42}$$

贝叶斯定律的含义为,已有一个 x 的先验密度函数,若 $Y=y$,则更新该函数,得到 $\pi(x|y)$。

示例:假阳性

假设药检的准确率为99%,即药检结果为真阳性的概率为99%,为真阴性的概率也为99%。若有0.5%的人用药。当某一个人的药检结果为阳性时,则这些人用药的概率是多少?

$$\begin{aligned}P(\text{用药}|+\text{药检})&=\frac{P(+|\text{用药})P(\text{用药})}{P(+|\text{用药})P(\text{用药})+P(+|\text{未用药})P(\text{未用药})}\\&=\frac{0.99\times0.005}{0.99\times0.005+0.01\times0.995}=0.332\end{aligned}$$

也可以记作33.2%。

示例:硬币的公平性

假设需要求证硬币的公平性(即抛硬币出现正面的概率1/2)。若抛10次硬币,其中有3次出现正面,则应如何估算抛硬币出现正面的概率?根据贝叶斯定律,将出现正面的概率记作 p,然后列式

$$f(p|y)=\frac{f(y|p)\pi(p)}{\int_{-\infty}^{\infty}\mathrm{d}p\, f(y|p)\pi(p)}$$

式中,$f(y|p)$为在给定 p 值的前提下,y 的概率密度;$\pi n(p)$为 p 的先验分布(假设为无信息先验);$f(p|y)$为确定 y 值后 p 的后验分布。

以抛硬币为例,事先表示不确定硬币的公平性,即 p 可能取 0 到 1 之间的任意值。该可能性表示为

$$\pi(p)=\begin{cases}1, p\in[a,b]\\0,其他\end{cases}$$

抛 10 次硬币出现 3 次正面的概率为一个二项随机变量。该变量中,每次抛掷出现正面的概率均为 p(参见附录 A),概率质量函数为

$$f(3|p)=\binom{10}{3}p^3(1-p)^7=120p^3(1-p)^7$$

贝叶斯定理公式中,分母为

$$\int_0^1 120p^3(1-p)^7\mathrm{d}p=\frac{1}{11}$$

将上述内容组合到一起,即可得到后验函数

$$f(p|3)=1320p^3(1-p)^7$$

图 2.17 所示为试验结果。由图可知,在后验函数中,当 $p=0.3$ 时,函数取得最大值。但仍不能排除该硬币为公平硬币的可能性。但是,由于确实观察到仅出现 3 次正面,所以后验函数排除了 $p=0$ 和 $p=1$ 的可能性。

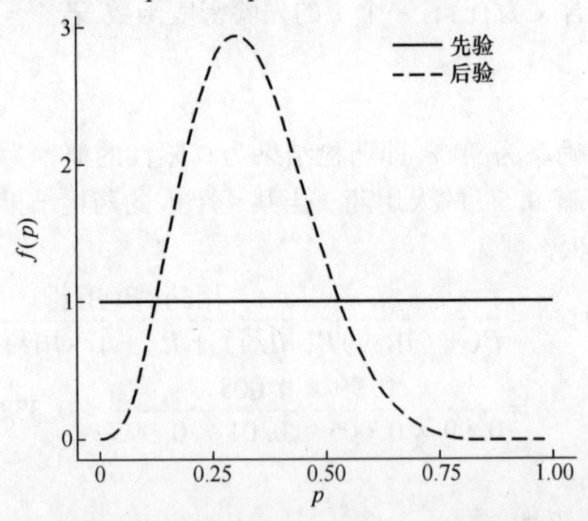

图 2.17 未知公平性条件下,抛 10 次硬币出现 3 次正面的概率后验和先验分布

利用贝叶斯定理,在出现新数据时,可以采用与之前相同的方法更新后验函数。也就是说,在下一次计算时,将当前后验函数作为先验函数。假设再抛 990 次

硬币,有 430 次出现正面,则将似然函数作为分子

$$f(430\mid p)=\binom{990}{430}p^{430}(1-p)^{560}=5.127419\times10^{292}p^{430}(1-p)^{560}$$

分母为

$$\int_0^1 1320\binom{990}{430}p^{433}(1-p)^{567}\mathrm{d}p=\frac{2016464117980615134777}{998761250084970390322850}$$

此时,令 $\pi(p)=f(p\mid 30)$,根据贝叶斯定理,得

$$f(p\mid 460)=\frac{1}{0.0020190}\binom{990}{430}p^{430}(1-p)^{560}(1320p^3(1-p)^7)$$

$$=\frac{1320}{0.0020190}\binom{990}{430}p^{433}(1-p)^{567}$$

此时得到的后验分布在 $p=0.433$ 处出现高峰态,如图 2.18 所示,表明抛硬币并不太公平。与抛 10 次硬币所得结果相比,此时后验函数的最大值有较大变化。换言之,贝叶斯定理验证了一个设想:试验次数越多(上述示例中,即抛 990 次硬币),对后验函数的影响越大。

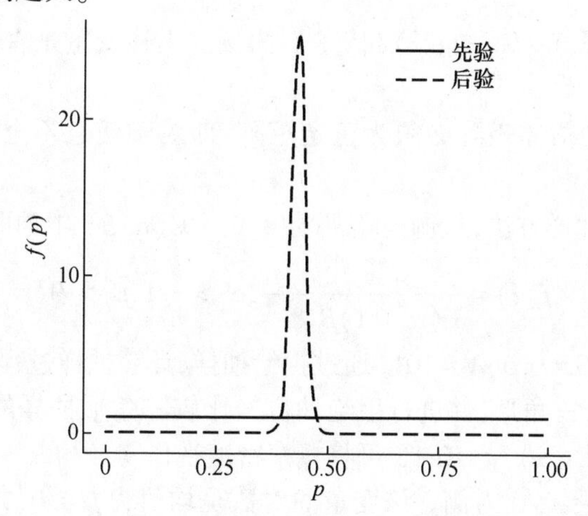

图 2.18 抛硬币试验中出现正面的概率后验和先验分布

上述示例中,最初采用无信息先验函数,即除了假设 p 可以为[0, 1]之间的任意值,没有为 p 的先验函数提供任何信息。在没有其他信息的情况下,使用无信息先验函数是一种保守策略。如果选择其他先验函数,假设函数在 $p=0.5$ 时出现峰态,那么,进行 10 次试验后,可能就已经得到不同的结果。

贝叶斯计算的一个缺陷在于,先验函数的选择有重大关系,且会影响计算结果。以放射性废弃物运输方法的假设为例。如果每年运输期间发生灾难性事故概率的预期值为 10^{-3},且已连续 25 年未发生事故,这是否表示可以调整灾难性事故发生的概率?这一问题的答案,就取决于先验函数的选择。如果先验函数是以

10^{-3}为中心的狄拉克δ函数,那么分布和预期事故率不会变化。但是,如果事故率的分布有较大的方差,那么运输历史将会影响事故率的后验分布。

贝叶斯定理的问题是,除了部分称为共轭先验的特殊情况,其他情况下,很难估算分母中的积分。如果似然函数和先验函数选择正确,那么可以得到积分的解析解。例如,如果似然函数和先验函数均为正态的,那么后验函数也为正态的。

在无共轭先验的情况下,可能很难估算贝叶斯定理中分母的积分。如果可以轻松估算似然函数和先验函数,那么可以使用近似求积法。如果是高维空间积分(即贝叶斯定理中的x为含多个变量的向量),那么此类近似法的成本可能极高。下文将介绍马尔可夫链蒙特卡洛(Markov chain Monte Carlo,MCMC)法。利用该方法,无须计算分母或分子的闭合形式,即可从后验分布中抽样。

2.8 练　习

1. 证明利用式(2.6)提供的变换,通过计算Z的均值和方差,可以得到标准正态随机变量。

2. 以随机变量$X \sim U(-1, 1)$和$Y \sim X^2$为例。上述变量是否为独立随机变量?其协方差为多少?

3. 证明一般协方差矩阵必须为正定矩阵,即对于任意不全为零的向量x,有$\boldsymbol{x}^{\mathrm{T}}\boldsymbol{\Sigma}\boldsymbol{x} > 0$。

4. 利用拒绝抽样方法,从伽马随机变量$X \sim G(\alpha,\beta)$中抽取样本。

$$f(x) = \frac{x^{\alpha}\mathrm{e}^{-\beta x}}{\Gamma(\alpha+1)\beta^{-\alpha-1}}, \alpha > -1, \beta > 0$$

假设$\alpha = 0$且$\beta = 0.5$, $N = 10^4$,通过拒绝抽样,计算抽样过程的拒绝率。此时,围绕函数绘制一个三角形,并进行拒绝抽样。比较三角形抽样的拒绝率与矩形抽样的拒绝率。如果$f(x) < 10^{-6}$,可将概率密度视作零。

5. 以随机变量$X>0$为例。该变量的对数是均值为$\mu = 0$、方差为$\sigma^2 = 1$的正态分布。该变量的分布称为对数正态分布。计算该分布的均值、方差、中位数、众数、偏度和峰度。

6. (三门问题)假设参加一个游戏节目,节目中有三扇门可供选择。其中一扇门后藏有奖品,而另外两扇门后则什么也没有。先选择一扇门(假设1号门),然后主持人打开另一扇门(假设3号门),然后问你是否需要换为2号门。此时,你应该怎么办?

(1) 若选择换,则利用贝叶斯定理计算获奖的概率。

(2) 编写一个模拟代码,随机将奖品分配给其中一扇门,然后根据奖品的位置打开2号门或3号门,再选择是否切换到另一扇门。分别计算不切换到其他门和切换到其他门可以获得奖品的似然度。

7. 假设变量 Y 为正态分布,分布的均值由 θ 确定:

$$f(y|\theta)=\frac{1}{\sigma\sqrt{2\pi}}\exp\left(-\frac{(y-\theta)^2}{2\sigma^2}\right)$$

现在假设 θ 也是一个随机变量,而 σ 为已知常数。再假设 θ 为正态分布,其均值为 μ,方差为 τ^2,则可知

$$\pi(\theta)=\frac{1}{\tau\sqrt{2\pi}}\exp\left(-\frac{(\theta-\mu)^2}{2\tau^2}\right)$$

参数 μ 和 τ 称为超参数。利用贝叶斯定理确定 $p(\theta|y)$,然后证明其为正态分布。

8. 假设给定时间内,到达指定酒馆的人数为 X。可以用一个泊松过程自然描述此类到达过程。

$$f(x|\theta)=\frac{e^{-\theta}\theta^x}{x!},x\in\{0,1,2,\cdots\},\theta>0$$

然后假设 θ 的先验分布为伽马分布,有

$$\pi(\theta)=\frac{\theta^{\alpha-1}e^{-\beta\theta}}{\Gamma(\alpha)\beta^{-\alpha}},\alpha,\beta>0$$

因此,$\theta\sim G(\alpha,\beta)$。

(1) 用贝叶斯定理证明在确定 x 值的情况下,θ 的后验分布与伽马分布成正比。

(2) 假设观察到 1h 内有 42 个人到达酒馆,先验分布为 $\alpha=5$ 且 $\beta=6$。从后验分布中抽样,然后以图形方式表明在给定观察条件下先验分布变化的情况。

9. 从标准正态随机变量中抽取 N 个样本,然后根据样本估算均值、方差、偏度和峰度。令 $N=10, 10^2,\cdots,10^4$,然后论述近似计算中,误差作为 N 的函数的表现。

10. 以联合概率密度函数为例

$$f(x,y)=e^{-x/y},x\in[0,\infty),y\in(0,\sqrt{2}]$$

计算 X、Y 的边际概率密度函数,并绘制图形。此外,计算条件概率分布,并绘制 $f(y|X=\mu_x)$ 和 $f(x|Y=\mu_y)$ 的图形。

11. 以二维空间内两点之间的协方差函数为例:

$$k(x_1,y_1,x_2,y_2)=\exp[-|x_1-x_2|-|y_1-y_2|]$$

生成均值为 $\mu(x,y)=0$、协方差函数定义在单位正方形($x,y\in[0,1]$)上的高斯随机过程的 4 种实现。针对各实现,每个方向上取 50 个点进行过程求解,并绘制其图形。

第 3 章 输入参数分布

本章将探讨如何利用统计学和概率的原理对模拟模型的输入参数进行建模。展开论述前,首先要了解随机变量相互关联的方式,当信息有限时,如何对这种关联进行建模,以及根据部分基础结构来近似一组随机变量,甚至是一个随机过程。

在计算机模拟中,通常将数个随机变量作为输入。随机变量集合通常没有联合分布函数(CDF 或 PDF)的表达式。相反,最好的办法是希望对变量对之间的相互关系进行某种度量。正如本章所述,仅依靠目前使用的相关性度量,尚不足以确定随机变量之间的关系。

此外,下文将尝试根据输入不确定度,对相关输出关注量的分布建模。届时将发现,输入的随机变量的数量决定了在给定固定计算预算情况下,可以通过不确定度量化实现的精度。因此,我们想要确定在存在基本相关性或近似性的前提下,是否可以消除输入随机变量。本章亦将讨论此等归约方法。

3.1 变量之间的相关性

前文已经详细论述了概率分布和多元分布。对于随机变量集合,通常更加关注多个变量同时变化的方式。对此,已经存在一个确定的度量:协方差。但是,两个随机变量 X 和 Y 之间的协方差有一个问题,即

$$\Sigma(X,Y) = E[XY] - E[X]E[Y] \tag{3.1}$$

协方差的单位是 X 和 Y 单位的乘积。因此,难以将协方差进行比较。例如,因为各自有单位,所以 $\Sigma(X, Y) > \Sigma(X, Z)$ 并不代表 X 和 Z 之间的相关性比 X 和 Y 之间的相关性更大。

3.1.1 皮尔森相关

皮尔森(Pearson)相关系数 ρ 即两个随机变量之间关系的归一化度量。通常简称为相关系数或相关。以两个随机变量 X 和 Y 为例,其相关系数为

$$\rho(X,Y) = \frac{E[XY] - E[X]E[Y]}{\sigma_X \sigma_Y} \tag{3.2}$$

皮尔森相关是由每个变量的标准差标准化的协方差。按照该归一化尺度,可以确

定两个变量同时变化的方式。若变量之间是独立的，则 $\rho(X, Y)=0$。与协方差一样，变量之间的相关性为零并不意味着变量是独立的。

相关系数有一个特性，如果 X 和 Y 呈线性相关，即存在 a 和 b，使 $Y=aX+b$，那么 $\rho(X, Y)=\mathrm{sgn}(a)$（符号函数）。由此可以推论，如果定义一个新的随机变量 $X'=aX+b$，那么可以得到关系式

$$\rho(X', Y)=\mathrm{sgn}(a)\rho(aX+b, Y)$$

可以通过期望值的性质确认上述关系式。

若有一组随机变量，$\boldsymbol{X}=(X_1, X_2, \cdots, X_p)^{\mathrm{T}}$，则可以根据协方差矩阵，将相关矩阵 $\boldsymbol{R}$ 定义为

$$R_{ij}=\frac{\boldsymbol{\Sigma}_{ij}}{\sigma_{X_i}\sigma_{X_j}} \tag{3.3}$$

式中，$\sigma_{X_i}^2=\boldsymbol{\Sigma}(X_i, X_i)$ 为 X_i 中的方差。

皮尔森相关系数的优势是计算简单，与协方差矩阵相似。但是，皮尔森相关系数也有一些劣势。其中之一便是，若没有定义 XY 的期望值，则无法定义该系数（这一点也与协方差相似，没有期望值，则无法定义协方差）。柯西随机变量无法定义皮尔森相关。此类变量根据参数 x_0, γ，通过概率密度函数计算得

$$f(x)=\frac{1}{\pi\gamma}\left[1+\left(\frac{x-x_0}{\gamma}\right)^2\right]^{-1} \tag{3.4}$$

分布趋近于零的速度过于缓慢，因此未定义分布的均值和方差，但中位数和众数为 x_0。图 3.1 给出了柯西分布的概率密度函数及其与标准正态分布的比较。

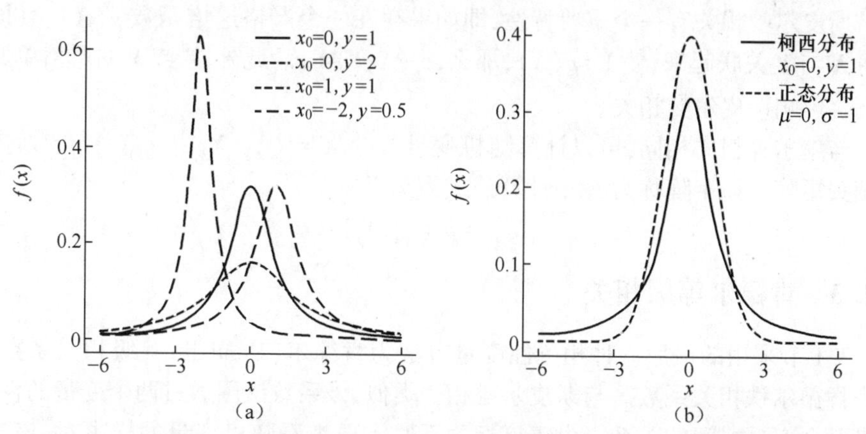

图 3.1　不同参数下的柯西（Cauchy）分布，以及与标准正态分布之间的比较

此外，皮尔森相关系数潜在的另一更为重要的缺陷在于，如果通过非线性严格递增函数 $g(X)$ 换算 X，相关性 $\rho(X, Y)$ 将不同于 $\rho(g(X), Y)$。这意味着，如果 X

和 Y 之间存在非线性关系,那么皮尔森相关系数可能会低估或高估两个变量之间的关系。

3.1.2 斯皮尔曼相关

斯皮尔曼等级相关是皮尔森相关的一种替代方法,也称为斯皮尔曼相关。利用该方法,可以确定两个变量之间的一般单调关系。通过观察每个变量边际累积分布函数之间的相关性,即可定义该相关。

$$\rho_S(X,Y)=\rho(F_X(x),F_Y(y)) \tag{3.5}$$

如果未知边际累积分布函数,但已掌握随机变量样本,那么仍然可以估计斯皮尔曼相关。假设已有 X 和 Y 的 N 个样本,可以创建一个函数。根据该函数,取样本 x_i 或 y_i,然后可以得到该样本在 N 个样本中的秩。

$$\text{rank}(x_i)=x_i\text{ 在样本总体中的秩}$$

利用该函数,即可定义样本的斯皮尔曼相关系数:

$$\rho_S(X,Y)=\frac{\sum_{i=1}^{N}(\text{rank}(x_i)-\bar{r}_X)(\text{rank}(y_i)-\bar{r}_Y)}{\sqrt{\sum_{i=1}^{N}(\text{rank}(x_i)-\bar{r}_X)^2}\sqrt{\sum_{i=1}^{N}(\text{rank}(y_i)-\bar{r}_Y)^2}} \tag{3.6}$$

其中

$$\bar{r}_X=\frac{1}{N}\sum_{i=1}^{N}\text{rank}(x_i)$$

计算 ρ_S 时,如果数据中存在两个值相等的情况,那么两个相等值的秩均为平均秩。

斯皮尔曼相关有一个重要特性,即如果存在一个严格递增函数 $g(X)$,且该函数将 X 与 Y 关联起来,使 $Y=g(X)$,那么,$\rho_S(X,Y)=1$。此外,X 或 Y 的严格单调变换不会影响斯皮尔曼相关。

与皮尔森相关相同,可以计算随机变量集合 $\boldsymbol{X}=(X_1,X_2,\cdots,X_p)^{\mathrm{T}}$ 的斯皮尔曼相关矩阵。该矩阵称为 $\boldsymbol{R}_S$,计算公式为

$$R_{S,ij}=\rho_s(X_i,X_j)$$

3.1.3 肯德尔等级相关

3.1节采用的最后一种相关性度量方法为肯德尔(Kendall)等级相关系数,也称为肯德尔秩相关系数。与斯皮尔曼相关类似,该系数试图通过两个变量的秩,来衡量两个变量之间的关系。由于该相关系数需要查看随机变量的样本对,该相关系数最适合查看随机变量的样本总体。定义肯德尔相关时,以随机变量 x 和 y 的 N 个样本为例。检查所有样本对(x_i, y_i),其中,$i\neq j$。共有 $N(N-1)/2$ 个符合条件的样本对。观察每个样本对,即可发现,若 $x_i>x_j$,且 $y_i>y_j$,或若 $x_i<x_j$,且

$y_i < y_j$，则该 ij 样本对一致。若 $x_i > x_j$，且 $y_i < y_j$，或 $x_i < x_j$，且 $y_i > y_j$，则样本对不一致。若 $x_i = x_j$，或 $y_i = y_j$，则样本对相等。

通过对样本比较，将肯德尔相关定义为

$$\tau = \frac{(\text{一致对的个数}) - (\text{不一致对数量})}{\frac{1}{2}N(N-1)} \tag{3.7}$$

τ 的范围为[-1, 1]。肯德尔相关的特性是，对任一随机变量执行非线性递增换算，对其均没有影响：这一点与斯皮尔曼相关特性相同。如果变量 X 和 Y 服从联合正态分布，那么可以将 τ 与皮尔森相关系数联系起来。

$$\tau(X,Y) = \frac{2}{\pi}\arcsin\rho(X,Y)$$

如果需要通过关联结构将两个随机变量关联起来，那么将使用肯德尔相关系数。

图 3.2 将三种相关度量方法进行了比较。从图中可以看出，变量的严格递增函数转换对皮尔森相关有影响，但不影响斯皮尔曼相关和肯德尔相关。图中计算了随机变量(x, $x+0.05z$)之间的相关，以及(x,$(x+0.05z)^5$)之间的相关(其中 z 为标准正态随机变量)。斯皮尔曼相关系数和肯德尔相关系数均没有变化，而皮尔森相关系数则下降 15%。

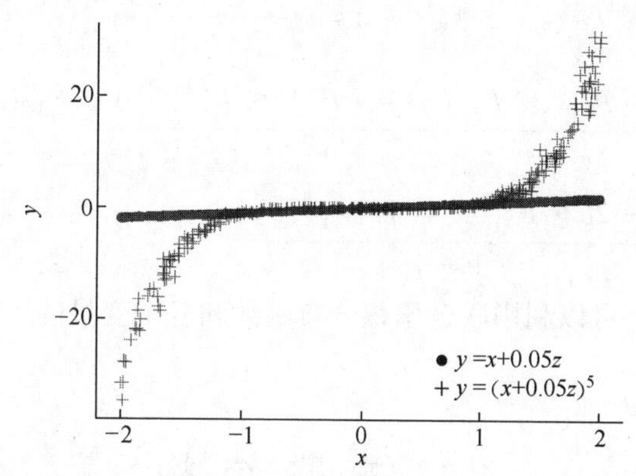

图 3.2 对两对随机变量(x, x+0.05z)和(x,(x+0.05z)^5)的 300 个样本进行皮尔森、斯皮尔曼和肯德尔相关度量进行比较，其中，z 为标准正态随机变量。针对(x, $x+0.05z$)相关，根据上述三种度量方法，得到 $\rho=0.999$、$\rho_S=0.999$，以及 $\tau=0.973$。针对(x,$(x+0.05z)^5$)相关，斯皮尔曼相关和肯德尔相关值不变，但是 $\rho=0.843$

3.1.4 尾部相关性

两个变量同时变化的另一重要特征即尾部相关性。它是一种靠近变量上界和

下界时变量之间相关性的度量。下界尾部相关性为

$$\lambda_{\mathrm{l}}(X,Y)=\lim_{q\to 0}P(Y\leqslant F_Y^{-1}(q)\mid X\leqslant F_X^{-1}(q)) \tag{3.8}$$

该参数表示当 X 到达其下界时,Y 亦到达其下界的概率。上界尾部相关性为

$$\lambda_{\mathrm{u}}(X,Y)=\lim_{q\to 1}P(Y>F_Y^{-1}(q)\mid X>F_X^{-1}(q)) \tag{3.9}$$

该参数表示 X 和 Y 同时达到其各自上界的概率。

尾部相关性与其他典型相关性度量不同,它只关注极值。例如,两个变量的皮尔森相关系数可能为 0.5,但其尾部相关性系数则要大得多,可达到 0.9。在很多具体应用中,如股票收益方面,已经证明这一点。在金融危机期间,平时相关性较低的多支股票就呈现出非常高的下界尾部相关性(所有股票均大幅下跌)。

可以利用两个变量的联合累积分布函数,表示其下界尾部相关性。根据累积分布函数的定义和全概率公式,得

$$P(Y\leqslant F_Y^{-1}(q)\mid X\leqslant F_X^{-1}(q))=\frac{F_{XY}(F_X^{-1}(q),F_Y^{-1}(q))}{F_X(F_X^{-1}(q))}=\frac{F_{XY}(F_X^{-1}(q),F_Y^{-1}(q))}{q} \tag{3.10}$$

式中,F_{XY} 为 X 和 Y 的联合累积分布函数。同样,根据联合累积分布函数,也可以将上界尾部相关性表示为

$$\begin{aligned}P(Y>F_Y^{-1}(q)\mid X>F_X^{-1}(q))&=\frac{P(Y>F_Y^{-1}(q),X>F_X^{-1}(q))}{P(Y>F_Y^{-1}(q))}\\&=\frac{1-P(X\leqslant F_X^{-1}(q))-P(Y\leqslant F_Y^{-1}(q))+F_{XY}(F_X^{-1}(q),F_Y^{-1}(q))}{1-F_X(F_X^{-1}(q))}\\&=\frac{1-2q+F_{XY}(F_X^{-1}(q),F_Y^{-1}(q))}{1-q}\end{aligned} \tag{3.11}$$

根据上述两个方程,可以利用联合累积分布函数和各个变量的边际累积分布函数,得出尾部相关性。

3.2 关联结构

在评估随机变量集合时,经常会出现这样一种情况,确定各个变量的边际累积分布函数或概率密度函数要比确定联合分布函数容易得多。此外,当给定一个数据样本时,即可以(利用 3.1 节所述三种方法中的任意一种)估计随机变量之间的相关性。那么,问题来了,假设这样一个场景,其中存在各个随机变量边际累积分布函数的估计,以及随机变量之间相关性的估计。是否可以生成变量之间的联合分布,并根据联合分布生成样本?很明显,由于许多函数均可以复制边际分布,且

存在具体相关性,所以,创建此类联合分布的方法不唯一。

为了解答这一问题,需要使用关联结构(拉丁语中称为 copulæ(耦合))。在将其概念推广到随机变量的一般集合之前,需要先讨论二元关联结构。“copula(关联结构)”一词来自拉丁语,意为“联系到一起”。在本书中,其是指将边际分布与联合分布联系到一起。

如果联合累积分布函数可以表示为如下形式,那么定义一个关联随机变量 X 和 Y 的关联结构 $C(u, v)$:

$$F_{XY}(x,y) = C(F_X(x), F_Y(y)) \tag{3.12}$$

该定义取各个变量的边际累积分布函数,并创建一个联合累积分布函数。通过 Sklar 定理可知,任何一个联合累积分布函数均存在一个这样的关联结构,且如果边际累积分布函数为连续函数,那么该关联结构唯一。一个关联结构有定义域 $u, v \in [0, 1]$,且其取值范围为$[0, 1]$。对于一个给定的关联结构,可以将联合概率密度函数定义为

$$f(x,y) = c(F_X(x), F_Y(y))f_X(x)f_Y(y) \tag{3.13}$$

其中,关联结构密度 $c(u, v)$ 为

$$c(u,v) = \frac{\partial^2}{\partial u \partial v}C(u,v) \tag{3.14}$$

该定义是式(2.25)的一种特殊情况。此外,条件累积分布函数 $C(v|u)$ 为

$$C(v|u) = \frac{\partial}{\partial u}C(u,v) \tag{3.15}$$

要计算关联结构的尾部相关性,可以将式(3.12)代入尾部相关性定义式(3.8)和式(3.9),得

$$\lambda_1 = \lim_{q \to 0} \frac{C(q,q)}{q} \tag{3.16}$$

和

$$\lambda_u = \lim_{q \to 1} \frac{1 - 2q + C(q,q)}{1 - q} \tag{3.17}$$

最简单的关联结构是独立关联结构:

$$C_I(u,v) = uv$$

在金融和保险业中,关联结构被广泛用于风险联合分布建模。由于根据边际分布映射联合分布的方法并不唯一,鉴于这一事实,需要用户自行选择关联结构的使用方式。选择关联结构时,必须权衡使用的便利性、与已观察到相关性的匹配度,以及尾部相关性。

3.2.1 正态关联结构

正态(或高斯)关联结构,虽简单,但实用:

$$C_N(u,v)=\Phi_R(\Phi^{-1}(u),\Phi^{-1}(v)) \tag{3.18}$$

该结构中,$\boldsymbol{R}$ 为预期联合分布的相关性矩阵。正态关联结构取样方便。给定两个随机变量 X 和 Y,以及其边际累积分布函数 $F_X(x)$ 和 $F_Y(y)$,即可通过下述过程,从 $C_N(F_X(x),F_Y(y))$ 中生成样本。

(1) 利用第2章所述的 Cholesky 分解方法,从两个随机变量 $\boldsymbol{Z} \sim N(\boldsymbol{0},\boldsymbol{R})$ 的集合中抽取样本。

(2) 计算 $u=\Phi(z_1)$ 和 $v=\Phi(z_2)$。

(3) 样本为 $x=F_X^{-1}(u)$ 和 $y=F_Y^{-1}(v)$。

因此,通过正态关联结构,可以创建一个联合分布。该联合分布有前述皮尔森相关,其中潜在的边际分布不一定为正态分布。该情况与两个变量为具有已知相关系数的多元正态分布不同。请注意,由于对角线为1且对称,所以,矩阵 $\boldsymbol{R}$ 只有1个自由度;该自由度可称为 ρ。可以看出,对于正态关联结构,肯德尔相关系数值为

$$\tau(X,Y)=\frac{2}{\pi}\arcsin\rho \tag{3.19}$$

因此,可以利用正态关联结构,得出给定联合分布的肯德尔相关系数期望值。

正态关联结构的尾部相关性为零:当一个变量接近 $\pm\infty$ 时,另一个变量发生同等变化的概率为零。因此,进行系统建模时,如果尾部相关性影响非常大,如分析系统在接近极值的输入变量下的行为时,正态关联结构可能不适用。

有人认为,2008年金融危机的罪魁祸首是正态关联结构(Jones,2009)。其原因在于,该关联结构忽视了一个事实,即虽然在正常情况下,各类抵押贷款违约并不相关,但当同一个社区中的每个人都被取消抵押品赎回权时,该社区的房价就会下跌,进而会出现更多的抵押贷款违约,届时,此等违约行为就会表现出很强的下界尾部相关性;而风险评估师们一直都未认识到这一事实,或者出于慈善考虑,他们并未说明相关原因。在量化某物理系统中的不确定度时,需要仔细分析尾部相关性的缺失。很多情况下均存在尾部相关性,因此,需要了解尾部相关性影响预测的方式。

图3.3显示了通过正态关联结构连接的两个均匀分布,其中,$\rho=0.8$。请注意两个随机变量之间出现明确相关的方式,两个随机变量关联的结果是分布的角落中出现了数据聚集。这些样本的一个重要特性在于它们均非正态分布,仅通过一个正态关联结构相连。

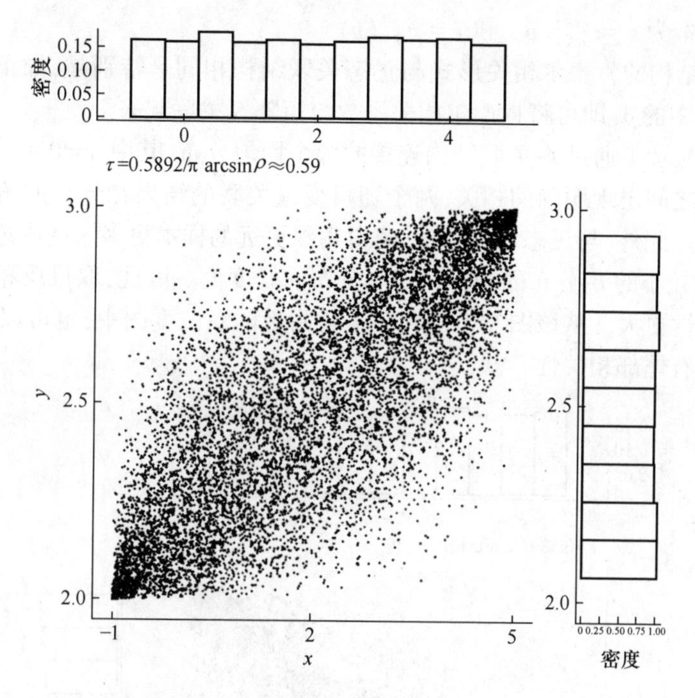

图 3.3 通过 $\rho=0.8$ 的正态关联结构连接的均匀随机变量 $X\sim U(-1,5)$ 和 $Y\sim U(2,3)$ 样本。图中还显示了根据上述 10^4 个样本得出的 τ 的经验值以及根据方程(3.19)得出的预测值

3.2.2 *t*-关联结构

t-分布与正态分布类似:该分布为单峰分布,但其峰度大于正态随机变量峰度。该分布可以用于定义尺度参数 $v>0$ 的 t-关联结构,以及对称的正定尺度矩阵 $\boldsymbol{S}$。该矩阵的对角线元素为

$$C_t(u,v)=F_t(F_t^{-1}(u),F_t^{-1}(v)) \tag{3.20}$$

式中,F_t 为 t - 分布的联合累积分布函数,包含参数 $\boldsymbol{\mu}=\boldsymbol{0}$、$\boldsymbol{S}$ 和 v。累积分布函数 $F_t(x)$ 为带参数 v 的 t - 分布的累积分布函数。$\boldsymbol{S}$ 矩阵中的自由度数值将写作 r。

从通过 t-关联结构连接的随机变量中取样时,使用与正态关联结构相似的取样过程:

(1) 利用第 2 章所述的 Cholesky 分解方法,从两个随机变量 $\boldsymbol{Z}\sim N(\boldsymbol{0},\boldsymbol{S})$ 的集合中抽取样本。

(2) 计算 $\hat{\boldsymbol{Z}}=\sqrt{w}\boldsymbol{Z}$,式中 w 为从逆伽马分布中抽取的样本,$W\sim \mathrm{IG}(v/2,v/2)$。

(3) 计算 $u=F_t(z_1)$ 和 $v=F_t(\hat{z_2})$。

(4) 样本为 $x = F_X^{-1}(u)$ 和 $y = F_Y^{-1}(v)$ 。

t-关联结构的肯德尔相关形式与正态关联结构相同。特别是,如果用 r 替换掉式(3.19)中的 ρ,即可将肯德尔相关系数与矩阵 $\boldsymbol{S}$ 关联起来。

图3.4显示了通过 t-关联结构连接的两个均匀分布,其中,$r=0.8$。请注意两个随机变量之间出现明确的相关,两个随机变量关联的结果在分布的角落中出现了数据聚集。此外,与正态情况相比,离对角线更远的样本更多。造成这一现象的原因是,v 值较小的 t-分布的峰度比正态分布的峰度大。因此,取得反相关值作为样本的可能性更大。从该图左下角和右上角附近的点浓度图中,也可以观察到 t-关联结构具有尾部相关性。

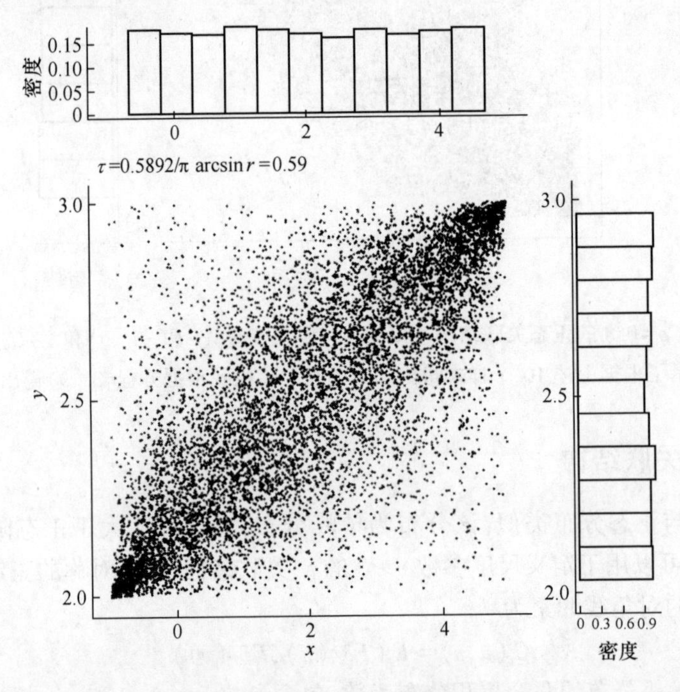

图3.4 通过 $r=0.8$ 且 $v=4$ 的 t-关联结构连接的均匀随机变量 $X\sim U(-1, 5)$ 和 $Y\sim U(2, 3)$ 样本。图中还显示了根据上述 10^4 个样本得出的 τ 的经验值以及根据方程(3.19)得出的预测值

如果利用 t-关联结构连接两个正态随机变量,那么可以更清楚地观察到尾部相关性。图3.5将 t-关联结构和正态关联结构做了比较。从图中可以看到,尾部相关性表现为,t-关联结构中,越趋近于左上角和右下角,样本占据的面积越小,正态连接结构中,则不存在这样的情况。尽管两种分布的 t 值相同,X 和 Y 的边际分布也相同,但尾部仍存在此等差异。作为 r 和 v 函数的基础分布的变化如图3.6所示。该图中,两个标准正态随机变量由 t-关联结构连接。随着 τ 值增加,分布之间的尾部相关性也愈加明显。

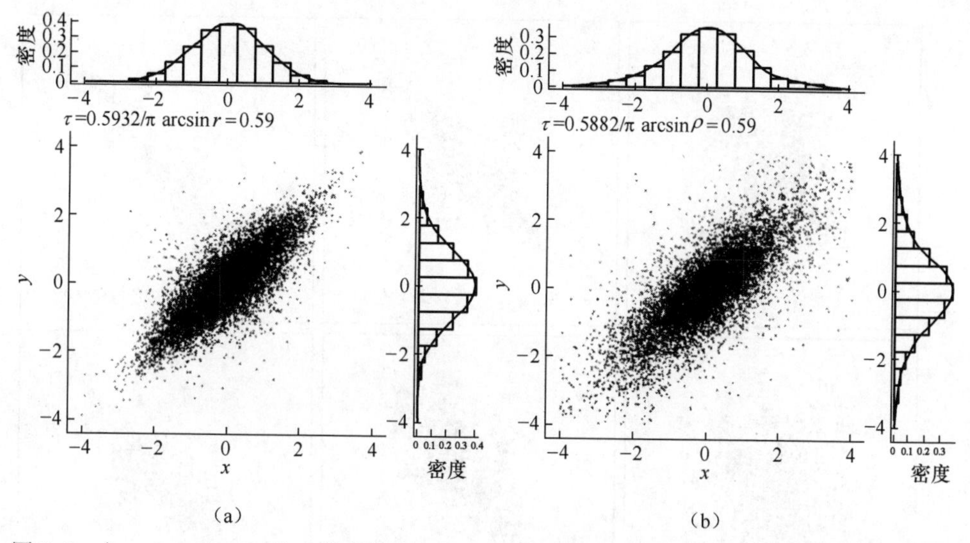

图 3.5 由 $r=0.8$ 且 $v=4$ 的 t-关联结构(a)和 $\rho=0.8$ 的正态关联结构(b)连接的标准正态随机变量 $X\sim N(0,\ 1)$ 和 $Y\sim N(0,\ 1)$ 样本。图中还显示根据上述 10^4 个样本得出的 τ 的经验值以及根据方程(3.19)得出的预测值。注意正态关联结构不存在 t-关联结构中的尾部相关性：当一个变量接近±4 时，另一个变量也可能接近±4。

3.2.3 弗雷歇关联结构

弗雷歇(Fréchet)关联结构 C_{L} 和 C_{U} 为简单关联结构，通过斯皮尔曼相关系数(±1)连接随机变量。此外，其他所有关联结构均必须满足条件 $C_{\mathrm{L}}\leqslant C\leqslant C_{\mathrm{U}}$。弗雷歇关联结构为

$$C_{\mathrm{L}}(u,v)=\max(u+v-1,0),C_{\mathrm{U}}(u,v)=\min(u,v) \tag{3.21}$$

通过 C_{L} 可以得到变量之间的完全负相关，而利用 C_{U} 则可以得到变量之间的完全正相关。然后，可以将两个弗雷歇关联结构组合到一起，用于说明[-1, 1]之间的斯皮尔曼相关系数：

$$C_A(u,v)=(1-A)C_{\mathrm{L}}(u,v)+AC_{\mathrm{U}}(u,v),A\in[0,1] \tag{3.22}$$

该组合较为简单，通过组合可以由 $2A-1$ 得到斯皮尔曼相关系数。

3.2.4 阿基米德关联结构

还有另一类关联结构，即阿基米德(Archimedean)关联结构。此类结构可以轻易推及任意维度数，并有显示公式。该关联结构由生成元函数 $\varphi(t)$ ($t\in[0,\infty)$) 定义。给定一个生成元，即可定义拟逆元

$$\hat{\varphi}^{-1}(t)\equiv\begin{cases}\varphi^{-1}(t),0\leqslant t\leqslant\varphi(0)\\0,\varphi(0)<t<\infty\end{cases} \tag{3.23}$$

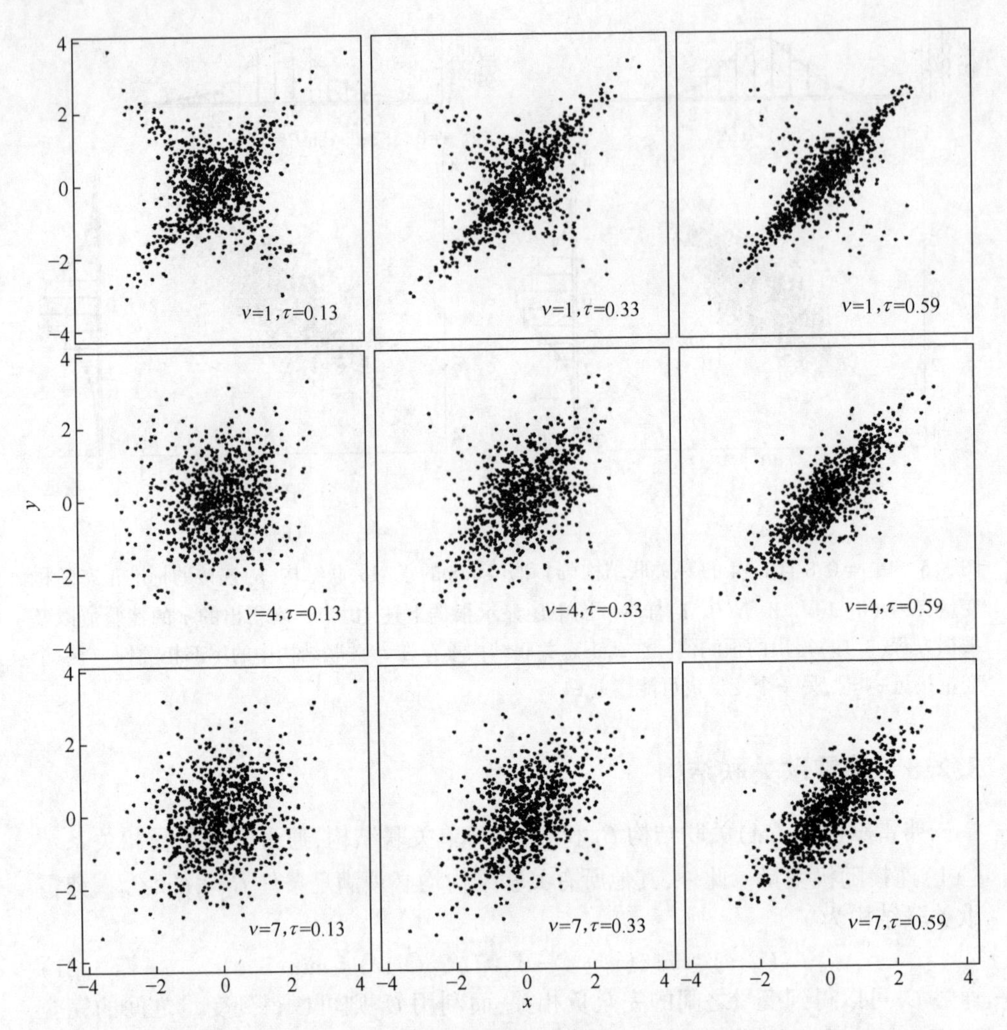

图 3.6 由含数个 r 值和 v 值的 t-关联结构连接的标准正态随机变量 $X\sim N(0,\ 1)$ 和 $Y\sim N(0,\ 1)$ 的样本。每一行有一个为常数的 v 值，每一列有一个为常数的 r 值(以及相应的 τ 值)

根据生成元和拟逆元,$\varphi(t)$ 的阿基米德关联结构为

$$C_{\varphi}(u,v)=\hat{\varphi}^{-1}(\varphi(u)+\varphi(v)) \tag{3.24}$$

“阿基米德”这一术语源自概率空间三角不等式的出现；根据这一情况，用锡拉丘兹(Syracuse)的阿基米德命名了一个特定范数，其形式如式(3.24)所示。

阿基米德关联结构可交换

$$C_{\varphi}(u,v)=C_{\varphi}(v,u)$$

可组合

$$C_{\varphi}(C_{\varphi}(u,v),w)=C_{\varphi}(u,C_{\varphi}(v,w))$$

且保序

$$C(u_1,v_1) > C(u_2,v_2), u_1 > u_2, v_1 > v_2$$

下文将利用其可组合的特性,为任意个变量轻松创建阿基米德关联结构。

此外,可以通过式(3.25)将阿基米德关联结构与肯德尔相关系数联系起来

$$\tau(U,V) = 1 + 4\int_0^1 \frac{\varphi(t)}{\varphi'(t)}\mathrm{d}t \tag{3.25}$$

可以定义多个阿基米德关联结构,下文仅论述最常用的两种。

3.2.4.1 弗兰克关联结构

弗兰克(Frank)关联结构是一种常用的阿基米德关联结构。该关联结构仅有唯一参数 $\theta \neq 0$,以及一个生成元函数

$$\varphi_{\mathrm{F}}(t) = -\log\left(\frac{\mathrm{e}^{-\theta t} - 1}{\mathrm{e}^{-\theta} - 1}\right) \tag{3.26}$$

其逆函数为

$$\hat{\varphi}^{-1}(t) = -\frac{1}{\theta}\log(1 + \mathrm{e}^{-t}(\mathrm{e}^{-\theta} - 1)) \tag{3.27}$$

因此,得到关联结构

$$C_{\mathrm{F}}(u,v) = -\frac{1}{\theta}\log\left(1 + \frac{(\mathrm{e}^{-\theta u} - 1)(\mathrm{e}^{-\theta v} - 1)}{\mathrm{e}^{-\theta} - 1}\right) \tag{3.28}$$

弗兰克关联结构的特性之一,即当 θ ∞ 时,关联结构称为上界弗雷歇关联结构:$C_{\mathrm{F}} \to C_{\mathrm{U}}$;当 $\theta \to -\infty$ 时,关联结构趋近于下界弗雷歇关联结构:$C_{\mathrm{F}} \to C_{\mathrm{L}}$。

可以根据式(3.25),计算弗兰克关联结构肯德尔相关系数的值

$$\tau_{\mathrm{F}}(U,V) = 1 - \frac{2(3\theta^2 - 6i\pi\theta + 6\theta - 6\theta\log(\mathrm{e}^{\theta} - 1) - 6\,\mathrm{Li}_2(\mathrm{e}^{\theta}) + \pi^2)}{3\theta^2} \tag{3.29}$$

式中,$Li_s(z)$ 为多重对数函数。表 3.1 提供与各 θ 值对应的 τ_{F} 理想值。此外,τ_{F} 值与 θ 的函数关系如图 3.7 所示。弗兰克关联结构的尾部相关性为零。图 3.8 所示为通过弗兰克关联结构连接的标准正态变量的样本,未在图中观察到尾部相关性。

表 3.1 采用弗兰克关联结构的肯德尔相关系数的不同值对应的 θ 值

τ_{F}	θ
0.1	0.907368
0.2	1.860880
0.3	2.917430
0.4	4.161060
0.5	5.736280
0.6	7.929640

续表

τ_F	θ
0.7	11.411500
0.8	18.191500
0.9	26.508600

请注意，τ_F 值为负时，对应的 θ 值也为负。

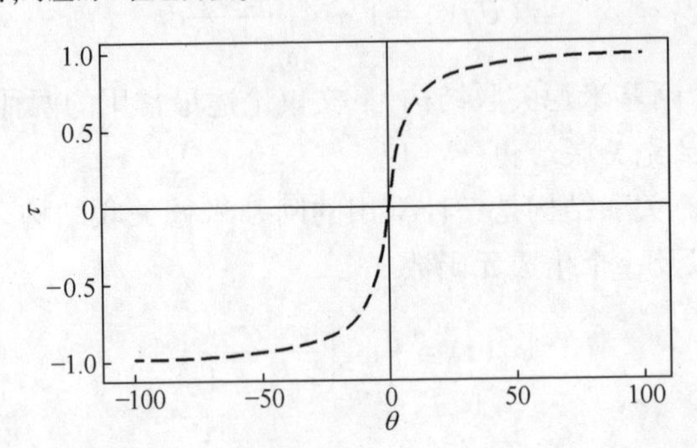

图 3.7 作为弗兰克关联结构 θ 值函数的肯德尔相关系数

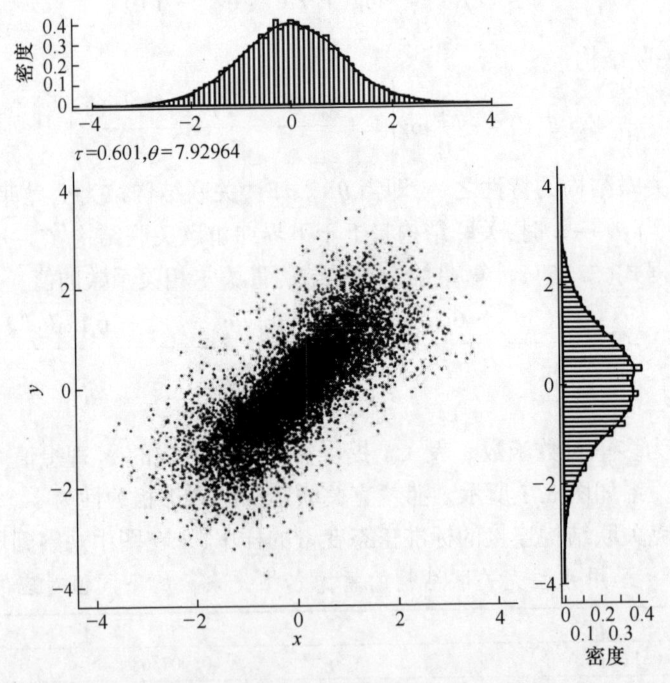

图 3.8 由弗兰克关联结构（选定 θ，得到 $\tau=0.6$）连接的标准正态随机变量 $X\sim N(0,1)$ 和 $Y\sim N(0,1)$ 的样本。请注意，由于右上角和左下角附近不集中，所以缺乏尾部相关性。相对于正态关联结构和 t-关联结构，弗兰克关联结构中的点呈矩形带状聚集。对角线方向上缺少样本点，由此也可以看出缺乏尾部相关性

图 3.9 所示为来自弗兰克关联结构的样本，显示了表 3.1 中给出的 θ 值。由图可以看出，θ 值越大，分布越往中心聚集，但未观察到尾部相关性。

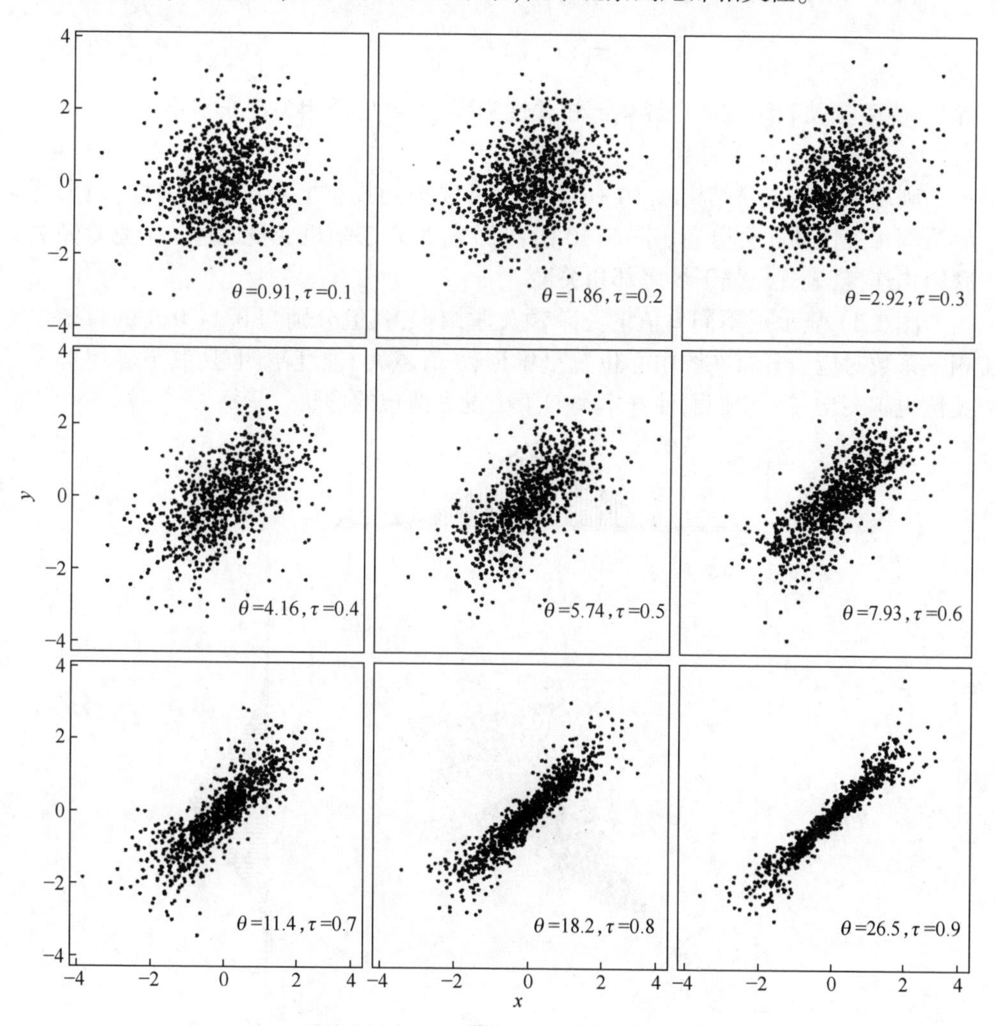

图 3.9 由取自表 3.1 的数个 θ 值的弗兰克关联结构连接的标准正态随机变量 $X \sim N(0, 1)$ 和 $Y \sim N(0, 1)$ 的样本

3.2.4.2 克莱顿关联结构

克莱顿（Clayton）关联结构生成元函数只有一个参数 $\theta>0$，其生成元函数为

$$\varphi_{\mathrm{C}}(t) = t^{-\theta} - 1 \tag{3.30}$$

其逆函数为

$$\hat{\varphi}_{\mathrm{C}}^{-1}(t) = (1 + t)^{-1/\theta} \tag{3.31}$$

得到关联结构为

$$C_{\mathrm{C}}(u,v) = \max\left(0, u^{-\theta} + v^{-\theta} - 1\right)^{-1/\theta} \tag{3.32}$$

利用克莱顿关联结构,可以得到联合分布的肯德尔相关系数

$$\tau_{\mathrm{C}}(U,V) = \frac{\theta}{\theta + 2} \tag{3.33}$$

此外,克莱顿关联结构的上界尾部相关性为零,下界尾部相关性非零:

$$\lambda_1 = 2^{-1/\theta} \tag{3.34}$$

利用克莱顿关联结构 $C_{\mathrm{C}}(1-u,1-v)$,可以得到具有上界尾部相关性,但无下界尾部相关性的联合分布。图3.10中,两个标准正态随机变量通过一个克莱顿关联结构连接,表现出强下界尾部相关性。

图3.11显示了不同 θ 值的克莱顿关联结构,其值分别与0.1~0.9的肯德尔相关系数对应。分布在图中心位置呈锥形,θ 值越大,锥度越明显,其下界尾部相关性也越突出,符合预测,使样本类似于庆祝表情包的形状。

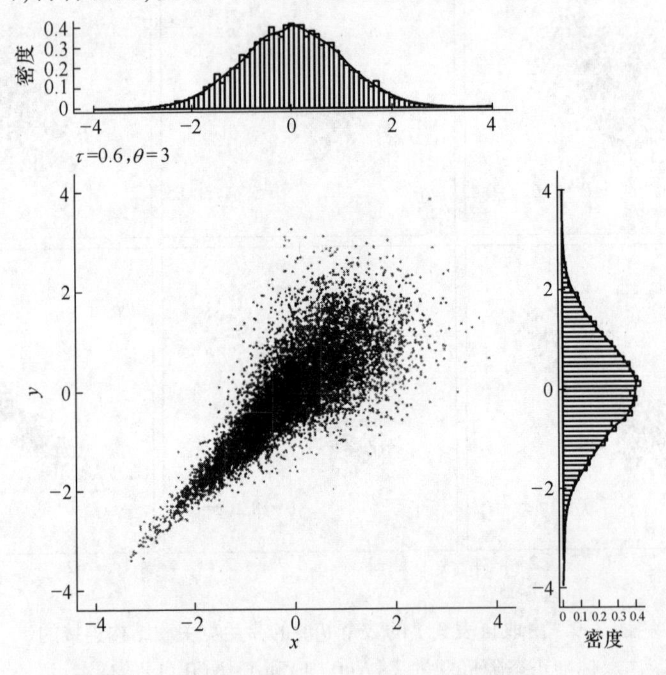

图3.10 由克莱顿关联结构(选定 θ,得到 $\tau=0.6$)连接的标准正态随机变量 $X\sim N(0,1)$ 和 $Y\sim N(0,1)$ 的样本。样本表现出强下界尾部相关性和零上界尾部相关性

3.2.5 双变量关联结构抽样

上文已经论述过从 t-关联结构和正态关联结构中抽样的方法,但此等抽样过程并不适用于一般关联结构。下面介绍的方法,可以直接从关联结构产生的联合

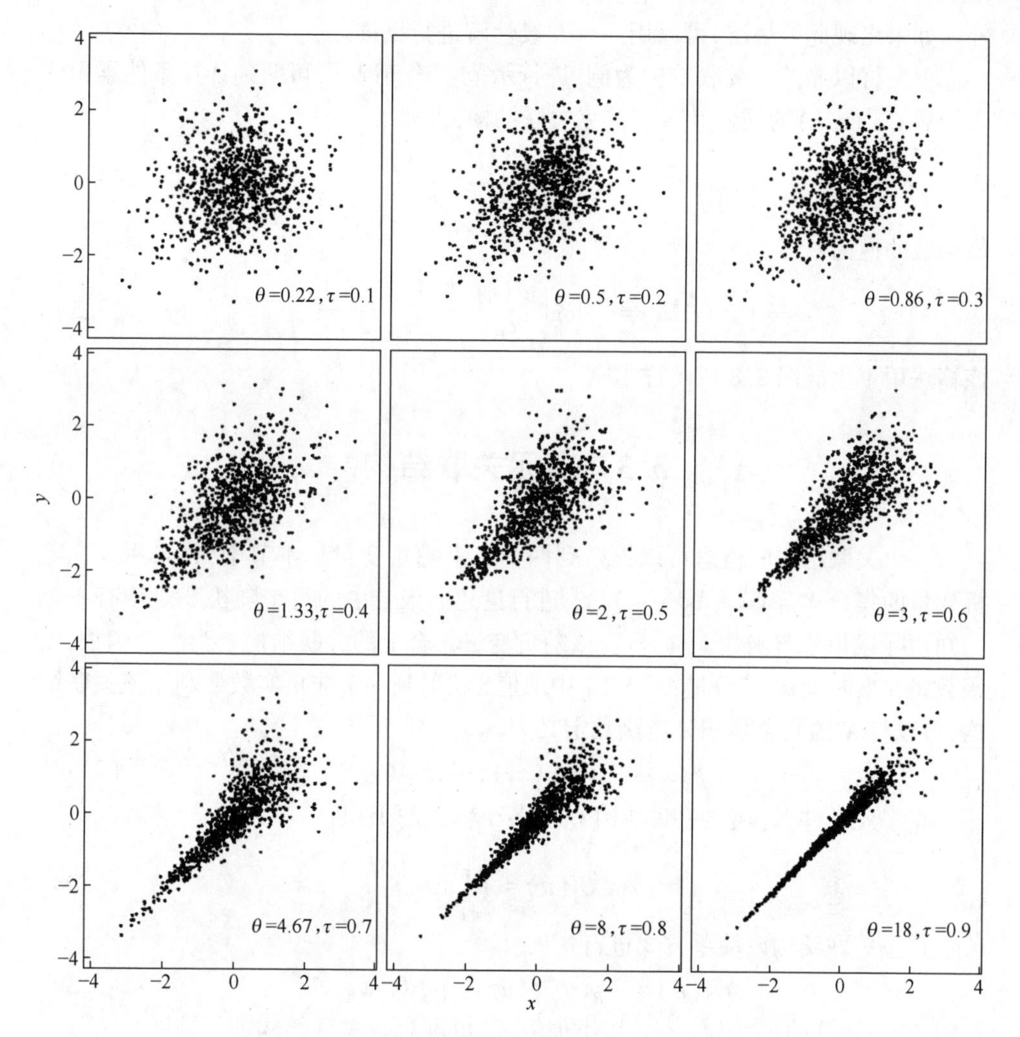

图 3.11　由含数个 θ 值的克莱顿关联结构连接的标准正态随机变量 $X\sim N(0,\ 1)$ 和 $Y\sim N(0,\ 1)$ 的样本

分布中抽取样本。以来自随机变量 X 和 Y、$F_X(x)$ 和 $F_Y(y)$，以及关联结构 $C(u,\ v)$ 的边际累积分布函数为例。从 $C(F_X(x), F_Y(y))$ 所得联合分布中抽样的过程如下：

(1) 生成两个均匀分布的随机变量 ξ_1 和 ξ_2，且 $\xi_i \sim U(0,\ 1)$。

(2) 设

$$w \equiv C^{-1}(\xi_2 | \xi_2)$$

(3) 样本 x 和 y 为 $x = F_X^{-1}(\xi_1)$ 和 $y = F_Y^{-1}(w)$ 。

一般情况下，抽样过程均较为简单。但在未知 $C^{-1}(v|u)$ 的情况下，则可能例

外。如果出现此等情况,可以用一个非线性解进行反推。

下文将以弗兰克关联结构为例,进行示范。该情况下,可明确计算条件累积分布函数 $C^{-1}(v|u)$ 的逆。针对弗兰克关联结构,可知

$$C_{\mathrm{F}}(v|u)=\frac{\mathrm{e}^{\theta}(\mathrm{e}^{\theta v}-1)}{-\mathrm{e}^{\theta}+\mathrm{e}^{\theta+\theta u}-\mathrm{e}^{\theta(u+v)}+\mathrm{e}^{\theta+\theta v}} \tag{3.35}$$

该函数的逆为

$$C_{\mathrm{F}}^{-1}(\xi|u)=\frac{1}{\theta}\log\left(\frac{\mathrm{e}^{\theta}(\xi(\mathrm{e}^{\theta u}-1)+1)}{\xi\mathrm{e}^{\theta u}-\mathrm{e}^{\theta}(\xi-1)}\right) \tag{3.36}$$

该算法用于生成图3.8所示样本。

3.3 多元关联结构

一个关联结构的概念可以推广到两个以上随机变量。本节中,将采用 p 个随机变量的集合 $\boldsymbol{X}=(X_1,X_2,\cdots,X_p)^{\mathrm{T}}$ 进行论述。集合中的每个随机变量均有一个已知边际累积分布函数 $F_{Xi}(x_i)$。该随机变量集合上的关联结构 C 为一个函数,该函数将 p 维向量 $\boldsymbol{u}$(各分量在[0,1]中取值)映射到一个非负实数。利用该关联结构,可以将 $\boldsymbol{X}$ 的联合累积分布函数定义为

$$F(\boldsymbol{x})=C(F_{X_1}(x_1),\cdots,F_{X_p}(x_p)) \tag{3.37}$$

在多元条件下,独立关联结构 C_1 为各个输入的乘积:

$$C_1(\boldsymbol{u})=\prod_{i=1}^{p}u_i \tag{3.38}$$

正态关联结构以简单方式进行扩展:

$$C_N(\boldsymbol{u})=\boldsymbol{\Phi}_R(\boldsymbol{\Phi}^{-1}(u_1),\cdots,\boldsymbol{\Phi}^{-1}(u_p)) \tag{3.39}$$

此时,相关矩阵的尺寸为 $p\times p$。以类似方式,也可对 t-关联结构进行扩展:

$$C_t(\boldsymbol{u})=F_t(F_t^{-1}(u_1),\cdots,F_t^{-1}(u_p)) \tag{3.40}$$

针对上述两类关联结构,上文已经说明从联合分布中抽样的过程。前文所述算法需要从一个多元正态随机变量(非二元正态随机变量)中抽取 p 个样本,余下的算法自然进行。此类关联结构的多元变量扩展中,变量之间的相关性将由 $\boldsymbol{R}$ 矩阵和 $\boldsymbol{S}$ 矩阵规定。

维度更高的阿基米德关联结构同样也存在一个自然扩展。此类关联结构可以写为

$$C_{\varphi}(\boldsymbol{u})=\hat{\varphi}^{-1}(\varphi(u_1)+\cdots+\varphi(u_p)) \tag{3.41}$$

注意,根据该定义,每个生成元均必须采用相同的 θ 值。这就表示,所有变量的肯德尔相关系数均相同,甚至可能所有变量的尾部相关性也相同。

3.3.1 多元阿基米德关联结构抽样

可以采用马歇尔-奥尔金(Marshall-Olkin)算法从阿基米德关联结构中抽样。该算法中,需要采用生成元函数 $\varphi(t)$ 拟逆元的逆拉普拉斯(Laplace)变换。结果表明,生成元函数的逆拉普拉斯变换是一个累积分布函数。将生成元的拟逆的拉普拉斯变换记作 $F(s) \equiv L[\varphi^{-1}(t)]$。根据该累积分布函数,可以得到该算法:

(1) 样本 $s = F^{-1}(\xi)$,其中 $\xi \sim U(0, 1)$。

(2) 创建 p 个样本 $\boldsymbol{u}$, 其中 $u_i \sim U(0, 1)$。

(3) 创建 p 个 v 值,其中 $v_i = \varphi^{-1}(-\log(u_i)/s)$。

(4) 从 $F(X)$ 中抽取的样本为 $x_i = F_{X_i}^{-1}(v_i)$ 。

对于 θ 值为正的克莱顿关联结构,通过生成元逆拉普拉斯转换得到参数为 $\alpha + 1 = \theta^{-1}$ 和 $\beta = 1$ 的伽马分布的累积分布函数。对于弗兰克关联结构,当 θ 值为正时,函数 F 为离散随机变量的累积分布函数:

$$F(k) = \frac{(1 - \mathrm{e}^{-\theta})^k}{k\theta}, k = 1,2,\cdots$$

对于多元关联结构,我们所定义的阿基米德关联结构在所有变量之间具有同等相关性,如图 3.12 所示。该图显示了通过 $\theta = 3$ 的克莱顿关联结构连接的 5D 联

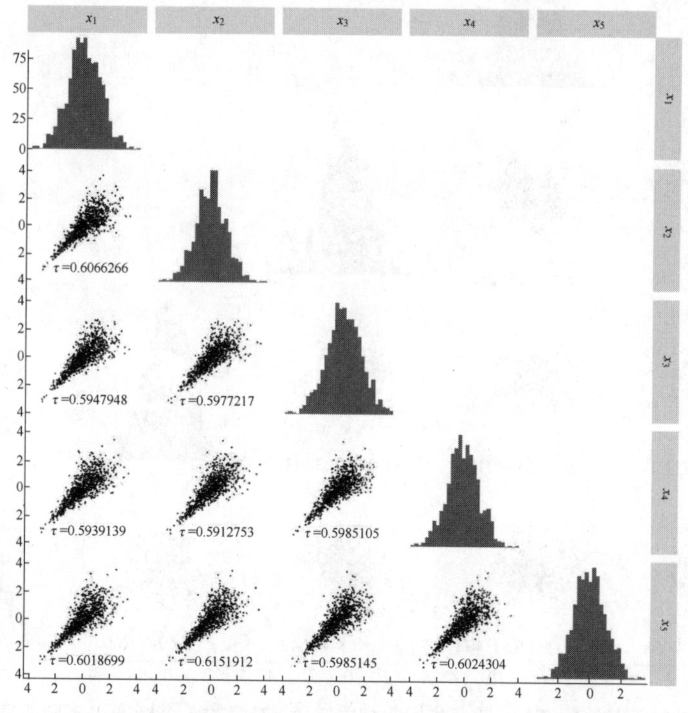

图 3.12 由 $\theta = 3$ 的克莱顿关联结构连接的 5 个标准正态随机变量的样本。注意每对变量之间的肯德尔相关系数是常数

合分布的 2D 投影。其边际分布均为标准正态分布。此种情况与正态关联结构(或 t-关联结构)的情况不同,变量之间的相关性可能因变量对的不同而不同。在图 3.13 中,来自 5D 正态关联结构的样本的相关矩阵为

$$\boldsymbol{R}=\begin{pmatrix}1.00 & 0.75 & 0.50 & 0.25 & 0.12\\ 0.75 & 1.00 & 0.50 & 0.25 & 0.12\\ 0.50 & 0.50 & 1.00 & 0.12 & 0.50\\ 0.25 & 0.25 & 0.12 & 1.00 & 0.12\\ 0.12 & 0.12 & 0.50 & 0.12 & 1.00\end{pmatrix}$$

此种情况下,变量对之间的关联性确实会发生变化。

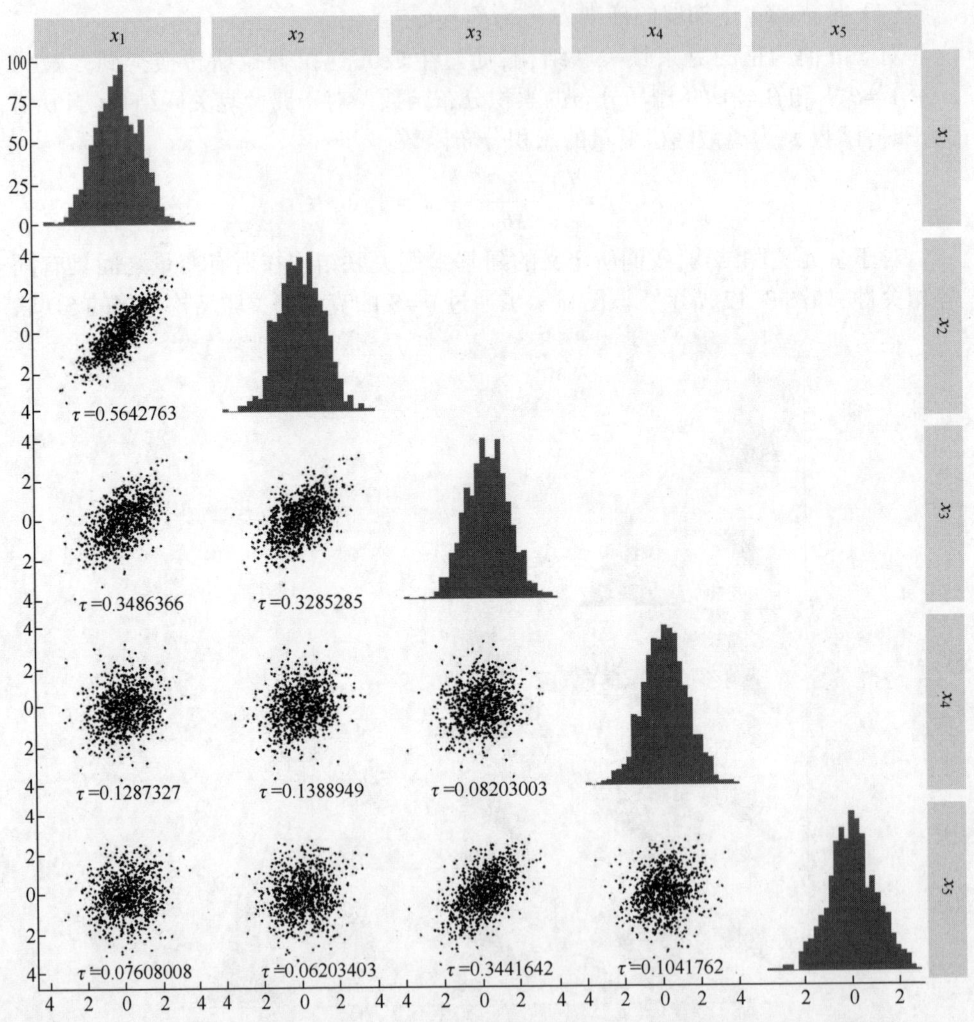

图 3.13 来自正态关联结构(具有非均匀相关矩阵)连接的 5 个标准正态随机变量的样本。注意每对变量之间的肯德尔相关系数值如何出现差异

3.4 随机变量归约:奇异值分解

本节将讨论一种从一组相关的随机变量中创建不相关的随机变量的方法。将通过数据的奇异值分解来实现这一操作。该过程有多个名称,包括主成分分析、霍特林(Hotelling)变换,以及本征正交分解。该过程可以通过识别一组不相关的随机变量来减少数据集的维数,这些随机变量产生观察到的相关随机变量。

假设集合中包含 p 维随机变量 $\boldsymbol{X}$,n 个随机变量样本,且 $n>p$。可以将这些样本组成 $n\times p$ 的矩阵(n 行、p 列),具体形式为

$$\boldsymbol{A}=\begin{pmatrix} x_1^{(1)} & x_2^{(1)} & \cdots & x_{p-1}^{(1)} & x_p^{(1)} \\ x_1^{(2)} & x_2^{(2)} & \cdots & x_{p-1}^{(2)} & x_p^{(2)} \\ \vdots & & & & \\ x_1^{(n)} & x_2^{(n)} & \cdots & x_{p-1}^{(n)} & x_p^{(n)} \end{pmatrix} \tag{3.42}$$

假设该矩阵 $\boldsymbol{A}$ 每一行的均值皆为零;可以通过从矩阵中减去各行的均值,来满足该条件。

一般情况下,矩阵 $\boldsymbol{A}$ 为矩形,即 $n\neq p$。针对这样一个矩阵,可以对其进行奇异值分解(Singular Value Dewmposition,SVD):

$$\boldsymbol{A}=\boldsymbol{USV}^{\mathrm{T}} \tag{3.43}$$

该分解中:

(1) $\boldsymbol{U}$ 为一个 $n\times p$ 的正交矩阵,即 $\boldsymbol{U}^{\mathrm{T}}\boldsymbol{U}=\boldsymbol{I}$ 且 $\boldsymbol{UU}^{\mathrm{T}}=\boldsymbol{I}$,其中 $\boldsymbol{I}$ 为一个单位矩阵。

(2) $\boldsymbol{S}$ 为一个 $p\times p$ 的对角矩阵,且矩阵中各项为非负的。

(3) $\boldsymbol{V}$ 为一个 $p\times p$ 的正交矩阵。

奇异值分解与 $\boldsymbol{AA}^{\mathrm{T}}$ 或 $\boldsymbol{A}^{\mathrm{T}}\boldsymbol{A}$ 的特征值分解相关。为证明这一点,式(3.43)左侧乘以 $\boldsymbol{A}^{\mathrm{T}}$, 得

$$\boldsymbol{A}^{\mathrm{T}}\boldsymbol{A}=(\boldsymbol{USV}^{\mathrm{T}})^{\mathrm{T}}\boldsymbol{USV}^{\mathrm{T}}=\boldsymbol{VSU}^{\mathrm{T}}\boldsymbol{USV}^{\mathrm{T}}=\boldsymbol{VS}^2\boldsymbol{V}^{\mathrm{T}}$$

同理,右侧乘以 $\boldsymbol{A}^{\mathrm{T}}$, 得

$$\boldsymbol{AA}^{\mathrm{T}}=\boldsymbol{US}^2\boldsymbol{U}^{\mathrm{T}}$$

矩阵 $\boldsymbol{S}$ 中的项可以解释为 $\boldsymbol{AA}^{\mathrm{T}}$ 和 $\boldsymbol{A}^{\mathrm{T}}\boldsymbol{A}$ 特征值的平方根。因此,可以将这些项称为 $\sqrt{\lambda_i}$,并将其按照降序排列:

$$\lambda_1\geqslant\lambda_2\geqslant\cdots\geqslant\lambda_r$$

式中,r 为 $\boldsymbol{A}^{\mathrm{T}}\boldsymbol{A}$ 非零特征值的个数。

注意,矩阵 $\boldsymbol{A}^{\mathrm{T}}\boldsymbol{A}$ 是 p 个随机变量的协方差矩阵的近似值,因为行和列之间的点

积是协方差定义中积分的近似值。

由于已知如何解释矩阵 $\boldsymbol{S}$ 中的数值,可以进一步解释矩阵 $\boldsymbol{U}$ 和 $\boldsymbol{V}$ 的含义。通过乘以 $\boldsymbol{V}$,将矩阵 $\boldsymbol{A}$ 转换为 $n \times p$ 的正交矩阵:

$$\boldsymbol{T} \equiv \boldsymbol{AV}$$

所得矩阵的列为原矩阵列的线性组合。矩阵 $\boldsymbol{T}$ 中,列与列之间的协方差为零。用矩阵 $\boldsymbol{T}$ 乘以其转置阵,即可证明这一点。矩阵 $\boldsymbol{T}^{\mathrm{T}}\boldsymbol{T}$ 是数据矩阵 $\boldsymbol{T}$ 的协方差矩阵,由对角矩阵得

$$\boldsymbol{T}^{\mathrm{T}}\boldsymbol{T} = (\boldsymbol{US})^{\mathrm{T}}\boldsymbol{US} = \boldsymbol{S}^2$$

因此,矩阵 $\boldsymbol{V}$ 的列给出原始变量线性组合的系数,用于创建 p 个不相关变量。

矩阵 $\boldsymbol{U}$ 的行是由 $\boldsymbol{V}$ 的列定义的线性组合产生的不相关随机变量的值,除以 $\sqrt{\lambda_i}$ 。要验证这一点,需要查看矩阵 $\boldsymbol{T}$:

$$\boldsymbol{T} = \boldsymbol{AV} = \boldsymbol{US}$$

或

$$\boldsymbol{U} = \boldsymbol{TS}^{-1}$$

此外,矩阵 $\boldsymbol{U}$ 中各列的均值皆为零。因此,矩阵 $\boldsymbol{U}$ 的各行均包含 p 个均值为零的不相关随机变量的值。

总而言之,奇异值分解将原始数据矩阵转换为均值为零的不相关变量的矩阵 $\boldsymbol{U}$。而矩阵中的变量被重新缩放为原始变量的线性组合。矩阵 $\boldsymbol{V}$ 定义了线性组合,对角矩阵 $\boldsymbol{S}$ 给出了缩放比例。

3.4.1 近似数据矩阵

为验证奇异值分解的作用方式,并学习如何通过奇异值分解求原始矩阵的近似,可以将其写作一个和

$$\boldsymbol{A} = \sum_{i=1}^{r} \sqrt{\lambda_i}\,\boldsymbol{u}_i \boldsymbol{v}_i^{\mathrm{T}} \tag{3.44}$$

式中,$\boldsymbol{u}_i$为矩阵 $\boldsymbol{U}$ 的第 i 列;$\boldsymbol{v}_i$为矩阵 $\boldsymbol{V}$ 的第 i 列。假设该和的各项为一个 $n \times p$ 矩阵,可以利用这些项的子集,写出矩阵 $\boldsymbol{A}$ 的一个近似。仅使用和中 k 项的矩阵称为 $\boldsymbol{A}_k$,即

$$\boldsymbol{A}_k = \sum_{i=1}^{k} \sqrt{\lambda_i}\,\boldsymbol{u}_i \boldsymbol{v}_i^{\mathrm{T}}$$

由此可知,$\boldsymbol{A}_k$是矩阵 $\boldsymbol{A}$ 的最佳秩 k 近似。

可以将得出 $\boldsymbol{A}_k$的简化展开式解释为奇异值分解

$$\boldsymbol{A}_k = \boldsymbol{US}_k\boldsymbol{V}^{\mathrm{T}}$$

式中,$\boldsymbol{S}_k$包含矩阵 $\boldsymbol{S}$ 的前 k 项,且此后各项为零。

同样,可以取矩阵 $\boldsymbol{V}$ 的前 k 列,将其称为矩阵 $\boldsymbol{V}_k$。因此,用矩阵 $\boldsymbol{A}$ 乘以该矩

阵，则得到一个 $n\times k$ 的矩阵 $\boldsymbol{T}_k=\boldsymbol{A}\boldsymbol{V}_k$。可以将该矩阵的列解释为 k 个随机变量。此等随机变量近似于 p 个随机变量的全集。

3.4.2　利用奇异值分解归约随机变量个数

下文中将述及，输入随机变量的个数是影响不确定度量化研究计算成本的决定因素。此种情况下，可以通过奇异值分解归约输入随机变量的个数。如果假设模拟中名义上有 p 个输入随机变量，且这样的随机变量有 n 个样本，就可以形成上文所述的矩阵 $\boldsymbol{A}$。然后，在该矩阵上进行奇异值分解，以确定不相关变量的个数。例如，若 $r<p$，则可以利用少于 p 个随机变量，精确表示矩阵 $\boldsymbol{A}$。

还可以通过奇异值分解，根据模型方程的数值解，创建少量解。还有一种情况，即当有限数量的点上存在对模型方程的数值解时，可以通过奇异值分解，用少量不相关随机变量，表示数值解中的可变性。假设已知 p 个点上模型方程的解，这些点可以出现在任意维数中，但只能将其写作一个单向量。对于每个输入随机变量的实现，可以得到一个不同的向量。通过这些向量，创建上文所述的数据矩阵。

无论是否需要归约输入或输出随机变量的个数，k 个不相关随机变量均可以充分表示数据中很大一部分方差。需要衡量被解释的方差分数，以确定所需的变量数量。数据中的总方差称为奇异值分解的 λ_i 之和。由矩阵 $\boldsymbol{T}_k$ 中的随机变量解释的方差分数写为

$$s_k=\frac{\sum_{i=1}^{k}\lambda_i}{\sum_{i=1}^{r}\lambda_i}$$

显然，若 $k\geqslant r$，则被解释的方差分数为 1。

通常情况下，少量不相关的随机变量可以很好地表示 p 个相关变量。也就是说，当 $k\ll r$ 时，所解释的方差分数可以接近 1。读者可以选择一个值 k，其用于解释相关问题的适当数量的总方差。一旦选定 k 个变量，即可将其视为模型的不确定输入。下文将对变量的选择方法进行演示。

使用奇异值分解归约输入变量数量的过程示意如下：

（1）选择一个所需的方差分数 s。

（2）对数据矩阵 $\boldsymbol{A}$ 进行奇异值分解，并确定 k 值，该值给出的解释方差分数是大于 s 还是等于 s。

（3）独立随机变量由 $\boldsymbol{T}_k=\boldsymbol{A}\boldsymbol{V}_k$ 给出。

（4）转换为原始随机变量，计算 $\boldsymbol{A}_k=\boldsymbol{T}_k\boldsymbol{V}_k^{\mathrm{T}}$。

此时注意到，奇异值分解产生的不相关变量不一定为标准分布。若通过多元正态分布生成数据，则例外。此种情况下，不相关变量为标准正态随机变量。若不

相关随机变量非正态,则可以拟合一个分布。

以表3.2中给出的数据矩阵为例,进行验证。该数据矩阵中,$p=9$,且 $n\approx 10^4$。给定每一列的单位范围,首先对数据进行归一化处理,使各列的均值为0,标准差为1。也就是说,对于每一列,减去该列的均值,并将结果除以该列的标准差。完成上述归一化后,再对数据矩阵进行奇异值分解。结果表明,就该数据集而言,$k=4$ 时所解释方差的分数为0.9。所解释方差的分数如图3.14所示。

表3.2 归一化前的奇异值分解示例数据矩阵

X_1	X_2	X_3	X_4	X_5	X_6	X_7	X_8	X_9
13	46	10	0	2	24	0	1	20
45	93	16	0	17	53	0	0	62
20	46	6	2	0	14	8	5	23
⋮	⋮	⋮	⋮	⋮	⋮	⋮	⋮	⋮
51	87	20	2	22	60	0	3	17

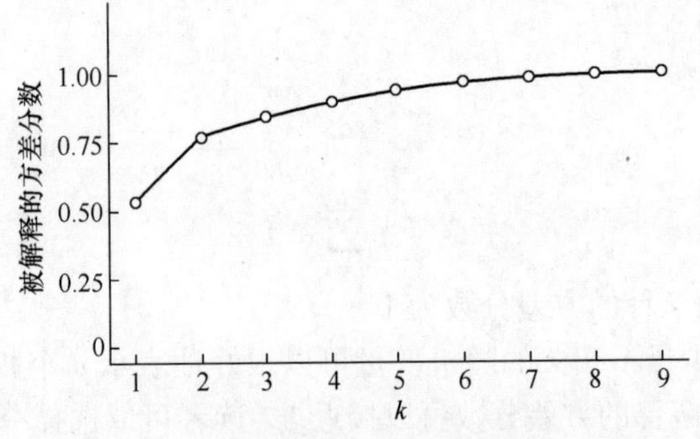

图3.14 所解释方差分数与表3.2数据奇异值分解 k 值的函数关系

创建近似数据矩阵 $\boldsymbol{A}_k$ 时,对完整数据集进行近似。要了解这种近似的行为,可以查看多个近似值 $\boldsymbol{A}_k$ 中 X_1 和 X_2 的散点图。如图3.15所示,随着 k 值逐渐增大,重建的数据集开始显示与原始数据集的相似性。该图将每列乘以标准差,然后再加上原始数据集的均值,从而将数据转换回原始单位。

矩阵 $\boldsymbol{V}$ 的列称为 v_i,其中 $i=1,2,\cdots,9$。由此可知原始变量的线性组合给出了不相关的随机变量。该示例中,矩阵 $\boldsymbol{V}$ 如表3.3所示。根据这些权重,可以得知数据的重要特征。

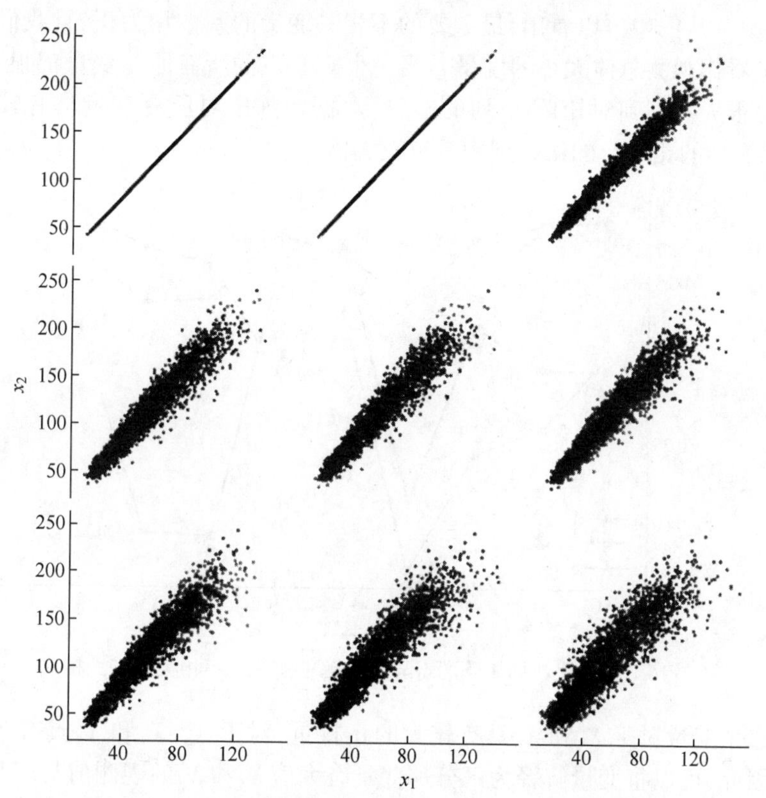

图 3.15 原始单位中 $k=1,2,\cdots,9$ 时,X_1 与 X_2 的散点图。左上图中 $k=1$,右下图中 $k=9$(原始数据集)

表 3.3 示例数据集的矩阵 $\boldsymbol{V}$

X	1	2	3	4	5	6	7	8	9
X_1	0.4395	−0.0267	0.0191	−0.0276	0.0497	−0.1530	−0.2828	0.6513	0.5243
X_2	0.4219	−0.0278	−0.2149	0.2823	0.1095	0.0136	−0.6138	−0.1011	−0.5442
X_3	0.3813	0.1060	−0.2970	0.5144	0.2719	0.0045	0.6441	0.0416	−0.0051
X_4	0.1825	−0.4359	−0.6416	−0.5791	−0.0050	0.0939	0.1345	−0.0458	−0.0250
X_5	0.3303	0.3501	0.1525	−0.2686	−0.5914	−0.0170	0.2606	0.2722	−0.4253
X_6	0.3938	0.2765	−0.0438	−0.0159	−0.3143	0.0709	−0.1083	−0.6475	0.4812
X_7	0.1898	−0.5449	0.2943	0.0810	−0.1533	−0.6985	0.1308	−0.2054	−0.0570
X_8	0.1783	−0.5381	0.3456	0.2017	−0.2145	0.6827	0.0648	0.0388	0.0274
X_9	0.3437	0.1089	0.4715	−0.4472	0.6273	0.0907	0.0970	−0.1570	−0.1089

为帮助解释已转换的变量,图 3.16 中绘制了前三个线性组合(即矩阵 $\boldsymbol{V}$ 前三

列)的系数。从图中可以看出,最重要的不相关变量的系数均为正,且我们可以把这个变量看作观测总体大小的度量 i:当一个观察点的所有原始变量都很大时,这个量就会很大。回到对矩阵 U 列的解释,数据矩阵中对所有变量具有较大值的行,并将在 $\boldsymbol{U}$ 的相应行的第一列中具有较大值。

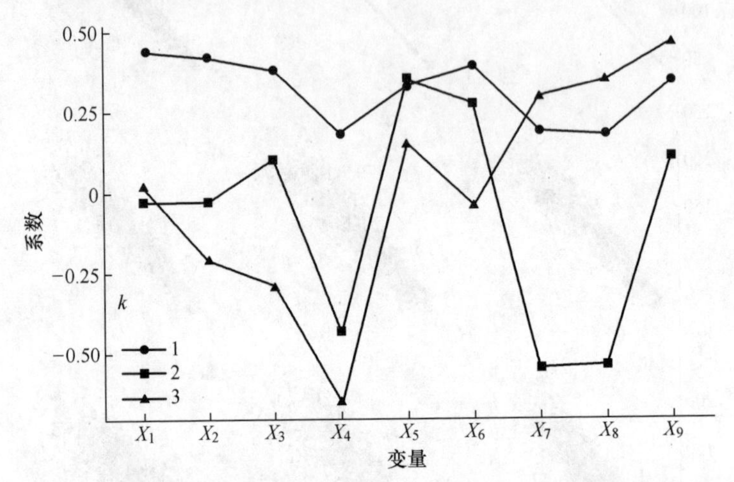

图 3.16 归一化数据矩阵的奇异值分解中前三个不相关变量的构成

第二个变量对于 X_5 和 X_6 具有较大的正权重,对于 X_4、X_7 和 X_8 具有较大的负权重。因此,可以将变量解释为区分那些具有大值 X_5 和 X_6 的观测值与那些具有大值 X_4、X_7 和 X_8 的观测值。尽管还可以继续解释不相关随机变量,但更重要的是要明确,进行奇异值分解的目的是将数据中的所有可变性映射到这些不相关变量。

每一列均给出 p 个原始随机变量 X_i 线性组合的权重。

对示例的附加解释

上述示例中使用的数据并非针对该示例设计。实际上,这是自 1980 年以来,美国职业棒球大联盟所有球员在一个赛季中超过 200 次击球数的赛季进攻统计数据,数据来自 Lahman(2017)。其中,变量($X_1,\cdots,X_9$)为跑垒、安打、二垒、三垒、全垒打、击球得分(打点)、盗垒成功、盗垒失败、保送。

了解数据代表的意义可以帮助解释变量,具有实际意义。根据原始变量的含义,可以看出,第一个不相关变量,即矩阵 $\boldsymbol{U}$ 第一列的值,是衡量一个选手统计数据总体规模的指标。此外,第二个不相关随机变量,即矩阵 $\boldsymbol{U}$ 的第 2 列,区分了那些全垒打次数和击球得分次数多的球员,即力量型选手,以及区分那些三垒、盗垒成功和盗垒失败次数多的球员,即速度型选手。该数据集中,矩阵 $\boldsymbol{U}$ 第二列的最大值属于 Mark McGwire。他在 1998 年的一场比赛中打出了 70 个全垒打(据称该比赛中有选手使用类固醇)。从这一数据看,McGwire 堪称极端的力量型击球手。而这一列的最小值属于 Rickey Henderson。1982 年,他完成了 130 次成功盗垒(盗垒失败 42 次),创造了现代棒球盗垒纪录。

从这个角度再分析奇异值分解结果,可以看出,从系数中也可以观察到关于数据的一些蛛丝马迹。以上述数据为例,可以看出,衡量棒球运动员的标准是力量的大小和速度的快慢。这些结果还表明,即使不想归约数据,奇异值分解也很有用,因为它可以提供不同的视角来观察数据的变化。

3.5 Karhunen-Loève 展开式

Karhunen-Loève(KL)展开式与随机过程的奇异值分解类似。回顾前文,随机过程可以看作随机变量的集合,其中随机变量的个数趋于无穷大。此时,将随机过程表示为基函数的展开,而非奇异值分解中矩阵 $\boldsymbol{V}$ 的基向量。计算 KL 展开式时,仅需已知均值函数 $\mu(x)$ 和协方差函数 $k(x_1, x_2)$。根据这一知识点,可以写出随机过程 $u(x;\boldsymbol{\xi})$ 的 KL 展开式,式中,$x \in [a, b]$ 为确定空间变量,$\boldsymbol{\xi}$ 表示随机分量为

$$u(x;\boldsymbol{\xi}) = \mu(x) + \sum_{l=0}^{\infty} \sqrt{\lambda_l}\xi_l g_l(x) \tag{3.45}$$

注意,该展开式看似与方程(3.44)的奇异值分解几乎完全相同。ξ_l是具有零均值和单位方差的随机变量。ξ_l为不相关变量,但不一定相互独立。

λ_l和 $g_l(x)$为协方差算子的特征值和特征函数:

$$\int_a^b k(x,y) g_l(y) \mathrm{d}y = \lambda_l g_l(x) \tag{3.46}$$

与奇异值分解中的正交矩阵 $\boldsymbol{V}$ 一样,$g_l(x)$为正交函数。此外,与奇异值分解相同,将特征值按顺序排列,$\lambda_1 \geqslant \lambda_2 \geqslant \cdots$,此类特征值有一个有限平方和:

$$\sum_{l=0}^{\infty} \lambda_l^2 \leqslant \infty$$

由于涉及积分算子的谱,所以确定特征值和特征函数并非易事。某些情况下,解是已知的,文中将重点关注此类情况。

要得到 KL 展开式,需要令随机过程满足一些具体技术要求。首先,随机过程应在 x 域内平方可积,即 $u^2(x;\boldsymbol{\xi})$的积分必须为有限的。此外,协方差函数必须为正定函数。若满足上述两个要求,则存在 KL 展开式。

若随机过程为高斯过程,则 KL 展开式最具实用意义。因为在此种情况下,正态随机变量之和为正态,所以 ξ_l是独立的标准正态随机变量。如果随机过程非正态,那么 ξ_l一定不独立,这是因为由中心极限定理可知随机变量之和的极限为正态随机变量。因此,如果随机过程为非高斯过程,那么需要掌握 ξ_l的更多相关信息。

如果一定要限定一个独立的 ξ_l,也可以利用 KL 展开式模拟非高斯随机过程,通过将随机过程写成高斯过程的非线性变换来做到这一点。有两种方法需要使用

对数变换,其中 $\log u(x,\boldsymbol{\xi})=\hat{u}(x,\boldsymbol{\xi})$,$\hat{u}(x,\boldsymbol{\xi})$为一个高斯随机过程。转换随机过程的另一种常用方法是 Nataf 变换。该方法不在本书的研究范围内。但通过该方法,确实允许用高斯随机过程表示一般随机过程,从而支持 KL 展开式的应用。

3.5.1 截断 Karhunen-Loève 展开式

KL 展开式将随机过程转化为随机变量之和。因此,如果截断展开式,就可以有效地根据随机性对其进行离散:将过程写为具有已知属性的随机变量的有限和,而不是随机变量的无限集合。回顾第1章中对不确定度量化问题的定义,若现有计算将随机过程作为输入,则可以将 ξ_l 视为不确定输入,然后得到输入随机过程的映射。根据协方差函数以及 λ_l 在量级中归零的速度,确定展开式中需保留的项数。

3.5.1.1 指数协方差

如前文所述,确定协方差函数的特征值和特征向量并非易事。对于一般协方差函数,这个过程甚至相当困难。少数情况下,存在已知解。下文将提供一个简单但实用的案例。Ghanem 和 Spanos 合著书(1991)中详细说明了该展开式的推导过程。

若协方差函数为绝对值的指数形式,

$$k(x_1,x_2)=c\mathrm{e}^{-b|x_1-x_2|} \tag{3.47}$$

则可以精确地确定特征值和特征向量。以 $x\in[-a,\ a]$ 为例,假设定义了一个移动的空间变量,则这些结果可以用于任意域。

可以用余弦和正弦表示该协方差函数的特征向量,KL 展开式的书写方法将略有不同:

$$u(x;\boldsymbol{\xi})=\mu(x)+\sum_{l=0}^{\infty}\left[\sqrt{\lambda_l}\xi_l g_l(x)+\sqrt{\lambda_l^*}\xi_l^* g_l^*(x)\right] \tag{3.48}$$

特征值为

$$\lambda_l=\frac{2cb}{\omega_l^2+b^2},\lambda_l^*=\frac{2cb}{\omega_l^{*2}+b^2} \tag{3.49}$$

式中,ω_l 和 ω_l^* 为超越方程的解:

$$b+\omega\tan(\omega a)=0,b-\omega^*\tan(\omega^* a)=0 \tag{3.50}$$

特征函数为

$$g_l=\frac{\cos(\omega_l x)}{\sqrt{a+\dfrac{\sin(2\omega_l a)}{2\omega_l}}} \tag{3.51}$$

且

$$g_l = \frac{\sin(\omega_l x)}{\sqrt{a - \frac{\sin(2\omega_l a)}{2\omega_l}}} \tag{3.52}$$

b 的值对特征值有重要影响。b 值越小,特征值衰减到零的速度越快。如图 3.17所示,图中指数协方差的前 10 个特征值显示为 b 的几个值。当 b 值较大时,特征值衰减缓慢。这表示,可以通过 KL 展开式中的少量项来捕捉随机过程的行为。

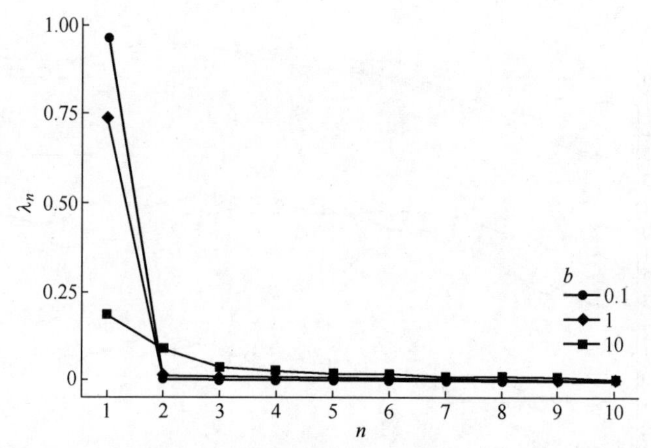

图 3.17 当 $a=0.5, c=1$,且 b 为变量时的特征值 λ_n 和 λ_n^*。奇数 n 为 λ_n^*,偶数 n 为 λ_n

随着项数增加,为证明 KL 展开式的表现,图 3.18 中展示了随机过程的单一实现。在该图中,KL 展开式中的两个项(在这种情况下,一个 λ^* 和一个 λ 项)给出了一个平滑、变化缓慢的函数。随着项数增加,解的变化尺度越精细,则实现越复杂:当有 10 个项时,解的变化更大,当有 100 个项时,振荡非常剧烈,且尺度非常精细。

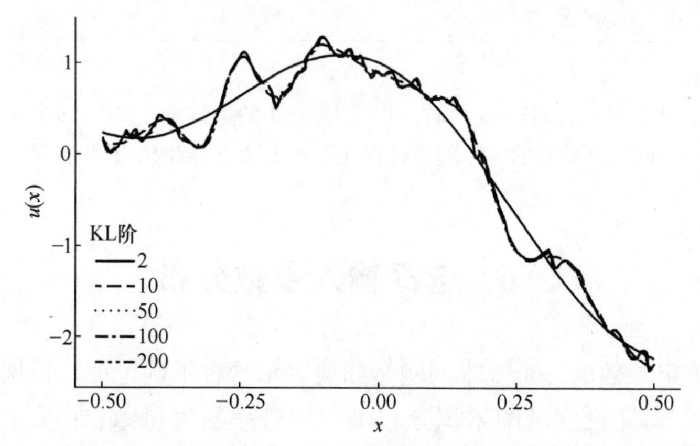

图 3.18 $\mu(x)=\cos(2\pi x)$,以及 $b=c=1$ 的指数协方差下,多个不同展开阶数的高斯随机过程在[-0.5, 0.5]域内的单一实现

观察展开式行为的另一种方法是将不同展开阶数随机过程的数个实现放在一起进行比较。图3.18即为数个实现的比较。该图所示随机过程与图3.17的随机过程相同。图3.19为该过程示例。当将高阶展开式与低阶展开式(如两项和10项)进行比较时,低阶展开式中的结构要少得多。然而,随着项数增加,展开式的特性逐渐接近于完整过程的特性。许多情况下,重要的并不是过程的精细尺度结构,而是过程的整体行为。若出现这种情况,则可能只需要展开式中少数几个项即可充分模拟该过程。

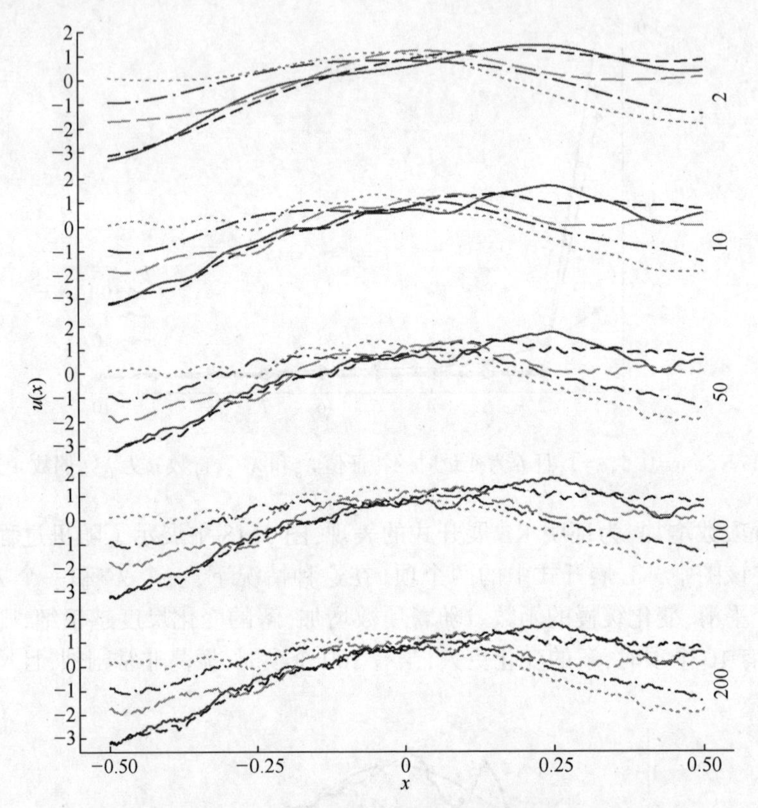

图3.19 $\mu(x)=\cos(2\pi x)$,以及 $b=c=1$ 的指数协方差下,多个不同展开阶数的高斯随机过程在[−0.5, 0.5]域内的5个实现

3.6 选择输入参数分布

关于不确定参数的一个基本问题是如何表示这种不确定度。根据第2章的内容可知,一旦获得随机变量的累积分布函数和概率密度函数,即可计算分布的均值、方差和任意数量的其他特性的量。但是,通常不可能通过另一种方式获得唯一

映射,即从分布的矩(如均值、方差、偏度、峰度等)生成概率密度函数或累积分布函数。

不幸的是,通常输入参数的分布是未知的。更常用的做法是从分布中抽取一定数量的样本。例如,如果感兴趣的模拟系统已经制造了零件,并且这些零件的属性具有分布,将能够获取许多零件并测量属性。如此,即可从特性的分布中获得样本,从而估算各种矩,如均值和方差。但是,若样本数量较少,则无法准确地量化分布尾部的行为。原因在于,按照定义,样本极有可能不含任何分布尾部的值。因此,最好的做法是假设系统的尾部行为。应该承认,人们已经对分布的尾部行为进行了假设,且并未对尾部事件的概率做出具体声明。

从标准分布集中选择分布(如附录 A 中提供的分布),是随机变量建模的一种常见方法。选择输入随机变量的分布时,有几个重要考虑因素。对于给定参数,希望假设的分布在以下两个方面与参数保持一致:

(1) 范围,如实数、正实数或某个范围;

(2) 分布的已知矩或其他特性,如均值、中位数、方差或各种分位数。

通过第一个条件,可以排除许多可能的分布。例如,如果已知参数只能为一个范围内的值或仅为正值,若没有忽略获取无效参数的概率的特殊过程,我们就无法使用正态分布。根据关于参数行为的已知信息,也可以排除部分可能的分布。例如,如果已知参数具有某些偏度或过多峰度,那么正态分布将无法捕获这些特征。一旦选定分布,就可以拟合关于该分布的其余已知信息。也就是说,选定分布的参数后,即可以保留输入随机变量的特性。

很多时候,并非所有期望的分布特性都可以与标准分布拟合。更多情况是,标准分布不够灵活,无法再现所需的特性(如分布矩之间存在固定关系)。此时,可能会进行妥协,并决定放弃拟合所有理想特性。另一种可能性是构建混合分布,以得到理想特征。例如,若期望的分布是多模态的,即该分布的概率密度函数中有多个局部最大值,则可以写作正态分布之和,并拟合每个正态分布的均值和标准差以匹配期望的分布。

3.6.1 选择联合分布

为输入集合选择联合分布可能更为复杂。前文已经提到,一般情况下,随机变量集合的联合分布函数的已知信息较少。因此,选择联合分布时,限制条件一般较少,而这种自由是一把双刃剑。前文还提到,如果通过选择没有任何尾部相关性的关联结构选择一个联合分布,可能会导致关于参数同时趋于极值的概率的错误结论。

想要为联合分布匹配的度量之一是变量之间的相关性度量。该相关性可能是之前论述过的任意相关性,即皮尔森相关性、斯皮尔曼相关性或肯德尔相关系数。在论述关联结构时,还注意到,联合分布中可能产生所需的尾部相关性。尽管如此,仍有很大可能无法同时匹配相关性和尾部相关性。因此,通常必须决定哪个特征对于正在进行的分析更为重要。

若正在进行的不确定度分析的目的是了解系统在中位数附近条件下的行为,则对相关性的度量比分布的尾部相关性更重要。此种情况下,应选择不存在尾部相关性的联合分布,但不应采用此类分布证明该联合分布的极端事件。

如果既关心中位数输入附近的系统性能分布,又希望确定分布尾部附近的系统行为,就可以同时使用这两种分布。例如,可以利用尾部相关性为零的联合分布进行分析,并以此量化标称输入附近的系统行为。然后,若需要预测极值处的行为,则需使用具有尾部相关性的不同联合分布。该分析应明确指出,在标称输入附近和极端输入附近的行为是在对分布的不同假设下产生的。

3.6.2 认知不确定度来源的分布选择

在选择输入参数的分布时,必须做出假设。这些假设是不确定性建模中的一类认知不确定度。对于单个参数的分布,即其边际分布,该分布在尾部的行为可能会影响分析结论。例如,要计算系统最高温度超过某阈值的时间占比,使用输入参数的正态分布,得到答案为0.01%,而使用参数的t-分布,则得到答案为0.05%。若不确定应使用哪个分布,则范围0.01%~0.05%即结果中的认知不确定度。

此外,对联合分布的假设导致了认知的不确定度。对于两个变量之间关系的给定度量,有无限个可以匹配该量的联合分布。事实上,本书已经在讨论关联结构时论述了几种可能的联合分布。这些联合分布中的每一个都存在可能影响不确定度分析的特征。例如,弗兰克关联结构和正态关联结构都可以匹配肯德尔相关系数的任意特定值,但联合分布的行为则不同:根据从联合分布中抽取的样本,弗兰克关联结构得到近似于矩形的分布,而正态关联结构则得到椭圆形分布。

任何分布的有限样本都可能低估异常值(即低概率事件)的数量和影响。实际上,如果分布看似正态分布(除了单一样本),分析人员极有可能"忽略"了该样本。通常希望不确定度研究的预测能够可靠预测异常值,但这需要实践者做出清醒的决策,并选择具备该特性的分布。同样,根据一组样本,很难估计尾部相关性。所有不确定度研究中,都应审慎考虑尾部相关性的影响,以及如何保守估计该相关性的影响。

3.7 注释和参考资料

Jolliffe 的著作(2002)详细讨论了主成分分析的问题,Schilders 等的著作(2008)讨论了适用于数值计算的正交分解,Kurowicka 和 Cooke 的著作(2006)对其他关联结构进行了论述。

3.8 练 习

1. 证明 $p(X, Y) = \mathrm{sgn}(a)\rho(aX + b, Y)$。

2. 假设有100个正相关随机变量对(X_1, X_2)的样本,则可以将该样本集合称为$\boldsymbol{A}_1$。然后另取100个样本,将其称为集合$\boldsymbol{A}_2$。$\boldsymbol{A}_1$中(X_1, X_2)之间的皮尔森相关系数为正,$\boldsymbol{A}_2$中(X_1, X_2)之间的皮尔森相关系数为负。则针对这200个样本的皮尔森相关系数,可以得到什么结论?

3. 对于表3.4中的数据,计算皮尔森和Spearman相关性,以及肯德尔相关系数。

表3.4 问题2数据

X_1	X_2
55.01	82.94
54.87	55.02
57.17	85.18
36.01	-84.27
35.88	-106.30
36.33	-119.65
43.49	-112.03
41.44	-71.69
54.43	-3.50
36.47	140.57

4. 证明二元正态随机变量的尾部相关性为0。

5. 另一个阿基米德关联结构为带生成元的乔伊关联结构

$$\varphi_{\mathrm{J}}(t) = -\log(1 - (1 - t)^{\theta})$$

且

$$\varphi_{\mathrm{J}}^{-1}(t) = 1 - (1 - \exp(-t))^{1/\theta}$$

(1) 计算该生成元的双变量关联结构。

(2) 推导该关联结构尾部相关性的上界和下界。

(3) 计算该关联结构的肯德尔相关系数值。

(4) 从具有标准正态边际分布和肯德尔相关系数值为0.6的关联结构生成1000个样本。

6. 以协方差函数为例：

$$k(x_1,x_2)=\exp[-|x_1-x_2|]$$

生成均值$\mu(x,\ y)=0$以及定义在单位区间$x\in[0,\ 1]$上的协方差函数的高斯随机过程的4种实现。将这些过程与KL展开式(展开项数从1到10)的实现进行比较。针对4种实现,每个方向上取50个等间隔的点,进行过程求解,并绘制实现图形。

第二部分　局部灵敏度分析

第4章　基于导数近似的局部灵敏度分析

本书第一部分讨论了关注量(QoIs)的选择,以及如何确定输入及相关不确定因素。本部分将探讨这些不确定因素对关注量的影响。首先回答一个简单的问题:鉴于我们对某一特定输入值下关注量的了解,若输入中存在一些预期内的微小扰动,关注量将如何随之变化?为实现这一目标,我们对标称输入值下的关注量导数进行研究。

局部灵敏度分析通常依赖于标称状态受到的扰动,因此,忽略了关注量参数之间的大多数相互作用。换言之,局部灵敏度分析只适用于标称状态附近的扰动。虽然我们无法用局部分析对关注量的行为做出全局说明,但开展局部灵敏度分析对不确定度分析十分有用。

在某些额定运行条件下,局部灵敏度分析对估计系统行为的可变性是最为重要的。很多因素都可能引起标称条件发生变化。例如,由于测量或生产中的不确定性,一些参数可能存在已知概率分布。如果此类分布的可变性较小,那么只用局部信息来量化关注量对这些参数的不确定度就是可能的。

局部灵敏度分析也可用于确定计算中对关注量影响最大的参数,在某些近似情况下,还可用于估计对关注量分布的影响。局部灵敏度分析的性质,通常需要更少的关注量计算次数。因此,在进行深入分析前,可以通过局部灵敏度分析来筛除不重要的参数。参数数量的减少有助于提高后续分析的效率。但需要注意的是,在输入空间某区域不重要的参数可能在另一个区域发挥极大的作用。

正如本章将要描述的,进行灵敏度分析的关注量计算次数的标称值等于参数的数目加上1。如果将二阶信息纳入计算,那么这个数字就会大幅上升。后续章节将介绍如何利用正则化回归法和伴随法来降低该数字。我们从直接计算灵敏度开始。

4.1　一阶灵敏度近似

首先将关注量视为潜在随机变量x_i的p个参数的向量$\boldsymbol{x}=(x_1,x_2,\cdots,x_p)$的函数,如$Q(\boldsymbol{x})$。随后,将函数在$\boldsymbol{x}$的标称值$\bar{\boldsymbol{x}}$附近用泰勒(Taylor)级数展开:

$$
\begin{aligned}
Q(\boldsymbol{x}) = Q(\bar{\boldsymbol{x}}) &+ \Delta_1 \frac{\partial Q}{\partial x_1}\bigg|_{\bar{x}} + \Delta_2 \frac{\partial Q}{\partial x_2}\bigg|_{\bar{x}} + \cdots + \Delta_p \frac{\partial Q}{\partial x_p}\bigg|_{\bar{x}} + \\
&\frac{\Delta_1^2}{2}\frac{\partial^2 Q}{\partial x_1^2}\bigg|_{\bar{x}} + \frac{\Delta_1\Delta_2}{2}\frac{\partial^2 Q}{\partial x_1 \partial x_2}\bigg|_{\bar{x}} + \cdots + \\
&\frac{\Delta_{p-1}\Delta_p}{2}\frac{\partial^2 Q}{\partial x_{p-1}\partial x_p}\bigg|_{\bar{x}} + \frac{\Delta_p^2}{2}\frac{\partial^2 Q}{\partial x_p^2}\bigg|_{\bar{x}} + \\
&\text{高阶项}
\end{aligned}
\tag{4.1}
$$

在该方程中 $\Delta_i = x_i - \bar{x}_i$。$\bar{\boldsymbol{x}}$ 通常取不确定参数的均值或中位数。方程(4.1)可简写为

$$
Q(\boldsymbol{x}) = Q(\bar{\boldsymbol{x}}) + \sum_{i=1}^{p} \Delta_i \frac{\partial Q}{\partial x_i}\bigg|_{\bar{x}} + \sum_{i=1}^{p}\sum_{j=1}^{p} \frac{\Delta_i \Delta_j}{2}\frac{\partial^2 Q}{\partial x_i \partial x_j}\bigg|_{\bar{x}} + O(\Delta^3) \tag{4.2}
$$

根据该展开式,对于 $\boldsymbol{x}$ 在微小范围内的变化,关注量的泰勒展开式将准确描述关注量随输入参数变化而变化的情况。问题仍然是如何估算展开式中的导数。一旦我们知道这些导数,就可以预测关注量随参数的变化情况。

泰勒级数的误差只有在靠近展开点 $\bar{\boldsymbol{x}}$ 的情况下才足够小。远离展开点时,即使基础函数平滑且使用了高阶级数,误差也会变得非常大。根据误差项与 $\boldsymbol{\Delta}$ 某个幂次成正比,当 $\boldsymbol{\Delta}$ 变大时,误差就会相应变大。

4.1.1 比例灵敏度系数和灵敏度指标

对于方程(4.2)中的展开式,若忽略二阶及更高阶项,可以仅用关注量的一阶导数来表达关注量的行为。由此可以预测哪些参数对关注量的影响更大,以及在参数小幅扰动情况下关注量的变化。这种使用导数来预测关注量行为的过程,通常称为局部灵敏度分析。关注量的一阶导数通常称为关注量的一阶灵敏度。

按大小对灵敏度进行排序,可以判断哪些不确定参数产生的影响大。为便于比较灵敏度,我们需要将这些参数转换为相同的单位,如灵敏度 i 的计量单位是 x_i 的计量单位的倒数。一种方法是使用比例灵敏度系数。参数 i 的比例灵敏度系数是参数 i 的标称值 $\bar{x}_i$ 乘以关注量关于 x_i 的导数:

$$
(\text{比例灵敏度系数})_i = \bar{x}_i \frac{\partial Q}{\partial x_i}\bigg|_{\bar{x}} \tag{4.3}
$$

这种比例灵敏度系数的定义可以采用用户选择的任何标称值。标称值通常为均值,但也可能为任何值。

比例灵敏度系数可表明哪些参数对参数值敏感。但可能会产生误导,因为有时一个参数的比例灵敏度系数较大,但总体不确定度却较小,如我们已知该参数的不确定度小。为纠正此类情况,可以使用灵敏度指标。在这种情况下,我们乘以参

数变化的特征范围,通常选择参数 i 的标准差 σ_i:

$$(\text{灵敏度指标})_i = \sigma_i \frac{\partial Q}{\partial x_i}\bigg|_{\bar{\boldsymbol{x}}} \tag{4.4}$$

导数和标准差乘积最大的参数,灵敏度指标最高。请注意:参数 σ_i 可能被参数 $\bar{\boldsymbol{x}}$ 的其他可变性指标代替。

这两种灵敏度测量方法都有助于排除那些在标称值附近对关注量并不重要的参数,并且在含有大量不确定参数的系统中具有更为明显的效果。不确定度量化的专业人员可以通过灵敏度分析将重点集中到很少的参数上,再应用更为耗时的方法,如后文将讨论的抽样法或混沌多项式展开法。必须谨记的是,灵敏度仅为局部量,外推到远离标称值 $\bar{\boldsymbol{x}}$ 时可能需要理解高阶项以及不同参数之间的相互作用。

4.2 一阶方差估算

已知一阶灵敏度后,可以估算输入参数协方差引起的关注量方差。如接下来的推导所示,方差估算假设线性泰勒级数足以描述关注量。

此类计算要求 $\bar{\boldsymbol{x}}$ 是参数均值。回顾一下,随机变量 $Q(\boldsymbol{x})$ 与联合概率密度函数 $f(\boldsymbol{x})$ 的方差表示为

$$\begin{aligned}\mathrm{Var}(Q) &= E[Q(\boldsymbol{x})^2] - E[Q(\boldsymbol{x})]^2 \\ &= \left(\int \mathrm{d}\boldsymbol{x} Q(\boldsymbol{x})^2 f(\boldsymbol{x})\right) - \left(\int \mathrm{d}\boldsymbol{x} Q(\boldsymbol{x}) f(\boldsymbol{x})\right)^2 \\ &= \left(\int \mathrm{d}\boldsymbol{x} Q(\boldsymbol{x})^2 f(\boldsymbol{x})\right) - E[Q(\boldsymbol{x})]^2\end{aligned} \tag{4.5}$$

为估算 $Q(\boldsymbol{x})^2$ 的期望值,我们使用方程(4.2)中的一阶泰勒展开式,忽略二阶导数和高阶项:

$$Q(\boldsymbol{x})^2 \approx Q(\bar{\boldsymbol{x}})^2 + \left(\sum_i (x_i - \bar{x}_i)\frac{\partial Q}{\partial x_i}\bigg|_{\bar{\boldsymbol{x}}}\right)^2 + 2Q(\bar{\boldsymbol{x}})\left(\sum_i (x_i - \bar{x}_i)\frac{\partial Q}{\partial x_i}\bigg|_{\bar{\boldsymbol{x}}}\right) \tag{4.6}$$

同时,线性一阶展开意味着:

$$E[Q(\boldsymbol{x})]^2 \approx Q(\bar{\boldsymbol{x}})^2$$

将方程(4.6)的展开式代入方程(4.5),得到二阶表达式:

$$\mathrm{Var}(Q) = -Q(\bar{\boldsymbol{x}})^2 + \int \mathrm{d}x \left[Q(\bar{\boldsymbol{x}})^2 + \left(\sum_i (x_i - \bar{x}_i)\frac{\partial Q}{\partial x_i}\bigg|_{\bar{\boldsymbol{x}}}\right)^2 + 2Q(\bar{\boldsymbol{x}})\left(\sum_i (x_i - \bar{x}_i)\frac{\partial Q}{\partial x_i}\bigg|_{\bar{\boldsymbol{x}}}\right)\right] f(\boldsymbol{x}) \tag{4.7}$$

注意，$Q(\bar{x})^2$的积分不依赖$\boldsymbol{x}$，即

$$\int \mathrm{d}\boldsymbol{x} Q(\bar{\boldsymbol{x}})^2 f(\boldsymbol{x}) = Q(\bar{\boldsymbol{x}})^2 \tag{4.8}$$

而这将抵消另一个二次Q项。此外，交叉项在有关均值的$\boldsymbol{x}$上为线性，并将积分为零。需处理的剩余项为

$$\begin{aligned} &\int \mathrm{d}\boldsymbol{x} f(\boldsymbol{x}) \left(\sum_i (x_i - \bar{x}_i) \frac{\partial Q}{\partial x_i}\bigg|_{\bar{x}} \right)^2 \\ &= \sum_i \sum_j \frac{\partial Q}{\partial x_i}\bigg|_{\bar{x}} \frac{\partial Q}{\partial x_j}\bigg|_{\bar{x}} \int \mathrm{d}x_i \int \mathrm{d}x_j f_{ij}(x_i, x_j)(x_i - \bar{x}_i)(x_j - \bar{x}_j) \end{aligned} \tag{4.9}$$

式中，$f_{ij}(x_i, x_j)$为$f(\boldsymbol{x})$的联合边际分布。方程(4.9)中的积分为之前定义的协方差矩阵。协方差矩阵显示了参数的共同变化情况，其定义见2.3节：

$$\boldsymbol{\sigma}_{ij} = \int \mathrm{d}x_i \int \mathrm{d}x_j f_{ij}(x_i, x_j)(x_i - \bar{x}_i)(x_j - \bar{x}_j) \tag{4.10}$$

因此，若参数的协方差已知，可以直接估算关注量的方差为

$$\mathrm{Var}(Q) \approx \sum_i \sum_j \frac{\partial Q}{\partial x_i}\bigg|_{\bar{x}} \frac{\partial Q}{\partial x_j}\bigg|_{\bar{x}} \boldsymbol{\sigma}_{ij}$$

这种计算是近似计算，原因是我们假设一阶泰勒级数可以近似Q。

方差公式也可以写作协方差矩阵$\boldsymbol{\Sigma}$和灵敏度的向量：

$$\frac{\partial Q}{\partial \boldsymbol{x}} = \left(\frac{\partial Q}{\partial x_1}, \cdots, \frac{\partial Q}{\partial x_p} \right)^{\mathrm{T}}$$

表示为

$$\mathrm{Var}(Q) \approx \left(\frac{\partial \boldsymbol{Q}}{\partial \boldsymbol{x}} \right)^{\mathrm{T}} \boldsymbol{\Sigma} \frac{\partial Q}{\partial \boldsymbol{x}} \tag{4.11}$$

需要强调的是，公式是近似的，这是因为不包含关于参数之间相互作用及其对关注量的影响等信息。

4.3 差分近似

如上所述，比例灵敏度系数和灵敏度指标需要用到关注量相对于每个x_i的导数。我们可以利用有限差分方法对这些导数进行简单估计：

$$\frac{\partial Q}{\partial x_i}\bigg|_{\bar{x}} \approx \frac{Q(\bar{\boldsymbol{x}} + \delta_i \hat{e}_i) - Q(\bar{\boldsymbol{x}})}{\delta_i} \tag{4.12}$$

式中，δ为一个小的正实参数；$\hat{e}_i$为在第i个位置为1的向量。由于我们需计算p个导数，因而需要计算p+1个点（即代码运行p+1次）处的关注量：1次均值$\bar{\boldsymbol{x}}$计算，每个参数i均计算1次。

这个有限差分公式又称为前向差分公式:它在标称状态的正向或前向进行扰动,以估算导数。其他类型的有限差分包括后向差分和中心差分,前者的扰动方向为负向,后者的参数可向前和向后调整(可将此视为前向和后向差分的均值)。中心差分公式的优势在于,与前向和后向差分的δ_i相比,误差以δ_i^2的速度减少,不过每次导数近似时都需要求两次函数值。

4.3.1 简单的平流-扩散-反应示例

我们用平流-扩散-反应(Advection-Diffusion-Reaction,ADR)方程探索差分近似的应用。以一维稳态平流-扩散-反应方程为例,包括了一个空间恒定但并不确定的扩散系数、一个线性反应项以及一个规定的不确定源项:

$$\begin{cases} v\dfrac{\mathrm{d}u}{\mathrm{d}x} - \omega\dfrac{\mathrm{d}^2u}{\mathrm{d}x^2} + \kappa(x)u = S(x) \\ u(0) = u(10) = 0 \end{cases} \tag{4.13}$$

式中,v 和 ω 在空间上是恒定的,均值为

$$\mu_v = 10, \mu_\omega = 20$$

方差为

$$\mathrm{Var}(v) = 0.0723493, \mathrm{Var}(\omega) = 0.3195214$$

反应系数 $\kappa(x)$ 由下式给出:

$$\kappa(x) = \begin{cases} \kappa_l, x \in (5, 7.5) \\ \kappa_h, \text{其他} \end{cases} \tag{4.14}$$

其中,$\mu_{\kappa_h}=2$, $\mathrm{Var}(\kappa_h)=0.002778142$, $\mu_{\kappa_l}=0.1$, $\mathrm{Var}(\kappa_l)=8.511570\times10^{-6}$。源项由下式给出:

$$S(x) = qx(10 - x)$$

其中$\mu_q=1$, $\mathrm{Var}(q)=7.062353\times10^{-4}$。$\kappa(x)$和 $S(x)$的均值函数如图 4.1 所示。我们还规定,参数按$(v, \omega, \kappa_l, \kappa_u, q)$排序的相关矩阵为

$$\boldsymbol{R} = \begin{pmatrix} 1.00 & 0.10 & -0.05 & 0.00 & 0.00 \\ 0.10 & 1.00 & -0.40 & 0.30 & 0.50 \\ -0.05 & -0.40 & 1.00 & 0.20 & 0.00 \\ 0.00 & 0.30 & 0.20 & 1.00 & -0.10 \\ 0.00 & 0.50 & 0.00 & -0.10 & 1.00 \end{pmatrix} \tag{4.15}$$

在本例中,关注量是总反应速率:

$$Q = \int_0^{10} \mathrm{d}x\kappa(x)u(x) \tag{4.16}$$

取参数的标称值,即 v、ω、κ_l、κ_h和 q 取均值时,计算 $u(x)$,如图 4.2 所示。计

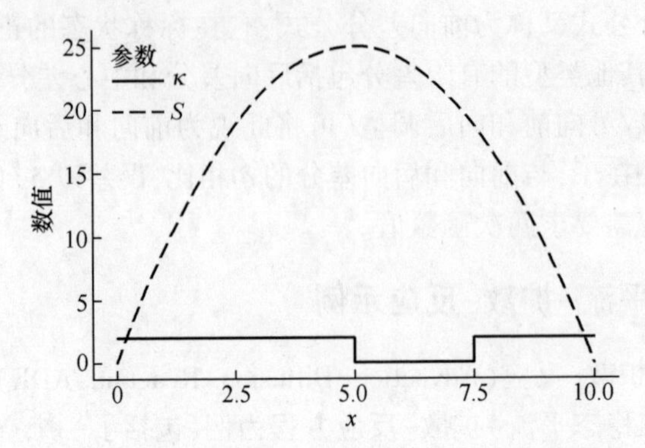

图 4.1 平流-扩散-反应示例中 κ 和 S 的均值函数

算域取 2000 个等距离散单元，得到 $Q(\mu_v, \mu_\omega, \mu_{\kappa l}, \mu_{\kappa h}, \mu_q) = 52.390$。用于求解的 Python 代码见算法 4.1。

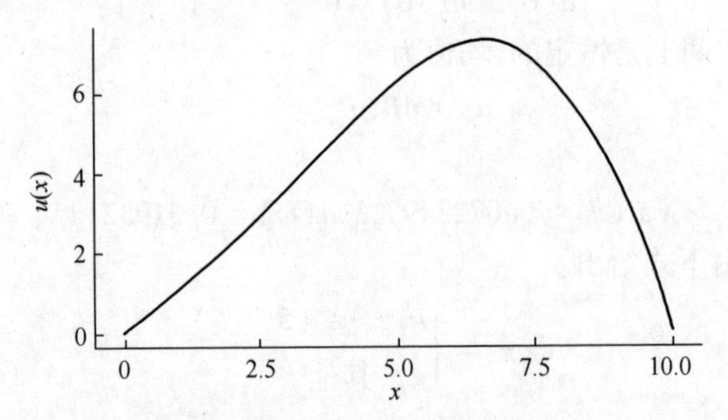

图 4.2 用不确定参数的均值求得的解 $u(x)$

算法 4.1 平流-扩散-反应方程求解的数值方法

```
将 numpy 导入为 np
    将 scipy.sparse 导入为 sparse
    将 scipy.sparse.linalg 导入为 linalg
    def ADRSource(Lx, Nx, Source, omega, v, kappa):
        A=sparse.dia_matrix((Nx,Nx),dtype="complex")
        dx=Lx/Nx
        i2dx2=1.0/(dx*dx)
        #填充 A 的对角线
        A.setdiag(2*i2dx2*omega + np.sign(v)*v/dx + kappa)
        #填充 A 的对角线
        A.setdiag(-i2dx2*omega[1:Nx] +
                    0.5*(1-np.sign(v[1:Nx]))*v[1:Nx]/dx,1)
```

```
A.setdiag(-i2dx2 * omega[0:(Nx-1)] -
        0.5 * (np.sign(v[0:(Nx-1)])+1) * v[0:(Nx-1)]/dx,-1)
    #求解 A x=Source
    Solution=linalg.spsolve(A,Source)
    Q=np.sum(Solution * kappa * dx)
    返回 Solution, Q
```

对于该平流-扩散-反应示例,使用相同的网格($\Delta x=0.005$)计算每个参数的灵敏度。对于每个参数,采用$\delta_i=\mu_i\times10^{-6}$来计算导数。通过6次模拟计算5个灵敏度,结果如表4.1所示。根据比例灵敏度系数和灵敏度指标,q的灵敏度最大。同时,两种测量方法都表明κ_h是第二重要的参数。表中的数字保留了小数点后多位,便于在后续章节中与其他导数计算方法结果进行比较。

表4.1 关注量平流-扩散-反应率对5个参数的灵敏度

参数	灵敏度	比例灵敏度系数	灵敏度指标
v	-1.7406	-17.406	-0.46819
ω	-0.97020	-19.404	-0.54842
κ_l	12.868	1.2868	0.037542
κ_h	17.761	35.523	0.93616
q	52.390	52.390	1.3923

根据方程(4.11),使用表4.1中灵敏度一栏的数据估算Q的方差,使用给定的参数方差和相关性矩阵构成协方差矩阵(方程(3.3))。用这种方法估算方差$\mathrm{Var}(Q)\approx2.0876$。假设参数服从多元正态分布,通过蒙特卡洛估计,经过4×10^4次代码运行,Q的实际方差是2.0699,相差约为8.5%。结果表明,就这个问题而言,估计方差处在真实方差的合理近似范围内。

4.3.2 随机过程示例

为了显著增加参数空间的大小,可将参数κ设置为一个高斯随机过程,均值函数见方程(4.14),协方差函数如下:

$$k_\kappa(x_1,x_2)=0.025\mathrm{e}^{-0.1|x_1-x_2|}$$

此类随机过程是空间坐标的函数,通常也称为随机场。对于这个问题,每个空间区域的κ值都是一个参数,图4.3给出了κ的三种实现。

在接下来的数值研究中,其他参数v、ω和q按其标称值固定。使用前述的2000个空间单元,可以得到$p=2000$。通过有限差分方法,计算2001次Q的值,得到灵敏度。对于每个参数,以10^{-6}的相对量进行扰动,得到每个单元中Q对κ值

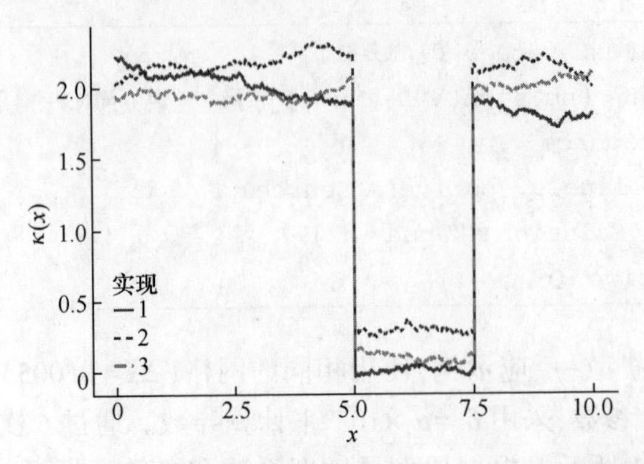

图 4.3 2000 个离散点上随机过程 $\kappa(x)$ 的三次实现情况

的灵敏度,如图 4.4 所示。值得注意的是,灵敏度分布看起来与图 4.2 中 κ 均值函数的解相似。在第 6 章中讨论伴随方法时,将探讨它们的联系。

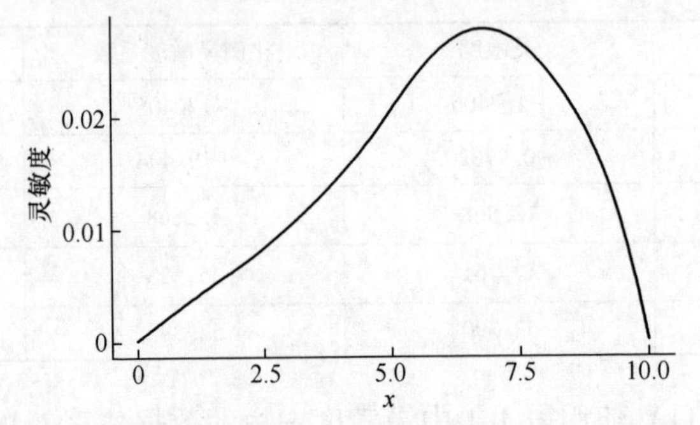

图 4.4 使用有限差分和平流-扩散-反应方程的 2001 个解得到的 Q 对 $\kappa(x)$ 的灵敏度

使用方程(4.11)来估算方差,构成一个协方差矩阵为

$$\boldsymbol{\Sigma}_{ij} = k(x_i, x_j)$$

式中,x_i 和 x_j 分别为第 i 和第 j 个网格单元的中心。根据方程(4.11)的方差估计得出 $\mathrm{Var}(Q) \approx 18.672$,使用蒙特卡洛方法的 4×10^4 个 κ 实现的估计值为 19.049。只有 2%左右的差异表明:即使存在大量参数,一阶方差估算也是准确的。

4.3.3 复数步近似

方程(4.12)中给出的有限差分公式,可以用诸如中心差分公式等其他常见的有限差分公式替代。如果底层函数是解析函数,还可以使用 Lyness 和 Moler (1967)的复数步近似公式。这种方法通过对参数施加虚部的微小扰动来计算导数的二阶近似:

$$\left.\frac{\partial Q}{\partial x_i}\right|_{\bar{x}} = \frac{\phi\{Q(\bar{x} + \mathrm{i}\delta_i \hat{e}_i)\}}{\delta_i} + O(\delta_i^2) \tag{4.17}$$

式中，$i=\sqrt{-1}$ 和 $\phi\{\cdot\}$ 表示参数的虚部。事实证明，这种方法产生的导数近似值与特定计算机上的浮点运算准确性相当。这是因为该近似方法没有采用可能放大舍入误差的小的差分除以小数的方式。

为使用复数步近似方法，计算机代码必须能够恰当地处理一些不常见的复数运算。另外，如果可以使用此方法，它会成为一种强大的工具，因为它无须求解 $Q(\bar{\boldsymbol{x}})$，不仅可以省去一次代码计算，而且可以得到更精确的导数近似值。图 4.5 显示了不同导数近似情况下 Q 对 $\kappa(6.25)$ 的灵敏度。如图可见，当 $\delta\to 0$ 时，这些方法收敛到不同的结果。一开始，当 δ 大于 10^{-5} 时，这些方法似乎收敛至同一点，但最终，有限差分计算中的精度误差占据了主导地位。即使是用中心差分进行导数近似，也会出现这种情况。

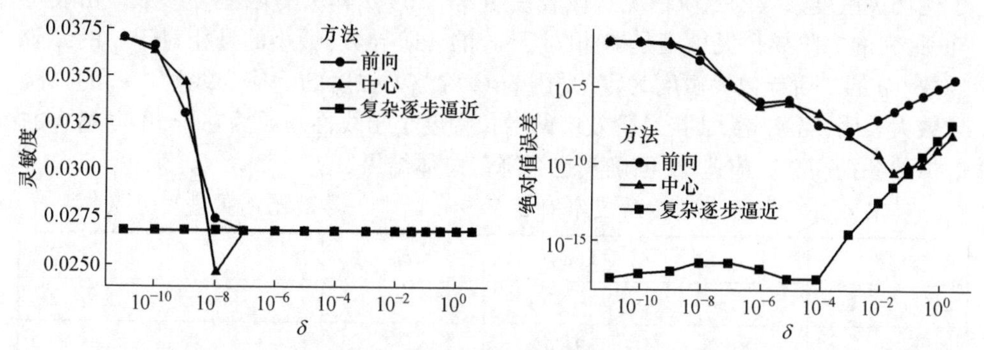

图 4.5　不同 δ 值情况下，使用前向差分、中心差分和复数步近似法求得的 Q 对 $\kappa(6.25)$ 的灵敏度

4.4　二阶导数近似

扩展局部灵敏度的一种自然方式是包含 Q 的泰勒级数的二阶导数。展开式中额外项的数量为 p^2。为估算这些项，我们需要在更多的点上计算 Q。单个值的二阶导数的公式为

$$\left.\frac{\partial^2 Q}{\partial x_i^2}\right|_{\bar{\boldsymbol{x}}} \approx \frac{Q(\bar{\boldsymbol{x}}+\delta_i\hat{e}_i) - 2Q(\bar{\boldsymbol{x}}) + Q(\bar{\boldsymbol{x}}-\delta_i\hat{e}_i)}{\delta_i^2} \tag{4.18}$$

式(4.18)在 δ_i 中为二阶精度。当一阶灵敏度通过前向差分进行估算时，如方程(4.12)所示，这些二阶导数需要对 Q 进行 p 次额外计算。

交叉导数项需要更多次函数求值来逼近。此类导数的基本公式为

$$\left.\frac{\partial^2 Q}{\partial x_i \partial x_j}\right|_{\bar{\boldsymbol{x}}} \approx \frac{Q(\bar{\boldsymbol{x}}+\delta_i\hat{e}_i+\delta_j\hat{e}_j) - Q(\bar{\boldsymbol{x}}+\delta_i\hat{e}_i-\delta_j\hat{e}_j) - Q(\bar{\boldsymbol{x}}-\delta_i\hat{e}_i+\delta_j\hat{e}_j) + Q(\bar{\boldsymbol{x}}-\delta_i\hat{e}_i-\delta_j\hat{e}_j)}{4\delta_i\delta_j} \tag{4.19}$$

检验式(4.19)可以发现,分子中的每项都不包含在方程(4.12)或方程(4.18)中。因此,每个交叉导数项都需要4次新的函数求值。对于 $p(p-1)$ 交叉导数项,Q 的额外计算次数为 $2p(p-1)$;对称性节省了一半,这是因为:

$$\frac{\partial^2 Q}{\partial x_i \partial x_j}=\frac{\partial^2 Q}{\partial x_j \partial x_i}$$

为估算二阶灵敏度,需要大量额外的代码运行次数。

总之,为计算泰勒级数的二阶展开式,共需要对 Q 计算 $2p^2+1$ 次,包括一阶导数的 $p+1$ 次求值、简单二阶导数的 p 次求值和交叉导数项的 $2p(p-1)$ 次求值。

我们转而用平流-扩散-反应解作为计算二阶导数灵敏度的例子,具体请见4.3.1节。为比较二阶灵敏度,将二阶导数乘以每个参数的均值,在表4.2中列出了比例灵敏度系数的二阶情况。该表使用 $\delta_i=10^{-4}\mu_i$ 作为有限差分参数。由表可知,最大的二阶导数灵敏度是 Q 相对于 κ_h 的二阶导数,最小的是相对于 q 的二阶导数。q 的二阶导数灵敏度为零,是因为 Q 对源项强度的响应为线性。κ_h 的二阶导数大表明,当 κ_h 增大时,二阶效应的增长幅度小于线性。原因在于,不断增大的 κ_h 虽然会提高总反应速率,但确实也会降低总体结果。

表4.2 平流-扩散-反应率对5个参数的二阶导数比例灵敏度系数

参数	ν	ω	k_l	k_h	q
ν	3.56	—	—	—	—
ω	19.38	9.36	—	—	—
k_l	−0.14	−0.47	0.07	—	—
k_h	−5.40	−8.89	−0.64	−20.60	—
q	−17.40	−19.40	1.29	35.52	−0.00

当然,对于只有弱二阶灵敏度的参数,无须用这些项来描述 Q 的行为。如果提前知道哪些参数的二阶导数大,就可以只计算这些导数所需的 Q 值。一阶导数灵敏度较大的项,其二阶导数灵敏度往往也很重要。本例的大致情况是:q 和 κ_h 是一阶导数分析中最敏感的参数,而 κ_l 的重要性最低。除 Q 对 q 的二阶导数为零外,重要的一阶导数灵敏度在二阶导数中也很重要。换言之,我们无法在不损失 Q 整体响应的情况下,计算具有 κ_l 的二阶和混合导数。

在本章中,我们提出了基于关注量泰勒级数近似的局部灵敏度分析方法。通过这种方法,可以估计重要的参数、关注量的方差,以及不同输入下关注量的值。要估算前述各项,需要了解关注量相对于参数的导数。在后续两章中,我们将介绍不使用有限差分来估算这些导数的方法。

图4.6显示了 Q 作为4个参数的函数的非线性行为。由图可知,从标称值 $\kappa_h=2$ 开始的小幅扰动,线性展开式是一种良好的近似,但在较大的扰动下,包括

50%左右的“扰动”情况，需要用二次项来解释 Q 的变化；ω 对于更大的扰动也具有非线性效应。Q 相对于 q 的变化完全是线性的，κ_l 在类似的对应范围内也是近似线性的。

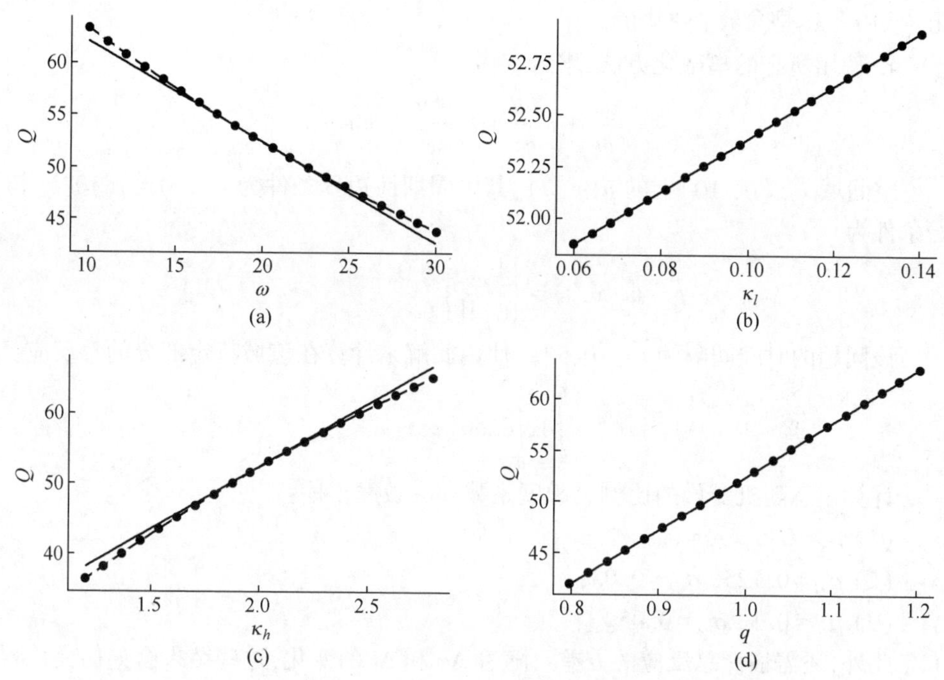

图 4.6 Q 为 ω、κ_h、κ_l 和 q 的函数，与一阶和二阶泰勒级数展开式比较。实心点是 Q 的真实值，实线为线性近似，虚线为二次近似

4.5 注释和参考资料

自动微分，也称为算法微分，是通过将导数规则应用于源代码中产生数值结果各个步骤，进而确定关注量对参数导数的另一种方法。Griewank 和 Walther(2008)对这种方法进行了详细介绍。其他一些方法无须依靠泰勒级数的局部近似来确定灵敏度。此类灵敏度估计法称为基于方差的灵敏度分析法或 Sobol 指数法。这些都涉及将方差分解为由于某些输入集产生的分数。根据输入样本生成关注量样本是估算的基础，见 Saltelli 等(2010, 2008)。

4.6 练　　习

1. 以取决于单一正态分布参数的关注量为例。利用 Q 关于参数均值的二阶泰勒级数展开式,推导出估算 Q 方差的公式。

2. 根据一个 p 维多元正态随机变量,用 Q 重复前面的练习。

3. 计算 4.3.1 节中示例的一阶灵敏度参数,使用 $\delta_i=\mu_i\Delta$,式中 $\Delta=10^{-3}$、10^{-5}、10^{-7}、10^{-9},μ_i是参数 i 的均值。

4. 使用所选的离散化方法,求解方程

$$\frac{\partial u}{\partial t}+v\frac{\partial u}{\partial x}=D\frac{\partial^2 u}{\partial x^2}-\omega u$$

空间域 $x\in[0,\ 10]$上的 $u(x,\ t)$,其中周期性边界条件为 $u(0^-)=u(10^+)$,初始条件为

$$u(x,0)=\begin{cases}1,x\in[0,2.5]\\0,\text{其他}\end{cases}$$

该问题的时间间隔为 $t\in[0,5]$。使用此解来计算在该域特定部分的总反应:

$$\int_5^6\mathrm{d}x\int_0^5\mathrm{d}t\omega u(x,t)$$

计算正态随机变量的比例灵敏度系数和灵敏度指标:

(1) $\mu_v=0.5,\ \sigma_v=0.1$;

(2) $\mu_D=0.125,\ \sigma_D=0.03$;

(3) $\mu_\omega=0.1,\ \sigma_\omega=0.05$。

此外,还需估计总反应的方差。随着 Δx 和 Δt 的变化,这些结果会如何变化?

第 5 章　用回归近似法估算灵敏度

第 4 章介绍了局部灵敏度的概念，即关注量在某个标称点的导数。已说明采用有限差分运行 $p+1$ 次模拟估算一阶导数的方法，其中 p 为参数个数。计算二阶导数灵敏度时，计算的次数会大幅增加。实际应用中，不是所有 p 个一阶导数灵敏度都是有意义的；几乎可以确定，并非所有二阶导数灵敏度都很重要。

本章将介绍几种方法，尝试自动选择关注量较为敏感的参数。这些方法都是在常用线性回归方法上进行拓展。首先，将灵敏度方程转换为一个回归问题。

5.1　灵敏度的最小二乘回归

以关注量 $Q(x)$ 为例，其中 $\boldsymbol{x}=(x_1,x_2,\cdots,x_J)^{\mathrm{T}}$ 包含有 J 个参数。关注特定标称点 $\bar{\boldsymbol{x}}$ 处的一阶灵敏度，并对关注量进行 I 次计算：$Q_i=Q(\boldsymbol{x}_i)$。

利用 Q 的线性泰勒级数展开式，可以得出 i 个方程将 Q_i 和 $\boldsymbol{x}_i$ 的已知值与未知灵敏度关联起来：

$$Q_i := Q(\boldsymbol{x}_i) \approx Q(\bar{\boldsymbol{x}}) + (x_{i1} - \bar{x}_1)\left.\frac{\partial Q}{\partial x_1}\right|_{\bar{\boldsymbol{x}}} + (x_{i2} - \bar{x}_2)\left.\frac{\partial Q}{\partial x_1}\right|_{\bar{\boldsymbol{x}}} + \cdots + (x_{iJ} - \bar{x}_J)\left.\frac{\partial Q}{\partial x_J}\right|_{\bar{\boldsymbol{x}}}$$

方程中使用梯度符号，将数据的总集合写作：

$$\begin{aligned}
Q_1 &:= Q(\boldsymbol{x}_1) \approx Q(\bar{\boldsymbol{x}}) + \nabla Q(\bar{\boldsymbol{x}})(\boldsymbol{x}_1 - \bar{\boldsymbol{x}})\\
Q_2 &:= Q(\boldsymbol{x}_2) \approx Q(\bar{\boldsymbol{x}}) + \nabla Q(\bar{\boldsymbol{x}})(\boldsymbol{x}_2 - \bar{\boldsymbol{x}})\\
&\vdots\\
Q_I &:= Q(\boldsymbol{x}_I) \approx Q(\bar{\boldsymbol{x}}) + \nabla Q(\bar{\boldsymbol{x}})(\boldsymbol{x}_I - \bar{\boldsymbol{x}})
\end{aligned}$$

式中，x_{ij} 表示第 i 次求 Q 值时第 j 个输入参数的值。可以重新排列方程，将其简写为

$$\boldsymbol{X\beta} = \boldsymbol{y} \tag{5.1}$$

矩阵 $\boldsymbol{X}$ 由下式给出：

$$X_{ij} = (x_{ij} - \bar{x}_j)$$

右侧向量 $\boldsymbol{y}$ 为

$$\boldsymbol{y}=\begin{pmatrix} Q_1-Q(\bar{\boldsymbol{x}}) \\ Q_2-Q(\bar{\boldsymbol{x}}) \\ \vdots \\ Q_I-Q(\bar{\boldsymbol{x}}) \end{pmatrix}$$

向量$\boldsymbol{\beta}$包含灵敏度：

$$\boldsymbol{\beta}=\begin{pmatrix} \left.\dfrac{\partial Q}{\partial x_1}\right|_{\bar{x}} \\ \left.\dfrac{\partial Q}{\partial x_2}\right|_{\bar{x}} \\ \vdots \\ \left.\dfrac{\partial Q}{\partial x_J}\right|_{\bar{x}} \end{pmatrix}$$

向量$\boldsymbol{y}$通常称为因变量,$\boldsymbol{X}$定义为自变量的数据矩阵。

自然的反应是通过求解方程(5.1)来求$\boldsymbol{\beta}$。当然,除非$I=J$,即$\boldsymbol{X}$为方阵,否则该方程没有唯一解,甚至不一定有解。因此,至少需要$J+1$次模拟来估算灵敏度。这意味着,需要尽量使用有限差分来估算灵敏度。

如果$I>J$,那么该问题与经典线性回归问题类似,存在一个超定系统,用于确定自变量和因变量之间假定函数关系的系数。这种情况下,通过乘以$\boldsymbol{X}^{\mathrm{T}}$构成正交方程,并对得到的方阵进行求解,求得$\boldsymbol{\beta}$：

$$\boldsymbol{X}^{\mathrm{T}}\boldsymbol{X}\boldsymbol{\beta}=\boldsymbol{X}^{\mathrm{T}}\boldsymbol{y} \tag{5.2}$$

使系数向量：

$$\hat{\boldsymbol{\beta}}_{\mathrm{LS}}=(\boldsymbol{X}^{\mathrm{T}}\boldsymbol{X})^{-1}\boldsymbol{X}^{\mathrm{T}}\boldsymbol{y} \tag{5.3}$$

式中的记号表示该项并非方程(5.1)的解,而是一个近似值。我们注意到,方程(5.2)中的系统称为法方程组,当$\boldsymbol{X}^{\mathrm{T}}\boldsymbol{X}$满秩时,方程有唯一解。在具体应用中,不会先构成法方程再求解,通常使用QR因式分解或奇异值分解来找出$\hat{\boldsymbol{\beta}}_{\mathrm{LS}}$。

根据方程(5.3)得出的近似值具有一个实用的性质,即数据总的平方误差最小。利用该性质,可以证明根据方程(5.3)求得的解等价于求平方误差总和最小的$\boldsymbol{\beta}$值的最小值问题的解：

$$\hat{\boldsymbol{\beta}}_{\mathrm{LS}}=\min_{\beta}\frac{1}{2}\sum_{i=1}^{I}(y_i-\boldsymbol{\beta}\cdot\boldsymbol{x}_i)^2 \tag{5.4}$$

式中,$\boldsymbol{x}_i$为数据矩阵的第i行。下标"LS"表示该解为最小二乘解。如上所述,当$I>J$,即模拟次数大于参数数量时,可以得到解——这种情况并不有助于减少估算灵敏度所需的模拟次数。

5.2 正则回归

前文已经论述过,当模拟次数 I 小于变量数量 J 时,普通最小二乘回归法不能用于估算灵敏度。原因是自由度的数值大于约束数量,可能出现多个满足方程(5.1)的 $\boldsymbol{\beta}$ 值。

为了选择唯一的 $\boldsymbol{\beta}$ 值,需要改变最小值问题,对其进一步约束。通过添加一个额外项来最小化,从而实现最小值问题的正则化。存在多种正则化方式,本书只讨论其中三种。

在论及正则化之前,需要稍微修改一下问题。尤其需要对数据矩阵和系数进行归一化,使其无因次。特别地,将数据矩阵写为

$$X_{ij} = \frac{x_{ij} - \bar{x}_j}{\bar{x}_j} \tag{5.5a}$$

此时,系数就是比例灵敏度系数:

$$\boldsymbol{\beta} = \begin{pmatrix} \bar{x}_1 \left.\dfrac{\partial Q}{\partial x_1}\right|_{\bar{x}} \\ \bar{x}_2 \left.\dfrac{\partial Q}{\partial x_2}\right|_{\bar{x}} \\ \vdots \\ \bar{x}_3 \left.\dfrac{\partial Q}{\partial x_J}\right|_{\bar{x}} \end{pmatrix} \tag{5.5b}$$

由于书中讨论的正则化回归技术试图尽量减小系数量级,必须进行归一化。因此,如果系数不是无因次的,可以仅根据测量单位将重要灵敏度设置为零。虽然选择进行归一化,使回归问题中的系数成为比例灵敏度系数,但也可以通过每个参数的标准差进行数据矩阵归一化。如此可得到系数灵敏度指标。

5.2.1 岭回归

岭回归(由 Hoerl 和 Kennard 于 1970 年发明)是一种简单的正则化回归方法。该方法基于系数的欧几里得范数(如 2 范数)增加惩罚项。具体地,岭回归最小值问题即

$$\hat{\boldsymbol{\beta}}_{\text{ridge}} = \min_{\beta} \sum_{i=1}^{I} (y_i - \boldsymbol{\beta} \cdot \boldsymbol{x}_i)^2 + \lambda \ \|\boldsymbol{\beta}\|_2 \tag{5.6}$$

式中,p 范数记作:

$$\| \boldsymbol{u} \|_p = \left(\sum_{i=1}^{I} |u_i|^p \right)^{1/p} \tag{5.7}$$

该范数也可称为L_p范数。

这个新问题是寻找一个既能保证数据平方和最小,也能使系数2范数最小的$\boldsymbol{\beta}$值。更通俗地讲,问题的目标是求一个尽可能与数据匹配,同时又数量级较小的$\boldsymbol{\beta}$值。岭回归又称为Tikhonov正则化。

该回归问题的等价公式将正则化作为约束,而非罚函数。该公式形式为

$$\hat{\boldsymbol{\beta}}_{\text{ridge}} = \min_{\beta} \frac{1}{2} \sum_{i=1}^{I} (y_i - \boldsymbol{\beta} \cdot \boldsymbol{x}_i)^2 \text{ , } \| \boldsymbol{\beta} \|_2 \leqslant s \tag{5.8}$$

式(5.8)有助于形象地理解岭回归的实现过程,图5.1显示了$J=2$时的情况。最小的成本函数为方程(5.8)中两个系数的二次函数。该二次函数的轮廓以椭圆形呈现在(β_1,β_2)平面中,椭圆的中心即LS估计。

图5.1所示圆形的半径为s,解必须位于圆内或圆上。由于LS估计位于圆外,解位于圆与平方误差和的轮廓线在误差最小可能值相切的位置。注意到与LS估计相比,岭回归估计中β_1和β_2的数量级均有所下降,且都不为零。

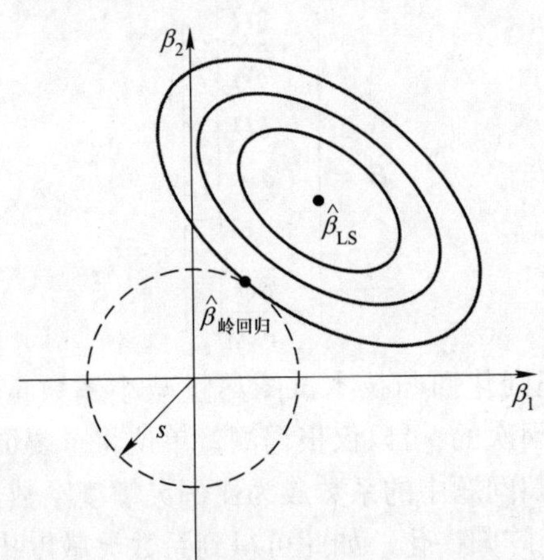

图5.1 对比最小二乘法,对双参数问题的岭回归结果进行说明。图中椭圆为回归估计中平方误差和的等值面。假定误差为二次型,距离$\hat{\boldsymbol{\beta}}_{\text{LS}}$远的椭圆误差较大。图中圆形为$\beta_1^2 + \beta_2^2 = s^2$。椭圆与圆相切处是岭回归的解

可以证明,岭问题的解等于该系统的解。

$$(\boldsymbol{X}^{\text{T}}\boldsymbol{X} + \lambda \boldsymbol{I})\boldsymbol{\beta} = \boldsymbol{X}^{\text{T}}\boldsymbol{y} \tag{5.9}$$

式中,$\boldsymbol{I}$为$J \times J$的单位阵。对于$\lambda > 0$,该系统始终有解。

岭回归的一个特性是,存在LS值时,λ的值越大,与$\hat{\boldsymbol{\beta}}_{\text{LS}}$值相对的$\hat{\boldsymbol{\beta}}_{\text{ridge}}$中的值越小。这一特性使得选定自由参数$\boldsymbol{\lambda}$时必须基于其他考虑。下文将论述利用

交叉验证选择该参数的具体方法。

考虑岭回归问题的一个简单示例,给定数据 $y(2)=1$,估算公式 $y=ax+b$ 的函数。也就是说,处理该问题的目的是将一条线拟合到单个数据点。该问题公式化为

$$\boldsymbol{X}=(2,1),\boldsymbol{\beta}=(a,b)^{\mathrm{T}},\boldsymbol{y}=1$$

利用方程(5.9)中的值,可以求得

$$\begin{pmatrix}4+\lambda & 2\\ 2 & 1+\lambda\end{pmatrix}\begin{pmatrix}a\\ b\end{pmatrix}=\begin{pmatrix}2\\ 1\end{pmatrix}$$

当 $\lambda>0$ 时,该方程的解为

$$a=\frac{2}{\lambda+5},b=\frac{1}{\lambda+5}$$

由此可以看出,当 λ 从右侧趋近于零时,该解的极限为

$$\lim_{\lambda\to 0^+}a=\frac{2}{5},\ \lim_{\lambda\to 0^+}b=\frac{1}{5}$$

请注意,当 $\lambda>0$ 时,拟合解不会经过该数据点,即 $2a+b\neq 1$,如原始数据所示。

该示例中,可以看出,可以将一条线拟合到单个数据点,但所得结果不一定忠实于原始数据。尽管如此,当 $I<J$ 时,该方法确实为求拟合解的一个思路。当关注量求值次数少于参数个数时,该属性将有助于估算局部灵敏度。

5.2.2 套索回归

岭回归方法可以略作修改,将惩罚改为系数的 1 范数。此时得到的解称为最小绝对值收敛和选择算子,通常简称为套索(Tibshirani 于 1996 发明)。该方法倾向于将数个系数设为零,即“套索”重要系数。根据下式,提出套索问题:

$$\hat{\boldsymbol{\beta}}_{\text{lasso}}=\min_{\boldsymbol{\beta}}\sum_{i=1}^{I}(y_i-\boldsymbol{\beta}\cdot x_i)^2+\lambda\ \|\boldsymbol{\beta}\|_1 \tag{5.10}$$

岭回归和套索回归之间的微小差别在于惩罚范数的选择。这一微小的差别似乎并未对结果产生重大影响。然而,代入 1 范数使得问题求解更为困难,且 L_1 惩罚倾向于将部分系数设为零。将部分系数设为零,可以生成一个稀疏模型。另一种方法是,生成一个只包含重要变量的精简模型。

如果多个灵敏度较小,且仅有少量较大的非零灵敏度,那么该方法要做的恰恰是将部分系数设为零。事实上,当 $I<J$ 时,套索最多选择 I 个非零系数。将特定系数设置为零这一属性如图 5.2 所示,L_1 范数有一条菱形曲线,其中菱形的 4 个顶点位于坐标轴上。因此,L_1 惩罚和平方残差曲线之间的交点可能也在坐标轴上,与图 5.2所示吻合。需要注意的是,由于该点所在的椭圆距离最小二乘解更远,套索回归解的误差平方之和将大于岭回归解的误差平方之和。但也并非总是如此。

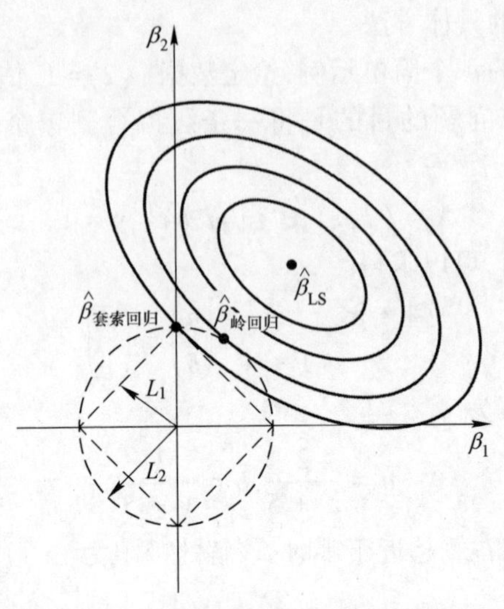

图5.2 对比最小二乘法,对双参数问题的套索回归和岭回归结果进行比较。菱形为曲线 $|\beta_1|+|\beta_2|=s$。通过套索回归,在椭圆与菱形相切的位置获得解

由于绝对值为零时,奇性导数造成 L_1 范数的导数不平滑,此时最小值问题并非二次问题,所以套索问题求解更为困难。但该问题仍是一个凸优化问题,仍然可以通过数值方法有效解决。

5.2.3 弹性网络回归

弹性网络回归(Zou 和 Hastie 于年发明)将岭回归和套索回归的罚函数相结合,既保留了套索回归的部分稀疏性,又实现了更为准确的预测。弹性网络回归最小值问题为

$$\hat{\boldsymbol{\beta}}_{\mathrm{el}} = \min_{\boldsymbol{\beta}} \sum_{i=1}^{I} (y_i - \boldsymbol{\beta} \cdot \boldsymbol{x}_i)^2 + \lambda_1 \|\boldsymbol{\beta}\|_1 + \lambda_1 \|\boldsymbol{\beta}\|_2^2 \tag{5.11}$$

与套索回归类似,弹性网络回归解提高了系数向量的稀疏性,但弹性网络回归不限于仅求I个非零系数。弹性网络回归倾向于将多个系数组设为非零值,如下文示例所示。

实践中,利用参数 α 对 L_1 和 L_2 惩罚量之间的权衡进行量化:

$$\alpha = \frac{\lambda_1}{\lambda_1 + \lambda_2}$$

该定义表明,当 $\alpha=1$ 时,该问题等价于套索回归问题;当 $\alpha=0$ 时,该问题等价于岭回归问题。弹性网络回归如图5.3所示:$\alpha\ \|\boldsymbol{\beta}\|_1 + (1-\alpha)\ \|\boldsymbol{\beta}\|_2^2$ 的等值曲线在 L_1 菱形和欧几里得(Euclidean)范数圆之间。随着 α 趋近于1,解从岭回归结果逐渐向套索回归的 β 值移动。

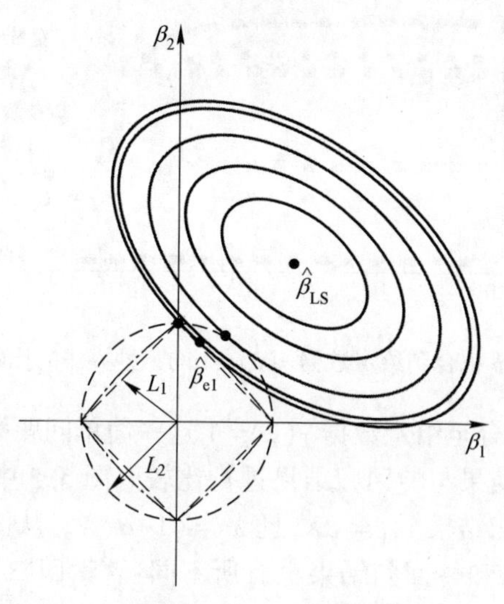

图 5.3 对比最小二乘法，对双参数问题的 $\alpha=0.6$ 弹性网络回归、套索回归和岭回归结果进行比较。菱形和圆之间的曲线为 $\alpha(|\beta_1|+|\beta_2|)+(1-\alpha)\sqrt{\beta_1^2+\beta_2^2}=s$ 曲线。所得解在岭回归解和套索回归解之间

图 5.4 对弹性网络回归净惩罚量的影响进行了进一步说明。图中展示了 $\alpha\|\boldsymbol{\beta}\|_1+(1-\alpha)\|\boldsymbol{\beta}\|_2^2$ 两个自变量的等值曲线。随着 α 的值从 1 下降到 0，曲线形状逐渐从 L_2 范数的圆形过渡到 L_1 范数的菱形。过渡过程中，轴上的点保持不变，从而使得 $0<\alpha<1$ 的曲线在轴上呈现钝角(即当 $\alpha<1$ 时，曲线仍然平滑)。通过该过渡，弹性网络回归可以求得稀疏解，但同时也可以求得非稀疏解。

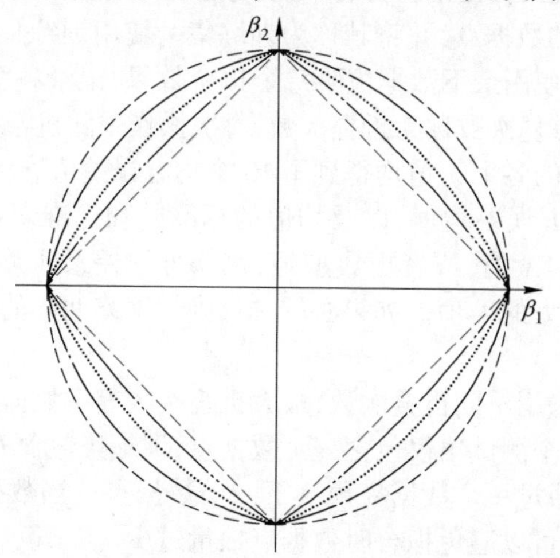

图 5.4 当 $\alpha=0$、0.25、0.5、0.75 和 1 时，$\alpha\|\boldsymbol{\beta}\|_1+(1-\alpha)\|\boldsymbol{\beta}\|_2^2$ 的等值曲线($\alpha=0$ 时对应外圆，图中曲线按 α 大小排列)

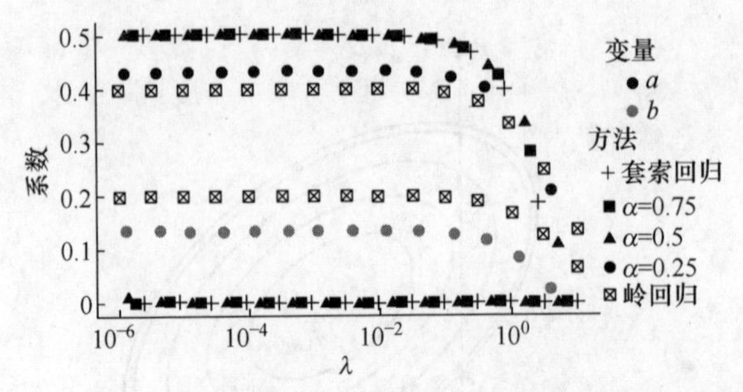

图 5.5 将 $y=ax+b$ 拟合到给定数据 $y(2)=1$ 的三种方法的比较(作为 λ 的函数)

以将 $y=ax+b$ 拟合至给定数据 $y(2)=1$ 这一简单问题为例,可以将弹性网络回归结果和套索回归结果与岭回归结果进行比较。图 5.5 中,结果显示为 λ 的函数。对于弹性网络回归结果,$\lambda_1=\alpha\lambda$,且 $\lambda_2=(1-\alpha)\lambda$。从图中可以看出,即使 λ 值较小,套索回归结果和岭回归结果也有所不同:套索回归结果设 $a=0.5$,且 $b=0$。这就是前文提到的"稀疏"。此外,在这个问题中,当系数较小时,如 $\alpha=0.75$ 和 0.5 时,弹性网络回归结果与套索回归结果几乎相同。当 α 减小到 0.25 时,弹性网络回归结果在岭回归结果和套索回归结果之间。注意到,当 λ 值较小时,套索回归结果和岭回归结果均与数据完全匹配。

5.3 拟合正则回归模型

之前讨论的正则回归模型包含一个待选择的 λ 参数。要选定该参数,需要使用交叉验证法。在交叉验证中,将数据重复分解为训练集和测试集。为进行说明,先假设选择前 90%的数据点,并将其称为训练集。使用训练集拟合几个不同 λ 值的正则回归模型,并使用余下数据检验每个拟合效果,记录各个 λ 值的均方误差。重复该操作 10 次,重复次数称为折叠次数,每次操作中随机选择测试集中的数据。该过程结束时,被测的各个 λ 值均得到了 10 个均方误差值。利用这些误差值可以计算每个 λ 值的均方误差均值,以及均值的标准差和标准误差。然后,可以选择均方误差均值最小的 λ 值,或者更典型地,在均方误差最小均值的一个标准误差范围内,选择一个最大的 λ 值。如果必须选择弹性网络回归的 α 值,可以对 α 和 λ 均进行交叉验证。

交叉验证可以采用不同折叠次数,最大折叠次数等于数据点的个数,此时称为留一法交叉验证:每个测试集仅包含一个数据点,训练集包含 $I-1$ 个数据点。交叉验证模拟的场景是通过一个数据集预测下一个数据点。当数据集较小时,留一法交叉验证尤其实用,可以避免拟合时数据点数量过少。

还必须说明选择评估关注量所需数据点的方法。假设求值的次数为 I,然后是选择 I 个向量 $\boldsymbol{x}$ 值的问题,涉及计算机实验设计,将会在第 6 章中讨论。简而言之,应随机选择数据点,较多地使用拉丁(Latin)超立方抽样等分层抽样技术。

以一个真实场景为例,假设现有模拟包含 100 个输入参数(即 $J=100$)。再假设关注量满足公式

$$Q(\boldsymbol{x}_i)-Q(\bar{\boldsymbol{x}})=20\left(\frac{x_{i1}-\bar{x}_1}{\bar{x}_1}\right)+20\left(\frac{x_{i2}-\bar{x}_2}{\bar{x}_2}\right)+5\left(\frac{x_{i3}-\bar{x}_3}{\bar{x}_3}\right)+2.5\left(\frac{x_{i4}-\bar{x}_4}{\bar{x}_4}\right)+\left(\frac{x_{i5}-\bar{x}_5}{\bar{x}_5}\right)+0.1\sum_{j=6}^{100}\frac{x_{ij}-\bar{x}_j}{\bar{x}_j}+\varepsilon$$

式中,$\varepsilon\sim N(0,0.01^2)$。对于该关注量,仅前 5 个变量的比例灵敏度系数较大:第 6~100 个变量对关注量的影响均较小。如果提前知道这个情况,可以仅在这 5 个变量上进行有限差分。当然,一般情况下无法事先得知。

假设可以进行 40 次模拟,通过拉丁超立方抽样选定 40 个 $\boldsymbol{x}_i$ 值,然后通过交叉验证拟合一个套索模型。利用根据留一法交叉验证确定的 λ 值,在均方误差最小均值的一个标准误差范围内,选择一个最大的 λ 值,即 $\lambda=0.0055$。比例灵敏度系数的结果如图 5.6 所示,从图中可以看出,利用套索回归法,正确选出了 5 个最大的灵敏度系数,只是和系数的实际值略有误差。对于多个小灵敏度,该方法并未得到准确值 0.1,而是仅估算出一些系数非零且大于 0.1。总体而言,结果还是令人满意的:在模拟次数远少于参数个数的条件下,仍然正确识别出了重要参数。

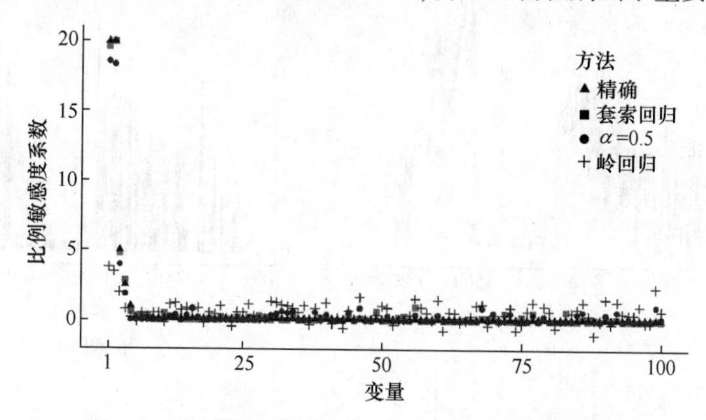

图 5.6 比例灵敏度评估的不同正则回归模型的比较
(用 100 个参数对 1 个关注量进行 40 次求值)

令 $\alpha=0.5$,重复岭回归和弹性网络回归过程,得到不同的结果,详见图 5.6。从这些结果可以看出,用岭回归方法处理此类问题有一定的困难:岭回归模型会低估灵敏度大的系数,并且将大量系数判定为重要。当 $\alpha=0.5$ 时,弹性网络回归与套索回归类似,会低估灵敏度大的系数,区别在于,套索回归得出的低灵敏度变量的非零系数更多。这些结果表明,在此类问题中,如果 $I<J$,且多个变量的灵敏度

趋近于零时,套索回归和弹性网络回归较岭回归更有优势。

再以另一类问题为例,令 α 值趋近于 0,可以体现出弹性网络回归的优势。根据 4.3.2 节,定义一个平流-扩散-反应问题,反应速率系数 κ 为高斯过程。因此,包含 N_x 个空间单元的问题名义上存在 N_x 个参数。根据 4.3.2 节,令 $N_x = 2000$,因此需要使用 2001 个模拟来计算一阶灵敏度的有限差分估计值。在这个例子中,可以利用拉丁超立方设计从随机过程中抽取 κ 值的样本,再用于模拟来解决同样问题。使用 100 个样本点和不同的正则回归方法,利用留一法交叉验证确定 λ 值,估算比例灵敏度数,所得结果如图 5.7 所示。图中将有限差分估计作为参考。相对

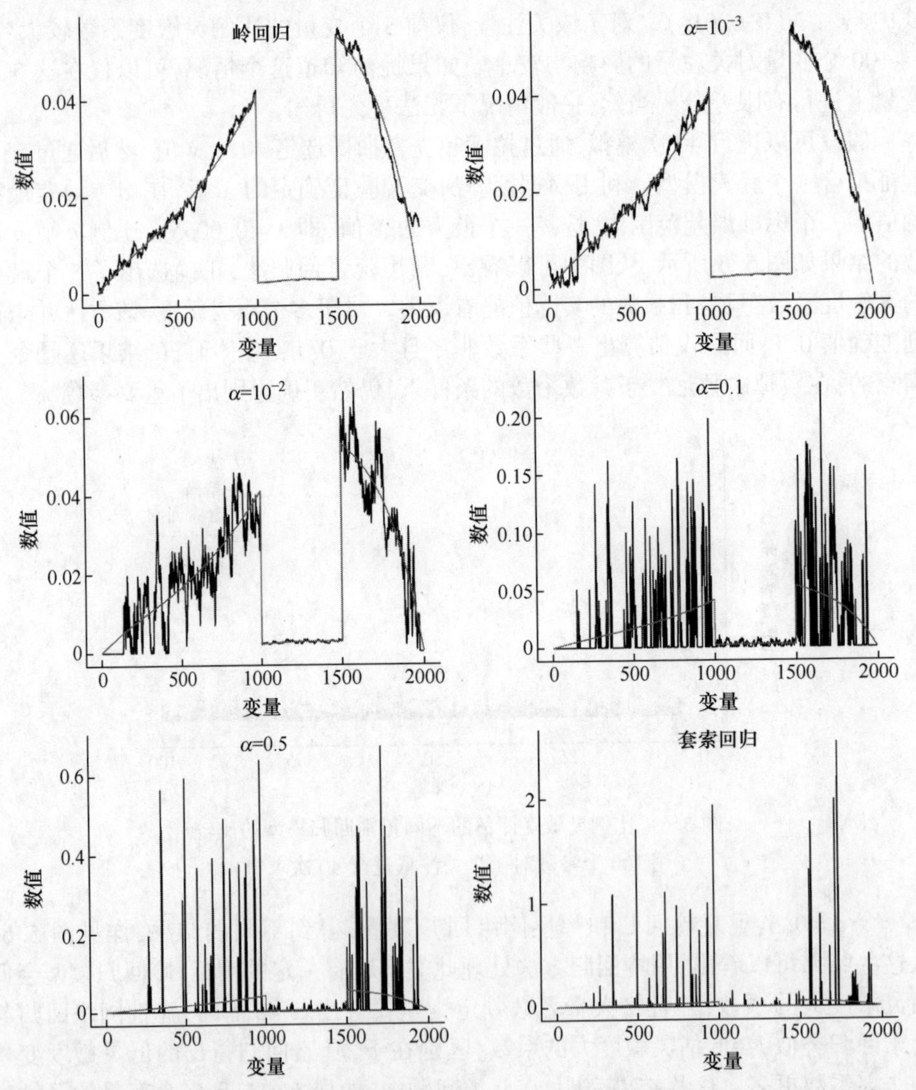

图 5.7 平流-扩散-反应问题的比例灵敏度系数估计(利用不同回归方法和 100 点拉丁超立方设计,通过 2000 个点评估的随机过程确定 ω 的值)。平滑实线表示有限差分估计值

于利用有限差分估算所需的求值次数 Q,图示所需的次数仅占 5%。有限差分估计的一个特性是,任何位置其值都不为零。在这种情况下,套索回归所得解为稀疏解,且非零系数较少。而在频谱的另一端,岭回归解体现了有限差分估计的整体趋势,但定量上不严格相符。例如,岭回归可以准确预测,意义最大的值出现在低 κ 值区域边缘。当 α 值较小时,弹性网络回归结果与岭回归结果的值相近,但其参数存在较大振荡。随着 α 值的增大,弹性网络回归结果逐渐向套索回归结果靠拢。

为了真正体现各回归方法的作用,将估算系数采用的模拟次数减至 10 次,即有限差分估计所需模拟次数的 0.5%,其结果如图 5.8 所示。图示结果再一次表明,套索回归不能正确估算灵敏度。上述情况中,当 L_1 惩罚量较小时,弹性网络回归($\alpha=10^{-3}$)可得出最佳估计值;而岭回归所得结果中,位于问题左侧的估计值存在较大幅振荡,而位于问题右侧的结果则比较平缓。

以下是结论。对于参数个数较多,但重要参数个数较少的问题,当 α 值接近 1 时,套索回归和弹性网络回归均可以估算灵敏度系数。另外,若灵敏度之间存在关联,如随机过程示例中,灵敏度之间存在空间关联性,则当 α 值较小时,即便模拟次数较参数个数小两个数量级,通过岭回归和弹性网络回归,也可以得出足够的灵敏度定性行为估计。然而,用户需要自行判断当前情况适合采用哪种方法。

许多应用中,灵敏度定量估计的重要性不及灵敏度数量级排序。因此,根据上述结果,回归方法显然满足应用需求。在前文论述的两项测试中,有一种方法,其所需的关注量求值次数远少于有限差分方法所需的次数,同时也能选择出最敏感的变量。第 5 章将讨论基于伴随的技术,仅执行两次模拟就可以估算任意数量的参数。代价是,伴随技术作为一种侵入式技术,在估算灵敏度时,不仅要计算关注量,还要具备其他能力。

5.3.1 正则回归软件

上文所述示例中,使用 R 语言的 glmnet 库来拟合回归模型。该库具有内置交叉验证功能来选择 λ 值,并且具有一个合理的用户界面。该库可以拟合弹性网络回归模型,也可以拟合岭回归和套索回归模型。对于 Python 语言,sklearn 库在 sklearn. linear_model 模块中有一个弹性网络函数。

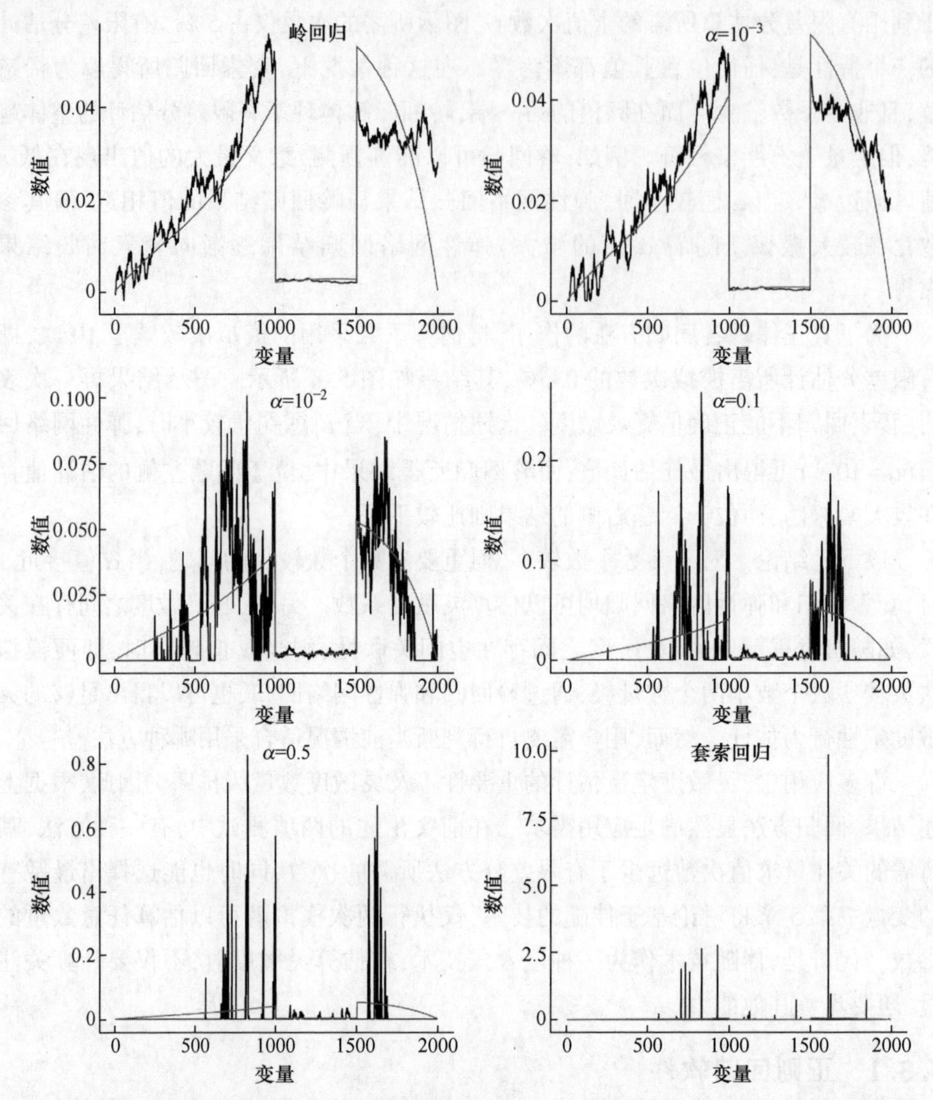

图5.8 平流-扩散-反应问题的比例灵敏度系数估计(利用不同回归方法和10点拉丁超立方设计,通过2000个点评估的随机过程确定ω的值)。平滑实线表示有限差分估计值

5.4 高阶导数灵敏度

回归方法可用于估算Q的二阶导数,包括两个参数的混合导数。利用有限差分估算此类导数的成本高昂,因此,通过正则回归法进行估算,可以大大节省成本。与一阶灵敏度估算相同,当有J个参数时,我们假设对Q进行I次求值。关联Q的

计算值的一阶导数和二阶导数的 I 个方程通过泰勒级数展开为

$$Q(\boldsymbol{x}_i) - Q(\bar{\boldsymbol{x}}) = \sum_{j=1}^{J}(x_{ij} - \bar{x}_j)\left.\frac{\partial Q}{\partial x_j}\right|_{\bar{x}} + \frac{1}{2}\sum_{j=1}^{J}(x_{ij} - \bar{x}_j)^2\left.\frac{\partial^2 Q}{\partial x_j^2}\right|_{\bar{x}} + \sum_{j=1}^{J}\sum_{j'=1}^{j-1}(x_{ij} - \bar{x}_j)(x_{ij'} - \bar{x}_j{}')\left.\frac{\partial^2 Q}{\partial x_j \partial x_j{}'}\right|_{\bar{x}} \tag{5.12}$$

已省略该方程中的高阶修正项。可以将方程(5.12)写作回归系统,令数据矩阵 $\boldsymbol{X}$ 中的条目获得适当的比例值,从而使系数 β 成为比例灵敏度系数。一个常见错误是忘记在单变量二阶导数中代入因子 1/2。

与一阶导数灵敏度相同,可以估算方程(5.12)中的灵敏度。该方程中,有 $J(J+3)/2 = J^2/2 + 3J/2$ 个灵敏度待估算,包括 J 个一阶导数、J 个单变量二阶导数,以及混合变量二阶导数项 $J(J-1)/2$ 个。在这种情况下,标准最小二乘回归所需的函数估算次数可能比前文所述的有限差分法的 $2J^2+1$ 次少。因此,可以在无须正则回归的情况下,保留大量与有限差分相关的模拟。

可以将回归法应用于 4.4 节解决的平流-扩散-反应问题。在该问题中,$J=5$,共有 20 个一阶和二阶导数灵敏度,需要进行 51 次有限差分函数求值。利用正则回归法和拉丁超立方设计(设计包含参数中±10%左右的标称值),可以计算得到图 5.9 所示估计量。若有 20 个灵敏度,则采用最小二乘回归法需要进行 20 次关注量计算。事实上,不管是 20 次求解还是 32 次求解,最小二乘法估计均最接近有限差分法估计。进行 32 次关注量求解时,正则回归估计均为准确值。只有 20 次关注量求解时,正则回归估计的准确度才略有下降;其中,岭回归方法求二阶导数灵敏度时,出现较大误差。

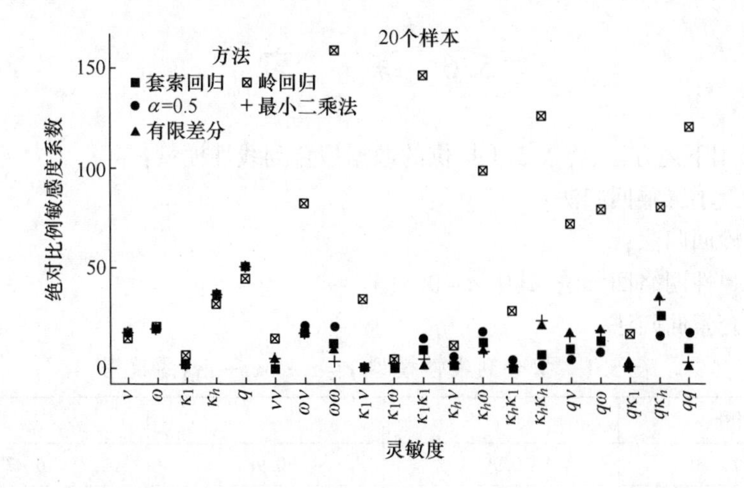

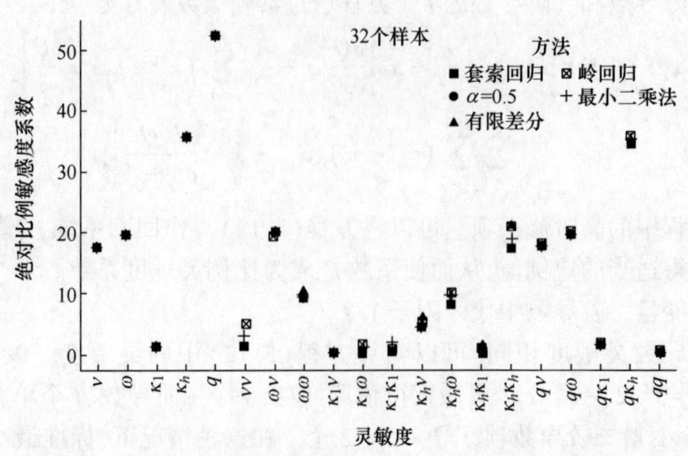

图 5.9 比较不同回归法估算的一阶和二阶导数比例灵敏度系数
（根据5个参数进行20次和32次关注量计算）。使用有限差分法需要51次关注量计算

5.5 注释和参考资料

本章介绍了当参数个数大于关注量计算次数时，利用正则回归法估算灵敏度值的方法。除了本章述及方法，在特定情况下，还可以使用其他方法，如最小角回归、前向逐步回归和主成分回归。

Hastie 等(2009)共同撰写的著作对本章所述方法采用的具体理论进行了全面说明。

5.6 练　　习

1. 采用下述方法，将表5.1提供的数据拟合到线性模型：

(1) 最小二乘回归法；

(2) 岭回归法；

(3) 弹性网络回归法，其中 $\alpha=0.5$；

(4) 套索回归法。

表 5.1　拟合到线性模型 $y=a+bx_1+cx_2$ 的数据

序号	x_1	x_2	y
1	0.99	0.98	6.42
2	−0.75	−0.76	0.20

续表

序号	x_1	x_2	y
3	−0.50	−0.48	0.80
4	−1.08	−1.08	−0.57
5	0.09	0.09	4.75
6	−1.28	−1.27	−1.42
7	−0.79	−0.79	1.07
8	−1.17	−1.17	0.20
9	−0.57	−0.57	1.08
10	−1.62	−1.62	−0.15
11	0.34	0.35	2.90
12	0.51	0.51	3.37
13	−0.91	−0.92	0.05
14	1.85	1.86	5.50
15	−1.12	−1.12	0.17
16	−0.70	−0.70	1.72
17	1.19	1.18	3.97
18	1.24	1.23	6.38
19	−0.52	−0.52	3.29
20	−1.41	−1.44	−1.49

确保对每次拟合进行交叉验证,并针对每种方法提供该模型的最佳估计。

2. 使用所选的离散方法,求解方程:

$$\frac{\partial u}{\partial t} + v\frac{\partial u}{\partial x} = D\frac{\partial^2 u}{\partial x^2} - \omega u$$

对于空间域 $x \in [0, 10]$ 上的 $u(x, t)$ 具有周期性边界条件 $u(0^-) = u(10^+)$ 和初始条件:

$$u(x,0) = \begin{cases} 1\ , x \in [0,2.5] \\ 0\ ,\text{其他} \end{cases}$$

使用该解计算总反应:

$$\int_5^6 \mathrm{d}x \int_0^5 \mathrm{d}t \omega u(x,t)$$

下列参数的样本值由以均值为中心、上下限为±10%的均匀分布抽样得到:

(1) $\mu_v = 0.5$;

(2) $\mu_D=0.125$；

(3) $\mu_\omega=0.1$。

然后在下述参数的给定范围内，抽取参数值样本：

(1) $\Delta x \sim U[0.001, 0.5]$；

(2) $\Delta t \sim U[0.001, 0.5]$。

利用回归法估算各个参数的灵敏度。

第6章　基于伴随法的局部灵敏度分析

6.1　线性稳态模型的伴随方程

伴随法因为可以提供微小扰动量信息,并且只需求解一次前向方程组(即为计算关注量的方程组)和一次伴随方程,在局部灵敏度分析中很有用。伴随问题在某种意义上是物理现象逆向发生的一个系统,我们能通过伴随解论证扰动对关注量参数的影响。重要的是,我们能通过解决一次正问题与一次伴随问题计算全部参数的灵敏度。相比之下,使用有限差分计算 p 个参数的灵敏度需要 $p+1$ 个解。

伴随法和有限差分法的一大区别在于:采用伴随法时,每个关注量均需求解一个单独的伴随方程组,而有限差分法可以应用于任何数量的关注量,而无须额外求解。总的来说,当关注量的数量相对于不确定参数的数量较少时,采用伴随法,效率更高。伴随法的问题在于,定义伴随方程可能会很困难。本节探讨线性时间无关偏微分方程。6.2 节将放宽这一假设,并随之增加复杂性。

6.1.1　伴随算子的定义

若要定义伴随算子,先定义内积:

$$(f,g)=\int_D \mathrm{d}Vfg \tag{6.1}$$

式中,D 为函数的相空间域;f 和 g 为 D 域上的平方可积函数;$\mathrm{d}V$ 为微分相空间元素。算子 L 的伴随通常用 L^* 表示,定义为

$$(Lu,u^*)=(u^*,L^*u^*) \tag{6.2}$$

式中使用了上述内积定义。算子 L 可视为微分方程的一个部分,作用于因变量,参见如下示例。从方程(6.2)中的伴随定义很容易发现,若已知伴随解,则解变量的内积运算将变得十分简单。

对于含微分算子 L 的偏微分方程:

$$Lu=q$$

L 的伴随算子为 L^*,伴随方程为

$$L^*u^*=w$$

基于上述定义,则

$$(q, u^*) = (Lu, u^*) = (u, L^* u^*) = (u, w) \tag{6.3}$$

换言之,u 和 w 的内积与 q 和 u^* 的内积相同。

现在以解 u 对加权函数 $w(\boldsymbol{r})$ 的积分表示关注量:

$$Q = \int_D \mathrm{d}V w(\boldsymbol{r}) u(\boldsymbol{r}) = (u,w) \tag{6.4}$$

方程(6.4)表明,可以通过选择一个加权函数将关注量定义为一个内积。使用上述关系方程(6.3),可以得到 Q 就是(u^*,q)。也就是说,求取源 $w(r)$ 到源 q 的积分的伴随解得到 Q,即可以采用两种方法计算关注量:

$$Q = (u, w) = (u^*, q) \tag{6.5}$$

但这并不神奇,因为伴随方程通常和原偏微分方程一样难解,我们将举例说明。

现在我们在稳态平流-扩散-反应方程中把伴随概念具体化,在该方程中,$u(x)$ 在域$(0,X)$上有一个线性反应项,其狄利克雷边界条件为零。由此,平流-扩散-反应方程与边界条件如下:

$$\begin{cases} v\dfrac{\mathrm{d}u}{\mathrm{d}x} - \omega\dfrac{\mathrm{d}^2u}{\mathrm{d}x^2} + \kappa u = q \\ u(0) = u(X) = 0 \end{cases} \tag{6.6}$$

使用上述符号,算子 L 定义为

$$L = v\frac{\mathrm{d}}{\mathrm{d}x} - \omega\frac{\mathrm{d}^2}{\mathrm{d}x^2} + \kappa \tag{6.7}$$

在该域内,内积由以下方程给定:

$$(u,v) = \int_0^X uv\mathrm{d}x \tag{6.8}$$

我们假设一个伴随方程组,然后证明其符合方程(6.2)中的定义。提出的伴随形式基本上是同一个方程,只是把平流项的符号翻转了。

$$\begin{cases} L^* = -v\dfrac{\mathrm{d}}{\mathrm{d}x} - \omega\dfrac{\mathrm{d}^2}{\mathrm{d}x^2} + \kappa \\ u^*(0) = u^*(X) = 0 \end{cases} \tag{6.9}$$

证明 我们需证明 $(Lu, u^*) = (u, L^* u^*)$,等价于:

$$\int_0^X \left(vu^*\frac{\mathrm{d}u}{\mathrm{d}x} - \omega u^*\frac{\mathrm{d}^2u}{\mathrm{d}x^2} + \kappa u^* u \right)\mathrm{d}x = \int_0^X \left(-vu^*\frac{\mathrm{d}u^*}{\mathrm{d}x} - \omega u\frac{\mathrm{d}^2u^*}{\mathrm{d}x^2} + \kappa uu^* \right)\mathrm{d}x \tag{6.10}$$

我们将证明这些项是等价的。虽然 κuu^* 项很明显,但平流项需用分部积分:

$$\int_0^X vu^*\frac{\mathrm{d}u}{\mathrm{d}x}\mathrm{d}x = \cancel{vu^*u|_0^X} - v\int_0^X u\frac{\mathrm{d}u^*}{\mathrm{d}x}\mathrm{d}x = \int_0^X -vu\frac{\mathrm{d}u^*}{\mathrm{d}x}\mathrm{d}x \tag{6.11}$$

该项位于方程(6.10)右端。扩散项只需用两次分部积分:

$$\int_0^X u^* \frac{\mathrm{d}^2 u}{\mathrm{d}x^2}\mathrm{d}x = u^* \frac{\mathrm{d}u}{\mathrm{d}x}\bigg|_0^X - \int_0^X \frac{\mathrm{d}u}{\mathrm{d}x}\frac{\mathrm{d}u^*}{\mathrm{d}x}\mathrm{d}x = \frac{\mathrm{d}u^*}{\mathrm{d}x}u\bigg|_0^X + \int_0^X u \frac{\mathrm{d}^2 u^*}{\mathrm{d}x^2}\mathrm{d}x \tag{6.12}$$

该项与方程(6.10)右端的扩散项匹配。

已知平流-扩散-反应伴随方程时,可以据此计算关注量。同时,由于伴随方程也是一个平流-扩散-反应方程,它与原方程一样不容易求解。

例如,若关注量为 u 在域中间 1/3 内的均值,则 $w(x)$ 为

$$w(x) = \begin{cases} \dfrac{3}{X}, x \in \left[\dfrac{X}{3}, \dfrac{2}{3}X\right] \\ 0, \text{其他} \end{cases} \tag{6.13}$$

由该方程计算 Q:

$$Q = \int_{\frac{X}{3}}^{\frac{2}{3}X} \frac{3}{X} u(x)\,\mathrm{d}x \tag{6.14}$$

为了得到关注量,可以求解以下方程:

$$Lu = q, L^* u^* = w \tag{6.15}$$

计算

$$Q = (u, w) = (q, u^*) \tag{6.16}$$

选择求解哪一个方程似乎并不重要;每个方程均涉及求解一个类似平流-扩散-反应的方程,然后计算内积。有时,估算伴随解可以让正问题更容易解决,其中一个突出的示例是蒙特卡洛粒子输运模拟中的源探测器问题(Wagner 和 Haghighat, 1998)。这样做能奏效的原因在于,从某种意义上讲,伴随解是一个衡量空间区域对关注量的重要程度的指标。

6.1.2 伴随法计算导数

我们之所以求伴随解,是因为据此可以计算一阶灵敏度。在某些情况下,称为扰动分析,我们将论证扰动分析与前文探讨的灵敏度分析是一样的。以扰动问题为例:

$$(L + \delta L)(u + \delta u) = q + \delta q \tag{6.17}$$

式中,δL 和 δq 为原问题扰动量;δu 为因问题改变而产生的解的变化量。在平流-扩散-反应示例中,δL 涉及平流速度、扩散系数或反应算子的变化,δq 为源变化。

展开方程(6.17)左边的乘积,得

$$Lu + L\delta u + \delta L u = q + \delta q + O(\delta^2) \tag{6.18}$$

此后,我们忽略二阶扰动,即 δ^2 项。此时,$Lu=q$,因此可以消去这些项,得

$$L\delta u + \delta L u = \delta q \tag{6.19}$$

在乘以 u^* 并求得内积后,方程变为

$$(L\delta u, u^*) + (\delta L u, u^*) = (\delta q, u^*) \tag{6.20}$$

这个方程很有用,只是我们不知道 δu 是什么。可以方便地计算 L 的扰动量,并将其应用于已知的正演解 u(只涉及求取导数)。同理,由于 q 是一个参数,可以容易地计算 δq。

为了消除方程(6.20)中的 δu,我们将利用伴随性质,即可以在内积中"切换"L 和 L^*,使关系式变为

$$(L\delta u, u^*) = (\delta u, L^* u^*) = (\delta u, w) \tag{6.21}$$

式中,$L^* u^* = w$ 用于第二个等式中,使得方程(6.20)变为

$$(\delta u, w) + (\delta L u, u^*) = (\delta q, u^*) \tag{6.22}$$

因此,若能得出$(\delta u, w)$的另一关系式,则可以从方程中消去 δu。

扰动关注量的定义如下:

$$Q + \delta(Q) = \int_D \mathrm{d}V w u + \int_D \mathrm{d}V w \delta u + \int_D \mathrm{d}V (\delta w) u + O(\delta^2) \tag{6.23}$$

式中,我们考虑了一种情况,即 w 可能依赖于一个含 δw 的参数。例如,在平流-扩散-反应方程中,如果关注量为某个特定区域的反应速率,那么 w 将取决于反应系数。

重新排列方程(6.23)可得

$$(\delta u, w) = \delta(Q) - (u, \delta w)$$

使用根据方程(6.22)得出的结果,可以得出用参数扰动量、正演解、伴随解表示的关注量扰动方程:

$$\delta(Q) = (\delta q, u^*) + (u, \delta w) - (\delta L u, u^*) \tag{6.24}$$

也就是说,如果 u 和 u^* 已知,就能计算 $\delta(Q)$。对于 θ,我们通常把 $\delta Q/\delta\theta$ 解释为关注量对 θ 的偏导数。这种解释合理的原因是扰动可以如我们期望那般小。因此,方程表示为

$$\frac{\partial Q}{\partial \theta} = \left(\frac{\partial q}{\partial \theta}, u^*\right) + \left(u, \frac{\partial w}{\partial \theta}\right) - \left(\frac{\partial L}{\partial \theta} u, u^*\right) \tag{6.25}$$

采用这一导数公式,我们可以不通过有限差分导数计算灵敏度系数。此外,对于每个参数 θ,我们可以改变进入内积的量,使用相同的 u^* 和 u 来计算灵敏度。

6.1.2.1 平流-扩散-反应示例:计算每个参数的导数

使用与4.3节中的示例相同的数据,其中源和 κ 随空间变化,关注量为总反应速率:

$$Q = (u, \kappa) = \int_0^{10} \kappa(x) u(x)\,\mathrm{d}x$$
$$= \int_0^5 \kappa_h u(x)\,\mathrm{d}x + \int_5^{7.5} \kappa_l u(x)\,\mathrm{d}x + \int_{7.5}^{10} \kappa_h u(x)\,\mathrm{d}x$$

我们可以用伴随法计算灵敏度。为方便起见,我们把示例中的源写成 $q(x) = \hat{q}x(10 - x)$,和伴随导数中的一般源项 q 区分。

我们可以使用该示例中的代码来实现伴随算子,使 $v \to -v$ 运行代码并将伴随方程中的源设为 κ。图 6.1 所示为全部参数取均值求得的伴随解 u^*。在这种情况下,若按照方程(6.5)利用正演解或伴随解计算关注量,则得到一个 12 位数字的关注量——总反应速率:

$$(u,\ k) = 52.3903954692, (S,\ u^*) = 52.3903954692$$

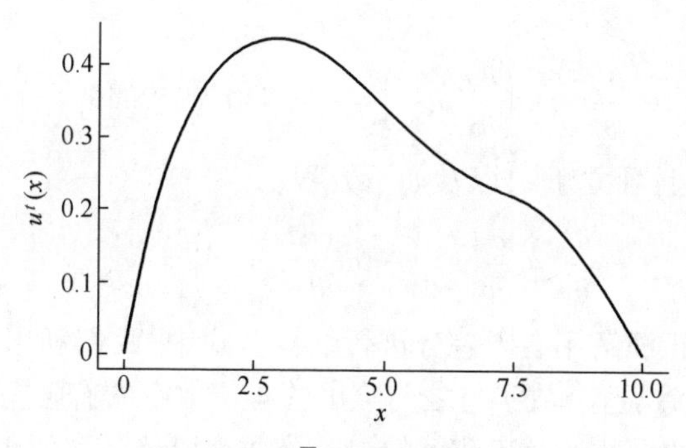

图 6.1 按 $\bar{\theta}$ 求得的解 $u^*(x)$

求解平流-扩散-反应伴随方程的数值方法见算法 6.1。请注意:这种算法与正演模型的不同之处仅在于 v 符号,所得线性方程组的右侧现在是 κ,并且 Q 的计算中使用了源。

算法 6.1 Python 编写的用于求解本章平流-扩散-反应伴随方程的数值方法

```
将 numpy 导入为 np
将 scipy.sparse 导入为 sparse
将 scipy.sparse.linalg 导入为 linalg
def ADRSource(Lx, Nx, Source, omega, v_in, kappa):
    A=sparse.dia_matrix((Nx,Nx),dtype="complex")
    dx=Lx/Nx
    v=-1*v_in
    i2dx2=1.0/(dx *dx)
    #填充 A 的对角线
    A.setdiag(2*i2dx2*omega + np.sign(v)*v/dx + kappa)
    #填充 A 的对角线
    A.setdiag(-i2dx2*omega[1:Nx] +
              0.5*(1-np.sign(v[1:Nx]))*v[1:Nx]/dx,1)
    A.setdiag(-i2dx2*omega[0:(Nx-1)] -
              0.5*(np.sign(v[0:(Nx-1)])+1)*v[0:(Nx-1)]/dx,-1)
    #求解 A x=kappa
```

```
    Solution=linalg.spsolve(A,Source)
    Q=np.sum(Solution*Source*dx)
    返回 Solution, Q
```

我们使用基于中点法则的简单求积法计算内积。Q 对 v 的导数用方程(6.25)计算:

$$\frac{\partial Q}{\partial v}=-\left(\frac{\partial u}{\partial x},u^*\right)=-1.74049052049$$

式中利用了 q 和 w 且独立于 v,以及如下方程:

$$\frac{\partial L}{\partial v}=\frac{\partial}{\partial v}\left(v\frac{\mathrm{d}}{\mathrm{d}x}-\omega\frac{\mathrm{d}^2}{\mathrm{d}x^2}+\kappa\right)=\frac{\mathrm{d}}{\mathrm{d}x}$$

u 的导数必须来自正演解用有限差分进行估算。式中,我们利用了前向有限差分,与求解方法所用一致,这个数字与之前给出的4位数字的有限差分结果一致。

同理,关于 ω 的导数涉及正演解的二阶导数乘以伴随解的积分:

$$\frac{\partial Q}{\partial \omega}=-\left(\frac{\partial^2 u}{\partial x^2},u^*\right)=-0.970207772262$$

对于 κ_l,导数仅基于 $x\in(5,7.5)$ 范围内的积分,因为算子仅取决于该范围内的 κ_l。然而,ω 还取决于 κ_l,这意味着在不确定度中将会有两项:

$$\frac{\partial Q}{\partial \kappa_l}=\int_5^{7.5}u(x)\,\mathrm{d}x-\int_5^{7.5}u(x)u^*(x)\,\mathrm{d}x=12.862742303$$

第一项为方程(6.25)中关于 ω 项的导数,第二项为 L 项的导数。

对 κ_h 的灵敏度为问题各部分的积分,其中,$\kappa=\kappa_h$,同样有与 ω 和 L 的导数相关的项:

$$\begin{aligned}\frac{\partial Q}{\partial \kappa_h}&=\int_0^5 u(x)\,\mathrm{d}x+\int_{7.5}^{10}u(x)\,\mathrm{d}x-\int_0^5 u(x)u^*(x)\,\mathrm{d}x-\int_{7.5}^{10}u(x)u^*(x)\,\mathrm{d}x\\&=17.7613932101\end{aligned}$$

计算的最终灵敏度涉及源强度 q。由方程(6.25)得

$$\frac{\partial Q}{\partial \hat{q}}=(x(10-x),u^*)=52.3903954692$$

请注意:在这种情况下,我们仅有导致产生灵敏度 $\hat{q}$ 的关于 q 的导数。

这些结果均与表4.1中保留到小数点后多位数的一阶导数结果一致。

6.1.2.2 平流-扩散-反应示例:κ 的随机过程

之前,我们在4.3.2节中考虑过这种情况,其中,κ 由随机过程定义,因此方程组内的每个 κ 值都是随机变量。使用有限差分法时,我们需要计算本例中平流-扩散-反应方程2001次,才能在使用2000个网格时,求得 Q 对 κ 的灵敏度。使用

伴随法时，只需要计算一次正演解、一次伴随解就能得到相同的答案。例如，需计算 Q 对任一网格 i 中 $\boldsymbol{\kappa}$ 值的灵敏度，我们要求解：

$$\begin{aligned}\frac{\partial Q}{\partial \boldsymbol{\kappa}_i} &= \int_{x_{i-1/2}}^{x_{i+1/2}} u(x)\,\mathrm{d}x - \int_{x_{i-1/2}}^{x_{i+1/2}} u(x)u^*(x)\,\mathrm{d}x \\ &= \int_{x_{i-1/2}}^{x_{i+1/2}} u(x)(1-u^*)\,\mathrm{d}x \approx u_i(1-u_i^*)\Delta x\end{aligned}$$

式中，$x_{i+1/2}$为第 i 个网格的右边界；u_i为第 i 个网格中 $u(x)$ 的均值；Δx 为网格的宽度。

计算得出的结果与 4.3.2 节相同，计算次数比平流-扩散-反应方程计算次数少 1000 倍(2 对比 2001)。

6.2 伴随法求解非线性时变方程

在 6.1 节中，使用伴随法时，必须对作为基础的数学模型做出一些强假设，即模型具有时间稳定性与线性稳定性。在本节中，我们放宽假设并介绍伴随方程是如何形成的。首先，我们有一个时变偏微分方程，形式如下：

$$F(u(x,t),\dot{u}(x,t)) = 0, x \in V, t \in [0,t_{\mathrm{f}}) \tag{6.26}$$

式中，$F(u,\dot{u})$为一个算子；$\dot{u}$ 为 u 的时间导数；V 为空间域，时间为 $0\sim t_{\mathrm{f}}$。边界条件保证解在关注空间范围的边界上为零：

$$u(x,t) = 0, x \in \partial V$$

式中，∂V 表示边界。选择齐次边界条件主要是为了方便且可以放宽。

如前文所述，我们把内积(u, v)定义为 uv 在相空间的积分。将关注量分别写成相位空间和时间的积分，将大有益处，尤其在下列方程中：

$$Q = \int_{t_0}^{t_{\mathrm{f}}} (u,w)\,\mathrm{d}t \tag{6.27}$$

因为 $F(u,\dot{u})=0$，可以在不改变关注量的条件下，增加一个拉格朗日乘数 u^*，并将该乘数乘以 F，来修改关注量的方程。我们把它称为伴随矩阵：

$$\boldsymbol{L} = \int_{t_0}^{t_{\mathrm{f}}} [(u,w) - (F,u^*)]\,\mathrm{d}t \tag{6.28}$$

对于函数 $L(u,\dot{u})$ 而言，对参数 θ 的一阶灵敏度(即一阶变分)定义为

$$\frac{\mathrm{d}L}{\mathrm{d}\theta} = \frac{\partial L}{\partial u}\frac{\delta u}{\delta\theta} + \frac{\partial L}{\partial \dot{u}}\frac{\delta \dot{u}}{\delta\theta} + \frac{\partial L}{\delta\theta}$$

式中，偏导数保持其他量不变。例如，$\partial L/\partial\theta$ 取值时，$\dot{u}$ 和 u_i保持不变。一阶变分可看作函数对参数的全导数。

利用一阶变分的定义，我们可以针对 $L_Q=(u,\omega)$ 写出：

$$\frac{\mathrm{d}L_Q}{\mathrm{d}\theta}=\left(\frac{\partial u}{\partial u},w\right)\frac{\partial u}{\partial\theta}+\left(u,\frac{\partial w}{\partial\theta}\right)=(1,w)u_\theta+(u,w_\theta) \tag{6.29}$$

式中，下标表示偏导数。我们还可以写出：

$$\frac{\mathrm{d}}{\mathrm{d}\theta}(F,u^*)=\left(\frac{\partial F}{\partial u},u^*\right)u_\theta+\left(\frac{\partial F}{\partial\dot{u}},u^*\right)\dot{u}_\theta+\frac{\partial}{\partial\theta}(F,u^*) \tag{6.30}$$

利用这些关系式，求得一阶灵敏度为

$$\frac{\mathrm{d}\boldsymbol{L}}{\mathrm{d}\theta}=\int_{t_0}^{t_\mathrm{f}}\left[(1,w)u_\theta+(u,w_\theta)-\frac{\partial}{\partial\dot{u}}(F,u^*)\dot{u}_\theta-\frac{\partial}{\partial u}(F,u^*)u_\theta+\frac{\partial}{\partial\theta}(F,u^*)\right]\mathrm{d}t \tag{6.31}$$

如前文所述，消去 u_θ 和 $\dot{u}_\theta$ 项的原因是我们并不知道解的导数或其对参数的时间导数。为了消去这两项，首先对 $\dot{u}_\theta$ 项进行分部积分：

$$\frac{\mathrm{d}\boldsymbol{L}}{\mathrm{d}\theta}=-\frac{\partial}{\partial\dot{u}}(F,u^*)u_\theta\bigg|_{t_0}^{t_\mathrm{f}}+\int_{t_0}^{t_\mathrm{f}}\left[(1,w)u_\theta+(u,w_\theta)+u_\theta\frac{\mathrm{d}}{\mathrm{d}t}\frac{\partial}{\partial\dot{u}}(F,u^*)-u_\theta\frac{\partial}{\partial u}(F,u^*)-\frac{\partial}{\partial\theta}(F,u^*)\right]\mathrm{d}t \tag{6.32}$$

要消去 u_θ，除边界项之外，我们需定义拉格朗日乘数，确保：

$$(1,w)+\frac{\mathrm{d}}{\mathrm{d}t}\frac{\partial}{\partial\dot{u}}(F,u^*)-\frac{\partial}{\partial u}(F,u^*)=0 \tag{6.33}$$

方程(6.32)中的边界项在 $t=t_0$ 和 t_f 时计算 u_θ 的值。在最终时刻，我们可以写出表达式 $u^*(t_\mathrm{f})=0$，表示最终时刻之后发生的任何事均不会影响关注量。u^* 的最终条件问题体现了伴随方程的一个微妙之处：它在时间上后向运行。因此，我们必须从最终时刻开始求解伴随方程，并后向求解，求到 t_0。在 $t=t_0$ 时，该项表示 u 的初始条件被参数扰动的方式。因此，只有初始条件依赖于 θ，才需要考虑该量。

已知方程(6.33)给出了积分之间的关系，若关系在空间中的每个点均成立，则关系式为真。由此可以写出更强的表达式：

$$-\frac{\mathrm{d}}{\mathrm{d}t}\frac{\partial}{\partial\dot{u}}Fu^*=-\frac{\partial}{\partial u}Fu^*+w \tag{6.34}$$

不过，方程(6.33)中的积分形式需用来构造边界条件。

我们在求解方程(6.33)之后，就可以通过以下方程计算关注量对参数 θ 的灵敏度：

$$\frac{\mathrm{d}\boldsymbol{L}}{\mathrm{d}\theta}=-\frac{\partial}{\partial\dot{u}}(F,u^*)u_\theta\bigg|_{t_0}+\int_{t_0}^{t_\mathrm{f}}\left[(u,w_\theta)-\frac{\partial}{\partial\theta}(F,u^*)\right]\mathrm{d}t \tag{6.35}$$

请注意:求解方程需要全部时刻的正演解与伴随解用来计算积分。这对大型系统可能意味着存储问题。

6.2.1 线性平流-扩散-反应方程

上述时变问题的伴随求导相当抽象。我们将证明伴随求导适用于之前见过的平流-扩散-反应问题。对于线性平流-扩散-反应方程,方程组可用$F(u,\dot{u})=0$表示,式中:

$$F(u,\dot{u})=\dot{u}+v\frac{\partial u}{\partial x}-\omega\frac{\partial^2 u}{\partial x^2}+\kappa u-S$$

我们同样考虑一个由$x\in[0, X]$表示的问题域,$u(0, t)=u(X, t)=0$。对于一个泛化关注量加权函数w,方程(6.33)中的各项计算如下,我们从涉及$\dot{u}$的导数的项开始:

$$\begin{aligned}\frac{\mathrm{d}}{\mathrm{d}t}\frac{\partial}{\partial\dot{u}}(F,u^*)&=\frac{\mathrm{d}}{\mathrm{d}t}\frac{\partial}{\partial\dot{u}}\int_0^X u^*(x,t)\left(\dot{u}+v\frac{\partial u}{\partial x}-\omega\frac{\partial^2 u}{\partial x^2}+\kappa u-S\right)\mathrm{d}x\\&=\int_0^X\frac{\partial u^*}{\partial t}\mathrm{d}x\end{aligned}$$

用该方程计算导数较为简单,因为$\dot{u}$只出现在一个项中。在依据方程(6.33)的伴随定义中,另一项需用分部积分。这项为

$$\begin{aligned}\frac{\partial}{\partial u}(F,u^*)&=\frac{\partial}{\partial u}\int_0^X u^*(x,t)\left(\dot{u}+v\frac{\partial u}{\partial x}-\omega\frac{\partial^2 u}{\partial x^2}+\kappa u-S\right)\mathrm{d}x\\&=\frac{\partial}{\partial u}\int_0^X u(x,t)\left(-v\frac{\partial u^*}{\partial x}-\omega\frac{\partial^2 u^*}{\partial x^2}+\kappa u^*\right)\mathrm{d}x\\&=\int_0^X\left(-v\frac{\partial u^*}{\partial x}-\omega\frac{\partial^2 u^*}{\partial x^2}+\kappa u^*\right)\mathrm{d}x\end{aligned}$$

式中,我们用了分部积分法将导数转移到伴随变量上。这样做的依赖条件是$u(0,t)=u(X,t)=0$,并且可以不受限地将u^*的边界条件定义为$u^*(0,t)=u^*(X,t)=0$。

若断言方程(6.33)在介质里的每个点均成立,则有伴随方程:

$$-\frac{\partial u^*}{\partial t}-v\frac{\partial u^*}{\partial x}-\omega\frac{\partial^2 u^*}{\partial x^2}+\kappa u^*=w$$

其边界条件和最终条件如下:

$$u^*(0,t)=u^*(X,t)=0,\ u^*(x,t_f)=0$$

该方程属于方程(6.1.1)的时变形式。结果是我们求取伴随导数的新方法与先前在稳态极限中的方法等价,区别是现在我们原则上可以处理更复杂的方程。

6.2.2 非线性扩散-反应偏微分方程

以更复杂的非线性扩散-反应偏微分方程为例计算伴随导数为例,灵感来自高能量密度领域的一个常见辐射传输模型(Humbird 和 McClarren,2017)。在这种情况下,重新定义 $F(u,\dot{u})$ 为

$$F(u,\dot{u})=\rho\dot{u}-\omega\frac{\partial^2 u^4}{\partial x^2}+\kappa u^4-S \tag{6.36}$$

使用的边界条件为 $u(0,t)=u(X,t)=0$,初始条件为 0。请注意:在这个新式子中,时间导数与 u 呈线性关系,其他项涉及 u^4。对于 F 的新表达式,我们必须计算:

$$\frac{\partial}{\partial u}\int_0^X u^*(x,t)\left(-\omega\frac{\partial^2 u^4}{\partial x^2}+\kappa u^4-S\right)\mathrm{d}x=\int_0^X\left(-4\omega u^3\frac{\partial^2 u^*}{\partial x^2}+4\kappa u^3 u^*\right)\mathrm{d}x$$

因此,伴随方程为

$$-\rho\frac{\partial u^*}{\partial t}-4\omega u^3\frac{\partial^2 u^*}{\partial x^2}+4\kappa u^3 u^*=w$$

这属于线性方程,但需要知道每个时刻与空间点的 $u(x,t)$,才能进行求解。

为证明这点,我们用下列方程解决一个问题,式中,$X=t_{\mathrm{f}}=2$:

$$\kappa(x)=\begin{cases}\kappa_h, 1\leqslant x\leqslant 1.5\\ \kappa_l,\text{其他}\end{cases}$$

$$S(x)=\begin{cases}q, 0.5\leqslant x\leqslant 1.5\\ 0,\text{其他}\end{cases}$$

在该问题中,标称值为

$$\rho=1,\omega=0.1,\kappa_l=0.1,\kappa_h=2,\ q=1$$

关注量由以下方程得

$$Q=\int_{1.8}^{2}\mathrm{d}t\int_{1.5}^{1.9}\mathrm{d}x\kappa(x)u(x,t)$$

使得

$$w(x,t)=\begin{cases}\kappa(x), x\in[1.5,1.9], t\in[1.8,2]\\ 0,\text{其他}\end{cases}$$

请注意:我们只需要 $t\in[1.8,\ 2]$ 时间内的伴随解,该问题的正演解与伴随解如图 6.2 所示。

借助这一方程组,我们可以用有限差分法和伴随法求出关注量对 ρ、ω、κ_l 和 κ_h、q 的灵敏度,结果如表 6.1 所示。这些结果是使用 200 个有限差分网格以及二阶预测-校正龙格库塔(Runge-Kutta)法($\Delta t=0.0001$)求得,有限差分参数 $\delta=10^{-6}$。

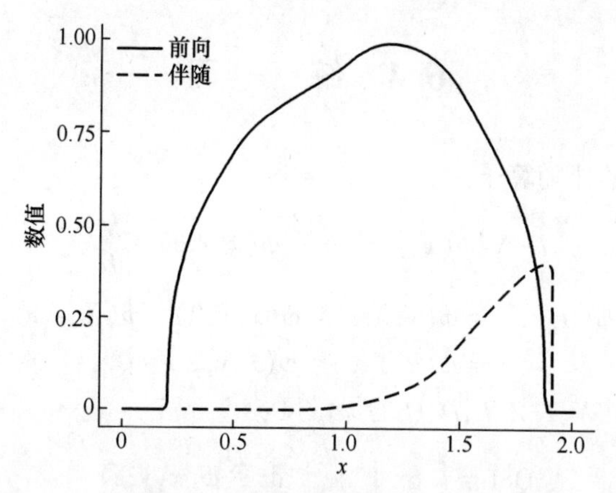

图 6.2 非线性扩散-反应问题的解 $u(x, 2)$ 和 $u^*(x, 1.8)$

表 6.1 非线性扩散-反应问题的一阶灵敏度结果

参数	有限差分	伴随估值	绝对相对差(10^{-5})
ρ	-0.099480	-0.099484	4.584074
ω	0.288975	0.288994	6.309322
κ_l	-0.030224	-0.030226	6.013714
κ_h	0.032156	0.032158	5.221466
q	0.096382	0.096387	5.469452

由这些结果可知,采用有限差分法和伴随法估算得到的灵敏度均为 4 位有效数字,说明伴随法可以用于解决非线性和时变问题。

6.3 注释和进阶阅读

本章介绍了估算关注量对参数灵敏度的伴随方法,在讨论时,仅考虑了一阶扰动。使用伴随方程估算高阶灵敏度的方法,可以参见 Wang 等(1992)和 Cacuci(2015)。

本章没有讨论计算正演解与伴随解的数值方法兼容问题,但包括了推导连续算子的伴随方程。求解方程时,所用的离散方法可能不会保留伴随属性。在我们的示例中,这种现象确实存在。关于该现象的讨论,可以参阅 Wilcox 等(2015)。

最后,伴随方程组可以自动生成。关于自动建立与求解伴随方程的最新研究,可以参阅 Farrell 等(2013)。

6.4 练 习

1. 推导方程的伴随算子：

$$-\nabla^2\phi(x,y,z)+\frac{1}{L^2}\phi(x,y,z)=\frac{Q}{D}$$

$$\begin{aligned}\phi(0,y,z)&=\phi(x,0,z)=\phi(x,y,0)=\phi(X,y,z)\\&=\phi(x,Y,z)=\phi(x,y,Z)=0\end{aligned}$$

计算关注量对 X、Y、Z、L、D、Q 的灵敏度：

$$\text{QoI}=\int_0^X \mathrm{d}x\int_0^Y \mathrm{d}y\int_0^Z \mathrm{d}z\,\frac{D}{L^2}\phi(x,y,z)$$

2. 使用离散方法求解方程：

$$v\frac{\partial u}{\partial x}=D\frac{\partial^2 u}{\partial x^2}-\omega u+1$$

对于空间域 $x\in[0,10]$上的 $u(x)$，周期性边界条件为 $u(0)=u(10)$。使用该解计算总反应：

$$\int_5^6 \mathrm{d}x\omega u(x)$$

推导该方程的伴随方程，并使用其数值解计算关注量对以下参数的灵敏度。

(1) $\mu_v=0.5$；

(2) $\mu_D=0.125$；

(3) $\mu_\omega=0.1$。

第三部分　不确定度传播

本部分中，我们将应用各种方法来了解输入参数分布影响下的关注量分布。这些方法既包括简单、可靠且成本昂贵的基于抽样的技术，也包括成本低但稳定性不高的可靠性方法。本部分内容与前一部分的局部灵敏度分析密不可分。灵敏度分析可以用于筛选对关注量影响较小的输入。这可以在传播不确定度时节省大量时间。不过输入空间某一点上，一个不重要的变量可能在另一点上变得很重要。

第 7 章我们将介绍基于随机抽样的方法，从输入分布中获取关注量的样本，然后运用这些样本来推断关注量分布的性质。

第 7 章　基于抽样的不确定度量化：蒙特卡洛及其他方法

7.1　基本蒙特卡洛方法:简单随机抽样

我们将使用最基本的蒙特卡洛法从分布中生成样本,然后使用这些样本来推断分布的信息。通常,我们侧重于关注量的分布,但本章涵盖的方法不仅限于此。

假设有 N 个来自关注量概率分布 $Q(\boldsymbol{X})$ 的独立同分布样本,其中 $\boldsymbol{X}$ 是 p 维随机变量向量。这些样本通过 $\boldsymbol{X}$ 的抽样值和估算 $q(\boldsymbol{x})$ 获得。我们想知道关注量某些函数的期望值。使用之前的定义,有

$$E[g(Q)] = \int \mathrm{d}x_1 \cdots \int \mathrm{d}x_p g(q(\boldsymbol{x}))f(\boldsymbol{x}) \tag{7.1}$$

式中,$f(\boldsymbol{x})$ 为输入的概率密度函数。标准蒙特卡洛算法估计式(7.1)的积分为

$$I_N \equiv \frac{1}{N}\sum_{n=1}^{N} g(q(\boldsymbol{x}_n)) \tag{7.2}$$

根据大数定律,当 N 趋向无穷大时,I_N 无限接近 $E[g(Q)]$。即使 $\boldsymbol{X}$ 任何分量的方差是无界的,该结果仍然有效。

这个结果表明,如果使用样本估算关注量的矩,在给定足够多样本的情况下,可以获得很好的估计。接下来问题是,怎样算足够呢?

我们可以使用 $\boldsymbol{X}$ 样本中的方差来估算 I_N 中的方差。考虑 Q 的样本方差:

$$\sigma_N^2 = \frac{1}{N-1}\sum_{n=1}^{N} (\bar{Q}_N - Q(\boldsymbol{x}_n))^2$$

式中,$\bar{Q}_N$ 是 N 个样本的均值。如果关注量的真实方差有界,那么根据中心极限定理,估算值的误差,即 $I_N - E[g(Q)]$,随着 $N \to \infty$ 将收敛到均值为零,方差由下式给出的正态分布

$$\mathrm{Var}(I_N - E[g(X)]) = \frac{\sigma_N^2}{N}$$

换句话说,蒙特卡洛估计的误差,以估计的标准差表示,以样本数平方根的速度归于零,其常数取决于关注量的样本方差。

一个经典蒙特卡洛估计的例子考虑了下式给出的关注量

$$Q(x,y)=\begin{cases}4, x^2+y^2\leqslant 1\\0,\text{其他}\end{cases}\tag{7.3}$$

X 和 Y 的联合概率密度函数由 $f(x, y)$ 给出

$$f(x,y)=\begin{cases}\dfrac{1}{4},(x,y)\in[-1,1]\times[-1,1]\\0,\text{其他}\end{cases}$$

我们关注 Q 的均值:

$$\overline{Q}=\frac{1}{4}\int_{-1}^{1}\mathrm{d}x\int_{-1}^{1}\mathrm{d}y q(x,y)=\pi\tag{7.4}$$

因为我们取半径为1的圆的面积,所以该积分的结果为π。

为使用蒙特卡洛估计,基于联合分布对 x 和 y 抽样 N 次(在这个算例中,可以从-1到1之间的均匀分布中对 x 和 y 进行简单抽样)。然后求解方程(7.3),并对 N 个结果求均值。

图7.1给出了不同 N 下 $\overline{Q}$ 估计的误差。对于每个 N 值进行了单次估计。因此,由于抽样的随机性,收敛曲线中存在一定的“噪声”。图中虚线的斜率为-1/2,表示误差减小的速度与 $N^{-1/2}$ 成正比。

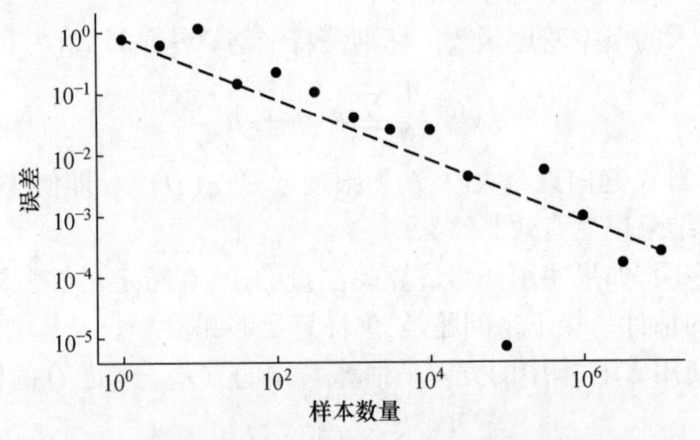

图7.1　不同样本数下蒙特卡洛估计误差的收敛曲线。对于每个 N 值,进行单次估计。图中虚线的斜率为-1/2

图7.2展示了 $N=10^5$ 时估算值的经验分布。该图展示了5000次估计的直方图。此外,对于每次估算,还计算了样本方差。图中还包括均值为零、方差为样本方差均值除以 10^5 的正态分布概率密度函数。该概率密度函数与直方图吻合,与上述理论预测一致。

7.1.1　经验分布

分布的矩估计是蒙特卡洛的一个重要用途,但还有一些我们可能感兴趣的、与

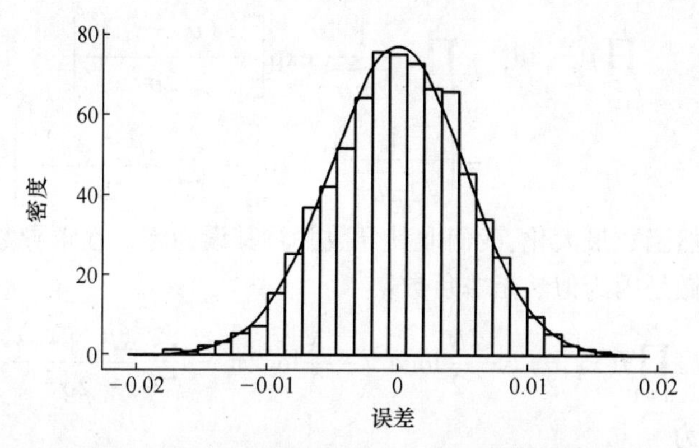

图 7.2 $N=10^5$情况下 5000 次估计的误差分布。

条形图是估计误差的直方图,曲线是均值为零、标准差为 $\sigma_N/\sqrt{N}$ 的正态分布

矩没有直接关系的其他量。例如,我们可能对关注量超过某个限值的概率比较关注。这种情况下,我们可以取超过该限值的样本比例为估计值。此过程要小心谨慎,因为如果超过限值的真实概率为 10^{-6},那么在不采集 10^6个(或更多)样本的情况下,就可能不会获得一个超过限值的样本。

此外,还可以根据样本生成经验累积分布函数。有 N 个样本的随机变量的经验累积分布函数计算如下:

$$F_N(t) = \frac{\text{小于 } t \text{ 的样本数}}{N} \tag{7.5}$$

中位数可以通过计算样本的中位数来估算。该统计量对分布尾部的极值十分稳健,而相比之下,均值易受单个极值的影响。

7.1.2 最大似然估计

考虑一个随机变量可以通过某个特定概率分布族来表示,如正态分布、伽马分布或其他一些常见分布。使用一些参数集来描述该分布,表示为 θ。根据贝叶斯定理,在对随机变量 x 抽取 N 个样本的条件下,这些参数的后验分布 $\pi(\theta)$为

$$\pi(\theta|x_1,\cdots,x_N) \propto \prod_{n=1}^{N} f(x_n|\theta)\pi(\theta) \tag{7.6}$$

最大似然估计假设 θ 的先验分布是均匀的,然后找到使似然函数 $\prod_{n=1}^{N} f(x_n|\theta)$ 最大化的 θ 值。

为了证明这一过程,考虑从正态分布中抽取 N 个样本。我们希望使用这些样本来估算分布的均值和方差。这种情况下,似然函数为

$$\prod_{n=1}^{N} f(x_n|\theta) = \prod_{n=1}^{N} \frac{1}{\sqrt{2\pi\sigma^2}} \exp\left[-\frac{(\mu - x_n)^2}{2\sigma^2}\right]$$
$$= \left(\frac{1}{\sqrt{2\pi\sigma^2}}\right)^N \exp\left[-\sum_{n=1}^{N} \frac{(\mu - x_n)^2}{2\sigma^2}\right]$$

为了使似然函数最大化,我们取其导数并将其设为零。在求导数之前,我们先取对数。这样做是因为似然是非负数:

$$\log \prod_{n=1}^{N} f(x_n|\theta) = -\frac{N}{2}\log\sigma^2 - \frac{N}{2}\log 2\pi - \sum_{n=1}^{N} \frac{(\mu - x_n)^2}{2\sigma^2}$$

考虑 μ 的导数为

$$\frac{\mathrm{d}}{\mathrm{d}\mu} \prod_{n=1}^{N} f(x_n|\theta) = -\sum_{n=1}^{N} \frac{(\mu - x_n)^2}{\sigma^2} \tag{7.7}$$

该导数的根为

$$\mu = \frac{1}{N} \sum_{n=1}^{N} x_n$$

这就是之前使用的均值的标准估计。

对于 σ^2,得到导数

$$\frac{\mathrm{d}}{\mathrm{d}\sigma^2} \prod_{n=1}^{N} f(x_n|\theta) = -\frac{N}{2\sigma^2} + \frac{1}{2\sigma^4} \sum_{n=1}^{N} (\mu - x_n)^2 \tag{7.8}$$

将导数设为0,求解 σ^2,得到最大似然估算为

$$\sigma^2 = \frac{1}{N} \sum_{n=1}^{N} (\mu - x_n)^2$$

式中,μ 按上述方程计算。这就是之前的方差估计值,只不过它没有贝塞尔校正。

这个例子表明,可以使用最大似然估计来估计分布的性质。为此,必须假设最终分布的形式(如示例中的正态分布)。正态分布情况下,可以手动计算。在许多其他情况下,可能需要数值求根来确定 θ 的值。正如第1章中所述,选择拟合数据的分布可能是认知不确定度的来源。分布选择如何影响结论这一问题值得考虑,但这并不总是容易量化的。例如,对于任何样本集,都可以使用示例中详述的过程来拟合正态分布,但得到的分布可能与数据的直方图完全不匹配。至少,应将拟合分布的性质与收集的样本进行比较。

7.1.3 矩方法

矩方法是最大似然估计之外另一种可以根据样本数据估计预设分布参数的方法。假设有 K 个参数,即 θ 是长度为 K 的向量。使用随机变量 X 的 N 个样本,估计 K 阶矩为

$$E_N[X^k] = \frac{1}{N}\sum_{n=1}^{N} x_n^k, k = 1,2,\cdots,K$$

然后将这些 K 阶矩等同于想要拟合分布的统计矩:

$$\begin{cases} E_N[X] = \int x f(x|\theta)\,\mathrm{d}x \\ \vdots \\ E_N[X^K] = \int x^K f(x|\theta)\,\mathrm{d}x \end{cases} \tag{7.9}$$

对于许多常见的分布,可以精确计算方程(7.9)的右端项,并且只是 θ 的函数。因此,理论上可以得到有一个可解的方程组,因为有 K 个方程和 K 个未知数。得到的 θ 值给出一个与样本统计矩相匹配的分布。矩方法通常不同于使用最大似然的分布拟合。对于许多分布而言,矩方法比最大似然估计更容易计算。

下面考虑从正态分布中抽取 N 个样本。这种情况下,有两个参数需要拟合,$\theta=(\mu,\sigma^2)$。假设已经根据样本计算均值 μ_s,以及二阶矩 $E[X^2]$。使用式(7.9)中的积分,得到方程:

$$\mu_s = \mu$$

$$E_N[X^2] = \mu^2 + \sigma^2$$

其中,第一个等式表明均值 μ 的估计值为样本均值;第二个等式

$$\sigma^2 = E[X^2] - \mu^2 = \frac{1}{N}\sum_{n=1}^{N}(\mu_s^2 - x_n^2)$$

这些估计值等同于最大似然估计。这是正态分布的一个特殊性质,其他情况并非总是如此。

为了进一步证实该方法,考虑通过样本拟合耿贝尔(Gumbel)分布。耿贝尔分布定义在实数集上,概率密度函数为

$$f(x|m,\beta) = \frac{1}{\beta}\mathrm{e}^{-(z+\mathrm{e}^{-z})}, z = \frac{x-m}{\beta} \tag{7.10}$$

分布的两个参数为 $\theta=(m,\beta)$。耿贝尔分布的均值为

$$\mu = m + \beta\gamma$$

式中,$\gamma \approx 0.5772$ 是欧拉-马歇罗尼(Euler-Mascheroni)常数。耿贝尔分布的二阶矩为

$$E[X^2] = \int_{-\infty}^{\infty} x^2 \frac{1}{\beta}\mathrm{e}^{-(z+\mathrm{e}^{-z})}\,\mathrm{d}x = \beta\pi/\sqrt{6} + (m+\beta\gamma)^2$$

求解这两个方程,我们得

$$m = \mu - \frac{\sqrt{6}\gamma\sqrt{E_N[X^2] - \mu^2}}{\pi}$$

$$\beta = \frac{\sqrt{6}\sqrt{E_N[X^2] - \mu^2}}{\pi}$$

从 $m=1$ 和 $\beta=2$ 的耿贝尔分布中抽取1000个样本,使用矩方法,得到图7.3所示的拟合分布。如上所述,还可以使用这些样本和矩方法来拟合正态分布。图7.3中也给出了拟合的正态分布。需要注意的是,正态分布大大高估了低值的概率,低估了高值的普遍性。尽管矩方法对这两种分布都适用,但分布的选择非常重要。

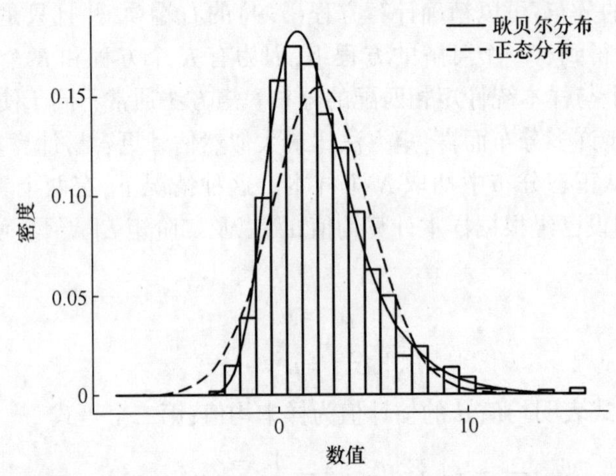

图7.3 从耿贝尔分布抽取的1000个样本的直方图和使用矩方法拟合的正态分布与耿贝尔分布

对于矩方法和最大似然估计而言,分布的选择都十分关键。为此,可以使用贝叶斯模型选择(Carlin 和 Louis,2008)或其他频率论方法(Hastie 等,2009)来决定哪种分布最合适。然而,极值问题仍然存在:如果没有大量样本,就无法充分了解甚至完全无法了解分布的尾部特征。

7.2 基于设计的抽样

7.1节探讨了使用随机抽样来估计分布的性质。在不确定度量化中,我们通常对具有大量参数的关注量感兴趣。此外,关注量的分布并不总是“良好”的:不确定参数极值可能导致非光滑或陡峭的区域。我们最关注的往往是这些分布陡峭或极值点的行为。因此,我们希望确保抽样的参数涵盖真实系统中可能出现的取值范围。选择在哪些点求解关注量是实验的设计问题。实验设计本身是统计学的子领域,整个体系都变幻莫测。此外,由于计算机实验设计的复杂性与药物临床实验或社会科学实验设计的复杂性非常不同,所以这种做法称为计算机实验设计。

Santner 等的专著(2013)专门讨论了这一主题。在计算机实验中,我们不需要重复,因为通常如果输入相同,计算机模拟就会给出相同的结果,除非代码在某种程度上是随机的,如使用蒙特卡洛来估计随机过程结果的代码。因此,我们专注于填充输入空间,或者说寻求空间填充设计。

由于随机样本倾向于在分布众数附近聚集,在 7.1 节中使用的简单随机抽样通常是不充分的。此外,也不能保证两个样本不会靠近。在基于实验设计的伪蒙特卡洛(或伪抽样)中,我们通过对抽样过程施加某种算法,但保留抽样过程的随机性来解决这一问题。

7.2.1 分层抽样

分层抽样将概率空间划分为几个区域并强迫给定区域中的样本为确定数量,以此改进实验设计的空间填充性质。一维空间抽样是分层抽样的最佳示例。

正如 2.5 节讨论的那样,可以在 0 和 1 之间的均匀分布中抽取一个随机数,然后估算该处随机变量的逆累积分布函数,获得随机变量的样本。因此,如果有方法在[0,1]之间构造设计,就可以对任何随机变量进行抽样。

在分层抽样中,需要的样本数为 N,将区间[0,1]划分为 M 层,S_m定义为

$$S_m = \left[\frac{m-1}{M}, \frac{m}{M}\right], m = 1, 2, \cdots, M \tag{7.11}$$

然后选择在每层中均匀分布的 $N_S = N/M$ 个随机数。显然,如果 N 不能精确被 M 整除,那么取值需要四舍五入,这时要么每层的样本数不相等,要么样本总数不等于 N。为此,建议把 N 设为 M 的整数倍。

每层中,都有 N_S个均匀分布的随机变量 t_n。为了获得随机变量 X 的样本,求解

$$x_n = F_X(t_n)$$

分层抽样确保对于 M 个分层,在每个分位数$[0, M^{-1}]$、$[M^{-1}, 2M^{-1}]$,…,$[(M-1)M^{-1}, 1]$中至少有 N/M 个样本。换句话说,分层抽样能保证分布的极值中有一定数量的样本,并且区间中有一定程度的均匀分布。例如,如果 $N=M=100$,那么我们就知道有一个点将位于可能值的下边界 1%内,一个点位于可能值的上边界 1%内。但随机抽样不能保证这一点:抽取 100 个样本可能没有一个极值处样本。

图 7.4 展示了标准正态分布的 4 层 20 个点。分层边界界定了标准正态分布的四分位组。从图中可以看到,每层中都有 5 个点,即每四分位组有 5 个样本。

可以证明,分层抽样的估计方差将低于简单随机抽样的估计方差。正如 Santner 等的证明(2013),$I_{N,\mathrm{strat}} \approx E[g(\boldsymbol{X})]$的估计方差可以写成

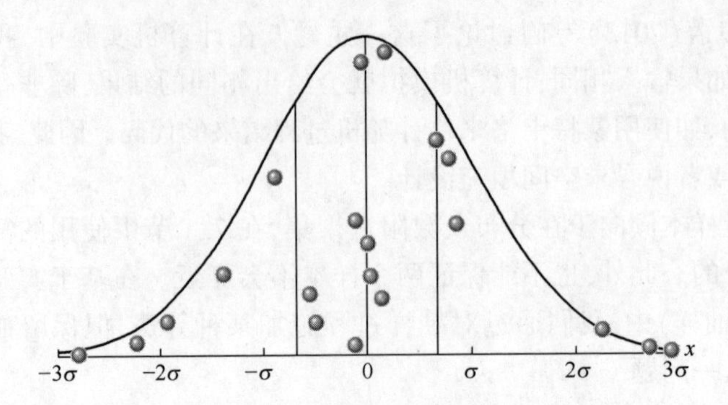

图 7.4　标准正态分布的分层抽样示例。图中有4层(实线表示),每层有5个样本。样本的 y-轴位置是随机设置的

$$\mathrm{Var}(I_{N,\mathrm{strat}}) = \sum_{m=1}^{M}\left(\frac{V_m^2}{n_m}\right)\sigma_m^2 \tag{7.12}$$

其中,V_m 为第 m 层的体积;n_m 为每层的样本数;$\sigma_m{}^2$ 为第 m 层上 $g(\boldsymbol{X})$ 的方差。若分层数量等于样本总数,即 $M=N$,则每层大小相同,用 p 表示 $\boldsymbol{X}$ 尺度,$V_m=N^{-1}$,每层的样本数 $n_m=1$,则方程(7.12)简化为

$$\mathrm{Var}(I_{N,\mathrm{strat}}) = \frac{1}{N^2}\sum_{m=1}^{M}\sigma_m^2 \tag{7.13}$$

定义 $\hat{\sigma}^2=\max_m\sigma_m^2$,从而

$$\mathrm{Var}(I_{N,\mathrm{strat}}) \leqslant \frac{1}{N^2}\hat{\sigma}^2$$

$\hat{\sigma}^2$ 的最佳可能值为 $CN^{-2/p}$(Carpentier 和 Munos,2012)(C 的值取决于 $g(\boldsymbol{X})$ 的梯度)。因此,在每层大小相等和每层只有一个样本的情况下,分层估计的方差为

$$CN^{-\left(1+\frac{1}{p}\right)} \leqslant \mathrm{Var}(I_{N,\mathrm{strat}}) \leqslant \frac{1}{N^2}\hat{\sigma}^2 \tag{7.14}$$

由此可以看出,分层抽样不会比简单随机抽样差,而且可能好很多。

从分布中抽样并计算均值可以简单地演示分层抽样。如上所述,用简单随机抽样重复这一过程将得到均值的估计值,该估计的标准差为 $N^{-1/2}$,其中 N 为样本数量。而通过分层抽样,可以发现估计的标准差减小得更快。图7.5显示了在每个 N 值重复50次获得的均值估计的标准差。该图显示了标准正态分布和均匀分布两种基本分布的结果。从图中可以看到,$N=M$ 的分层抽样得到比非分层抽样的标准差低很多的估计。对于均匀分布的均值估计,可以给出理论上最佳的收敛性质,即 $O(N^{-3/2})$;对于正态分布,收敛略慢,约为 $O(N^{-1})$

多维分层抽样的效果如图7.6所示。该图给出了不同样本数量 N 下,式(7.4)的两个随机变量函数的均值估计标准差。同样,分层抽样收敛速度快于简

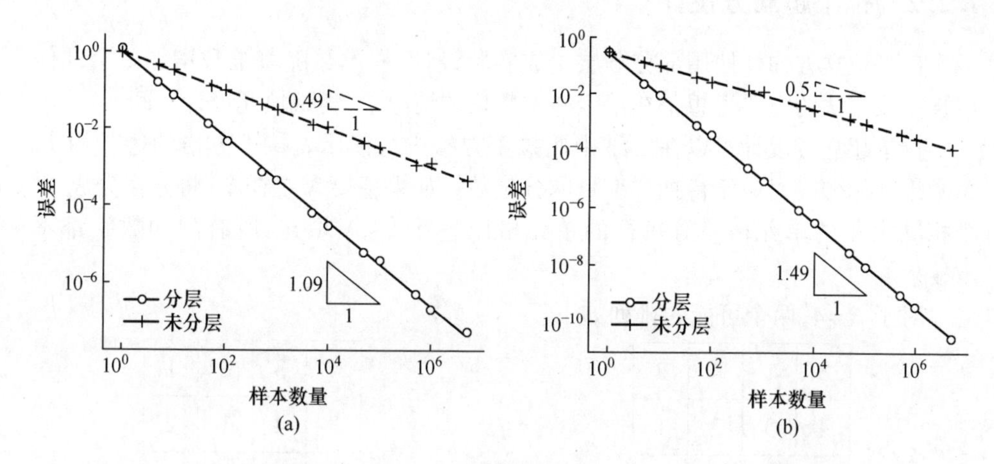

图 7.5 标准正态分布(a)和均匀分布(b)的均值估计的标准差收敛情况，每个 N 值都重复 50 次，比较分层抽样($M=N$)和标准(未分层)抽样

单随机抽样，但速率已降至小于 $O(N^{-1})$。对于更简单的估计，即两个均匀随机变量之和，标准差以式(7.14)给出的理论速率 $O(N^{-1})$ 收敛到零。

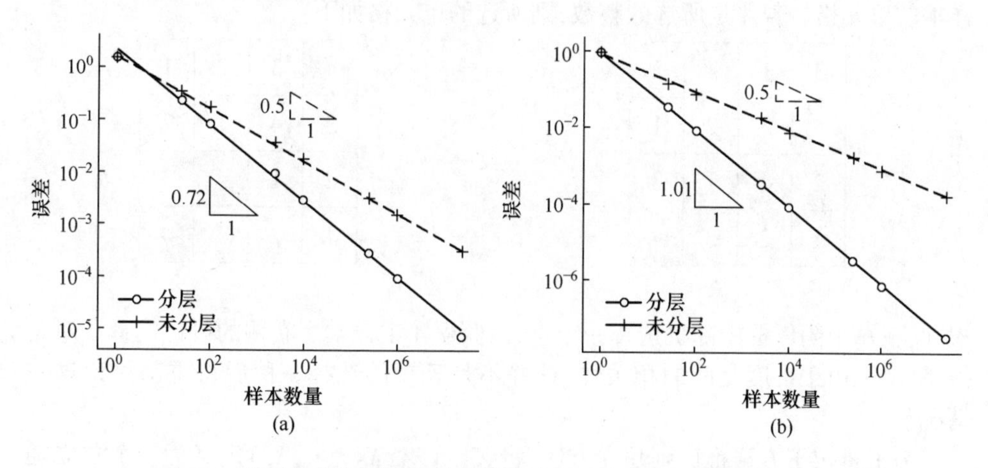

图 7.6 估计均值的标准差收敛性质，图(a)为式(7.4)的二维分布，图(b)为两个均匀分布随机变量之和；比较分层抽样和标准(非分层)抽样

分层抽样的不足之处在于，完整分层所需的样本数量会随着维数增加几何增长。例如，如果 d 是维数，每个维度都有 s 层，将需要 s^d 个样本：这就是可怕的维度灾难。当维数很高时，完整分层是不可能的。这就是为什么要使用成本低廉的灵敏度方法进行变量筛选的原因。

7.2.2 拉丁超立方设计

拉丁超立方抽样使用部分分层生成实验设计,样本数随着维数增加不会几何增长。该方法的主要思想是在给定样本数量的情况下,尝试填充设计空间。

拉丁超立方设计可以在二维中用拉丁方格进行演示。拉丁方格的边长为 1,每个维度的分隔对应于待抽样变量的分位数。如果想要 N 个样本,将方格分成 N^2 个相同大小的单元格。对每行的单元格用整数 1 ~ N 填充,所有列的数字都不重复。

对于 $N=4$,两个可能的排列如下:

3	1	4	2
4	3	2	1
2	4	1	3
1	2	3	4

4	3	2	1
3	4	1	2
2	1	4	3
1	2	3	4

下一步是在 1 和 N 之间选择一个随机整数。然后,根据该整数选择 N 个生成样本的单元格。若 4 是所选的整数,则所选的单元格如下:

3	1	4	2
4	3	2	1
2	4	1	3
1	2	3	4

4	3	2	1
3	4	1	2
2	1	4	3
1	2	3	4

然后,在每个阴影框中随机选择一个点,以获得 4 个样本。右侧的设计选择了对角线单元,但由于维度之间的相关性,这并不是理想的选择。稍后将重新讨论这一情况。

为了将拉丁方格推广到超立方体,将 $\boldsymbol{X}=(X_1, X_2, \cdots, X_p)$ 定义为 p 个独立随机变量的集合。为了生成 N 个样本,将每个 X_j 的域划分为 N 个区间。总共有 N^p 个这样的区间。这些区间由 $N+1$ 条边界定:

$$\left\{F_j^{-1}(0), F_j^{-1}\left(\frac{1}{N}\right), F_j^{-1}\left(\frac{2}{N}\right), \cdots, F_j^{-1}\left(\frac{N-1}{N}\right), F_j^{-1}(N)\right\}$$

为了选择生成样本的区间组合,定义大小为 $N \times p$、元素为 π_{ij} 的排列矩阵 $\boldsymbol{\Pi}$,其中 p 列是不同的、整数 $\{1,2,\cdots,N\}$ 的随机排列。为了在维度 j 中生成第 i 个样本,通过求解

$$x_{ij} = F_j^{-1}\left(\frac{1}{N}(\pi_{ij} - 1 + u_{ij})\right) \tag{7.15}$$

其中,$u_{ij} \sim U(0, 1)$。这将得到 $\boldsymbol{X}$ 的第 i 个样本 $\boldsymbol{x}_i = (x_{i1}, x_{i_2}, \cdots, x_{iN})$。

作为示例,选择 $p=3, N=4$。这种情况下,可能的矩阵 $\boldsymbol{\Pi}$ 为

$$\boldsymbol{\Pi} = \begin{pmatrix} 4 & 1 & 2 \\ 3 & 3 & 1 \\ 2 & 2 & 3 \\ 1 & 4 & 4 \end{pmatrix}$$

然后这些样本为

$$x_{11} = F_1^{-1}\left(\frac{3 + \mu_{11}}{4}\right), x_{12} = F_2^{-1}\left(\frac{\mu_{12}}{4}\right), x_{12} = F_3^{-1}\left(\frac{1 + \mu_{13}}{4}\right)$$

$$x_{21} = F_1^{-1}\left(\frac{2 + \mu_{21}}{4}\right), x_{22} = F_2^{-1}\left(\frac{2 + \mu_{22}}{4}\right), x_{23} = F_3^{-1}\left(\frac{\mu_{23}}{4}\right)$$

$$x_{11} = F_1^{-1}\left(\frac{1 + \mu_{31}}{4}\right), x_{32} = F_2^{-1}\left(\frac{1 + \mu_{32}}{4}\right), x_{33} = F_3^{-1}\left(2 + \frac{\mu_{33}}{4}\right)$$

$$x_{41} = F_1^{-1}\left(\frac{\mu_{41}}{4}\right), x_{42} = F_2^{-1}\left(\frac{3 + \mu_{42}}{4}\right), x_{43} = F_3^{-1}\left(3 + \frac{\mu_{43}}{4}\right)$$

注意到,每个维度中的每个区间只抽样一次。

通过目标函数期望的“主效应”,可以发现拉丁超立方设计是对简单随机抽样的改进。假设通过方程(7.2)估计 $E[g(Q)]$,且随机变量空间是 p 维的,则存在由 x_p 函数定义的 p 主效应:

$$\alpha_j(x_j) = \int \mathrm{d}x_1 \cdots \int \mathrm{d}x_{j-1} \int \mathrm{d}x_{j+1} \cdots \int \mathrm{d}x_p g(q(x)) - E[g(Q)] f(x_1, \cdots, x_{j-1}, x_{j+1}, \cdots, x_p) \tag{7.16}$$

主效应衡量单一输入变量对 $g(Q)$ 均值的影响程度。可以证明(Stein, 1987),除非主效应都为零,否则拉丁超立方抽样的误差收敛性将优于简单随机抽样。事实上,主效应平方的积分使得拉丁超立方抽样优于简单随机抽样。

7.2.3 选择拉丁超立方设计

注意到,拉丁超立方生成的某些实验设计比其他更好。这是因为区间是通过随机排列选择的,因此样本可能没有最佳的填充空间。此外,在区间内选择样本点时,由于是随机放置,它们可能靠得比较近。为了解决这一问题,引入了任意两点之间的距离:

$$\rho_\ell(\boldsymbol{x}, \boldsymbol{y}) = \left(\sum_{j=1}^{P} |x_j - y_j|^\ell\right)^{1/\ell} \tag{7.17}$$

对于给定的设计 $\boldsymbol{H}=\{\boldsymbol{X}_1,X_2,\cdots,\boldsymbol{X}_N\}$,两点之间的最小距离可定义为

$$\rho_\ell(\boldsymbol{H})=\min_{1\leqslant i,j\leqslant N}\rho_\ell(\boldsymbol{x}_i,\boldsymbol{y}_j) \tag{7.18}$$

因此,如果已经生成了许多设计,可以根据最小距离进行比较,然后选择样本点之间最小距离最大的设计。这种设计称为最大最小距离设计。这种方法既可以在随机变量空间 X_j 中进行,也可以在分位数空间 $F_j(X_j)$ 中进行,距离在每个空间可能具有不同含义(如维度1为正态随机变量,维度2为均匀随机变量)。

还可以根据最大化样本点间的平均距离而不是最小距离来优化设计。Santner等(2013)讨论了很多距离尺度。

7.2.4 正交阵列

拉丁超立方设计确保在 $\boldsymbol{X}$ 的每一 p 维的每个区间中选择一个点。基于此,提出一个问题:能否构造一个可以成对选择区间的设计,即如果将设计投影到任一二维平面,样本将填充整个空间。这可以推广到其他区间组。

为了构造具有这一所需投影性质的设计,可以使用正交阵列。s 个区间上强度为 t 的正交阵列 $\boldsymbol{O}$ 是一个 $N\times p$ 的矩阵,其中 $N=\lambda s^t$,维数 $p\geqslant t$。该设计具有这样一个性质:在正交阵列 s^t 的每一个 $N\times t$ 子矩阵中,可能的行会出现 λ 次。参数 λ 可以看作重复的数量,在计算机模拟中,λ 通常设置为1。

将正交阵列样本投影到 t 维空间时,每个区间都被覆盖。当 $t=1$ 时,得到拉丁超立方设计,因为每个区间只选择一次。此外,强度为2的正交阵列是因子实验设计的基础。

例如,考虑一个四维空间($p=4$),每维有三个区间($s=3$),强度为2($t=2$)。每对维度中有 $3^2=9$ 个样本。这种情况下的正交阵列为

$$\boldsymbol{O}=\begin{pmatrix}3&2&1&3\\1&2&3&2\\2&1&3&3\\1&3&2&3\\2&2&2&1\\2&3&1&2\\3&3&3&1\\3&1&2&2\\1&1&1&1\end{pmatrix}$$

正如拉丁超立方矩阵 $\boldsymbol{\Pi}$ 一样,正交阵列中的每一行都给出了选择样本点的区间。矩阵中每个条目对应的样本通过方程(7.15)生成。根据这个正交阵列示例,得到了图7.7所示的设计。

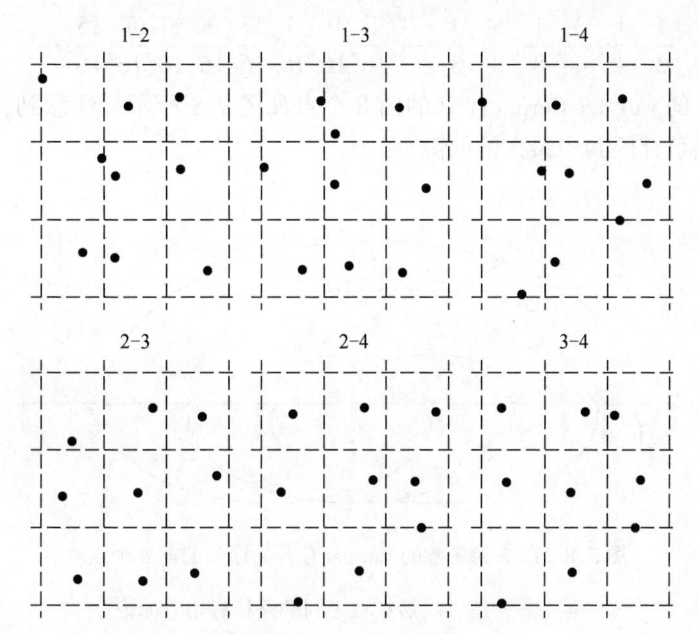

图 7.7 正交阵列示意(四维空间、每维三个区间,强度为 2)图头分别表示在 x 轴和 y 轴上显示的维度。注意,每个可能的二维投影填充了 9 对可能的区间

正交阵列的生成并不简单。就 R 语言而言,DoE. base 包的 oa. design 函数可以生成强度为 2 的正交阵列。Python 也有用于生成阵列的 OApackage 包。

7.3 拟蒙特卡洛法方法

拟蒙特卡洛方法在抽样时摒弃随机数这一概念,而是使用近似随机数序列。这些序列可以填充空间,并且快速生成。样本序列通常称为低差异序列,因为它们填充空间保持均匀性,即不会留下大的间隙。

最简单的低差异序列是 van der Corput 序列。对于给定基数 b,该序列对每个整数 $n=1,2,\cdots,N$ 有如下操作:

(1) 将 n 以基数 b 表示。

(2) 将数字串取反,并在前面加上 0。

(3) 得到的数字以十进制小数表示。

例如,考虑 $b=2, n=2$。在以 2 为基数时,$2=(10)_2$,其中下标表示基数。数字串取反得到$(0.01)_2$,即 $2^{-2}=0.25$。当 $n=3$ 时,有 $3=(11)_2$ 以及$(0.11)_2=2^{-1}+2^{-2}=\frac{3}{4}$。以 2 为基数的 van der Corput 序列为

$$\frac{1}{2},\frac{1}{4},\frac{3}{4},\frac{1}{8},\frac{5}{8},\frac{3}{8},\frac{7}{8},\frac{1}{16},\frac{9}{16},\frac{5}{16},\frac{13}{16},\frac{3}{16},\frac{11}{16},\frac{7}{16},\frac{15}{16},\cdots$$

以2为基数的van der Corput序列的前8个点如图7.8所示。注意到,点增加时,序列会移动填补区间中最大的间隙。

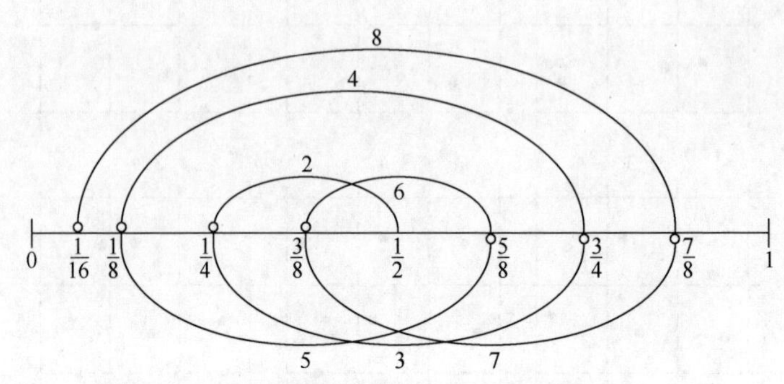

图7.8 以2为基数的van der Corput序列的前8个点,第一个点是 $\frac{1}{2}$;后续点之间的路径有相应标记

使用van der Corput序列,可以把序列点作为均匀分布随机数用于抽样。虽然公式适用于任何基数 b,但基数必须是素数,以避免数字重复。此外,需要推广到多维分布抽样:如果在每维中使用相同基数的van der Corput序列,那么将只能进行对角线抽样。

7.3.1 Halton序列

Halton序列是van der Corput序列向多维的推广。每维序列都有不同的素数基。这有效地将van der Corput序列推广到多维,并且生成样本点十分简单。该方法的不足之处是,当素数基较大时,单调变化的连续序列数字(即对于许多连续的 n 都有样本 $n+1$ 大于或小于样本 n)会导致Halton序列丧失近似随机性或空间填充性。

图7.9和图7.10显示了不同维数下Halton序列的性质。在图7.9中的五维情况下,样本合理地填充了空间,且变量之间相关性较小。然而,当维数增加到图7.10显示的40维时,某些变量之间存在明显的相关性,并且存在较大的未填充空间。

鉴于这些原因,对于大于8维左右的输入参数空间,不建议使用Halton序列。除了Halton序列,还可以利用van der Corput序列的方法,如Faure序列,是对van der Corput序列的重新排序(Faure,1982)。

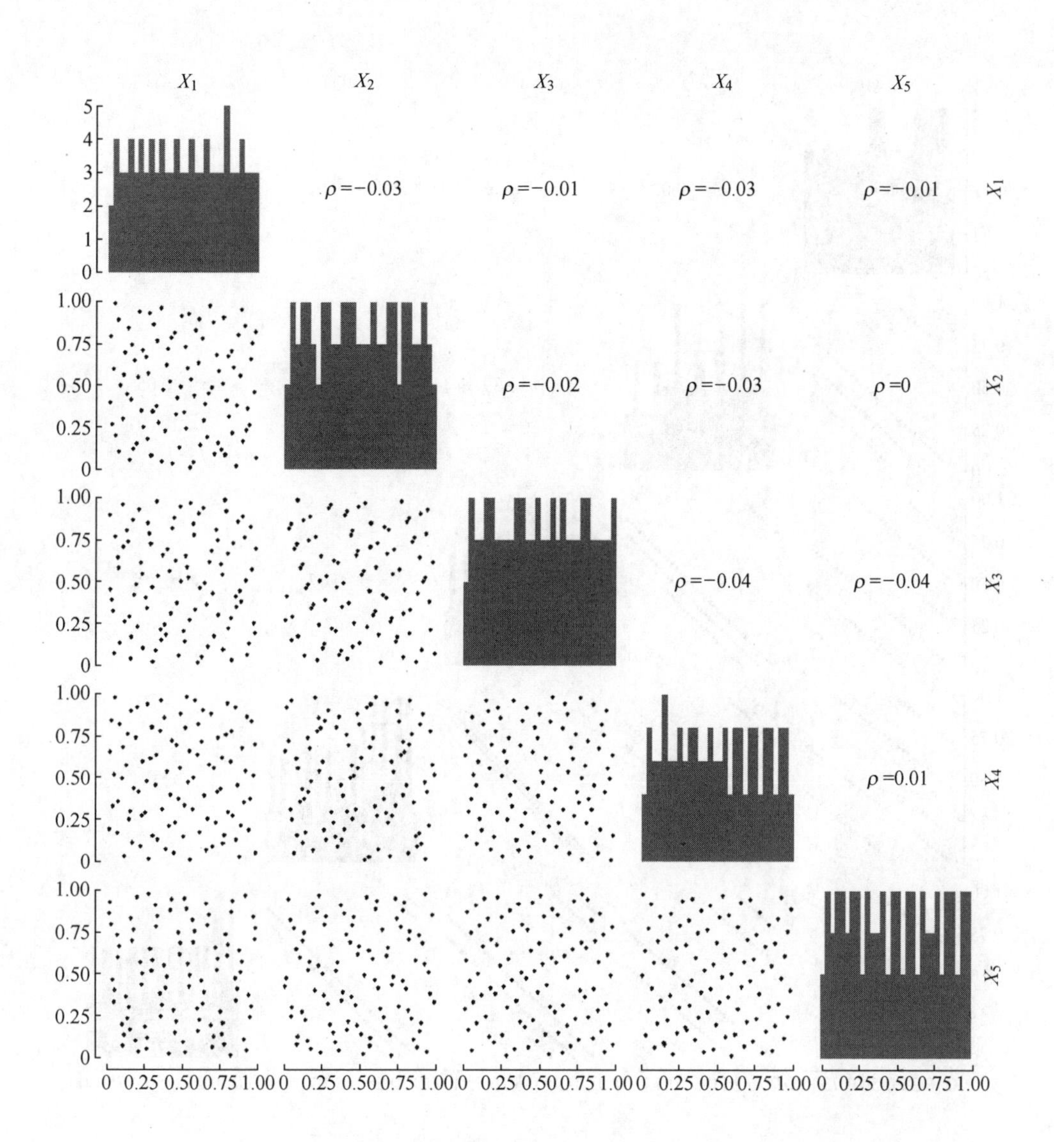

图 7.9 具有 100 个点的五维 Halton 序列变量 $X_1 \sim X_5$的成对投影。
图的上部给出了两个变量之间的 Spearman 相关系数(ρ);对角线显示了每个变量的直方图

7.3.2 Sobol 序列

Sobol 序列是可用于拟蒙特卡洛法的另一个常见低差异序列(Sobol,1967),这一序列的目的是使 p 维超立方的积分估计尽快收敛。Sobol 序列的细节涉及晦涩

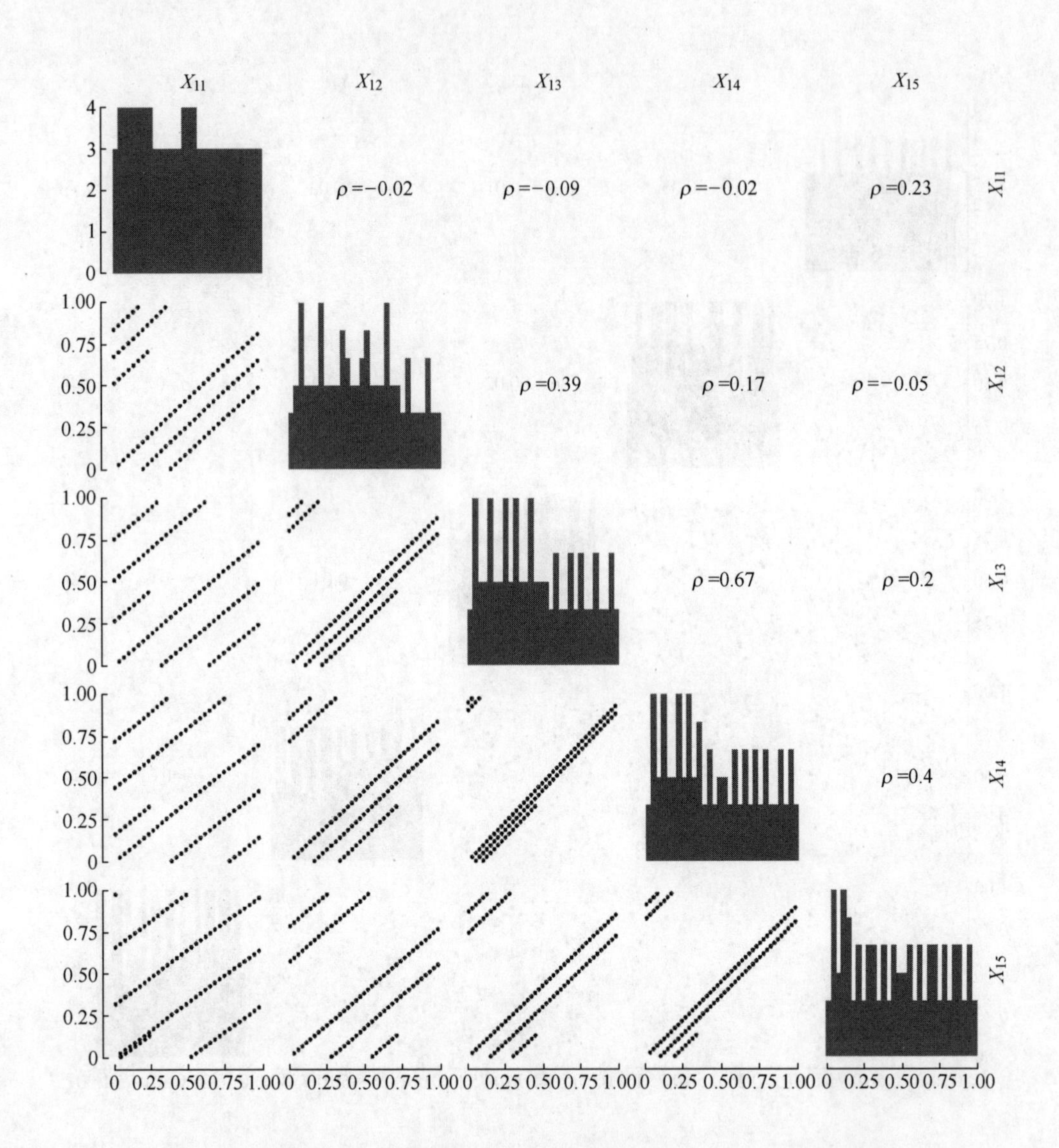

图 7.10 具有 100 个点的 40 维 Halton 序列变量 $X_{11}\sim X_{15}$ 的成对投影。
图的上部给出了两个变量之间的 Spearman 相关系数(ρ);对角线显示了每个变量的直方图

难懂的数论和本原多项式等背景知识。图 7.11 和图 7.12 说明,Sobol 序列与 Halton 序列在五维的表现相当,在 40 维时略有改进。40 维时,Sobol 序列没有 Halton 序列那样高的相关性,但是变量之间存在明显的关系,特别是变量 X_{11} 和 X_{12}。

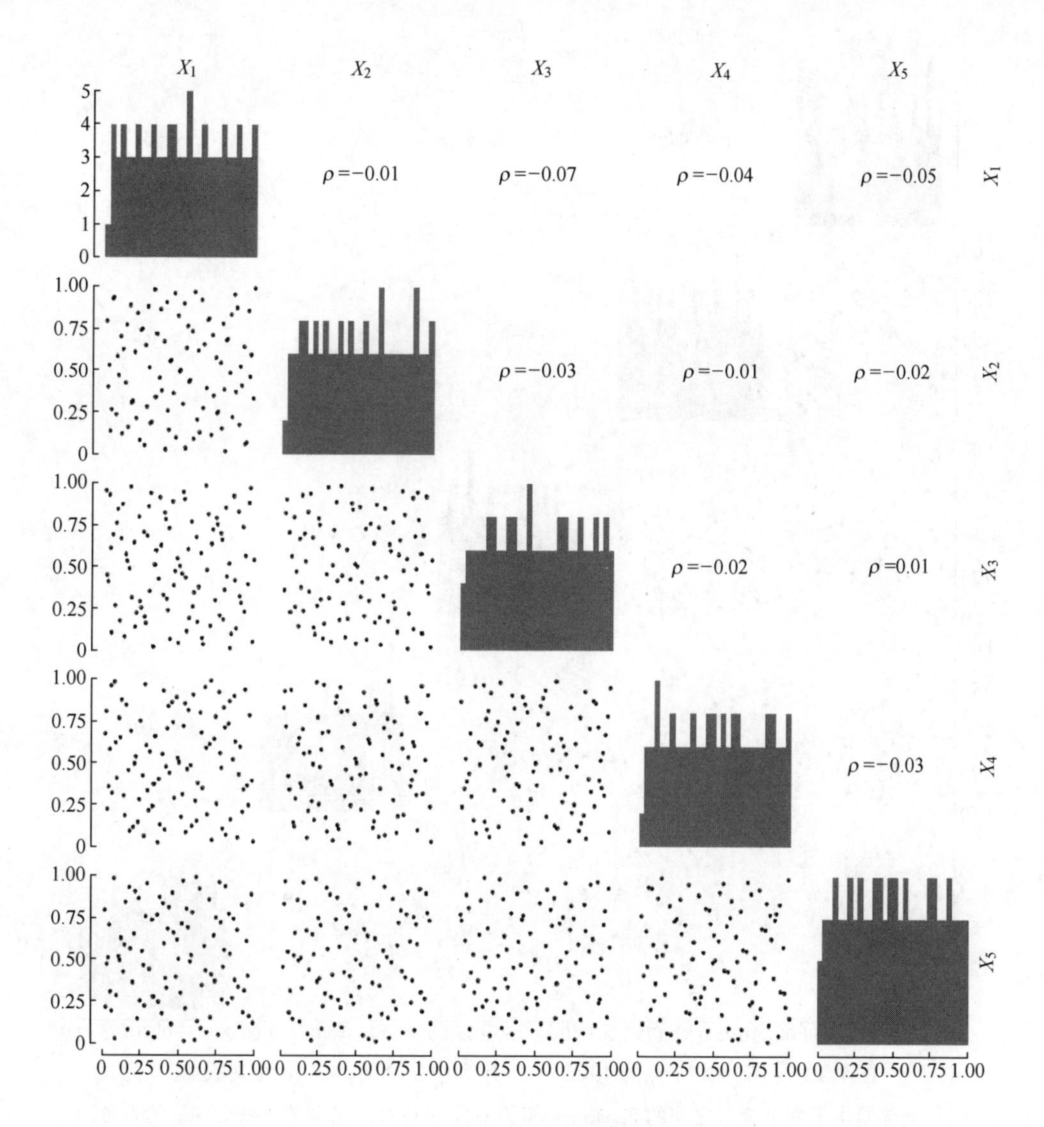

图 7.11 具有 100 个点的五维 Sobol 序列中变量 $X_1 \sim X_5$的成对投影。
图的上部给出了两个变量之间的 Spearman 相关系数(ρ);对角线显示了每个变量的直方图

7.3.3 低差异序列的应用

低差异序列可用于 R 语言的 randtoolbox 库,该库包括 Halton 序列和 Sobol 序列。Python 有 Halton 序列和 Sobol 序列的库。许多应用都是基于 Fox(1986)和 Bratley 等(1992)的工作。

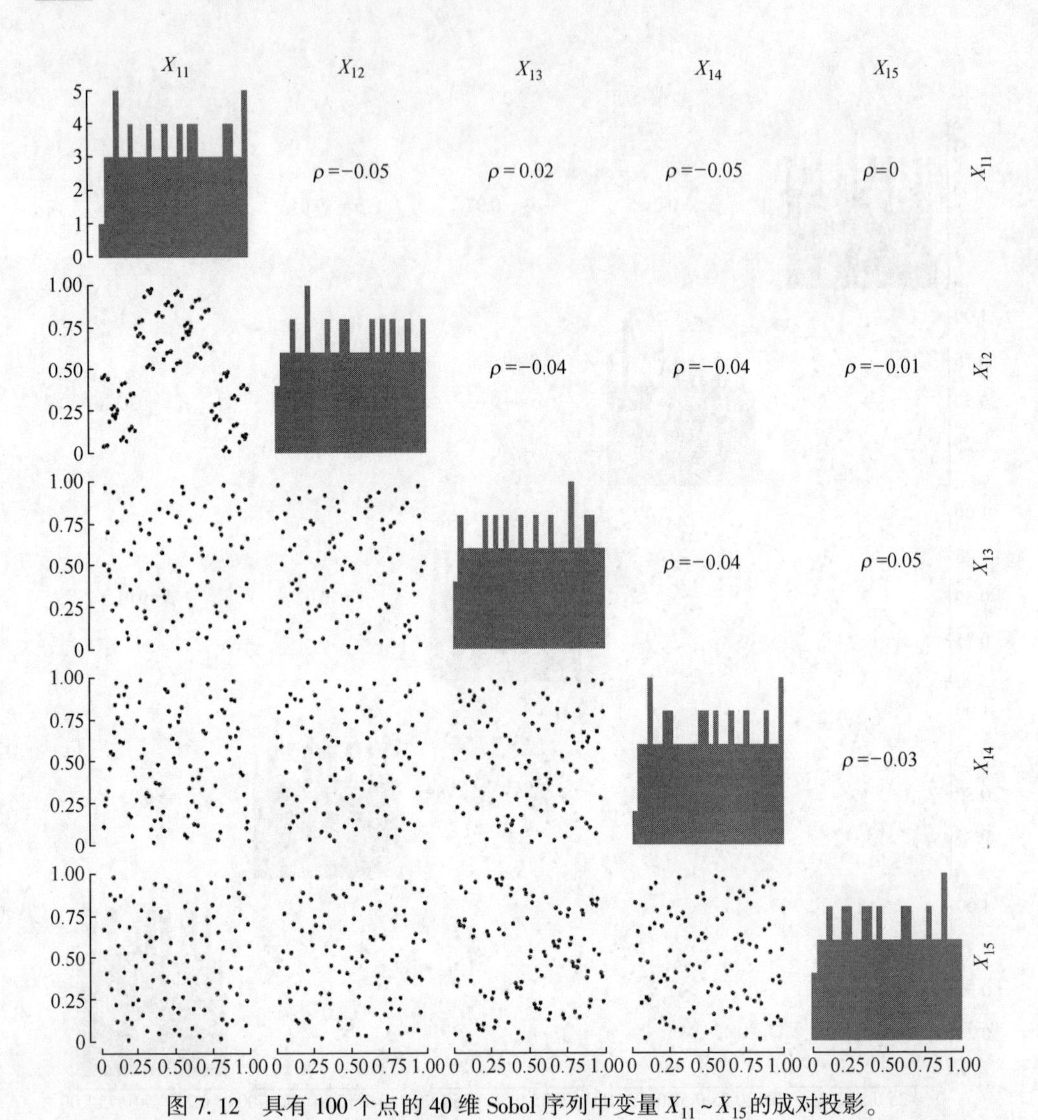

图 7.12 具有 100 个点的 40 维 Sobol 序列中变量 X_{11} ~ X_{15} 的成对投影。图的上部给出了两个变量之间的 Spearman 相关系数(ρ);对角线显示了每个变量的直方图

7.4 方法比较

为了比较不同的抽样方法,考虑 4.3.1 节中探讨的对流-扩散-反应问题。在此例中,考虑 5 个参数非正态分布,但通过正态 copula 关联在一起(参见 3.2.1 节)。这些分布的均值与之前相同,但每个参数都是伽马分布,调整分布参数使得标准差为均值的 10%。此外,正态 copula 使用与 4.3.1 节中相同的相关矩阵。

图 7.13 展示了不同抽样方法和样本数量下关注量(总反应速率)的分布结

果。当样本数量较少时($N=100$),没有一种方法与参考解吻合,但可以看到拟蒙特卡洛设计(即 Halton 和 Sobol 抽样)随着 N 的增加稳步改进。简单随机抽样(在图上表示为 SRS)受样本数目变化影响最大:随着 N 的增加,整体性质似乎有所改善,但在图上有随机的特殊峰值,因为样本是随机的。拉丁超立方样本(Latin Hapercu be Sample,LHS)介于简单随机抽样和准蒙特卡洛之间。随着 N 的增加,拉丁超立方与拟蒙特卡洛类似有明显改进,但仍然受到每层内随机抽样的影响(图 7.14)。

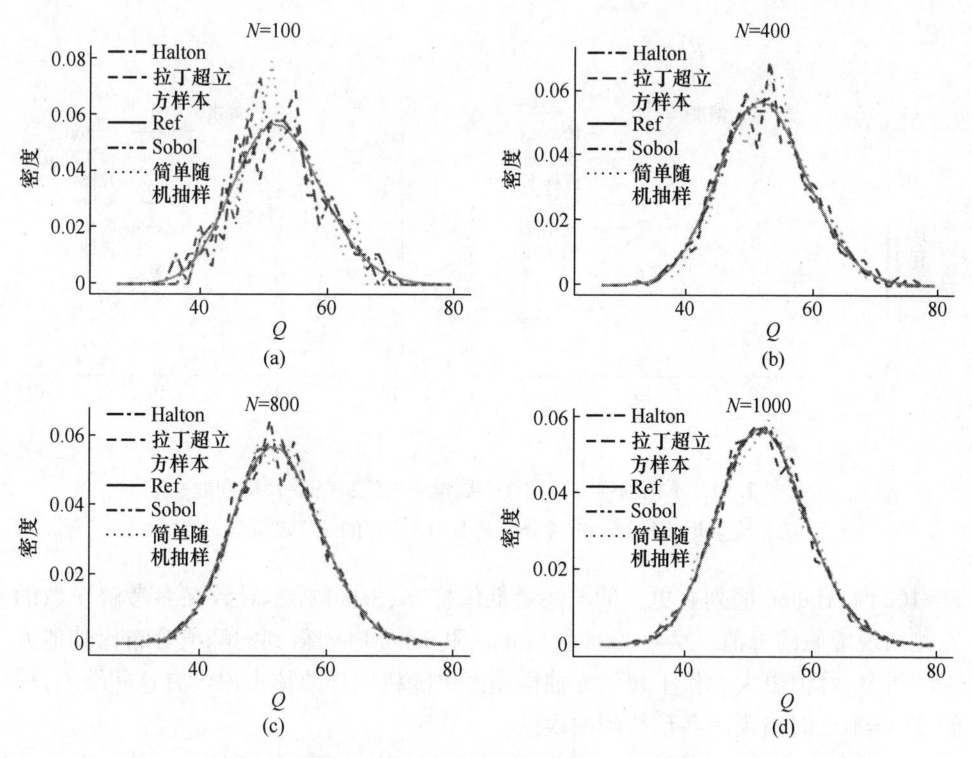

图 7.13 不同抽样方法和样本数量下对流-扩散-反应问题的关注量的经验分布。参考分布是有 10^6 个点的拉丁超立方设计

为了探究输入空间维度增加对抽样方法表现的影响,回到对流-扩散-反应问题,其中 κ 值是随机过程的结果。4.3.2 节对这个问题进行了定义,并用 2000 个网格求解。本测试中,使用 40 个网格来构成 40 维的输入空间,因为这是 Python 的 Sobol 抽样允许的最大维度。该问题将所有参数的值设置为均值,但 κ 除外,其被设置为具有已知协方差函数的高斯随机过程。

图 7.15 显示了不同样本得到的经验分布与使用 10^7 个拉丁超立方样本的比较。可以看到,对于更大维度的抽样空间,低差异序列的表现不如之前的算例好。

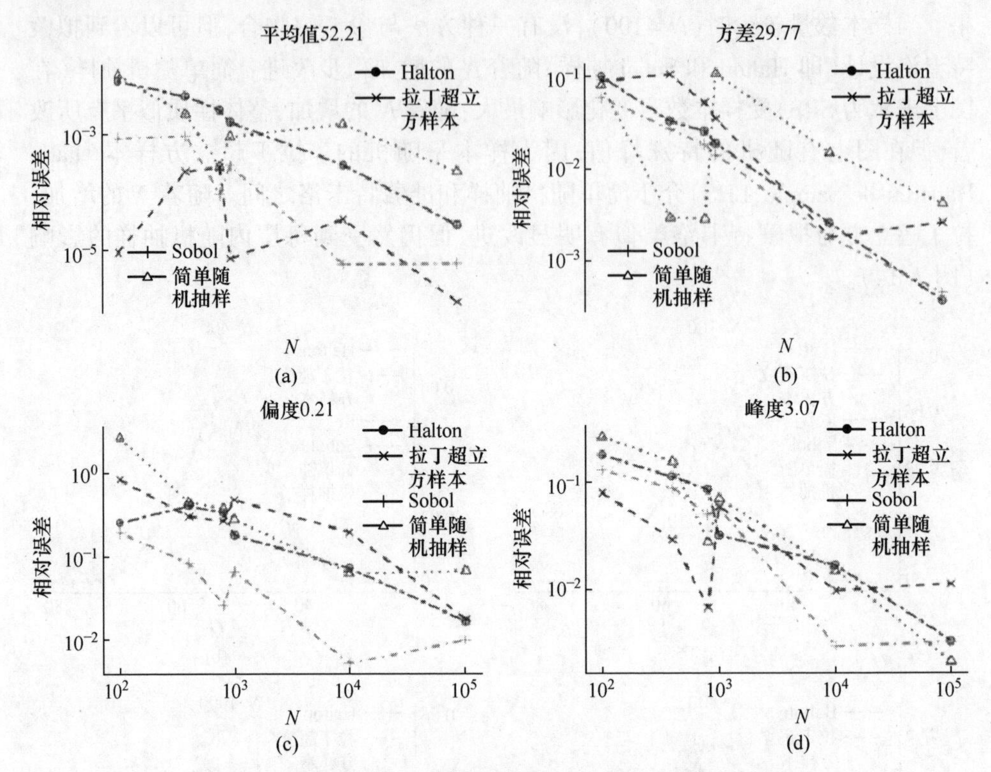

图7.14 不同抽样方法和样本数量下对流-扩散-反应问题的关注量矩的收敛。参考分布是有 10^6 个点的拉丁超立方设计

$N=100$ 时，Halton 序列有更多的关注量低值样本；Sobol 样本导致在参考解众数的左侧出现虚假的峰值。$N=1000$ 时，Halton 和 Sobol 序列得到的峰值分布比其他方法的更窄，峰值更大。拉丁超立方抽样和简单随机抽样总体来说没有这些缺陷，尽管在 $N=100$ 时出现一些预料到的误差。

观察图7.16中关注量的矩时发现，在高维问题方面，拉丁超立方抽样和简单随机抽样的结果要优于 Halton 和 Sobol 抽样。对于方差和更高阶矩，Halton 序列结果有较大的误差（对于峰度和偏度，以千分比表示）。这些抽样方法的确具有良好的收敛速率，这表明收敛并不一定像总体误差那样重要。

Sobol 结果虽然优于 Halton 结果，但是除了在均值估计中优于简单随机抽样方法，总体上还是不如简单随机抽样方法。对于峰度估计，在 N 约为 1000 时，Sobol 抽样似乎比拉丁超立方抽样更精确，但这种情况似乎比较异常，因为随着点数增加，估计并没有改进。事实上，在 $N=105$ 时，Sobol 抽样峰度估计的误差约为 100%。

这些结果表明，随着输入空间的维度变大，拟蒙特卡洛（QMC）方法可能不足

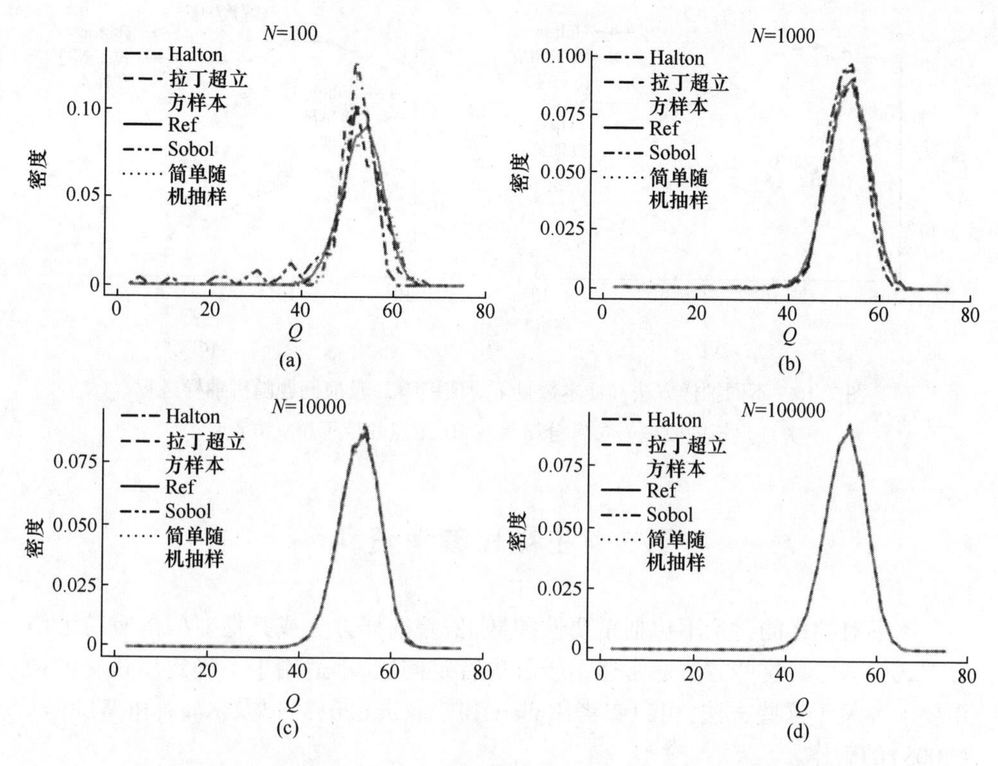

图 7.15 不同抽样方法和样本数量下对流-扩散-反应问题随机抽样过程的关注量的经验分布。参考分布是有 10^7 个点的拉丁超立方设计。

以估计关注量的分布。当输入空间的维度较小时,正如在 $p=5$ 时所看到的,这些方法似乎优于随机抽样和基于设计的抽样方法。同样,我们的每个测试都表明拉丁超立方抽样要优于简单随机抽样,因此应该尽可能使用这种方法,避免使用纯粹的蒙特卡洛策略。

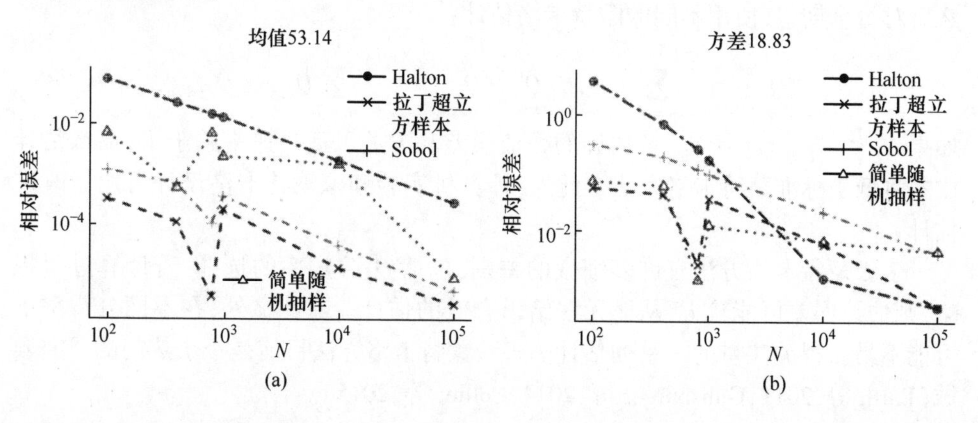

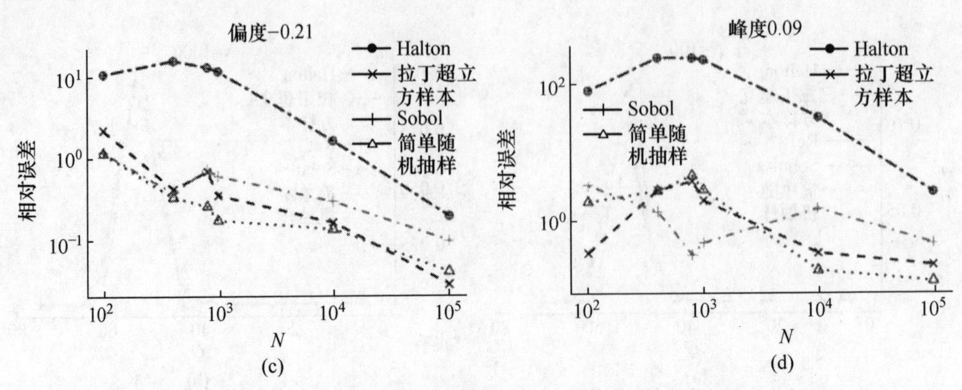

图 7.16 不同抽样方法和样本数量下对流-扩散-反应问题随机抽样过程关注量矩的收敛。参考分布是有 10^7 个点的拉丁超立方设计

7.5 注释和参考资料

本书对抽样的讨论不包括重要性抽样、偏差抽样方法或其他专门的蒙特卡洛方差减小方法。这些方法通常适用于解决特定问题,不适用于不确定度量化的通用要求。关于这些方法,可以参考 Robert 和 Casella(2013)以及 Kalos 和 Whitlock(2008)的著作。

近期开展的工作还包括多级蒙特卡洛(Multilevel Monte Carlo,MLMC)方法(Giles,2013;Cliffe 等,2011)。该工作的基本思路是,将低分辨率下的关注量计算 Q_0 和高分辨率下计算 $Q_l(l=1,2,\cdots,L)$ 结合起来,利用期望算子的线性,建立期望值 Q_L(最高分辨率下估计)的估计。

$$E[Q_L] = E[Q_0] + \sum_{\ell-1}^{L} E[Q_\ell - Q_{\ell-1}]$$

然后对每个期望,使用不同的蒙特卡洛估计:

$$E[Q_0] = \frac{1}{N_0}\sum_{n=1}^{N_0} Q_{o,n}, E[Q_\ell - Q_{\ell-1}] = \frac{1}{N_\ell}\sum_{n=1}^{N_\ell} Q_{\ell,n} - Q_{\ell-1,n}$$

如果 $N_L \leqslant N_{L-1} \leqslant \cdots < N_0$,且估计的数值误差和方差以适当速率趋于零,那么估计成本将低于标准蒙特卡洛方法。此外,计算机实验和拟蒙特卡洛设计可用于改进估计。

多级蒙特卡洛方法有许多细微的差别,包括 Q_0 分辨率的选择:若计算过于粗略,则估计误差可能较大,从而无法给出有效的估计。除此之外,在不同分辨率下可能不易获得关注量的一系列估计。多级蒙特卡洛方法目前是一个热门的研究领域(Barth 等,2011;Gunzburger 等,2014;Collier 等,2015)。

7.6 练　　习

1. 对于随机变量 $X \sim N(0,1)$，使用以下抽样方法抽取 50 个样本并生成直方图：

(1) 简单随机抽样；

(2) 分层抽样；

(3) 以 2 为基数的 van der Corput 序列；

(4) 以 3 为基数的 van der Corput 序列。

此外，比较每种方法得到的中位数。

2. 考虑一个实验，将一枚硬币抛出 80 次，有 33 个正面，47 个反面。假设抛硬币结果由二项分布描述，使用最大似然估计和矩方法来估计正面朝上的概率。

3. 考虑 Rosenbrock 函数：$f(x,y)=(1-x)^2+100(y-x^2)^2$。假设 $x=2t-1$，其中 $T \sim \mathrm{Be}(3,2)$ 且 $y=2s-1$，$S \sim \mathrm{Be}(1.1,\ 2)$。使用以下方法估计 $f(x,y)$ 小于 10 的概率：

(1) 50 个点的拉丁超立方抽样；

(2) 7 个区间、强度为 2 的正交阵列(49 个样本)；

(3) 50 个点的 Halton 序列；

(4) 50 个点的简单随机抽样。

将结果与使用 10^5 个随机样本计算的概率进行比较。

4. 考虑指数积分函数 $E_n(x)$：

$$E_n(x)=\int_1^{\infty}\frac{\mathrm{e}^{-xt}}{t^n}\mathrm{d}t$$

该函数涉及许多纯吸收辐射传递问题的求解。使用这个函数求解以下问题：

$$\mu\frac{\partial\Psi}{\partial x}+\sigma\Psi=0$$

$$\Psi(0,\mu>0)=\alpha,\Psi(10,\mu<0)=0$$

标量强度为 $\phi(x)=\int_{-1}^{1}\psi(x,\mu)\mathrm{d}\mu$。假设 σ 和 α 为各自独立的伽马分布，均值为 1，方差为 0.01。$N=10$、100 和 1000 的情况下，使用拉丁超立方抽样、Halton 序列和简单随机抽样估算 $x=1$、1.5、3 和 5 时，$\phi(x)$ 的分布、均值和方差。画出 ϕ 的均值与 x 的关系，并用误差带给出 90%的置信区间(即用误差带显示第 5~95 百分位的范围)。与 10^5 个简单随机抽样结果进行比较。

第 8 章 估计失效概率的可靠性方法

可靠性方法是尝试回答关注量超过某个阈值的概率有多大的一类方法。该方法源于土木工程,最初是为了解答何时系统中的余量会小于零(即系统失效)。这类方法通常基于一组关注量估值的极小集获得分布近似。

可靠性方法使用单变量β表征系统的安全性,该变量是系统不发生故障的概率,表示为高于系统故障点平均性能的标准差。虽然发展一个单一度量因子向其他利益相关方和决策者报告是值得赞赏的目标,但如此一来,许多细节必然会变得模糊不清。

如上所述,可靠性方法尝试用最少数量的关注量求值来估计系统性能,以便推断系统行为:这项工作必然需要从个别数据点外推到整个分布。这与第 7 章的抽样方法形成了鲜明对比,在第 7 章中,采用了来自关注量分布的实际样本来加以解释,代价是需要对关注量多次求值。由于可靠性分析所需的求值较少,比抽样方法要快得多。另外,由于这些方法有所简化,不如抽样方法稳健可靠。实践人员应注意可靠性计算中的假设和近似。

8.1 一次二阶矩方法

最简单和成本最低的一种可靠性方法使用灵敏度分析结果对分布进行假设。一次二阶矩(First-Order Second-Moment,FOSM)方法使用一阶灵敏度来估计方差。然后,假设输入均值处的关注量值为关注量均值,即

$$\overline{Q(\boldsymbol{X})} = Q(\bar{x}) \tag{8.1}$$

另一个假设是关注量为正态分布,均值和方差已知。

使用输入变量的协方差矩阵和灵敏度$\dfrac{\partial Q}{\partial X_i}$,用来估计方差为(式(4.11))

$$\mathrm{Var}(Q) \approx \frac{\partial Q^{\mathrm{T}}}{\partial \boldsymbol{X}} \boldsymbol{\Sigma} \frac{\partial Q}{\partial \boldsymbol{X}}$$

根据均值和方差,可以直接假设此时 Q 为正态分布,即

$$Q \sim N\left(Q(\bar{x}), \frac{\partial Q^{\mathrm{T}}}{\partial \boldsymbol{X}} \boldsymbol{\Sigma} \frac{\partial Q}{\partial \boldsymbol{X}}\right) \tag{8.2}$$

只有当关注量是输入的线性函数,并且输入是独立的正态分布时,该假设才有效。

可靠性分析通常会变换关注量的尺度,将关注量表示为 Z,使得在感兴趣的失效点,$Z<0$ 表示失效。因此,使用关注量的失效值 Q_{fail} 来定义 Z:

$$Z(\boldsymbol{X}) = Q_{\text{fail}} - Q(\boldsymbol{X}) \tag{8.3}$$

当 $Q(\boldsymbol{X})$ 超过失效点时,Z 为负值。

在这一点上,有必要介绍一些背景。若考虑关注量是结构的载荷,Q_{fail} 是结构失衡的载荷,则 Z 是载荷余量。事实上,可靠性方法并不局限于结构分析。当人们对超过某个阈值的关注量感兴趣时,可以定义变量 Z,只要超过该阈值时,Z 就为负值。

鉴于在方程(8.3)中假设关注量为正态分布,因此,Z 也为正态分布,其均值为 $Q_{\text{fail}} - Q(\bar{\boldsymbol{X}})$。因此,失效概率为

$$P(Z<0) = \Phi\left(\frac{0-(Q_{\text{fail}} - Q(\bar{\boldsymbol{X}}))}{\sqrt{\left(\frac{\partial Q}{\partial \boldsymbol{X}}\right)^{\mathrm{T}} \boldsymbol{\Sigma} \frac{\partial Q}{\partial \boldsymbol{X}}}}\right) = 1 - \Phi\left(\frac{Q_{\text{fail}} - Q(\bar{\boldsymbol{X}})}{\sqrt{\left(\frac{\partial Q^{\mathrm{T}}}{\partial \boldsymbol{X}}\right) \boldsymbol{\Sigma} \frac{\partial Q}{\partial \boldsymbol{X}}}}\right) \tag{8.4}$$

式中,$\Phi(x)$ 为标准正态累积分布函数。失效概率定义了系统可靠性指标:

$$\beta = \frac{Q_{\text{fail}} - Q(\bar{\boldsymbol{X}})}{\sqrt{\left(\frac{\partial Q}{\partial \boldsymbol{X}}\right)^{\mathrm{T}} \boldsymbol{\Sigma} \frac{\partial Q}{\partial \boldsymbol{X}}}} \tag{8.5}$$

这样 $1-\Phi(\beta)$ 为估计的失效概率。β 为系统平均性能高于 0 的标准差。β 值越大,表明系统在额定条件下离失效越远。换言之,β 表示输入在均值处时裕度的标准差。当然,在计算 β 的过程中,存在许多假设,人们在使用 β 进行定量陈述时,应该考虑这些假设。另外,在比较两个不同系统的可靠性时,即使是像 β 这样的近似指标也是相当有用的。

举个简单例子,考虑由独立正态随机变量的线性组合定义的关注量:

$$Q(x,y) = 2x + 0.5y, X \sim N(5,2^2), Y \sim N(3,1)$$

关注量满足正态分布,均值为 11.5,标准差为 4.03,如图 8.1 所示。若失效点是 $Q_{\text{fail}}=16.5$,则可靠性指标为 $\beta=(16.5-11.5)/4.03=1.24$,失效概率为 10.7%。在该例中,一次二阶矩的各项假设均满足(输入变量为正态且独立,关注量为线性组合)。

下面使用一次二阶矩近似分析 4.3.1 节中的对流-扩散-反应(ADR)问题。在该示例中,采用导数近似来估计系统总反应速率的方差。估计得到关注量的方差为 2.0876,平均响应为 52.390。在这个问题中,输入为正态分布,但并不独立。如果假设系统中的失效点 $Q_{\text{fail}}=55$,失效概率为 3.54%,那么使用一次二阶矩可得到可靠性指数 $\beta=(55-52.390)/\sqrt{2.0876}=1.806$。

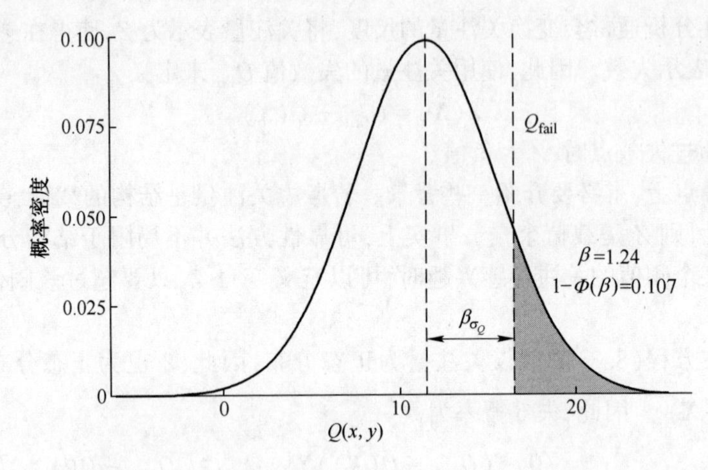

图 8.1 可靠性指标示意图,关注量 $Q(x,y)=2x+0.5y, X\sim N(5,2^2), Y\sim N(3,1)$,失效点 $Q_{\text{fail}}=16.5$。阴影部分为失效概率,β_{σ_Q} 为均值到失效点的距离

为了进行对比,使用随机抽样 4 万个样本得到的失效概率估计为 3.545%。样本的经验密度和用一次二阶矩拟合的正态分布如图 8.2 所示。不仅失效概率吻合良好,而且概率密度也显示出良好的一致性。对于该问题,一次二阶矩方法需要求解关注量 6 次,相比抽样方法快了近 1 万倍。

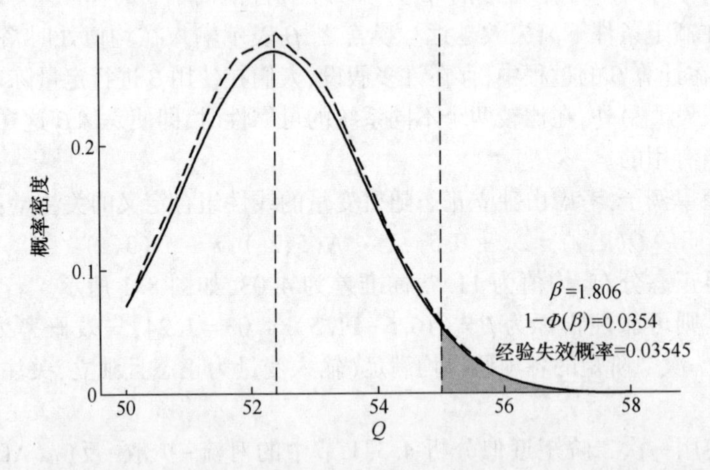

图 8.2 一次二阶矩与 4 万个样本的蒙特卡洛方法比较,估计多元正态输入下的 ADR 问题的失效概率。实线为一次二阶矩分布拟合,虚线为经验概率密度。阴影区域的面积为 $1-\Phi(\beta)$

如果把输入分布改为非正态,可以预计一次二阶矩和抽样结果之间会存在更

大差异。为此,重现了 7.4 节中的 ADR 问题,这时 5 个输入参数均为 γ 变量,其均值为标称值,标准差为均值的 10%。这些变量通过正态 copula 函数连接,相关矩阵为式(4.15)。

图 8.3 展示了使用 10^6个样本的蒙特卡洛方法和一次二阶矩方法的比较。虽然一次二阶矩估计的失效概率接近蒙特卡洛估计值(一次二阶矩为 30.55%,蒙特卡洛为 34.45%),不过这种吻合似乎是由于错误的原因。一次二阶矩预测,远远大于失效点的 Q 值更有可能发生。另外,蒙特卡洛得到的经验分布的众数不是一次二阶矩中假设的 $Q(\bar{\boldsymbol{x}})$。

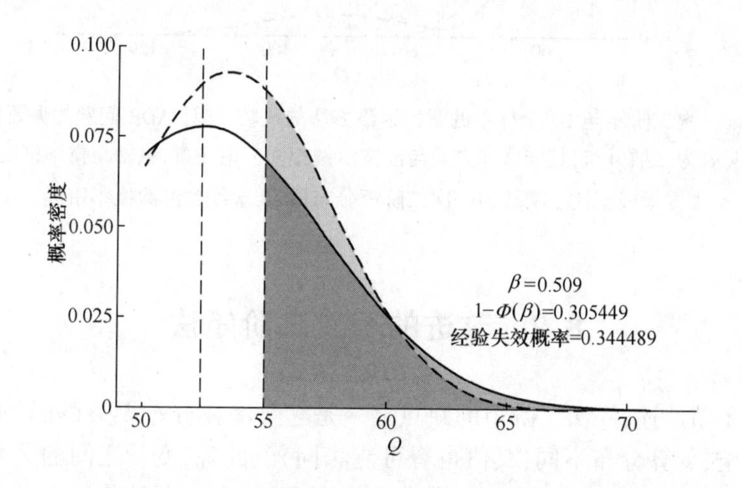

图 8.3 一次二阶矩与 10^6个样本的蒙特卡洛方法比较,
估计 ADR 问题的失效概率,其中,输入是由正态 copula 函数连接的 γ 变量。
实线为一次二阶矩分布拟合,虚线为经验概率密度

为了证明所使用的分布类型对一次二阶矩的结果产生了显著影响,我们将 κ_h 的分布修改为如下的二项分布:

$$f(\kappa_h) = 0.995\delta(\kappa_h - 1.98582) + 0.005\delta(\kappa_h - 4.82135)$$

此分布的均值和标准差与之前的相同,但具备明显不同的特征。这些参数仍然由正态 copula 函数连接。但协方差矩阵是不同的,造成关注量方差估计值比之前更大。在这种情况下,若 Q_{fail} 设为 75,一次二阶矩给出的失效概率估计比实际观察到的小 32 倍,如图 8.4 所示。这表明,一次二阶矩方法的准确性对潜在分布十分敏感。

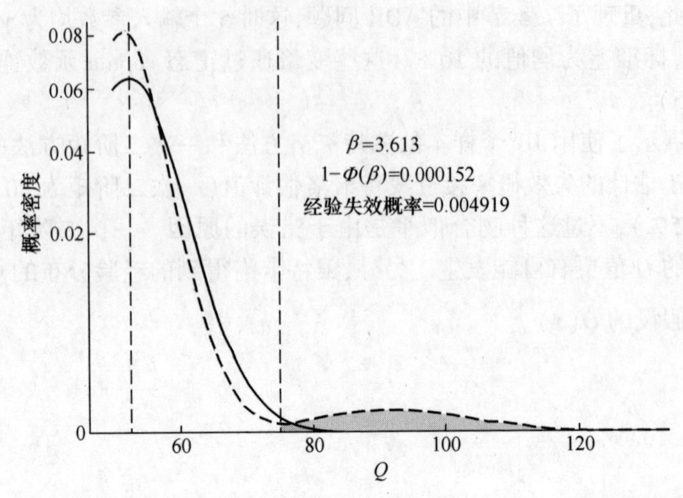

图 8.4 一次二阶矩与 10^6 个样本的蒙特卡洛方法的比较，估计 ADR 问题的失效概率，其中，κ_h 为二项分布，其均值和方差与前文示例相同。请注意，纵轴与概率密度的平方根成正比。实线为一次二阶矩分布拟合，虚线为经验概率密度

8.2 改进的一次二阶矩法

如 8.1 节所述，一次二阶矩的缺点之一是它与潜在分布无关（除了通过均值和方差影响，就算分布不同，其值也有可能相同）。此外，变量之间的关系不一定包括在内，除非它们对关注量方差估计造成了影响。在一定程度上，改进的一次二阶矩方法将这些影响加入对失效概率的估计中。这些想法以 Rackwitz 和 Flessler（1978）改进的 Hasofer-Lind 法为基础。

改进的一次二阶矩（Advanced FOSM AFOSM）旨在确定失效表面上离标称值最近的点。换言之，如果系统设计的标称行为发生在 $\boldsymbol{X}_0$ 处，那么我们希望找到失效表面上最可能的点，称为最可能失效点。从标称点到失效表面的距离记为 β，由此可以像以前一样估计失效概率。

为了找到失效点，对输入参数的坐标系进行标准化转换，使其在等效正态分布中具有相同的方差。在这个新的坐标系中，失效表面（$Q(\boldsymbol{X})$ 等于 Q_{fail} 的集合）上与设计点的最小距离为 β。这是在标准正态坐标中到失效点的距离。在二维空间中，β 值定义了椭圆：

$$(\boldsymbol{X}-\boldsymbol{\mu})^{\mathrm{T}}\boldsymbol{\Sigma}^{-1}(\boldsymbol{X}-\boldsymbol{\mu})=\beta^2$$

该椭圆和失效表面如图 8.5 所示。

为了使用 AFOSM 法，需要为每个输入确定等价的正态变量。这将有助于采

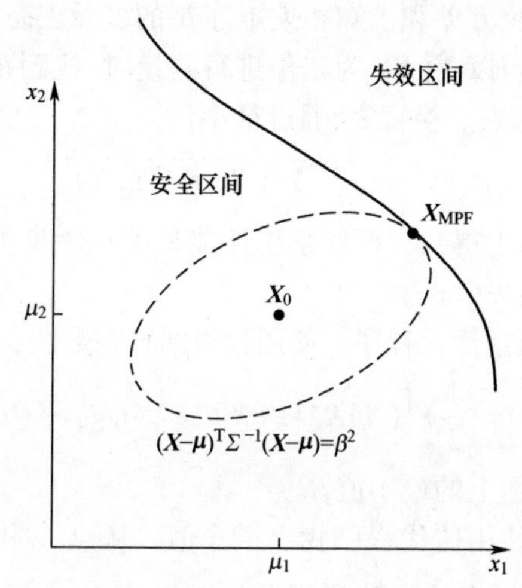

图 8.5 改进的一次二阶矩法示意。以设计点 $\boldsymbol{X}_0$ 为中心的椭圆，是新坐标系中接触失效表面的最小圆。接触的地方是最可能失效点 $\boldsymbol{X}_{\mathrm{MFP}}$

用标准正态分布来估计失效概率。针对每个变量，需要为等价正态变量确定均值和标准差。为此，利用点 x_i 处的累计分布函数和概率密度函数，将每个输入的分布等同于正态分布，即

$$\Phi\left(\frac{x_i - \mu_i'}{\sigma_i'}\right) = F_{X_i}(x_i) \tag{8.6}$$

$$\frac{1}{\sigma_i'}\phi\left(\frac{x_i - \mu_i'}{\sigma_i'}\right) = f_{X_i}(x_i) \tag{8.7}$$

求解得到 μ_i' 和 σ_i' 为

$$\sigma_i' = \frac{\phi(\Phi^{-1}(F_{X_i}(x_i)))}{f_{X_i}(x_i)} \tag{8.8}$$

$$\mu_i' = x_i - \Phi^{-1}(F_{X_i}(x_i))\sigma_i' \tag{8.9}$$

上式中利用了随机变量 $X \sim N(\mu,\sigma^2)$ 的概率密度函数：

$$f(x) = \frac{1}{\sigma}\phi\left(\frac{x-\mu}{\sigma}\right)$$

Rackwitz 和 Flessler(1978) 指出，若初始分布是偏态的，可以将 μ_i' 与中位数 $\mu_i' = F_{X_i}^{-1}(0.5)$ 匹配，然后采用方程(8.6)确定 σ_i'。

利用这些等价的正态变量，可以推出相关矩阵为 $\boldsymbol{R}$ 的多元正态分布变量。定义为

$$Y_i = \frac{x_i - \mu_i'}{\sigma_i'}$$

的变量 $\boldsymbol{Y}$ 是零均值、单位方差和已知相关矩阵 $\boldsymbol{R}$ 的多元正态变量。

我们想要做的是，当以 $\boldsymbol{Y}(\boldsymbol{X})$ 为单位进行测量时，找到距离失效表面 $Z(\boldsymbol{X})=Q_{\text{fail}}-Q(\boldsymbol{X})=0$ 的最近点。换言之，通过最小化

$$\beta \equiv \min_{Z(\boldsymbol{X})=0} \sqrt{\boldsymbol{Y}^{\mathrm{T}}(\boldsymbol{X})\,\boldsymbol{R}^{-1}\boldsymbol{Y}(\boldsymbol{X})} \tag{8.10}$$

就可以在归一化坐标系中得到与标称系统性能相关且距离失效表面最近的一点，这个最小值称为最可能失效点。

最小值求解需要用到优化程序。使用拉格朗日乘数法，对函数

$$g(\boldsymbol{X},\lambda)=\frac{1}{2}\boldsymbol{Y}^{\mathrm{T}}(X)\boldsymbol{R}^{-1}\boldsymbol{Y}(\boldsymbol{X})-\lambda(Q_{\text{fail}}-Q(\boldsymbol{X})) \tag{8.11}$$

最小化，将找到失效表面上的最小值 β。

利用该目标函数，使用迭代程序找出最小值。从点 $\boldsymbol{X}$ 和等价正态变量 $\boldsymbol{Y}(\boldsymbol{X})$ 开始，试图找到点 $\hat{\boldsymbol{X}}$ 和相应的失效表面上的 $\hat{\boldsymbol{Y}}=\boldsymbol{Y}(\hat{\boldsymbol{X}})$，该点 β 值较小。将方程(8.11)对 $\hat{\boldsymbol{Y}}$ 求导，设其为零。处理后得

$$\hat{\boldsymbol{Y}}=\lambda\boldsymbol{R}\,\nabla_{\boldsymbol{Y}}^{\mathrm{T}}Q \tag{8.12}$$

式中，利用链式法则，Q 在 $\boldsymbol{Y}$ 处的导数为

$$\nabla_{\boldsymbol{Y}}Q(X)=\left(\frac{\partial Q}{\partial Y_1},\cdots,\frac{\partial Q}{\partial Y_p}\right)=\left(\sigma_1'\frac{\partial Q}{\partial X_1},\cdots,\sigma_p'\frac{\partial Q}{\partial X_p}\right)\approx\nabla_{\hat{\boldsymbol{Y}}}Q$$

为近似该函数，使用一阶泰勒展开，近似失效表面上的点：

$$Q(\boldsymbol{X})+\nabla_{\boldsymbol{Y}}Q(\hat{\boldsymbol{Y}}-\boldsymbol{Y})=Q_{\text{fail}}$$

利用式(8.12)，上式变为

$$Q(\boldsymbol{X})+\nabla_{Y}Q(\lambda\boldsymbol{R}\,\nabla_{\boldsymbol{Y}}^{\mathrm{T}}Q-\boldsymbol{Y})=Q_{\text{fail}} \tag{8.13}$$

可以用拉格朗日乘数法求解该方程，得

$$\lambda=\frac{Q_{\text{fail}}-Q(\boldsymbol{X})+\nabla_{\boldsymbol{Y}}Q\boldsymbol{Y}}{\nabla_{\boldsymbol{Y}}Q\boldsymbol{R}\,\nabla_{\boldsymbol{Y}}^{\mathrm{T}}Q} \tag{8.14}$$

利用式(8.12)，β 的近似值为

$$\beta=\frac{Q_{\text{fail}}-Q(\boldsymbol{X})+\nabla_{\boldsymbol{Y}}Q\boldsymbol{Y}}{\sqrt{\nabla_{\boldsymbol{Y}}Q\boldsymbol{R}\,\nabla_{\boldsymbol{Y}}^{\mathrm{T}}Q}} \tag{8.15}$$

这就是算法8.1描述的迭代程序。每次迭代都需要计算关注量和局部导数。因此，每次迭代都需要计算 $p+1$ 次关注量。若有可能，对最可能失效点进行合理的初始猜测至关重要。

算法8.1 使用AFOSM寻找 β 和最可能失效点的算法

---

0. 从最可能失效点的初始值 $\boldsymbol{X}_0$ 开始，并设置 $l=0$。
1. 利用 $\boldsymbol{X}_l$ 值确定 μ_i'，σ_i'，计算 $\boldsymbol{Y}_l$。

2. 计算 $Q(\boldsymbol{X})$ 在 X_l 点的导数，形成 $\nabla_{\boldsymbol{Y}}Q$。
3. 使用下式求解 λ：

$$\lambda = \frac{Q_{\text{fail}} - Q(\boldsymbol{X}_l) + \nabla_{\boldsymbol{Y}}Q\boldsymbol{Y}_l}{\nabla_{\boldsymbol{Y}_l}Q\boldsymbol{R}\,\nabla_{\boldsymbol{Y}_l}^{\mathrm{T}}Q}$$

4. 计算 $\hat{\boldsymbol{Y}}_{l+1} = \lambda \boldsymbol{R}\,\nabla_{\boldsymbol{Y}_l}^{\mathrm{T}}Q$ 和 $\beta_{l+1} = \sqrt{\boldsymbol{Y}_{l+1}^{\mathrm{T}}\boldsymbol{R}^{-1}\boldsymbol{Y}_{l+1}}$。
5. 检查收敛性，即是否 $|\beta_{l+1} - \beta_l| < \delta$，且 $|Q(\boldsymbol{X}_{\ell+1}) - Q_{\text{fail}}| < \epsilon$。
6. 若不收敛，则设 $l \to l+1$，并转至步骤 1。

作为演示，将 AFOSM 方法应用于关注量

$$Q(\boldsymbol{X}) = 2x_1^3 + 10x_1x_2 + x_1 + 3x_2^3 + x_2$$

式中，输入为均值向量为(0.1,-0.05)的多元正态分布；协方差和相关矩阵为

$$\boldsymbol{\Sigma} = \begin{pmatrix} 4 & 3.9 \\ 3.9 & 9 \end{pmatrix}, \boldsymbol{R} = \begin{pmatrix} 1 & 0.65 \\ 0.65 & 1 \end{pmatrix}$$

这意味着 $\sigma_1 = 2, \sigma_2 = 3$。由于分布为正态，所以 σ_i' 和 μ_i' 在迭代过程中恒定不变。本例中使用的 Q_{fail} 值为 100。该问题的梯度为

$$\nabla_{\boldsymbol{X}}Q = (6x_1^2 + 10x_2 + 1, 10x_1 + 9x_2^2 + 1)$$

$$\nabla_{\boldsymbol{Y}}Q = (12x_1^2 + 20x_2 + 2, 30x_1 + 27x_2^2 + 3)$$

图 8.6 展示了两个不同起始点的计算结果。可以看到，若起始点在失效表面上，迭代不一定会停留在失效表面上(参见从左上角开始的迭代)。这是由于 $Q(\boldsymbol{X})$ 的线性近似。从结果可知，由该方法计算的 β 值确实是 $\beta^2 = \boldsymbol{Y}^{\mathrm{T}}(\boldsymbol{X})\boldsymbol{R}^{-1}\boldsymbol{Y}(\boldsymbol{X})$ 的值，因此，椭圆能够与失效表面接触。

针对这一问题，使用 $\beta = 0.889$，估计失效概率为 $1 - \Phi(\beta) = 0.187$。10^6 个蒙特卡洛样本给出的失效概率为 0.202，相对误差约为 7%。使用基础的 FOSM 方法得到失效概率为零，因为方程(8.5)中 β 估算为 14.6。针对该问题，AFOSM 获得了失效概率的合理近似值，因为标称设计点 $\boldsymbol{X} = (0.1, -0.5)$ 的值比 Q_{fail} 要小得多。在这种问题中，为了更好地估计失效概率，有必要将关注量的交互作用和非线性因素考虑在内。

为了证明在输入分布为非正态情况下，AFOSM 仍然有效，将问题改为 x_1 和 x_2 独立的耿贝尔分布，即 $\boldsymbol{R} = \boldsymbol{I}$(概率密度函数如式(7.10))，其均值和标准差与上例相同。由于耿贝尔分布为偏态分布，使用分布的中位值作为等价正态分布的 μ_i' 值，然后求解方程(8.6)，得到 σ_i'。在这种情况下，σ_i' 的值每次迭代都会改变，导致每次迭代的 $\nabla_{\boldsymbol{Y}}Q$ 变化。图 8.7 给出了 AFOSM 方法的结果。注意到，当基础分布非正态时，β^2 的等值面不再是椭圆。此外，输入均值不再位于 $\beta = 0$。如上所述，尽管起点不同，该方法收敛于同一点，其值为 $\beta = 1.125$。由此推断失效概率为

0.130,相比之下 10^6 个蒙特卡洛样本给出的失效概率为 0.169。对于这一问题,FOSM 方法得到的 β 值过大(为 14.4)。因此,虽然 AFOSM 近似值并不完美(低估了失效概率),但它比使用梯度从 $Q(\bar{X})$ 外推要好得多。

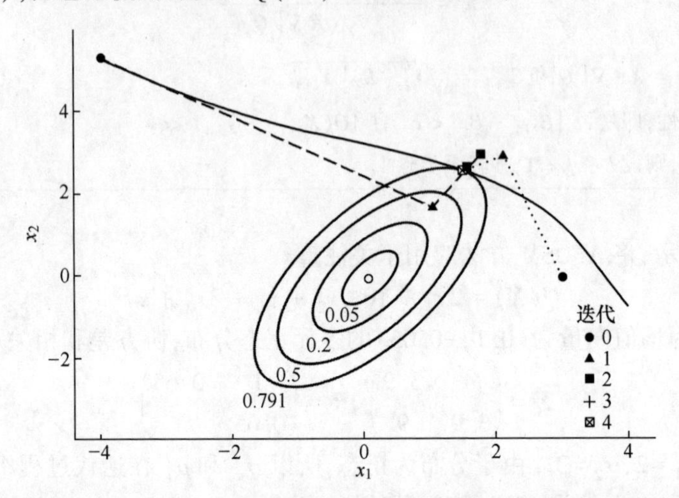

图 8.6 不同起始点下 AFOSM 方法寻找最可能失效点的收敛示意图。实线为失效表面,在其下方有 $Q(\boldsymbol{X})<Q_{\text{fail}}$。图中展示了不同尺寸($\boldsymbol{Y}^{\mathrm{T}}(\boldsymbol{X})\boldsymbol{R}^{-1}\boldsymbol{Y}(\boldsymbol{X})$)的椭圆,表明最可能失效点与椭圆接触。AFOSM 方法计算得出 $\beta^2\approx 0.791$

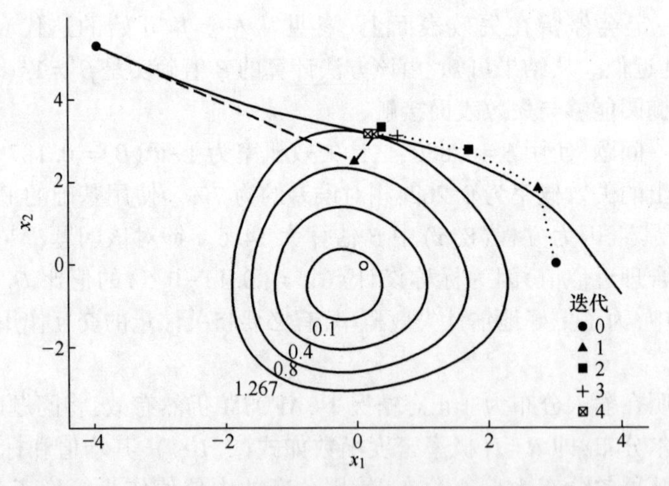

图 8.7 不同起始点下 AFOSM 方法寻找最可能失效点的收敛示意图,其中 x_1 和 x_2 为独立耿贝尔分布,其均值和标准偏差与前例相同。实曲线为失效表面,在其下方有 $Q(\boldsymbol{X})<Q_{\text{fail}}$。图中展示了 $\boldsymbol{Y}^{\mathrm{T}}(\boldsymbol{X})\boldsymbol{Y}(\boldsymbol{X})$ 的不同大小,表明最可能失效点与表面接触。AFOSM 计算得出 $\beta^2\approx 1.267$。黑色圆圈表示输入均值

该示例表明,AFOSM 相比基本的 FOSM 有很大改进。代价是需要进行更多函数求值。FOSM 方法需要求解 $N+1$ 次关注量,而 AFOSM 要求每次迭代都进行 $N+1$ 次求解。尽管如此,AFOSM 仍然比抽样法相对经济。不过该方法仍然是一种近似方法,忽略 AFOSM 的正态分布假定,是一个统计学上的贝拉基主义错误。

8.3 高阶方法

可以使用关注量二阶导数的估计值来改进讨论的可靠性方法。对于中等维度问题,二阶导数(和交叉导数项)的估计可能成本过高(如第 4 章所述)。因此,我们将在第 9 章中以混沌多项式展开对关注量进行更一般的近似。

8.4 注释和参考资料

本节中的许多内容在 Haldar 和 Mahadevan(2000)的《可靠性分析》一书中均有介绍。此外,Bastidas-Arteaga 和 Soubra(2006)的评论文章也提供了参考。这两部著作的参考文献十分有用,其中许多可靠性分析文献都包含在特定领域的出版物中。

8.5 练习

1. 重复 8.2 节中的示例。式中,x_1 和 x_2 的分布为耿贝尔分布,其均值和标准差与之前的相同。使用 $\theta=0$、1、5、10、20 的 Frank Copula 连接输入参数分布。最可能失效点是如何随着 copula 函数的变化而变化的?

2. 考虑 Rosenbrock 函数:$f(x,y)=(1-x)^2+100(y-x^2)^2$。假设 $x=2t-1$,式中 $T\sim \mathrm{Be}(3,2)$,$y=2s-1$,$S\sim \mathrm{Be}(1.1,2)$。使用以下公式估计 β 和 $f(x,y)$ 小于 10 的概率:

(1) FOSM 方法;

(2) AFOSM 方法。

3. 使用离散方法求解方程

$$\frac{\partial u}{\partial t}+v\frac{\partial u}{\partial x}=D\frac{\partial^2 u}{\partial x^2}-\omega u$$

其中,$u(x,t)$ 的空间定义域 $x\in[0,10]$,具有周期性边界条件 $u(0^-)=u(10^+)$,初始条件为

$$u(x,0)=\begin{cases}1, x\in[0,2.5]\\0, \text{其他}\end{cases}$$

计算总反应数为

$$\int_{5}^{6} \mathrm{d}x \int_{0}^{5} \mathrm{d}t \omega u(x,t)$$

使用 FOSM 和采用下列分布的 AFOSM 来计算该关注量大于 0.035 的概率：

(1) $\mu_v = 0.5, \sigma_v = 0.1$；

(2) $\mu_D = 0.125, \sigma_D = 0.03$；

(3) $\mu_\omega = 0.1, \sigma_\omega = 0.05$。

随着 Δx 和 Δt 的变化，结果会如何变化？

第9章　随机投影法与配置法

本章讨论的方法将关注量以正交多项式展开,可以代替之前讨论的样本和可靠性方法。为此专门选择正交多项式,使得正交条件的权函数与参数的分布相匹配。表9.1给出了4种常见的参数分布和相匹配的正交多项式。为了计算展开式中的积分,我们将使用配置法和高斯求积。在此过程中,将遇到许多经典的近似技术,并需要回顾大量的统计学知识、特殊函数和求积方法。

表9.1　不同输入随机变量对应的正交多项式和支撑集

输入分布	正交多项式	支撑集
正态分布	埃尔米特多项式	$(-\infty,\infty)$
均匀分布	勒让德多项式	$[a,b]$
贝塔分布	雅可比多项式	$[a,b]$
伽马分布	拉盖尔多项式	$[0,\infty)$

这种方法称为随机谱投影,展开称为混沌多项式展开。之所以称作谱,是因为如果所近似的函数是光滑的,那么展开的误差将随着展开系数数量的增加呈指数衰减。因此,如果关注量是随机变量的光滑函数,可以预计展开包含几项就足够精确。谱投影的一个好处是,与蒙特卡洛法一样,是一种非嵌入式方法:已有的代码和方法可以黑盒方式应用。这种方法的确受到维数灾难影响,随着随机变量空间维度增加,展开中的项数急剧增多。我们将在下文探讨如何使用稀疏网格法和压缩感知法来缓解这一问题。

9.1节~9.7节针对关注量讨论了这些方法。9.8节讨论了如何将这些方法应用于随机过程。首先讨论了将投影法用于单个随机变量,然后是多变量展开和稀疏网格求积。自然的起点是从单个标准正态分布随机变量的函数开始。

本章开头所用的引文与许多学生和指导者对本主题的看法有关。对于学生而言,基函数的许多符号和各种有分歧的定义使得他们无法有把握地运用这些方法。对于指导者,如果不花大量时间定义特殊函数和求积规则并写出多维展开,就很难向学生充分讲解相关主题。本章旨在充分详细地阐述投影法,并提供步骤详细的求解示例,使该主题易于理解并适用于解决现实世界中的问题。

9.1 正态分布参数的埃尔米特展开式

埃尔米特(Hermite)多项式 $\mathrm{He}_n(x)$ 是一组正交多项式,构成了实轴上平方可积函数的基,其中权函数为

$$w(x) = \mathrm{e}^{-x^2/2}$$

内积定义为

$$\langle g(x), h(x) \rangle = \int_{-\infty}^{\infty} g(x) h(x) \mathrm{e}^{-\frac{x^2}{2}} \mathrm{d}x$$

即多项式构成 $L^2(\mathbb{R}, \omega(x)\mathrm{d}x)$ 的正交基。埃尔米特多项式定义为

$$\mathrm{He}_n(x) = (-1)^n \mathrm{e}^{\frac{x^2}{2}} \frac{\mathrm{d}^n}{\mathrm{d}x^n} \mathrm{e}^{-\frac{x^2}{2}} \tag{9.1}$$

前几项为

$$\mathrm{He}_0(x) = 1$$

$$\mathrm{He}_1(x) = x$$

$$\mathrm{He}_2(x) = x^2 - 1$$

$$\mathrm{He}_3(x) = x^3 - 3x$$

$$\mathrm{He}_4(x) = x^4 - 6x^2 + 3$$

$$\mathrm{He}_5(x) = x^5 - 10x^3 + 15x$$

埃尔米特多项式的正交性为

$$\int_{-\infty}^{\infty} \mathrm{He}_m(x) \mathrm{He}_n(x) \mathrm{e}^{-\frac{x^2}{2}} \mathrm{d}x = \sqrt{2\pi} n! \ \delta_{nm} \tag{9.2}$$

函数以埃尔米特多项式展开为

$$g(x) = \sum_{n=0}^{\infty} c_n \mathrm{He}_n(x) \tag{9.3}$$

式中的展开式常数由下式求得

$$c_n = \frac{\langle g(x), \mathrm{He}_n(x) \rangle}{\sqrt{2\pi} n!} \tag{9.4}$$

9.1.1 标准正态随机变量函数的埃尔米特展开式

考虑函数 $g(x)$,其中 $x \sim N(0,1)$。该函数的值也是一个随机变量,记为 $G_0 \sim g(x)$。计算该函数的埃尔米特展开中的零阶常数,可以得

$$c_0 = \int_{-\infty}^{\infty} \frac{g(x)}{\sqrt{2\pi}} e^{-\frac{x^2}{2}} dx = E[G_0] = \bar{g} \tag{9.5}$$

换言之,展开式中的常数 c_0 是随机变量 G_0 的均值。

考虑到 G_0 的方差为 $E[G_0^2] - E[G_0]^2$,相当于

$$\begin{aligned}
\mathrm{Var}(G_0) &= \frac{1}{\sqrt{2\pi}} \int_{-\infty}^{\infty} \left(\sum_{n=0}^{\infty} c_n \mathrm{He}_n(x) \right)^2 e^{-\frac{x^2}{2}} dx - c_0^2 \\
&= \frac{1}{\sqrt{2\pi}} \sum_{n=0}^{\infty} c_n^2 \langle \mathrm{He}_n(x), \mathrm{He}_n(x) \rangle - c_0^2 \\
&= \sum_{n=1}^{\infty} n!\ c_n^2
\end{aligned} \tag{9.6}$$

这里利用了埃尔米特多项式的正交性来得到第二个方程,然后利用方程(9.2)的积分值获得最终结果。

例如,考虑函数 $g(x) = \cos(x)$。在此情况下,可以直接计算展开系数:

$$c_n = \frac{1}{\sqrt{2\pi} n!} \int_{-\infty}^{\infty} \cos(x) \mathrm{He}_n(x) e^{-x^2/2} dx = \begin{cases} 0, n \text{ 为奇数} \\ (-1)^{\frac{n}{2}} \dfrac{e^{-1/2}}{n!}, n \text{ 为偶数} \end{cases} \tag{9.7}$$

因此函数的近似为

$$\cos(x) = e^{-\frac{1}{2}} \sum_{n\text{为偶数}} (-1)^{\frac{n}{2}} \frac{\mathrm{He}_n(x)}{n!}, x \sim N(0,1) \tag{9.8}$$

这意味着 $g(x)$ 的均值为 $e^{-1/2}$,方差为

$$\mathrm{Var}(G_0) = e^{-1} \sum_{n\text{为偶数}, n>1} \frac{1}{n!} = e^{-1}(\cosh(1) - 1) \approx 0.19978820$$

可以对展开方法与抽样方法进行比较。基准分布通过蒙特卡洛抽样得到。对 x 进行抽样,通过式(9.8)计算不同展开阶数下的关注量。结果如图 9.1 所示。

从结果可知,展开阶数越高,近似误差越小。零阶展开只提供了均值,二阶展开结果有很大的改进。四阶展开和二阶展开之间存在明显的差异,虽然在图上几乎没有区别。可以通过观察方差的收敛性来跟踪高阶展开对结果的改进。表 9.2 表明,增加展开项数确实能够改进方差估计,虽然超出二阶后改进效果有限。表中结果使用 Mathematica 数学软件得到。

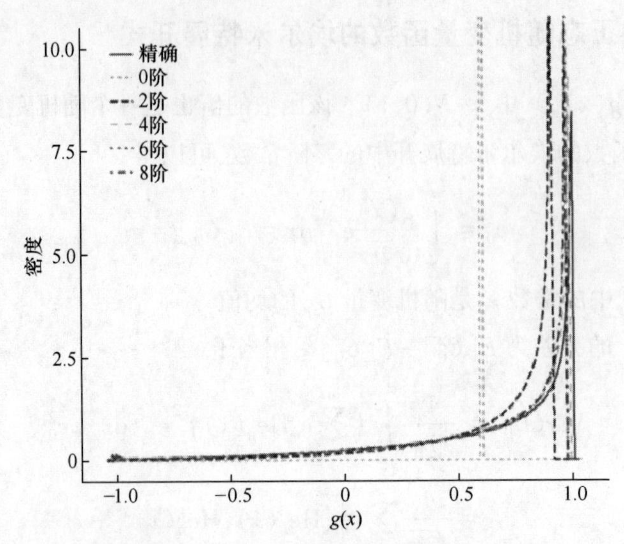

图 9.1 随机变量 $g(x)=\cos(x)$ 的概率密度函数，其中 $x \sim N(0,1)$。该图列出了 10^6 个样本和不同精度近似结果

表 9.2 $g(x)=\cos(x)$ 方差的收敛性，其中 $x \sim N(0,1)$

阶 数	方 差
0	0
2	0.183939721
4	0.199268031
6	0.199778974
8	0.199788098
∞	0.199788200

9.1.2 一般正态随机变量函数的埃尔米特展开式

如果随机变量是正态分布，但不是标准分布，需要稍微改变步骤。假定 $g(x)$ 是随机变量 $x \sim N(\mu,\sigma^2)$ 的函数。在这种情况下，通过改变变量，将函数表示为 $g(Z)$，其中 Z 是标准正态随机变量。如果 Z 是 x 的标准化处理，可以将关于 x 的函数的期望与关于 Z 的函数的期望联系起来，表示为

$$E[g(x)] = E[g(\mu + \sigma Z)] \tag{9.9}$$

可以通过下式的均值对此进行检验

$$E[x] = E[\mu + \sigma Z] = \mu + \sigma E[Z]$$

因此，在这种情况下

$$c_n = \frac{\langle g(\mu + \sigma z), \mathrm{He}_n(z) \rangle}{\sqrt{2\pi}\, n!} \tag{9.10}$$

内积的边界不受影响,因为它们是无穷的。但当随机变量有界时,情况会有所不同。

回到之前的例子,其中,$g(x)=\cos(x)$,假定 $x \sim N(0.5, 2^2)$。对方程(9.10)中的系数求积分得到以下展开(至五阶):

$$\cos(x) \approx \mathrm{e}^{-2}\left(1 - 2\mathrm{He}_2(z) + \frac{2}{3}\mathrm{He}_4(z)\right)\cos\left(\frac{1}{2}\right) + \mathrm{e}^{-2}\left(2\mathrm{He}_1(z) + \frac{4}{3}\mathrm{He}_3(z) - \frac{4}{15}\mathrm{He}_5(z)\right)\sin\left(\frac{1}{2}\right) \tag{9.11}$$

均值为

$$\bar{g} = \mathrm{e}^{-2}\cos\left(\frac{1}{2}\right) \approx 0.1187678845769458$$

方差为

$$\mathrm{Var}(G_0) = \frac{(\mathrm{e}^4 - 1)(\mathrm{e}^4 - \cos(1))}{2\mathrm{e}^8} \approx 0.4859848152088114414 4$$

函数 g 的各种近似产生的分布如图 9.2 所示。使用多项式展开式获取精确分布更加困难,部分原因在于±1 处解的不光滑性。六阶展开得到的分布的整体形状是正确的,尽管峰值不在正确的位置。注意到,在所有这些曲线中,均值是相同的。此外,即使 $g(x)$ 的最小值为−1,展开方法得到小于−1 的值的概率不为零。

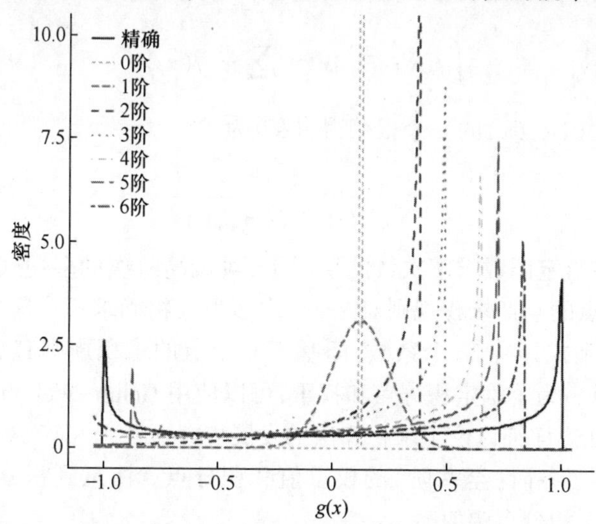

图 9.2 随机变量 $g(x)=\cos(x)$ 的概率密度函数,其中 $x \sim N(0.5, 2^2)$。该图列出了 10^6 个样本和不同精度近似结果

在本例中，方差收敛所需时间更长。根据表9.3，即使是六阶展开式也只有1位数字是正确的。

表9.3 $g(x)=\cos(x)$方差的收敛性，其中$x\sim N(0.5,2^2)$

阶数	方差
0	0
1	0.016807404
2	0.128990805
3	0.173419006
4	0.329091747
5	0.380416942
6	0.458346473
∞	0.485984815

9.1.3 高斯-埃尔米特求积

回想一下，我们的最终目标是通过多项式展开式来获取输出量分布的信息。为此，需要估计埃尔米特展开中的系数。如果使用求积规则来估计系数中的积分，那么希望尽可能少地计算被积函数，因为每次求解都需要在输入空间的不同点重新模拟。

近似所需积分最常用的方法是高斯-埃尔米特求积，即

$$\int_{-\infty}^{\infty} f(x)\,\mathrm{e}^{-x^2}\mathrm{d}x \approx \sum_{i=1}^{n} w_i f(x_i) \tag{9.12}$$

式中，积分点x_i由$\mathrm{He}_n(x)$的n个根获得，权重为

$$w_i = \frac{\sqrt{\pi}\,n!}{n^2\left(\mathrm{He}_{n-1}(\sqrt{2}x_i)\right)^2} \tag{9.13}$$

高斯积分在给定函数求解次数的情况下，对最高阶次的多项式精确积分。特别是，基于n个点的高斯求积规则对$2n-1$次多项式精确求积。这是可以实现的，因为$2n-1$次多项式具有$2n$个系数，而基于n个点的求积规则有$2n$个自由度：n个点和n个权重。为了确定积分点和权重，可以使用Golub-Welsch等算法。汤森（Townsend）（2015）详细讨论了求积算法的发展史。

表9.4提供了各阶（至六阶）的权重值和积分点。注意到积分点关于原点对称，因此只给出了积分点幅值。

表 9.4 高斯-埃尔米特求积的非负积分点和权重(展开至六阶)

n	$\|x_i\|$	w_i
1	0	$\sqrt{\pi}$
2	$\frac{1}{\sqrt{2}}$	$\frac{1}{2}\sqrt{\pi}$
3	0	$\frac{2}{3}\sqrt{\pi}$
	$\frac{1}{2}\sqrt{6}$	$\frac{1}{6}\sqrt{\pi}$
4	0.524647623275290	0.804914090005514
	1.65060123885785	0.0813552017779922
5	0	0.945308720482942
	0.958572464613819	0.3936193231522404
	2.02018270456086	0.01995326880748209
6	0.436077411927617	0.7246295952243919
	1.335849074013697	0.1570673203228565
	2.350604973674492	0.00453000990550885 8

该求积设定具有高斯求积的标准特征。当 $f(x)$ 为不高于 $2n-1$ 次多项式时,积分是精确的。

在高斯-埃尔米特求积中存在一个小问题,即使用的权函数是 $\exp(-x^2)$,而不是内积定义中使用的 $\exp(-x^2/2)$。因此,需要进行变量转换:$x \to x'\sqrt{2}$。内积近似为

$$\langle g(x), \mathrm{He}_m(x) \rangle \approx \sqrt{2} \sum_{i=1}^{n} w_i g(\sqrt{2} x_i) \tag{9.14}$$

可以使用之前的示例 $g(x)=\cos(x)$,其中 $x \sim N(0.5, 2^2)$,测试用高斯-埃尔米特求积估算内积。在图 9.3 中,使用不同 n 值的高斯-埃尔米特求积计算了五阶埃尔米特展开近似的分布。对于该展开,至少需要 8 个积分点获得系数的精确估计。表 9.5 列出了系数随积分点数量的收敛特性。可以看到,需要 $n=6$ 确保均值 c_0 的估计有两位数字的准确度,而 c_5 项估计需要 $n=9$ 才能得到相同位数的准确度。

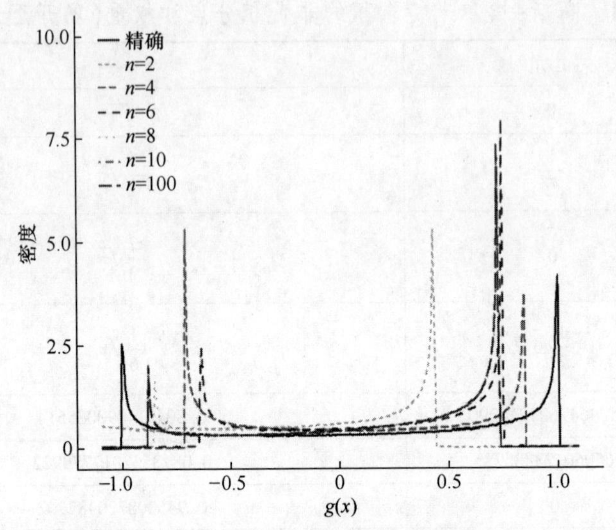

图9.3 随机变量 $g(x)=\cos(x)$ 的概率密度函数,其中 $x\sim N(0.5,2^2)$。该图列出了使用不同高斯-埃尔米特求积方法的五阶埃尔米特展开结果,以及 10^6 个样本结果

表9.5 函数 $g(x)=\cos(x)$ 埃尔米特多项式展开中不同的高斯-埃尔米特求积方法给出的前6个系数的收敛性,其中 $x\sim N(0.5,2^2)$

n	c_0	c_1	c_2	c_3	c_4	c_5
2	-0.365203	-0.435940	-0.000000	0.145313	0.030434	-0.021797
3	0.307609	0.087730	-0.569973	-0.000000	0.142493	-0.004386
4	0.065646	-0.219271	-0.023343	0.173281	0.000000	-0.034656
5	0.130446	-0.103803	-0.322800	0.037629	0.141446	0.000000
6	0.116662	-0.135589	-0.213171	0.104748	0.048382	-0.028531
7	0.119090	-0.128702	-0.242956	0.081489	0.089843	-0.012370
8	0.118725	-0.129931	-0.236549	0.087602	0.076377	-0.018886
9	0.118773	-0.129744	-0.237688	0.086315	0.079768	-0.016907
10	0.118767	-0.129769	-0.237515	0.086541	0.079075	-0.017382
100	0.118768	-0.129766	-0.237536	0.086511	0.079179	-0.017302

9.2 广义混沌多项式

当输入参数不是正态分布时,需要一个不同的多项式展开近似从输入参数到输出随机变量的映射。如表9.1所示,本书将探讨三种此类情况。首先是均匀随

机变量。

9.2.1 均匀随机变量:勒让德多项式

考虑在区间[a,b]内均匀分布的随机变量x,记为$x \sim U[a,b]$。此外,x的概率密度函数为

$$f(x|a,b)=\begin{cases}\frac{1}{b-a}, x \in [a,b]\\ 0,\text{其他}\end{cases} \tag{9.15}$$

均匀分布的均值为$(a+b)/2$,方差为$(b-a)^2/12$。

与正态随机变量一样,将一般均匀分布随机变量转换为标准随机变量是有帮助的。将区间[a,b]映射为[$-1,1$],使其与勒让德(Legendre)多项式标准定义的支撑集相对应。特别是,如果$Z \sim U[-1,1]$,有

$$x=\frac{b-a}{2}z+\frac{a+b}{2} \tag{9.16}$$

且

$$z=\frac{a+b-2x}{a-b} \tag{9.17}$$

因此,均匀分布随机变量的期望算子转换为

$$E[g(x)]=\frac{1}{b-a}\int_a^b g(x)\,\mathrm{d}x=\frac{1}{2}\int_{-1}^{1} g\left(\frac{b-a}{2}z+\frac{a+b}{2}\right)\mathrm{d}z \tag{9.18}$$

对于区间[$-1,1$]上的函数,勒让德多项式构成正交基。勒让德多项式定义为

$$P_n(x)=\frac{1}{2^n n!}\frac{\mathrm{d}^n}{\mathrm{d}x^n}[(x^2-1)^n] \tag{9.19}$$

表9.6列出了前十阶勒让德多项式。

表9.6 前十阶勒让德多项式

n	$P_n(x)$
0	1
1	x
2	$\frac{1}{2}(3x^2-1)$
3	$\frac{1}{2}(5x^3-3x)$
4	$\frac{1}{8}(35x^4-30x^2+3)$

续表

n	$P_n(x)$
5	$\frac{1}{8}(63x^5-70x^3+15x)$
6	$\frac{1}{16}(231x^6-315x^4+105x^2-5)$
7	$\frac{1}{16}(429x^7-693x^5+315x^3-35x)$
8	$\frac{1}{128}(6435x^8-12012x^6+6930x^4-1260x^2+35)$
9	$\frac{1}{128}(12155x^9-25740x^7+18018x^5-4620x^3+315x)$
10	$\frac{1}{256}(46189x^{10}-109395x^8+90090x^6-30030x^4+3465x^2-63)$

勒让德多项式的正交性表示为

$$\int_{-1}^{1} P_n(x)P'_n(x)\,\mathrm{d}x = \frac{2}{2n+1}\delta_{nn'} \tag{9.20}$$

区间$[a,b]$上平方可积函数的勒让德展开为

$$g(x) = \sum_{n=0}^{\infty} c_n P_n\left(\frac{a+b-2x}{a-b}\right),x \in [a,b] \tag{9.21}$$

其中,c_n定义为

$$c_n = \frac{2n+1}{2}\int_{-1}^{1} g\left(\frac{b-a}{2}z + \frac{a+b}{2}\right)P_n(z)\,\mathrm{d}z \tag{9.22}$$

如上所述,c_0为随机变量 $G \sim g(x)$的均值:

$$\begin{aligned} c_0 &= \frac{1}{2}\int_{-1}^{1} g\left(\frac{b-a}{2}z + \frac{a+b}{2}\right)\mathrm{d}z \\ &= \frac{1}{b-a}\int_{a}^{b} g(x)\,\mathrm{d}x \\ &= E[G] \end{aligned} \tag{9.23}$$

此外,G 的方差等于 $n \geqslant 1$ 各项系数的平方和:

$$\begin{aligned} \mathrm{Var}(G) &= \frac{1}{2}\int_{-1}^{1} \left(\sum_{n=0}^{\infty} c_n P_n(z)\right)^2 \mathrm{d}z - c_0^2 \\ &= \sum_{n=1}^{\infty} \frac{c_n^2}{2n+1} \end{aligned} \tag{9.24}$$

为了证明勒让德展开,将再次使用函数 $g(x)=\cos(x)$。这一次假定 $x\sim U(0,2\pi)$。由此得

$$c_n = \frac{2n+1}{2}\int_{-1}^{1}\cos(\pi z+\pi)P_n(z)\mathrm{d}z = -\frac{2n+1}{2}\int_{-1}^{1}\cos(\pi z)P_n(z)\mathrm{d}z \quad (9.25)$$

从而获得六阶的展开:

$$\cos(x) \approx \frac{15}{\pi^2}P_2(z) + \frac{45(4\pi^2-42)}{2\pi^4}P_4(z) + \frac{273(7920-960\pi^2+16\pi^4)}{16\pi^6}P_6(z), x\sim U(0,2\pi) \quad (9.26)$$

z 与 x 的关系用式(9.17)表示。该函数的方差为

$$\mathrm{Var}(G_0) = \frac{1}{2\pi}\int_{0}^{2\pi}\cos^2(x)\mathrm{d}x = \frac{1}{2} \quad (9.27)$$

方差估计的收敛性如表 9.7 所示。

表 9.7 $g(x)=\cos(x)$ 方差收敛性,其中 $x\sim U(0,2\pi)$

阶数	方差
0	0
2	0.461969
4	0.499663
6	0.499999
8	0.500000
∞	0.500000

图 9.4 展示了不同阶次勒让德展开近似 G_0 的收敛性。近似收敛得相当快:八阶展开与精确分布基本无差别。

9.2.2 高斯-勒让德求积

为了估计勒让德展开的系数,使用高斯-勒让德(Guass-Legendre)求积是自然的选择。高斯-勒让德求积,可以对区间[-1,1]上的函数近似求积:

$$\int_{-1}^{1}f(z)\mathrm{d}z = \sum_{i=1}^{n}w_i f(z_i) \quad (9.28)$$

其中,z_i为 P_n的根,权重为

$$w_i = \frac{2}{(1-z_i^2)[P_n'(z_i)]^2} \quad (9.29)$$

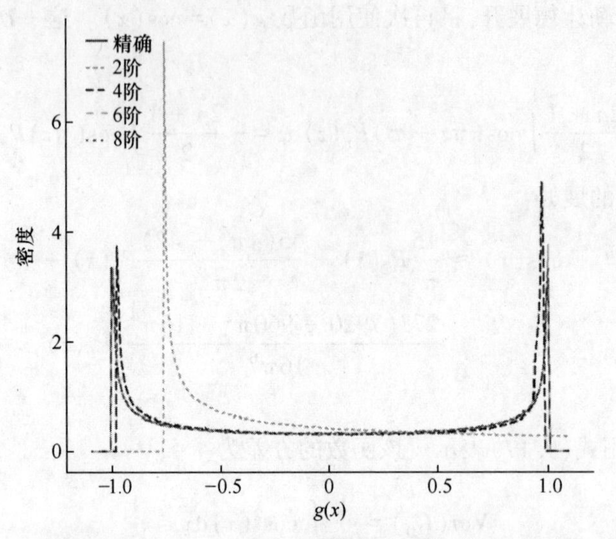

图 9.4 随机变量 $g(x)=\cos(x)$ 的概率密度函数,其中 $x\sim U(0,2\pi)$。该图列出了不同阶次展开结果,以及 10^6 个样本结果

高斯-勒让德求积对 $2n-1$ 次多项式精确成立(表 9.8)。

表 9.8 高斯-勒让德求积的非负积分点和权重(至六阶)

n	$\lvert x_i \rvert$	w_i
1	0	2
2	$\frac{1}{\sqrt{3}}$	1
3	0	$\frac{8}{9}$
	$\sqrt{\frac{3}{5}}$	$\frac{5}{9}$
4	0. 3399810436	0. 652145155
	0. 8611363116	0. 347854845
5	0	0. 568888889
	0. 5384693101	0. 47862867
	0. 9061798459	0. 2369268851
6	0. 2386191860	0. 467913935
	0. 6612093865	0. 360761573
	0. 9324695142	0. 171324492

可以使用之前的示例 $g(x)=\cos(x)$，其中 $x\sim U(0,2\pi)$，测试用高斯-勒让德求积估算内积。在图 9.5 中，使用不同 n 值的高斯-勒让德求积计算了五阶勒让德展开近似的分布。表 9.9 给出了展开系数随积分点数量的收敛性质。可以看到，需要 $n=4$ 确保均值 c_0 估计有两位数字的准确度，而 c_4 项估计需要 $n=7$ 才能得到相同位数的准确度。

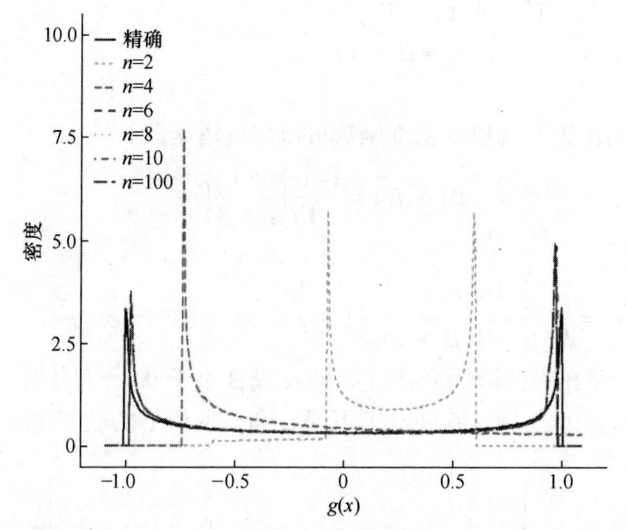

图 9.5　随机变量 $g(x)=\cos(x)$ 的概率密度函数，其中 $x\sim U(0,2\pi)$。该图列出了使用不同高斯-勒让德求积方法的五阶勒让德展开结果，以及 10^6 个样本结果

表 9.9　函数 $g(x)=\cos(x)$ 勒让德展开中不同的高斯-勒让德求积方法给出的前 6 个系数的收敛性，其中 $x\sim U(0,2\pi)$

n	c_0	c_1	c_2	c_3	c_4	c_5
2	0.240619	0.000000	0.000000	0.000000	−0.842165	0.000000
3	−0.022454	0.000000	1.955092	0.000000	−2.639374	0.000000
4	0.001068	0.000000	1.478399	0.000000	−0.000000	0.000000
5	−0.000031	0.000000	1.521801	0.000000	−0.637516	0.000000
6	0.000001	0.000000	1519760	0.000000	−0.579819	0.000000
7	0.000000	0.000000	1519819	0.000000	−0.582523	0.000000
8	0.000000	0.000000	1519818	0.000000	−0.582445	0.000000
9	0.000000	0.000000	1519818	0.000000	−0.582447	0.000000
10	0.000000	0.000000	1519818	0.000000	−0.582447	0.000000
100	0.000000	0.000000	1.519818	0.000000	−0.582447	0.000000

9.2.3 贝塔随机变量:雅可比多项式

在区间[-1,1]内取值的随机变量经常可用贝塔分布来描述。贝塔(beta)分布的随机变量 Z 表示为 $Z \sim \mathrm{Be}(\alpha,\beta)$,其中,参数 $\alpha > -1$ 且参数 $\beta > -1$。Z 的概率密度函数为

$$f(z) = \frac{2^{-(\alpha+\beta+1)}}{\alpha+\beta+1} \frac{\Gamma(\alpha+1)+\Gamma(\beta+1)}{\Gamma(\alpha+\beta+1)} (1+z)^{\beta} (1-z)^{\alpha}, z \in [-1,1] \tag{9.30}$$

称为贝塔分布的原因是其概率密度函数可以用贝塔函数 $\mathrm{B}(\alpha,\beta)$

$$\mathrm{B}(\alpha,\beta) = \frac{\Gamma(\alpha)+\Gamma(\beta)}{\Gamma(\alpha+\beta)} \tag{9.31}$$

表示为

$$f(z) = \frac{2^{-(\alpha+\beta+1)}}{\mathrm{B}(\alpha+1,\beta+1)} (1+z)^{\beta} (1-z)^{\alpha}, z \in [-1,1] \tag{9.32}$$

z 的支撑集存在一些微妙之处。如果 α 或 β 小于0,由于奇点,需要排除支撑集的一个或两个端点。图9.6展示了不同 α 和 β 取值下的概率密度函数。

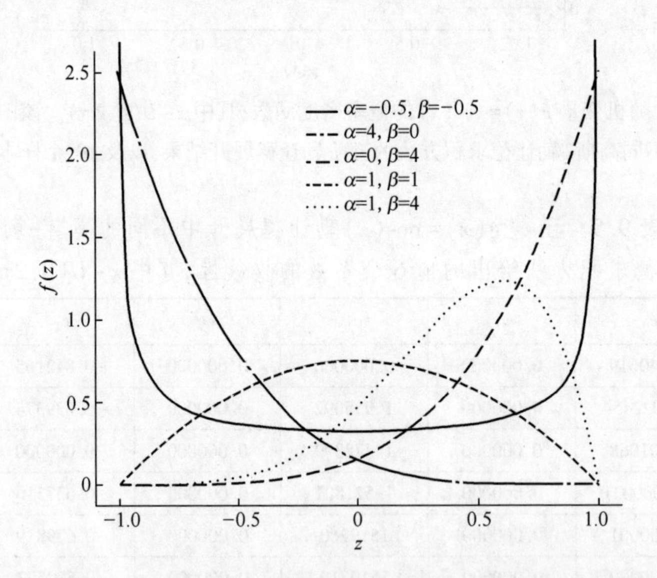

图9.6 不同 α 和 β 取值下贝塔随机变量 $Z \sim \mathrm{Be}(\alpha,\beta)$ 的概率密度函数。注意,当 $\alpha=\beta$ 时,分布关于1/2对称;交换 α 和 β 会产生镜像分布

如上所述,可以使用式(9.16)和式(9.17),将分布变化尺度调整到一般区间 $x \in [a,b]$。这种情况下的期望算子为

$$E[g(x)]=\int_{-1}^{1}g\left(\frac{b-a}{2}z+\frac{a+b}{2}\right)\frac{2^{-(\alpha+\beta+1)}(1+z)^{\beta}(1-z)^{\alpha}}{\mathrm{B}(\alpha+1,\beta+1)}\mathrm{d}z \tag{9.33}$$

由此得出区间$[a,b]$上贝塔分布的特征为

$$\bar{x}=\frac{(\alpha+1)a+(\beta+1)b}{\alpha+\beta+2},\mathrm{Var}(x)=\frac{(\alpha+1)(\beta+1)(a-b)^2}{(\alpha+\beta+2)^2(\alpha+\beta+3)} \tag{9.34}$$

雅可比(Jacobi)多项式$P_n^{(\alpha,\beta)}(z)$是区间$z\in[-1,1]$内权重为$(1-z)^{\alpha}(1+z)^{\beta}$时的正交多项式。该多项式可以通过多种方式定义，包括罗德里格斯式(Rodrigues-type)公式：

$$P_n^{(\alpha,\beta)}(z)=\frac{(-1)^n}{2^n n!}(1-z)^{-\alpha}(1+z)^{-\beta}\frac{\mathrm{d}^n}{\mathrm{d}z^n}\{(1-z)^{\alpha}(1+z)^{\beta}(1-z^2)^n\} \tag{9.35}$$

表9.10列出了该多项式的一般形式，展开到三阶。注意当$\alpha=\beta=0$时，该多项式为勒让德多项式。

表9.10 前三阶雅可比多项式

n	$P_n^{(\alpha,\beta)}(z)$
0	1
1	$\frac{1}{2}(\alpha-\beta+z(\alpha+\beta+2))$
2	$\frac{1}{2}(\alpha+1)(\alpha+2)+\frac{1}{8}(z-1)^2(\alpha+\beta+3)(\alpha+\beta+4)+\frac{1}{2}(z-1)(\alpha+2)(\alpha+\beta+3)$
3	$\frac{1}{6}(\alpha+1)(\alpha+2)(\alpha+3)+\frac{1}{48}(z-1)^3(\alpha+\beta+4)(\alpha+\beta+5)(\alpha+\beta+6)+\frac{1}{8}(z-1)^2(\alpha+3)(a+\beta+4)(a+\beta+5)+\frac{1}{4}(z-1)(\alpha+2)(\alpha+3)(\alpha+\beta+4)$

雅可比多项式的正交性为

$$\langle P_m^{(\alpha,\beta)}(z)P_n^{(\alpha,\beta)}(z)\rangle=\frac{2^{\alpha+\beta+1}}{2n+\alpha+\beta+1}\times\frac{\Gamma(n+\alpha+1)\Gamma(n+\beta+1)}{\Gamma(n+\alpha+\beta+1)n!}\delta_{nm},\ \alpha,\beta>-1 \tag{9.36}$$

其中

$$\langle g(z),h(z)\rangle=\int_{-1}^{1}(1-z)^{\alpha}(1+z)^{\beta}g(z)h(z)\mathrm{d}z \tag{9.37}$$

注意，如果$n=0$，可以使用恒等式$\Gamma(z+1)=z\Gamma(z)$来获得概率密度函数中的归一化常数：

$$\frac{2^{\alpha+\beta+1}}{\alpha+\beta+1}\frac{\Gamma(\alpha+1)\Gamma(\beta+1)}{\Gamma(\alpha+\beta+1)}=2^{\alpha+\beta+1}\mathrm{B}(\alpha+1,\beta+1)$$

在式(9.37)中的内积定义下,平方可积函数可表示为

$$g(x)=\sum_{n=0}^{\infty}c_nP_n^{(\alpha,\beta)}\left(\frac{a+b-2x}{a-b}\right),x\in[a,b] \tag{9.38}$$

其中,常数为

$$c_n=\langle P_n^{(\alpha,\beta)}(z)P_n^{(\alpha,\beta)}(z)\rangle^{-1}\int_{-1}^{1}g\left(\frac{b-a}{2}z+\frac{a+b}{2}\right)P_n^{(\alpha,\beta)}(z)\ (1-z)^{\alpha}\ (1+z)^{\beta}\mathrm{d}z \tag{9.39}$$

根据式(9.39),c_0为$G_0\sim g(x)$的均值(期望值):

$$c_0=\frac{2^{-(\alpha+\beta+1)}}{\mathrm{B}(\alpha+1,\beta+1)}\int_{-1}^{1}g\left(\frac{b-a}{2}z+\frac{a+b}{2}\right)(1-z)^{\alpha}\ (1+z)^{\beta}\mathrm{d}z=E[g(x)] \tag{9.40}$$

此外,$g(x)$的方差是各项$c_n(n>0)$的平方和:

$$\mathrm{Var}(G_0)=E[g^2(x)]-(E[g(x)])^2=\frac{2^{-(\alpha+\beta+1)}}{\mathrm{B}(\alpha+1,\beta+1)}\sum_{n=1}^{\infty}c_n^2\langle P_n^{(\alpha,\beta)}(z)P_n^{(\alpha,\beta)}(z)\rangle \tag{9.41}$$

为测试该展开,考虑 $g(x)=\cos(x)$,式中 $x\in[0,2\pi]$,由标准贝塔随机变量 $Z\sim\mathrm{Be}(4,1)$ 推导出。图 9.7 展示了从该分布抽样得到 10^6 个样本的概率密度分布。

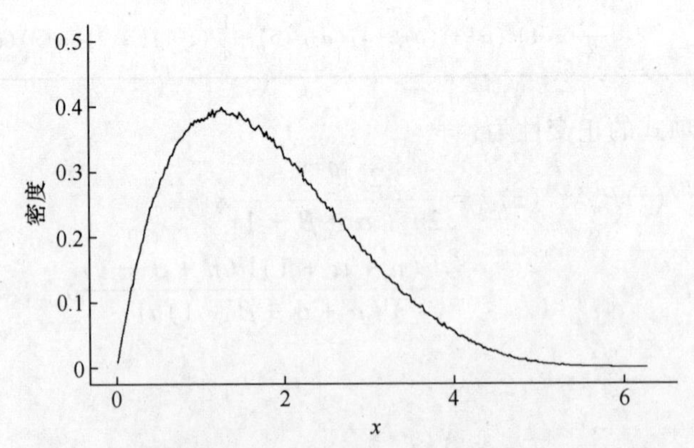

图 9.7 10^6个样本的概率密度示意图,其中 $x=\pi z+\pi$ 的 $Z\sim\mathrm{Be}(4,1)$。这些样本用于生成图 9.8 中的结果

在这种情况下,有

$$c_n = \langle P_n^{(\alpha,\beta)}(z) P_n^{(\alpha,\beta)}(z) \rangle^{-1} \int_{-1}^{1} \cos(\pi z + \pi) P_n^{(4,1)}(z) \mathrm{d}z \tag{9.42}$$

虽然展开系数没有整洁的形式，但可以借助于数学软件 Mathematica 计算。$G_0 \sim \cos(x)$的均值为

$$c_0 = -\frac{15(\pi^2 - 9)}{2\pi^4} \approx -0.0669551 \tag{9.43}$$

展开为(到三阶)

$$\begin{aligned}\cos(x) \approx & \frac{15(\pi^2 - 9)}{2\pi^4} + \frac{6 \times (315 - 60\pi^2 + 2\pi^4)}{\pi^6} P_1^{(4,1)}(z) - \\ & \frac{35 \times (630 - 75\pi^2 + \pi^4)}{2\pi^6} P_1^{(4,1)}(z) + \\ & \frac{12 \times (-51975 + 8190\pi^2 - 315\pi^4 + 2\pi^6)}{\pi^8} P_3^{(4,1)}(z), Z \sim \mathrm{Be}(4,1)\end{aligned} \tag{9.44}$$

z 与 x 的关系用 $x = \pi z + \pi$ 表示。为完整起见，表 9.11 列出了该示例中的雅可比多项式。若扩展雅可比多项式的定义，对系数数值近似，则可以得

$$\cos(x) \approx 2.50342z^3 + 4.14706z^2 - 0.536325z - 1.00484, Z \sim \mathrm{Be}(4,1)$$

G_0 的方差为

$$\begin{aligned}\mathrm{Var}(G_0) &= \frac{2^{-(\alpha+\beta+1)}}{\mathrm{B}(\alpha+1,\beta+1)} \int_{-1}^{1} \cos^2(\pi z + \pi)(1-z)^{\alpha}(1+z)^{\beta} \mathrm{d}z - \left(\frac{15(\pi^2 - 9)}{2\pi^4}\right)^2 \\ &= \frac{1}{64}\left(\frac{135}{\pi^4} + 32 - \frac{60}{\pi^2}\right) - \frac{225(\pi^2 - 9)^2}{4\pi^8} \approx 0.4221832\end{aligned} \tag{9.45}$$

方差估计的收敛性如表 9.12 所示。注意到，在四阶时，估计值有三位数的准确度。

表 9.11 雅可比多项式 $P_1^{(4,1)}$ (展开至三阶)

n	$P_n^{(4,1)}(z)$
0	1
1	$\frac{1}{2}(7z+3)$
2	$9(z-1)^2+24(z-1)+15$
3	$\frac{165}{8}(z-1)^3+\frac{315}{4}(z-1)^2+\frac{189(z-1)}{2}+35$

表9.12 $g(x)=\cos(x)$时方差收敛性,其中$x=\pi z+\pi$,$Z\sim \mathrm{Be}(4,1)$

阶数	方差
1	0.3302376
2	0.4001581
4	0.4220198
6	0.4221829
8	0.4221832
∞	0.4221832

图9.8展示了不同阶次雅可比展开近似G_0的收敛性。真实分布是通过图9.7中的10^6个样本估计得到的。四阶展开可以获得真实分布的总体特征。八阶展开与真实分布基本无差别。

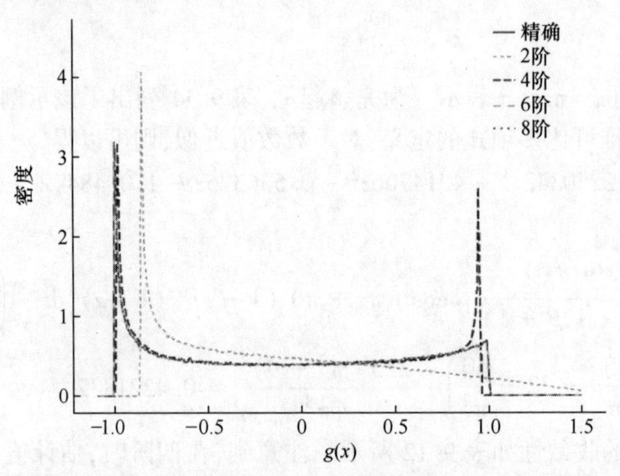

图9.8 随机变量$g(x)=\cos(x)$的概率密度函数,其中$x=\pi z+\pi$且$Z\sim \mathrm{Be}(4,1)$。该图列出了不同阶次展开结果,以及10^6个样本结果

9.2.4 高斯-雅可比求积

为了计算雅可比展开的系数,转而讨论高斯-雅可比(Gauss-Jacobi)求积。与高斯-勒让德求积类似(勒让德多项式是雅可比多项式的特例),高斯-雅可比求积规则形式为

$$\int_{-1}^{1} f(z)\ (1-z)^{\alpha}\ (1+z)^{\beta}\mathrm{d}z \approx \sum_{i=1}^{n} w_i\, f(z_i) \tag{9.46}$$

积分点z_i是$P_n^{(\alpha,\beta)}(z)$的根,权重为

$$w_i = \frac{2n+\alpha+\beta+2}{n+\alpha+\beta+1}\frac{\Gamma(n+\alpha+1)\Gamma(n+\beta+1)}{\Gamma(n+\alpha+\beta+1)(n+1)!}\frac{2^{\alpha+\beta}}{P'^{(\alpha,\beta)}_n(z_i)P^{(\alpha,\beta)}_{n+1}(z_i)} \tag{9.47}$$

与高斯-勒让德求积不同,权重和积分点取决于 α 和 β。由于系数的一般性,会显得很烦琐,因此本书不会提供一个详尽的系数表。一阶求积($n=1$)为

$$x_1 = \frac{b-a}{a+b+2},\ w_1 = \frac{2^{a+b+1}\Gamma(a+2)\Gamma(b+2)}{(a+1)(b+1)\Gamma(a+b+2)} \tag{9.48}$$

除了 $n=1$,其他各阶的权重和积分点不一一列举。

对于上面的例子,其中 $Z\sim\mathrm{Be}(4,1)$,表 9.13 列出了各求积规则。与高斯-勒让德求积规则不同,这些积分点并不是关于原点对称的。此外,权重总和为域内权重函数的积分:

$$\sum_{i=1}^{n} w_i = \int_{-1}^{1} (1-z)^4(1+z)\,\mathrm{d}z = \frac{32}{15} \tag{9.49}$$

表 9.13 高斯-雅可比求积的积分点和权重(至五阶)($\alpha=4,\beta=1$)

n	z_i	w_i
1	$-\frac{3}{7}$	$\frac{32}{15}$
2	0	$\frac{16}{21}$
	$-\frac{2}{3}$	$\frac{48}{35}$
3	0.273378	0.213558
	-0.313373	1.121472
	-0.778187	0.798303
4	0.451910	0.062182
	-0.037021	0.545298
	-0.497091	1.049649
	-0.840875	0.476204
5	0.573288	0.019805
	0.169240	0.233970
	-0.247188	0.732908
	-0.615377	0.850154
	-0.879964	0.296496

使用之前的示例，$g(x)=\cos(x)$，其中 $x=\pi z+\pi$ 且 $Z\sim \mathrm{Be}(4,1)$，测试用高斯-雅可比求积估算内积。在图9.9中，使用不同 n 值的高斯-雅可比求积计算了六阶雅可比展开近似的分布。这意味着只需要求解8次函数，即可估算出系数。表9.14给出系数随着积分点个数的收敛性。该表证实了 $n=8$ 取得足够准确的近似水平。

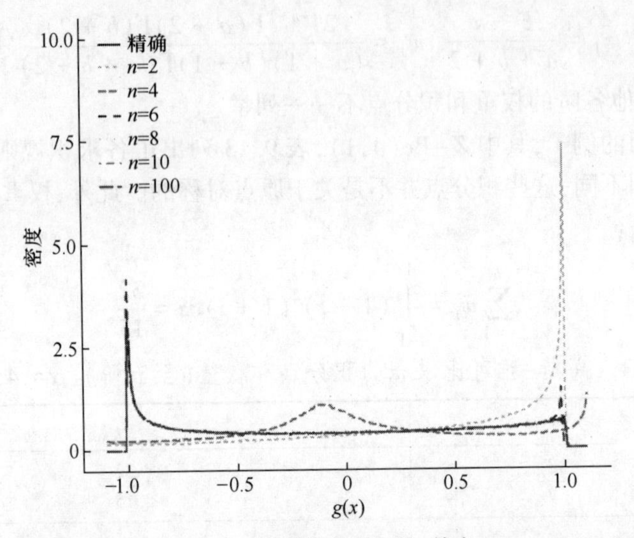

图9.9 随机变量 $g(x)=\cos(x)$ 的概率密度函数，其中 $x=\pi z+\pi$，$Z\sim \mathrm{Be}(4,1)$，该图列出了使用不同高斯-雅可比求积方法的六阶雅可比展开结果，以及 10^6 个样本结果

表9.14 函数 $g(x)=\cos(x)$ 雅可比展开中不同的高斯-雅可比求积方法给出的前7个系数的收敛性，其中 $x=\pi z+\pi$，$Z\sim \mathrm{Be}(4,1)$

n	c_0	c_1	c_2	c_3	c_4	c_5	c_6
2	−0.035714	−0.642857	0.000000	0.589286	−0.157292	−0.259369	−0.055473
3	−0.069292	−0.503277	0.282089	0.000000	−0.280037	0.478186	−0.131973
4	−0.066861	−0.514456	0.229440	0.132105	−0.000000	−0.135492	−0.210799
5	−0.066957	−0.513982	0.233355	0.120895	−0.058189	0.000000	0.060564
6	−0.066955	−0.513994	0.233197	0.121391	−0.053616	−0.011632	−0.000000
7	−0.066955	−0.513994	0.233201	0.121378	−0.053807	−0.011110	0.004949
8	−0.066955	−0.513994	0.233201	0.121378	−0.053802	−0.011124	0.004737
9	−0.066955	−0.513994	0.233201	0.121378	−0.053802	−0.011124	0.004742
10	−0.066955	−0.513994	0.233201	0.121378	−0.053802	−0.011124	0.004742
100	−0.066955	−0.513994	0.233201	0.121378	−0.053802	−0.011124	0.004742

9.2.5 伽马随机变量:拉盖尔多项式

本书讨论的最后一类随机变量是伽马变量。该随机变量定义在区间$(0,\infty)$,记为$x\sim G(\alpha,\beta)$,其中,概率密度函数为

$$f(x)=\frac{\beta^{(\alpha+1)}x^{\alpha}e^{-\beta x}}{\Gamma(\alpha+1)},x\in(0,\infty),\alpha>-1,\beta>0 \tag{9.50}$$

该分布的命名源于概率密度函数中出现了伽马函数。

与其他变量一样,对伽马随机变量标准化变换将是非常有用的。定义$Z\sim G(\alpha,1)$,概率密度函数为

$$f(z)=\frac{z^{\alpha}e^{-z}}{\Gamma(\alpha+1)},z\in(0,\infty),\alpha>-1 \tag{9.51}$$

通过简单的尺度变换,将Z转换为x,即

$$z=\beta x \tag{9.52}$$

不同α和β取值下伽马随机变量的概率密度函数如图9.10所示。可以看到,α控制了分布的峰值,β对分布进行了缩放。

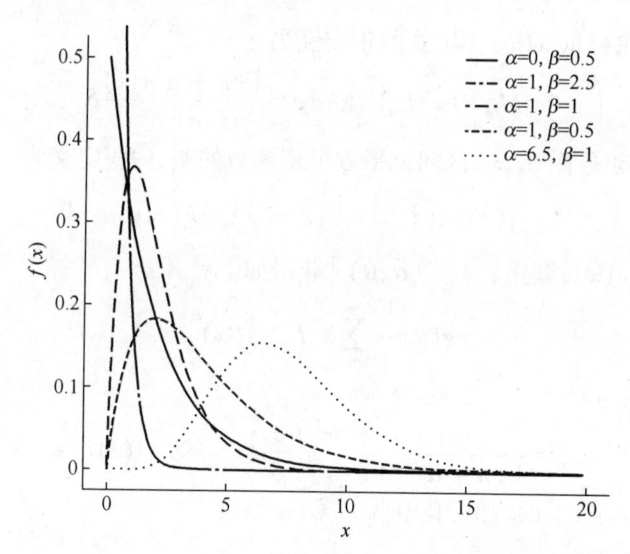

图9.10 不同α和β取值下$x\sim G(\alpha,\beta)$的概率密度函数,注意到,调整α可移动分布的峰值,调整β可沿x轴对分布缩放

伽马随机变量的期望算子可表示为

$$E[g(x)]=\int_0^{\infty}g(x)\frac{\beta^{(\alpha+1)}x^{\alpha}e^{-\beta x}}{\Gamma(\alpha+1)}dx=\int_0^{\infty}g\left(\frac{z}{\beta}\right)\frac{z^{\alpha}e^{-z}}{\Gamma(\alpha+1)}dz \tag{9.53}$$

均值和方差由下式求得

$$\bar{x}=\frac{\alpha+1}{\beta},\mathrm{Var}(x)=\frac{\alpha+1}{\beta^2} \tag{9.54}$$

伽马变量函数的正交多项式是广义拉盖尔多项式。该多项式的罗德里格斯公式为

$$L_n^{(\alpha)}(x)=\frac{x^{-\alpha}\mathrm{e}^x}{n!}\frac{\mathrm{d}^n}{\mathrm{d}x^n}(\mathrm{e}^{-x}x^{n+\alpha}) \tag{9.55}$$

表9.15列出了一些低阶的广义拉盖尔多项式。

表9.15 前三阶广义拉盖尔多项式

n	$L_n^{(\alpha)}(z)$
0	1
1	$\alpha-x+1$
2	$\frac{1}{2}(\alpha^2+3\alpha+x^2-2\alpha x-4x+2)$
3	$\frac{1}{6}(\alpha^3+6\alpha^2+11\alpha-x^3+3\alpha x^2+9x^2-3\alpha^2x-15\alpha x-18x+6)$

广义拉盖尔(Laguerre)多项式的正交性为

$$\int_0^\infty x^\alpha\mathrm{e}^{-x}L_n^{(\alpha)}(x)L_m^{(\alpha)}(x)\mathrm{d}x=\frac{\Gamma(n+\alpha+1)}{n!}\delta_{n,m} \tag{9.56}$$

该多项式构成了$(0,\infty)$区间上平方可积函数的基,内积定义为

$$\langle g(z),h(z)\rangle=\int_0^\infty z^\alpha\mathrm{e}^{-z}g(z)h(z)\mathrm{d}z \tag{9.57}$$

对于函数$g(x)$,其中$x\sim\mathrm{G}(\alpha,\beta)$,获得如下展开:

$$g(x)=\sum_{n=0}^\infty c_nL_n^{(\alpha)}(\beta x) \tag{9.58}$$

其中,展开系数为

$$c_n=\frac{n!}{\Gamma(n+\alpha+1)}\int_0^\infty g\left(\frac{z}{\beta}\right)z^\alpha\mathrm{e}^{-z}L_n^{(\alpha)}(z)\mathrm{d}z \tag{9.59}$$

c_0的值为$G_0\sim g(x)$的均值,其中,$x\sim\mathrm{G}(\alpha,\beta)$:

$$c_0=\int_0^\infty g\left(\frac{z}{\beta}\right)\frac{z^\alpha\mathrm{e}^{-z}}{\Gamma(\alpha+1)}\mathrm{d}z=E[g(x)] \tag{9.60}$$

G_0的方差与展开系数的平方和有关,即

$$\begin{aligned}\mathrm{Var}(G_0)&=\int_0^\infty\left(\sum_{n=0}^\infty c_nL_n^{(\alpha)}(z)\right)^2\frac{z^\alpha\mathrm{e}^{-z}}{\Gamma(\alpha+1)}\mathrm{d}z-c_0^2\\&=\sum_{n=1}^\infty\frac{\Gamma(n+\alpha+1)}{\Gamma(\alpha+1)n!}c_n^2\end{aligned} \tag{9.61}$$

举例来说,考虑 $G_0 \sim g(x)$,其中 $g(x)=\cos x$ 且 $x \sim \mathrm{G}(1,2)$。该函数的广义拉盖尔展开系数为

$$c_n = \frac{n!}{\Gamma(n+2)} \int_0^\infty \cos\left(\frac{z}{2}\right) z\mathrm{e}^{-z} L_n^{(1)}(z)\,\mathrm{d}z \tag{9.62}$$

G_0 的期望值为

$$c_0 = \int_0^\infty \cos\left(\frac{z}{2}\right) z\mathrm{e}^{-z}\mathrm{d}z = \frac{12}{25} \tag{9.63}$$

展开到三阶为

$$\cos(x) \approx \frac{12}{25} + \frac{44}{125}(2-2x) + \frac{28}{625}(2x^2-6x+3) + \frac{656}{9375}(x^3-6x^2+9x-3) \quad x \sim \mathrm{G}(1,2) \tag{9.64}$$

G_0 的方差为

$$\mathrm{Var}(G_0) = \sum_{n=1}^{\infty} \frac{\Gamma(n+2)}{\Gamma(2)n!} c_n^2 = \frac{337}{1250} = 0.2696 \tag{9.65}$$

方差估计的收敛性如表 9.16 所示。四阶展开可以较好地估算方差。另外,四阶展开还能较好地估计 G_0 的分布。

表 9.16 $g(x)=\cos(x)$ 方差的收敛性,其中 $x\sim\mathrm{G}(1,2)$

阶 数	方 差
1	0.2478080
2	0.2538291
4	0.2693313
6	0.2695484
8	0.2695967
∞	0.2696000

图 9.11 展示了不同阶次拉盖尔展开近似 G_0 的收敛性。真实分布是通过在 $x \sim \mathrm{G}(1,2)$ 抽样 10^6 个样本估计得到的。四阶展开可以获得真实分布的总体特征。

9.2.6 高斯-拉盖尔求积

为了计算广义拉盖尔展开的系数,下面讨论高斯-拉盖尔(Gauss-Laguerre)求积。求积规则为

$$\int_0^\infty f(z) z^\alpha \mathrm{e}^{-z}\mathrm{d}z \approx \sum_{i=1}^{n} w_i\, f(z_i) \tag{9.66}$$

积分点 z_i 是 $L_n^{(\alpha)}(z)$ 的根,权重为

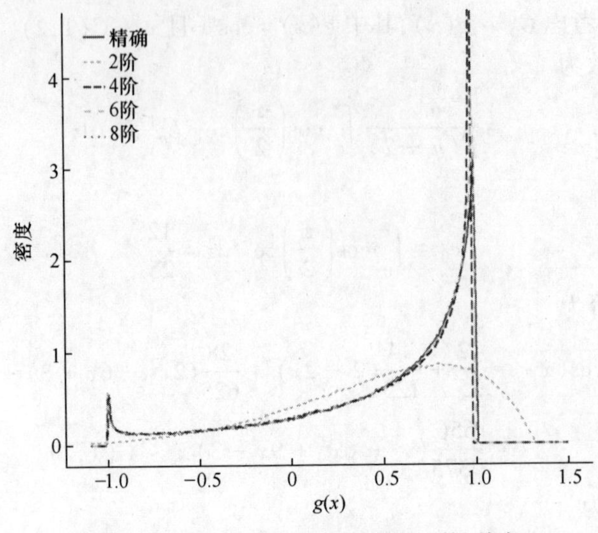

图 9.11 随机变量 $g(x)=\cos(x)$ 的概率密度函数,其中 $x\sim G(1,2)$,该图列出了使用不同阶次展开,以及 10^6 个样本结果

$$w_i=\frac{\Gamma(n+\alpha)z_i}{n!\ (n+\alpha)\ (L_{n-1}^{(\alpha)}(z_i))^2} \tag{9.67}$$

一阶求积($n=1$)为

$$x_1=1+\alpha,\ w_1=\frac{(\alpha+1)\Gamma(a+1)}{a+1} \tag{9.68}$$

二阶为

$$x_{1,2}=\alpha\ \pm\sqrt{\alpha+2},\ w_{1,2}=\frac{(3\ \pm\sqrt{3})\Gamma(a+2)}{2(a+2)\left(a+1-\left(3\ \pm\sqrt{3}\right)\right)^2} \tag{9.69}$$

二阶以上求积规则对于一般的 α 取值过于复杂。注意到,如果 $\alpha=0$,求积规则简化为简单的高斯-拉盖尔求积。

用广义高斯-拉盖尔求积规则计算伽马分布随机变量 $x\sim G(\alpha,\beta)$ 拉盖尔展开的内积有

$$\int_0^\infty f\left(\frac{z}{\beta}\right)z^\alpha e^{-z}dz\approx\sum_{i=1}^n w_i f\left(\frac{z_i}{\beta}\right) \tag{9.70}$$

对于上面的例子,$x\sim G(1,2)$,表 9.17 给出了求积规则。在此情况下,权重总和为域内权重函数的积分:

$$\sum_{i=1}^n w_i=\int_0^\infty z e^{-z}dz=2 \tag{9.71}$$

使用之前的示例,$g(x)=\cos(x)$,其中 $x\sim G(1,2)$,测试用广义高斯-拉盖尔求积估

算内积。在图 9.12 中,使用不同 n 值的广义高斯-拉盖尔求积计算了五阶拉盖尔展开近似的分布。$n=8$ 左右的分布近似相当准确。表 9.18 给出系数随着积分点个数的收敛性。该表证实了 $n=8$ 取得足够准确的近似水平。

表 9.17 广义高斯-拉盖尔求积的积分点和权重(展开至五阶,$\alpha=1$)

n	z_i	ω_i
1	2	1
2	$3\pm\sqrt{3}$	$\frac{3\pm\sqrt{3}}{3(2-(3\pm\sqrt{3}))^2}$
3	7.758770	0.020102
	3.305407	0.391216
	0.935822	0.588681
4	10.953894	0.001316
	5.731179	0.074178
	2.571635	0.477636
	0.743292	0.446871
5	14.260103	0.000069
	8.399067	0.008720
	4.610833	0.140916
	2.112966	0.502281
	0.617031	0.348015

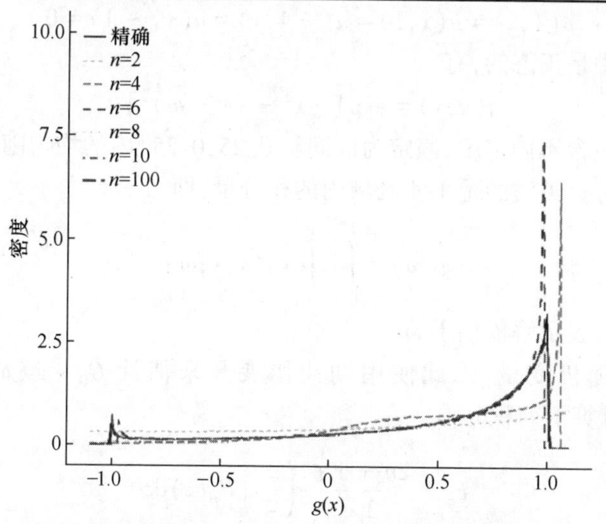

图 9.12 随机变量 $g(x)=\cos(x)$ 的概率密度函数,其中 $x\sim G(1,2)$,该图列出了使用不同高斯-拉盖尔求积方法的六阶拉盖尔展开结果,以及 10^6 个样本结果

表9.18 函数 $g(x)=\cos(x)$ 广义拉盖尔展开中不同的广义高斯-拉盖尔求积方法给出的前6个系数的收敛性,其中 $x\sim G(1,2)$

n	c_0	c_1	c_2	c_3	c_4	c_5
2	0.484528	0.438701	0.000000	−0.219350	−0.223933	−0.140776
3	0.478523	0.343285	0.077209	−0.000000	−0.046325	−0.099540
4	0.480185	0.352313	0.038293	−0.054229	−0.000000	0.036153
5	0.479984	0.352043	0.045559	−0.053931	−0.036908	−0.000000
6	0.480001	0.351990	0.044746	−0.052110	−0.029267	−0.004078
7	0.480000	0.352001	0.044801	−0.052532	−0.029939	−0.000867
8	0.480000	0.352000	0.044800	−0.052475	−0.029968	−0.001564
9	0.480000	0.352000	0.044800	−0.052480	−0.029949	−0.001480
10	0.480000	0.352000	0.044800	−0.052480	−0.029952	−0.001484
100	0.480000	0.352000	0.044800	−0.052480	−0.029952	−0.001485

9.2.7 偏微分方程示例:包含不确定源项的泊松方程

之前的例子都是一些易于求解的简单函数。在这些例子中,尽量减少函数的计算次数没有太多益处。在下面的例子中,函数求解成本较高,但不是过高。这里考虑狄里克雷边界条件下的二维泊松(Poisson)方程:

$$\left(\frac{\partial^2}{\partial x^2}+\frac{\partial^2}{\partial y^2}\right)u(x,y)=-q(x,y) \tag{9.72}$$

$$u(1,y)=u(x,1)=u(-1,y)=u(x,-1)=0 \tag{9.73}$$

源项 q 在空间中是正态的,有

$$q(x,y)=\exp\left[-x^2-(y-\omega)^2\right] \tag{9.74}$$

中心的 y 坐标包含不确定度,假定为区间[−0.25,0.25]内的均匀随机变量,即 $\omega\sim U(-0.25,0.25)$。关注的是1/4区域内的积分量,即

$$g(\omega)=\int_0^1\mathrm{d}x\int_0^1\mathrm{d}y\,u(x,y;\omega) \tag{9.75}$$

符号 $u(x,y;\omega)$ 表示解依赖于 ω。

ω 是均匀随机变量,因此使用勒让德展开来估计 $G_0\sim g(\omega)$。根据方程(9.22),想要计算下列积分:

$$c_n=\frac{2n+1}{2}\int_{-1}^{1}g\left(\frac{z}{4}\right)P_n(z)\,\mathrm{d}z \tag{9.76}$$

将使用高斯-勒让德求积估计勒让德展开系数。例如,使用 $n=2$ 的求积规则,系数

估计为

$$c_n \approx \frac{2n+1}{2}\left(g\left(-\frac{1}{4\sqrt{3}}\right)P_n\left(-\frac{1}{4\sqrt{3}}\right)+g\left(\frac{1}{4\sqrt{3}}\right)P_n\left(\frac{1}{4\sqrt{3}}\right)\right) \tag{9.77}$$

注意到在该算例中,计算 c_n 需要求解泊松方程两次,每次使用不同的源项,并求得方程(9.75)中的积分。求解泊松方程的方法有很多种。这里使用 Mathematica 数学软件中的 NDSolve 函数。在两个不同 ω 下求解泊松方程,得

$$g\left(-\frac{1}{4\sqrt{3}}\right)=0.381378, g\left(\frac{1}{4\sqrt{3}}\right)=0.381378$$

因此:

$$c_0 \approx \frac{1}{2}\left[g\left(-\frac{1}{4\sqrt{3}}\right)+g\left(\frac{1}{4\sqrt{3}}\right)\right]=0.381378 \tag{9.78}$$

表 9.19 列出了展开系数的估计值。注意到最好情况下,n 个点的求积只可能精确地求积到 c_{2n-1},并且只有在 g 为常数函数时,才会达到。从该表可以看出,一旦 $n>2$,利用 n 点求积规则的结果直至 c_n 都较准确(尽管不精确)。

表 9.19 二维泊松方程算例中前 6 个系数随高斯-勒让德积分点数量变化的收敛性

n	c_0	c_1	c_2	c_3	c_4	c_5
1	0.386712	0.000000	−0.966780	0.000000	1.305153	0.000000
2	0.381378	0.000000	−0.000000	−0.000000	−1.334823	−0.000000
3	0.381406	−0.000000	−0.010613	−0.000000	0.014327	0.000000
4	0.381406	−0.000000	−0.010559	0.000000	−0.000000	0.000000
5	0.381406	0.000000	−0.010559	0.000000	0.000071	−0.000000
6	0.381406	−0.000000	−0.010559	0.000000	0.000071	−0.000000
7	0.381406	−0.000000	−0.010559	0.000000	0.000071	−0.000000
8	0.381409	0.000000	−0.010567	−0.000000	0.000079	0.000000
9	0.381406	0.000000	−0.010559	−0.000000	0.000071	−0.000000
10	0.381406	0.000000	−0.010559	−0.000000	0.000071	−0.000000

利用表 9.19 的结果,可以获得不同求积规则的经验概率密度函数。对于给定的多项式展开,生成 10^6 个样本只需要相同数量的多项式计算。图 9.13 展示了 2、4、6 和 10 个点的求积规则对应的概率密度函数,以及 3000 个蒙特卡洛样本结果。注意到,利用 $n=6$ 求积规则进行 6 次函数求解,得到的结果比采用数千个蒙特卡洛样本更好,且在笔记本电脑上节约大概 0.75h。

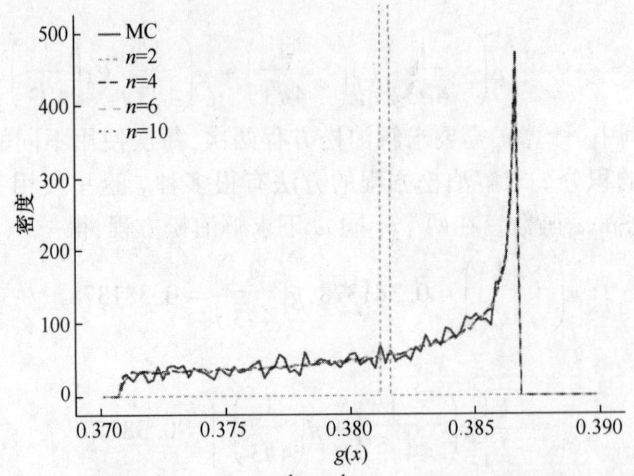

图 9.13 随机变量 $g(\omega)=\int_0^1 \mathrm{d}x\int_0^1 \mathrm{d}y u(x,y;\omega)$ 的概率密度函数,其中 $\omega \sim U(-0.25,0.25)$,$u$ 是方程(9.72)的解。该图列出了不同高斯-勒让德求积方法结果,以及 3×10^3 个样本结果

9.3 投影法存在的问题

前文讨论了如何将关注量投影到正交多项式的线性组合上,这里有必要指出这种方法的缺点。投影法使用单一的展开表示关注量,称为全局展开。无论随机变量取值多少,展开系数都不会改变。如果内在函数是光滑的,全局展开效果很好,收敛快速。但是,如果函数不光滑,展开存在较大的振荡,即 Gibbs 现象(博伊德(Boyd),2001),尤其是在函数间断的情况下。当使用全局多项式(即单一多项式)对非光滑函数进行近似时,就会出现 Gibbs 振荡。

实际上,许多关注量在随机变量空间的某个点上是不连续的。例如,关注量在达到阈值时,由零跳变为非零值。正交多项式投影不能很好地表示这样的函数。为了证明这一点,考虑函数:

$$g(x)=H(x+1)-\frac{1}{2}H(x)$$

式中,$H(x)$为赫维赛德(Heaviside)阶跃函数;x 为标准正态随机变量。如图 9.14 所示,不同阶次的埃尔米特展开无法合理地近似函数。此外,经验分布估计中,即使是 18 阶展开也会在三个可能值附近出现假象。此外,展开近似表明,$g(x)$介于 0.5 和 1 之间的概率相当大,尽管真实的解不可能有这样的值。从这些结果中总结出,若关注量可能不是随机变量的光滑函数,则需谨慎使用展开法。

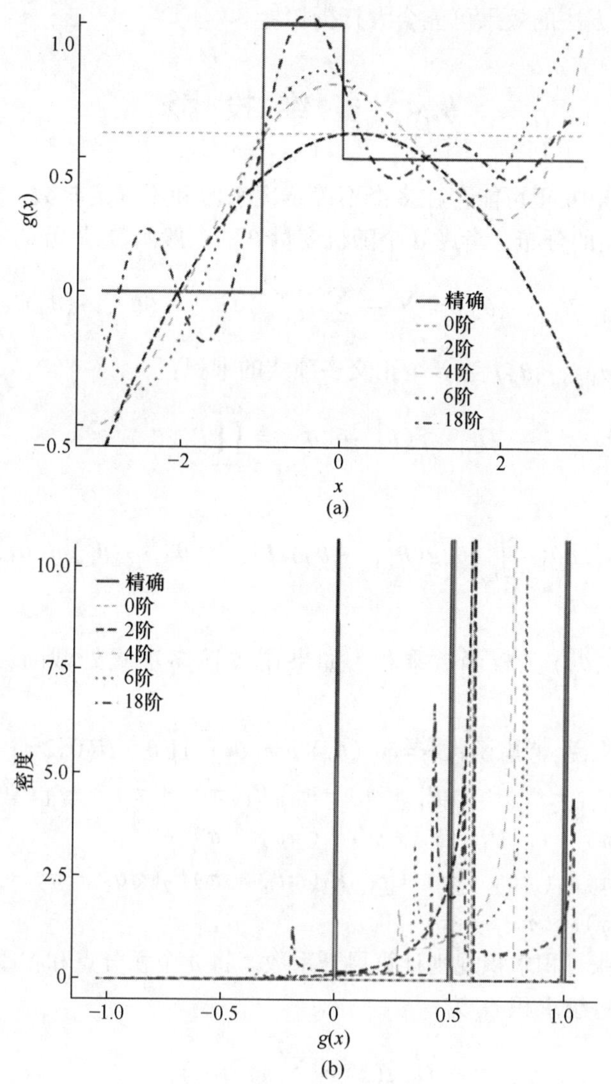

图 9.14 函数 $g(x)=H(x+1)-\frac{1}{2}H(x)$ 的投影近似结果,其中 x 为标准正态随机变量。图(a)表示不同阶次的埃尔米特近似,图(b)包含 10^6 个样本的直方图

这一点与后文将介绍的配置法相同:非光滑函数不太适合全局多项式插值。在处理随机有限元时,全局展开的缺点更为严重,这是本章末尾将讨论的主题。有些方法可以消除全局展开的振荡,如在不同区域中使用不同投影的局部展开和基于分段多项式的样条重构。局部展开的一大挑战是,人们通常不知道函数的间断或其他非光滑特征出现在何处。因此,必须努力(即通过求解函数)找到这些点,

如此一来,这种方法的效果可能会大打折扣。

9.4 多维投影

在实际问题中,很可能存在多个不确定度来源和不确定参数。不同的参数也可能有不同类型的分布。考虑 d 个随机变量 θ_i 的一般函数,展开为

$$g(\theta_1,\cdots,\theta_d)=\sum_{l_1=0}^{\infty}\cdots\sum_{l_d=0}^{\infty}c_{l_1,\cdots,l_d}\Omega_{l_1,\cdots,l_d}(\theta_1,\cdots,\theta_d) \tag{9.79}$$

式中,$\Omega_{l_1,\cdots,l_d}(\theta_1,\cdots,\theta_d)$ 为 d 个正交多项式的乘积:

$$\Omega_{l_1,\cdots,l_d}(\theta_1,\cdots,\theta_d)=\prod_{i=1}^{d}P_{l_i}(\theta_i) \tag{9.80}$$

展开系数为

$$c_{l_1,\cdots,l_d}=\int_{D_1}\mathrm{d}\theta_1\cdots\int_{D_d}\mathrm{d}\theta_d g(\theta_1,\cdots,\theta_d)\Omega_{l_1,\cdots,l_d}(\theta_1,\cdots,\theta_d)\omega(\theta_1,\cdots,\theta_d) \tag{9.81}$$

式中,$\omega(\theta_1,\cdots,\theta_d)$ 为权函数乘积。如果在 N 阶多项式处截断,展开中将包含 $(1+N)^d$ 项。

简单举例来说,考虑函数 $g=\cos(\theta_1)\cos(\theta_2)$,且 $\theta_i\sim U(0,2\pi)$。二阶展开为

$$\begin{aligned}g(\theta_1,\theta_2)&=c_{0,0}+c_{1,0}P_1(\pi\theta_1+\pi)+c_{0,1}P_1(\pi\theta_2+\pi)+c_{2,0}P_2(\pi\theta_1+\pi)+\\&c_{0,2}P_2(\pi\theta_2+\pi)+c_{1,1}P_1(\pi\theta_1+\pi)P_1(\pi\theta_2+\pi)+\\&c_{2,1}P_2(\pi\theta_1+\pi)P_1(\pi\theta_2+\pi)+c_{1,2}P_1(\pi\theta_1+\pi)P_2(\pi\theta_2+\pi)+\\&c_{2,2}P_2(\pi\theta_1+\pi)P_2(\pi\theta_2+\pi)\end{aligned} \tag{9.82}$$

可以使用张量积求积规则计算展开系数。将 n 个积分点和权重记为 $\{\omega_i,x_i\}$,$i=1,2,\cdots,n$,一维求积 Q_n 为

$$Q_n f(x)=\sum_{l=1}^{n}w_l f(x_l) \tag{9.83}$$

将其应用于所有的维度,有

$$Q_n^{(d)}g(\theta_1,\cdots,\theta_d)=\sum_{l_1=1}^{\infty}\cdots\sum_{l_d=1}^{\infty}w_{l_1}\cdots w_{l_d}g(\theta_{1l_1},\cdots,\theta_{dl_d}) \tag{9.84}$$

式中,θ_{i,l_j} 为求积集合中第 j 点处的第 i 个输入值。为了方便,有时将 $Q^{(d)}$ 写成一维求积的张量积。将两维求积的张量积定义为

$$Q_n\otimes Q_m=\{\{w_iw_j,(x_i,x_j)\}:i=1,2,\cdots,n,j=1,2,\cdots,m\} \tag{9.85}$$

因此,可以将由 n 个积分点构成的张量积表示为

$$Q_n^{(d)}g(\theta_1,\cdots,\theta_d)=(Q_n^{(1)}\otimes\cdots\otimes Q_n^{(d)})g \tag{9.86}$$

原则上,每个维度可以具有不同数量的积分点。在许多情况下,这将提高计算效率。

积分点的数量随着维度 d 几何增长。这就是所谓的维数灾难,因为所需的函数求解次数随着 d 的增大而呈爆炸式增加。例如,当 $d=26$ 时,使用两点求积需要德国的每个人进行一次模拟。更糟糕的是,当 $d=78$ 时,对于 $n=8$,需要计算 6×10^{23} 次。在全尺度工程系统中,完全可能存在 78 个不确定参数。

例如,图 9.15 展示了二维张量求积。该求积由一维的 6 点高斯-勒让德求积集成。在该图中,有两点显而易见:域中间积分点的权重更大,并且角落附近的点更密集。随着积分点增加更加明显。

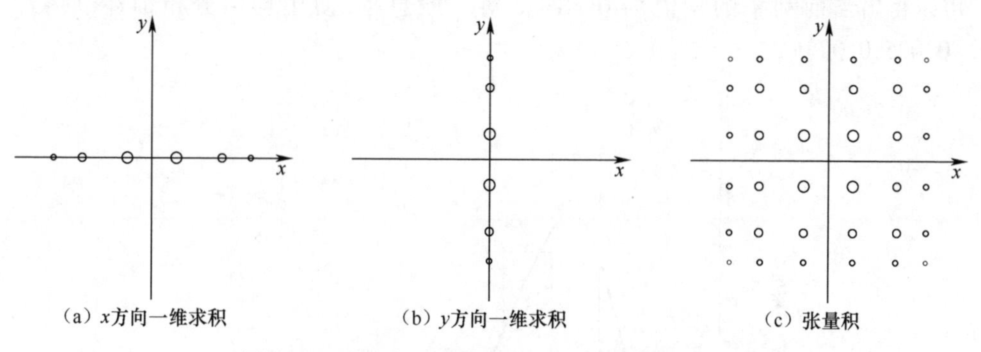

图 9.15 二维张量积示意图,由 6 点高斯-勒让德求积推出。点的大小与其权重成正比

9.4.1 三维展开示例:布莱克-舒尔斯定价模型

作为多维混沌多项展开的示例,下面考虑看涨期权价值的布莱克-舒尔斯(Black-Scholes)偏微分方程求解。看涨期权赋予其持有人在未来特定日期以指定价格(称为"行使价")购买股票的权利。期权价值是股票现值(S)、行使价(K)、期权期限(T)、无风险利率(r)、股票股息率 q 和股票波动率(σ)的函数。其中的三个参数,r、q 和 σ 是不确定参数。

布莱克-舒尔斯模型假设股票价格服从几何布朗运动。期权价值满足:

$$p = \mathrm{e}^{-rT}(F\Phi(v_1) - K\Phi(v_2)) \tag{9.87}$$

其中

$$F = S\mathrm{e}^{(r-q)T} \tag{9.88}$$

$$v_1 = \frac{\log\dfrac{S}{K} + \left(r - q + \dfrac{1}{2}\sigma^2\right)T}{T\sqrt{T}}, v_2 = v_1 - \sigma\sqrt{T} \tag{9.89}$$

其中,$\Phi(z)$ 为标准正态累积分布函数。

我们想计算可口可乐公司(股票代码KO)股票看涨期权的现值。2016年8月15日,KO股价为44.15美元。考虑行使价为44美元的看涨期权。期权还有158天到期($T=0.432877$)。该期权的交易价格为1.46美元。我们需要估算随机变量r、q和σ的分布。根据1970—2015年每日收益的实际年度标准差得出波动率σ分布。图9.16所示为这45年波动率的直方图,以及与观测值均值和方差相匹配的伽马分布,$\Sigma \sim G(5.46636, 41.8142)$。该分布通过求解方程(9.54)得到,与观测值的均值和方差相匹配,也是7.1.3节中讨论的矩方法的应用。注意到,该分布表明在10%的时间里,波动率将大于23.6%。对于无风险利率r,以伦敦银行同业拆借30天利率为基准的伽马分布描述,$r=0.0048x$,其中$x \sim G(0,1)$。根据这种分布可以得出当前利率的均值为0.48%。对于股息率,使用均匀分布描述,$Q \sim U(0.025, 0.045)$。

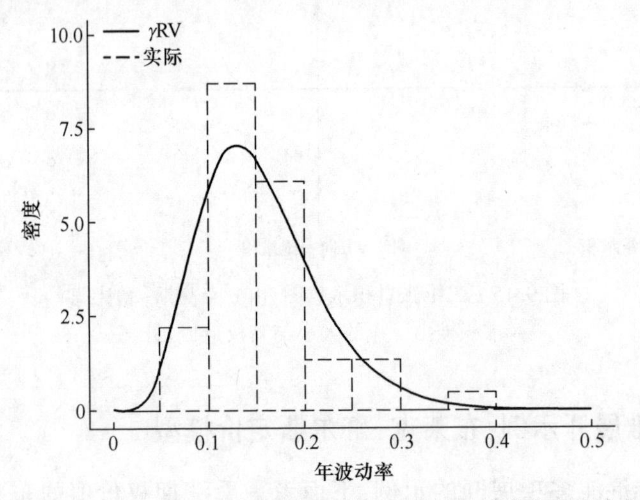

图9.16 1970—2015年可口可乐股票年百分比变化的经验分布和拟合伽马分布。分布的均值为0.154083,方差为0.0036984。这相当于$\Sigma \sim G(5.46636, 41.8142)$的伽马分布

$p(x, D, \Sigma)$的展开为

$$p(x, Q, \sum) = \sum_{l_x=0}^{\infty}\sum_{l_d=0}^{\infty}\sum_{l_\sigma=0}^{\infty} c_{l_x l_d l_\sigma} L_{l_x}^{(0)}(x) P_{l_d}\left(\frac{2d-0.7}{0.2}\right) L_{l_\sigma}^{(5.46636)}(41.8142\sigma) \tag{9.90}$$

根据式(9.90)可以计算分布的均值c_{000},即

$$\bar{p} = c_{000} = \int_0^{\infty} \mathrm{d}x \int_{0.025}^{0.045} \mathrm{d}q \int_0^{\infty} \mathrm{d}z p\left(x, q, \frac{z}{41.8142}\right) \times \frac{z^{5.46636}}{\Gamma(6.46636)} \mathrm{e}^{-x-z}\left(\frac{1}{0.02}\right) \approx 1.56662 \tag{9.91}$$

注意到这个价格略高于期权的交易价格 1.46 美元。

由于期权价格函数性能良好,所以将 p 展开为四阶多项

$$p(x,Q,\Sigma)=\sum_{l_x=0}^{4}\sum_{l_d=0}^{4}\sum_{l_\sigma=0}^{4}c_{l_x l_d l_\sigma}L_{l_x}^{(0)}(x)P_{l_d}\left(\frac{2d-0.7}{0.2}\right)L_{l_\sigma}^{(5.46636)}(41.8142\sigma) \tag{9.92}$$

该展开有 $5^3=125$ 项。使用张量积高斯求积,其中 x 和 σ 使用高斯-拉盖尔求积,q 使用高斯-勒让德求积,来估计展开系数。图 9.17 展示了估计结果,包含构成张量积求积的不同一维积分点数量。该图用不同颜色/形状标明每个点处单一多项式的最大阶数。这里仅列出幅值大于 10^{-6} 的系数;对于 $n=2$ 的求积规则,未列出三阶或四阶多项式的任何系数。

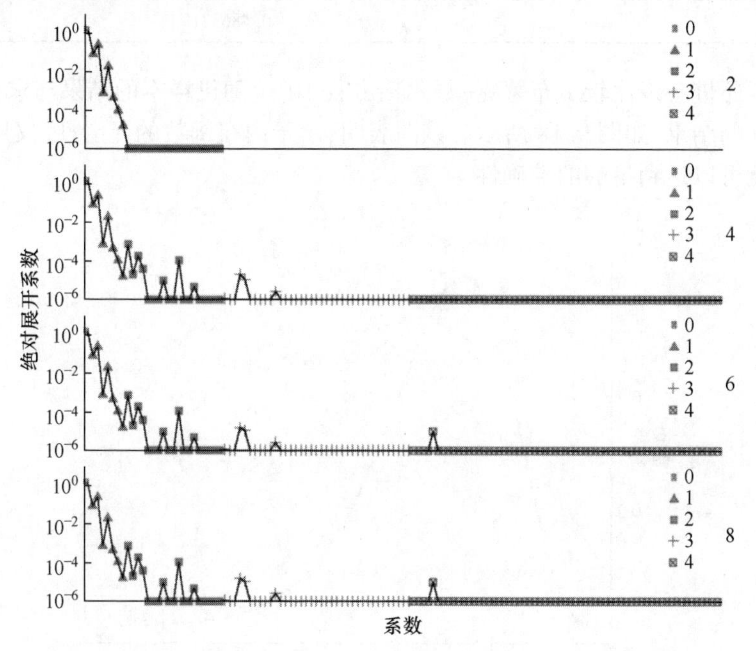

图 9.17 看涨期权价值展开中系数的幅值与三个不确定参数的关系,其中 $r=0.0048x$,$x\sim G(0,1)$,$Q\sim U(0.025,0.045)$,$\Sigma\sim G(5.46636,41.8142)$。点的不同颜色和形状表示系数对应的多项式最大阶数,如 C_{011} 对应图中的"1"。图中不同子图表示每维度中高斯积分点的数量 n。图中未显示多项式最大阶数大于 n 的点,展示的系数最小值为 10^{-6}。

从图 9.17 可以看出,$n=2$ 的求积规则可以很好地估计低阶、幅值较大的系数。这表明,只需对函数进行 $2^3=8$ 次求解,即可捕获分布的大部分变化特征。高阶系数的量级较小,可以使用 $n=4$ 的求积规则估计,针对较大的有效系数 c_{004} 或波动率 4 次函数的系数,可以使用 $n=6$ 的求积规则或求解函数 $6^3=216$ 次来捕获。

可以通过查看方差的收敛性来比较不同求积规则。价值的方差为

$$\mathrm{Var}(P)=\sum_{l_x=1}^{\infty}\sum_{l_d=1}^{\infty}\sum_{l_\sigma=1}^{\infty}\frac{\Gamma(l_x+1)\Gamma(l_\sigma+6.46636)}{l_x!\ l_\sigma!\ \Gamma(6.46636)(2l_d+1)}c_{l_x l_d l_\sigma}^2 \tag{9.93}$$

根据图 9.17 中的展开系数计算结果如表 9.20 所示。该表表明,$n=2$ 时,方差估计精确到三位数。

表 9.20 期权价值方差的收敛性与所用求积规则的关系

n	$\mathrm{Var}(P)$
2	0.486085
4	0.486321
6	0.486321
8	0.486321

本章还进一步比较了布莱克-舒尔斯方程 10^6 个随机样本的结果与求积规则估计的结果,如图 9.18 所示。该图表明,由于内在函数的光滑性,仅用少量项的展开就可以达到足够的准确性。

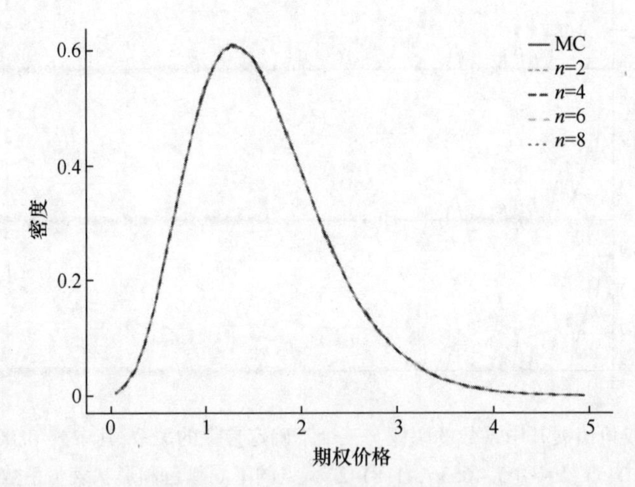

图 9.18 期权价格分布,其中行使价为 44 美元、股价为 44.15 美元、股权期限为 158 天,无风险利率为 $r=0.0048x, x\sim \mathrm{G}(0,1)$,股息率 $Q\sim U(0.025,0.045)$,股票波动率 $\Sigma\sim \mathrm{G}(5.46636,41.8142)$。图中比较了 $n=2,4,6,8$ 的张量积估计和 10^6 个样本的蒙特卡洛估计

该示例表明:对于光滑变化的函数,估计关注量分布需要的展开阶次和需要的函数求解次数较少。结果还表明,高阶展开中大多数系数可以忽略不计。在接下来的章节中,将研究如何利用这种性质。

9.5 稀疏网格求积

多维展开的项数激增部分源于展开中的交叉项。例如,在四阶展开中,序列中的最高阶多项式为 4 个 d 自由度多项式的乘积,所以最终得到 $4d$ 个自由度的多项式。用于估计展开的张量积高斯求积可以准确地对这些多项式求积。尽管如此,在展开中高阶之间的交互作用(即若干高阶多项式的乘积)经常是不需要的(如前示例所示)。

在这种情况下,改变输出量正交展开的方式是有帮助的。我们希望只涵盖到最大展开阶次的多项式,而不是涵盖指定阶次多项式的组合。换句话说,有

$$g(\theta_1,\cdots,\theta_d) \approx \sum_{l_1+\cdots+l_d<N}^{\infty} c_{l_1,\cdots,l_d}\Omega_{l_1,\cdots,l_d}(\theta_1,\cdots,\theta_d) \tag{9.94}$$

利用该展开,不再需要对任何阶次高于 N 的多项式求积。因此,张量积求积是对需求以外的更高阶多项式求积。

在这种情况下,可以使用 Smolyak 稀疏网格求积。该求积方法的积分点不会像乘积型求积网格那样快速增长。为了实现这一点,我们组合了求积方法,确保在任何单一维度中特定阶次的多项式(而不是特定阶次多项式的乘积)可以精确求积。

如此一来,可以定义 Smolyak 稀疏求积规则。对于给定值 l,在 d 维中,求积规则为

$$S_l^{(d)}f = \sum_{q=l-d}^{l-1} (-1)^{l-1-q}\binom{d-1}{l-1-q} \sum_{\|\boldsymbol{k}\|_1=q+d} Q_{2^{k_1}-1}\otimes\cdots\otimes Q_{2^{k_d}-1} f \tag{9.95}$$

其中,$\|\boldsymbol{k}\|_1=\sum_{i=1}^{d}|k_i|$。括号中的项是从$(d-1)$个元素中抽取$(l-1-q)$个元素的组合数。

可以看到,规则中包含张量积的情况,即每维积分点数之和等于常数。注意,该求积规则可能出现权重为负的情况。

下面使用 $l=3$ 和高斯-勒让德求积演示求积规则。在此情况下,本应得到最多 2^3-1 个点的求积规则:

$$\begin{aligned} S_3^{(2)}f &= \sum_{q=1}^{2} (-1)^{2-q}\binom{1}{2-q} \sum_{\|k\|_1=q+2} Q_{2^{k_1}-1}\otimes Q_{2^{k_2}-1} f \\ &= -\sum_{\|k\|_1=3} Q_{2^{k_1}-1}\otimes Q_{2^{k_2}-1} f + \sum_{\|k\|_1=4} Q_{2^{k_1}-1}\otimes Q_{2^{k_2}-1} f \end{aligned}$$

$$= -(Q_1 \otimes Q_3)f - (Q_3 \otimes Q_1)f + (Q_3 \otimes Q_3)f + (Q_1 \otimes Q_7)f + (Q_7 \otimes Q_1)f$$

经计算,该求积规则的总点数为21个,而$Q_7 \otimes Q_7$的张量积求积规则的总点数为49个。

图9.19给出了基于高斯–勒让德求积的$S_3{}^{(2)}$积分点,以及$Q_7 \otimes Q_7$张量积的积分点。

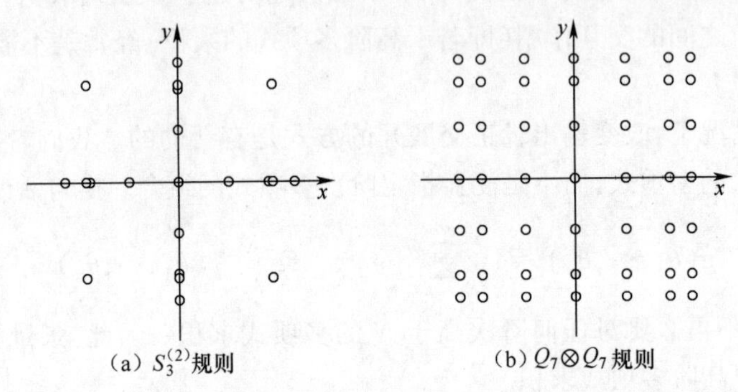

图9.19 层数$l=3$的Smolyak稀疏网格求积与7点高斯–勒让德张量积的比较

还可以通过在张量积求积表中将直到2^l-1阶的所有求积规则列出来说明二维Smolyak求积规则构造,其中x方向的点数从左到右递增,y方向的点数从下到上递增。Smolyak求积是对角线及以下张量积的线性组合。该构造如图9.20所示。

弄清楚稀疏网格积分如何使用后,下面将讨论为什么以此方式构造。如上所述,每维n个点的乘积求积规则能够对任一单分量不超过$2n-1$的d维多项式求积。Smolyak求积用于对总阶数为$(2n-1)$的多项式积分。当$n=2$时,如图9.21所示。事实上,可以证明,对一维求积规则下的N次多项式精确求积的Smolyak稀疏网格,能够对多维下总阶次为N的多项式精确求积(Holtz,2011)。

求积集的构造可以说明方程(9.95)的起源,特别是为何需要有负权重点。根据图9.21,可以从“增加”求积规则的角度来考虑对三角形中的多项式求积:

$$\begin{pmatrix} & 1 & \\ x & & y \\ x^2 & xy & y^2 \end{pmatrix} = \begin{pmatrix} & 1 & \\ x & & \\ x^2 & & \end{pmatrix} + \begin{pmatrix} 1 & & \\ & y & \\ & & y^2 \end{pmatrix} + \begin{pmatrix} & 1 & \\ x & & y \\ & xy & \end{pmatrix} - \begin{pmatrix} & 1 \\ x & \end{pmatrix} - \begin{pmatrix} 1 & \\ & y \end{pmatrix} \tag{9.96}$$

由此可以看到式(9.95)中出现$(-1)^{l-1-q}$项的原因。值得一提的是,Smolyak求积规则还有另一种形式。为此,需要将求积中的差异定义为

$$\Delta_{2^l-1} f = Q_{2^l-1} f - Q_{2^{l-1}-1} f \tag{9.97}$$

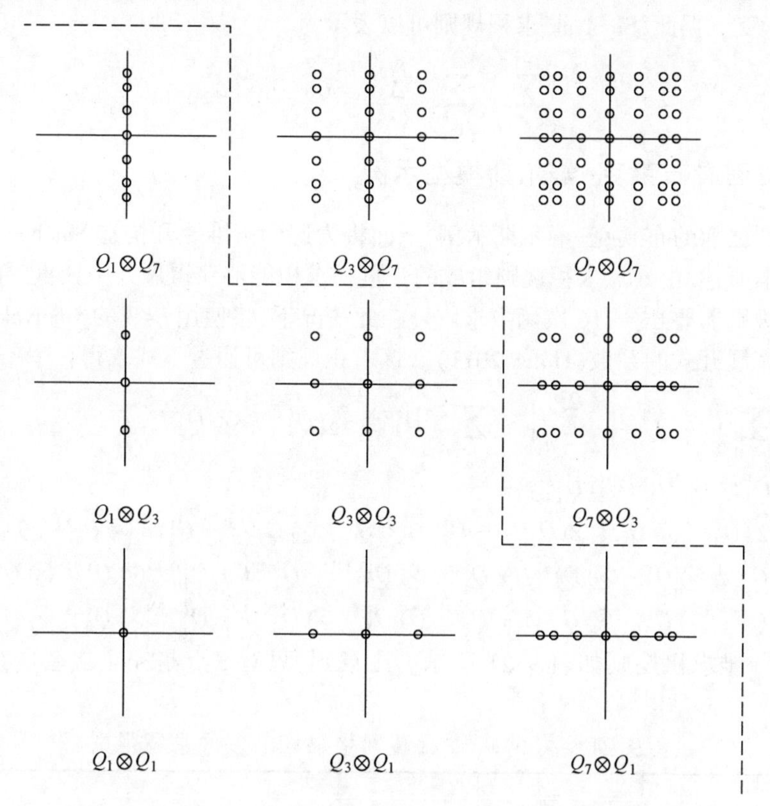

图 9.20 $l=3$ 时二维 Smolyak 求积规则的构造(由高斯-勒让德求积规则组成)示例,Smolyak 求积是短画线以下点的线性组合

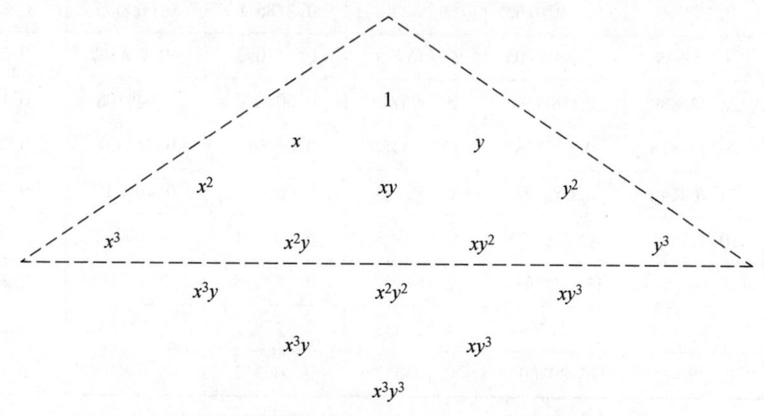

图 9.21 两点高斯求积组成的二维张量积可以精确求积的多项式。虚线内的多项式可以用稀疏网格求积

且 $Q_0 = \varnothing$ 。据此,Smolyak 求积规则可以表示为

$$S_l^{(d)} f = \sum_{q=0}^{l-1} \sum_{\| k \|_1 = q+d} \Delta_{2^{k_1}-1} \otimes \cdots \otimes \Delta_{2^{k_d}-1} f \tag{9.98}$$

9.5.1 回看布莱克-舒尔斯模型示例

回到之前的布莱克-舒尔斯示例,下面将为这个三维展开构造 Smolyak 稀疏网格。如上所述,由 6 点求积规则组成的张量积求积能够获得展开中最重要的系数。该求积规则需要 $6^3 = 216$ 次函数求解。在此情况下,将使用 $l = 3$ 的 Smolyak 稀疏网格来计算展开式的系数(Holtz,2011)。该求积规则可通过下式求得:

$$\begin{aligned}
S_3^{(2)} f = & \sum_{q=0}^{2} (-1)^{2-q} \binom{2}{2-q} \sum_{\| k \|_1 = q+3} Q_{2^{k_1}-1}^{(\sigma)} \otimes Q_{2^{k_2}-1}^{(x)} \otimes Q_{2^{k_3}-1}^{(z)} f \\
= & Q_1^{(\sigma)} \otimes Q_1^{(x)} \otimes Q_1^{(z)} f - \\
& 2[Q_3^{(\sigma)} \otimes Q_1^{(x)} \otimes Q_1^{(z)} f + Q_1^{(\sigma)} \otimes Q_3^{(x)} \otimes Q_1^{(z)} f + Q_1^{(\sigma)} \otimes Q_1^{(x)} \otimes Q_3^{(z)} f] + \\
& Q_7^{(\sigma)} \otimes Q_1^{(x)} \otimes Q_1^{(z)} f + Q_1^{(\sigma)} \otimes Q_7^{(x)} \otimes Q_1^{(z)} f + Q_1^{(\sigma)} \otimes Q_1^{(x)} \otimes Q_7^{(z)} f + \\
& Q_3^{(\sigma)} \otimes Q_3^{(x)} \otimes Q_1^{(z)} f + Q_3^{(\sigma)} \otimes Q_1^{(x)} \otimes Q_3^{(z)} f + Q_1^{(\sigma)} \otimes Q_3^{(x)} \otimes Q_3^{(z)} f
\end{aligned}$$

$S_3{}^{(3)}$ 中一维求积规则如表 9.21 所示。注意到,只有 z 点是完全嵌套的(重复的 0)。

表 9.21 构成 $S_3{}^{(3)}$ 稀疏网格求积的一维求积规则

Q	$\beta\sigma$	ω_σ	x	ω_x	z	ω_z
Q_1	6.466360	271.060701	1.000000	1.000000	0.000000	2.000000
Q_3	13.811184	13.236834	6.289945	0.010389	0.774597	0.555556
	7.787369	148.010162	2.294280	0.278518	0.000000	0.888889
	3.800528	109.813705	0.415775	0.711093	-0.774597	0.555556
Q_7	28.226889	0.000454	19.395728	0.000000	0.949108	0.129485
	20.399826	0.129138	12.734180	0.000016	0.741531	0.279705
	14.769642	4.663395	8.182153	0.001074	0.405845	0.381830
	10.417345	42.165053	4.900353	0.020634	0.000000	0.417959
	6.984121	116.015439	2.567877	0.147126	-0.405845	0.381830
	4.281556	93.279531	1.026665	0.421831	-0.741531	0.279705
	2.185142	14.807693	0.193044	0.409319	-0.949108	0.129485

z 方向积分点的嵌套导致 $S_3{}^{(3)}$ 集合中包含 7 个冗余点,从而得到共 50 个独一无二的积分点。集合中的点如图 9.22 所示,可与图 9.23 中的全张量积求积规则进行比较。

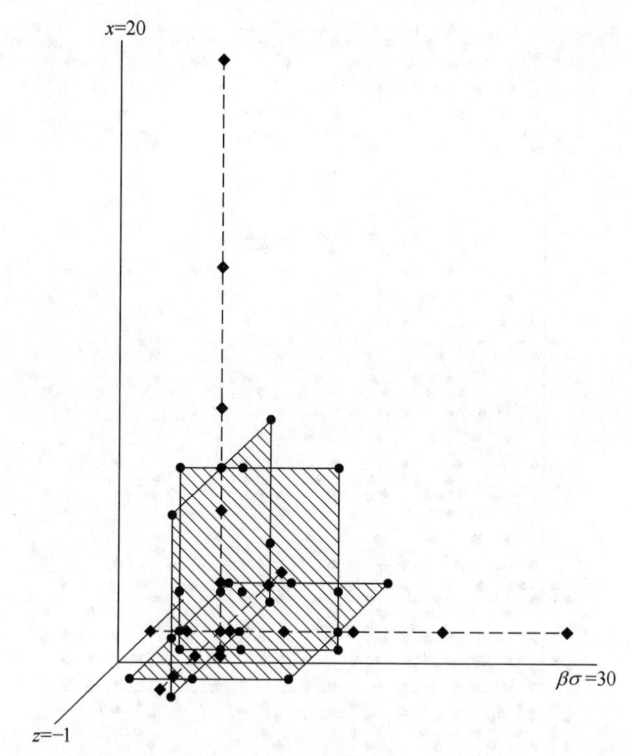

图 9.22 表 9.21 中 $S_3^{(3)}$ 求积规则的积分点示意图。菱形点是每维上的 Q_7 求积规则，点和面来自求积规则 $Q_3 \otimes Q_3 \otimes Q_1$ 的三个排列。星形点是 $Q_3 \otimes Q_1 \otimes Q_1$ 求积规则排列中的两个非冗余点

利用稀疏求积，计算了布莱克-舒尔斯示例的展开系数，如图 9.24 所示。可以看到 $l=2$ 的求积规则能够对直到 2 阶的多项式精确积分。$l=3$ 的求积规则对直到 4 阶的单变量多项式是精确的。在 $l=3$ 时，混合阶多项式不够准确，正如在最大阶次 1~3 阶多项式观察到的。当 $l=4$ 时，系数估计与张量积求积一样准确。

9.5.2 稀疏网格求积的扩展

Smolyak 稀疏网格求积规则的积分点随维数呈多项式增长，解决了指数增长的问题。但并没有解决单维需要多少积分点的问题。事实上，布莱克-舒尔斯示例表明，波动率所需积分点应当比其他两个变量多。解决这一问题的一种方法是利用非均匀网格求积。

非均匀网格求积是处理指定维度积分需要更高准确度的方法。简单做法是在选择求积规则时引入权重。式(9.95)由此变为

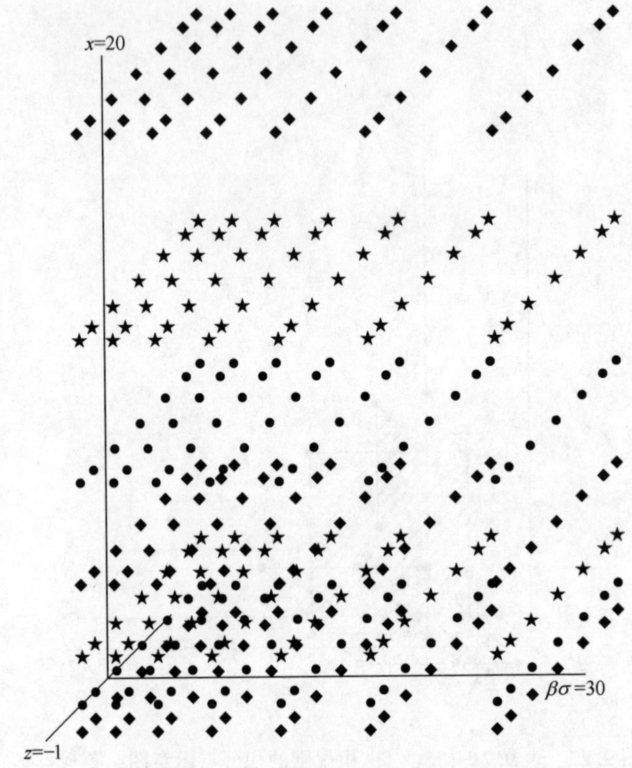

图 9.23 $Q_7 \otimes Q_7 \otimes Q_7$ 张量积求积的积分点(使用表 9.21 中的点)。
对不同的 x 层着色,以便在二维投影中区分

$$S_{l,a}^{(d)} f = \sum_{q=l-d}^{l-1} (-1)^{l-1-q} \binom{d-1}{l-1-q} \sum_{q+d-1 < \|k\|_a \leqslant q+d} Q_{2^{k_1}-1} \otimes \cdots \otimes Q_{2^{k_d}-1} f \tag{9.99}$$

式中,$\boldsymbol{a}$ 为 d 维权向量; $\|\boldsymbol{k}\|_a = \sum_{i=1}^{d} |a_i k_i|$ 。

举个例子,如果 $\boldsymbol{a}=(1,0.5)$,那么 $d=2$ 时,$l=3$ 的求积规则为

$$S_{l,(1,0,5)}^{(d)} f = -Q_1 \otimes Q_7 f - Q_1 \otimes Q_{15} f - Q_3 \otimes Q_3 f - Q_3 \otimes Q_1 f + Q_3 \otimes Q_{15} f + Q_3 \otimes Q_7 f + Q_1 \otimes Q_{31} f + Q_7 \otimes Q_3 f + Q_7 \otimes Q_1 f \tag{9.100}$$

该求积规则在一个方向上最多有 31 个积分点,在另一维上最多有 7 个积分点。

另一种可能的扩展是求积规则在每维上自适应变化,尝试自动确定在哪个方向上增加更多的点。在该过程中,将计算下列求积规则,即

$$A^d f = \sum_{\boldsymbol{k} \in I} \Delta_{2^{k_1}-1} \otimes \cdots \otimes \Delta_{2^{k_d}-1} f \tag{9.101}$$

式中,I 为求积规则所有指数的集合。自适应算法从 $I=\{(1,\cdots,1)\}$ 开始。然后在

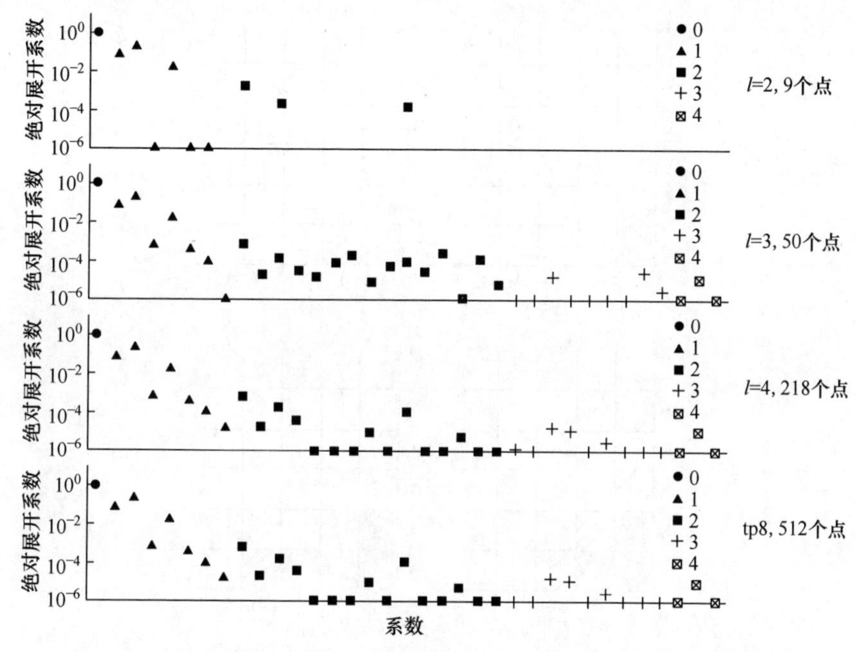

图 9.24 看涨期权价值展开中系数的幅值与三个不确定参数的函数关系，$r=0.0048x$ 且 $x\sim G(0,1)$，$Q\sim U(0.025,0.045)$，$\Sigma\sim G(5.46636,41.8142)$。点的不同颜色和形状表示系数对应的多项式最大阶数，如 C_{011} 对应图中的“1”。图中不同子图表示稀疏高斯求积的层数 l 以及总的积分点数。底图表示 8 个点的一维求积构成的张量积求积所得的系数。该图未显示多项式自由度大于 $(2^l-1)/2$ 的系数，展示的系数最小值为 10^{-6}

Δ 求积张量积的最大维度上增加一层。这样做的原因是，Δ 求积的幅值大小表示新增积分点时积分的变化程度。接着在刚添加维度层的方向上再增加一层。该方法通过考虑与现有集合元素邻近的张量积来增加积分规则。

图 9.25 所示为二维自适应求积规则的示例。首先从集合 I 中仅有的元素 $\Delta_1\otimes\Delta_1$ 开始。其次，计算 $\Delta_1\otimes\Delta_2 f$ 和 $\Delta_2\otimes\Delta_1 f$，如图 9.25(a) 中的阴影块。图中，$\Delta_1\otimes\Delta_2 f$ 的值较大，因此将其添加到 I 中。再次计算 $\Delta_1\otimes\Delta_3 f$，参见图 9.25(b)。这时有 $\Delta_2\otimes\Delta_1 f>\Delta_1\otimes\Delta_3 f$，因此将 $\Delta_2\otimes\Delta_1 f$ 添加到图 9.25(c) 的集合中。现在继续计算 $\Delta_2\otimes\Delta_2 f$ 和 $\Delta_3\otimes\Delta_1 f$。最后，在图 9.25(d) 中，将 $\Delta_3\otimes\Delta_1 f$ 添加到 I 中，并计算 $\Delta_4\otimes\Delta_1 f$。这一过程将一直持续，直至达到某个停止标准，如所考虑的 $\Delta_i\otimes\Delta_j f$ 的最大值小于某个阈值。一旦达到这一停止标准，所有计算的阴影块都可以包含在集合中。

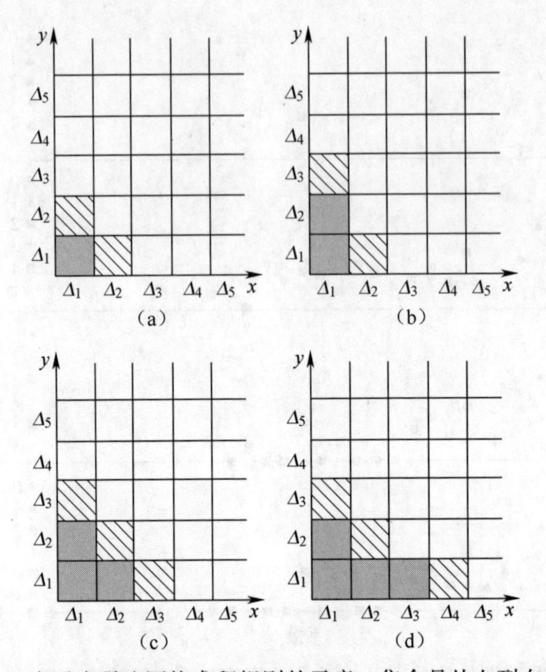

图 9.25 自适应稀疏网格求积规则的示意。集合是从左到右构造的，实心块是求积规则的元素，阴影块是待考虑的新张量积。循环的第 步是图(a)，求积规则如图(b)～图(d)所示增长

9.6 正则回归估计展开式

使用混沌多项式近似某输出量时，除求积法外，也可以使用其他方法。其中一种可行的方法是，通过回归估计展开函数，使用正则回归尽可能地减少函数求解次数。

为了描述该方法，考虑函数 $g(x)$ 的 N 阶埃尔米特展开：

$$g(x) \approx \sum_{n=0}^{N} c_n \mathrm{He}_n(x)$$

假设已经获得 M 个 x 值和对应的函数值 $g(x)$。根据得到的数据，得出以下方程组：

$$\begin{cases} g(x_1) = c_0\mathrm{He}_0(x_1) + c_1\mathrm{He}_1(x_1) + \cdots + c_n\mathrm{He}_n(x_1) + \varepsilon_1 \\ g(x_2) = c_0\mathrm{He}_0(x_2) + c_1\mathrm{He}_1(x_2) + \cdots + c_n\mathrm{He}_n(x_2) + \varepsilon_2 \\ \qquad\vdots \\ g(x_M) = c_0\mathrm{He}_0(x_M) + c_1\mathrm{He}_1(x_M) + \cdots + c_n\mathrm{He}_n(x_M) + \varepsilon_M \end{cases}$$

此处将每种情况的展开误差表示为 ε_i。该方程组有 $N+1$ 个未知量(c_n 系数),M 个方程,因此只有在 $M=N+1$ 时才有唯一解。可以将该方程组写为矩阵形式:

$$\boldsymbol{y} = \boldsymbol{A}c$$

式中,$\boldsymbol{y}$ 为包含 $g(x_i)$ 的 M 维向量;$\boldsymbol{A}$ 为在 x_i 处计算埃尔米特函数的 $M\times(N+1)$ 维矩阵;c 为未知系数 c_i 的 $N+1$ 维向量。可以通过 5.2 节所述的正则回归估计系数。

为了简单地测试正则回归,考虑上述的布莱克-舒尔斯示例。图 9.26 给出了计算结果,其中 $\alpha=0.75$,λ 根据交叉验证得到。从图中可看到,在只有 50 个样本的情况下,可以很好地估计量值大于 10^{-4} 的系数,并且增加样本确实对其中一些量值小的系数的估计有改进。同时,即使有 5000 个样本,也未能准确估计波动率四阶多项式展开中的非零系数,这点与积分点较少时求积法一样。这很可能是由于样本的随机性导致某些参数的估计被污染。

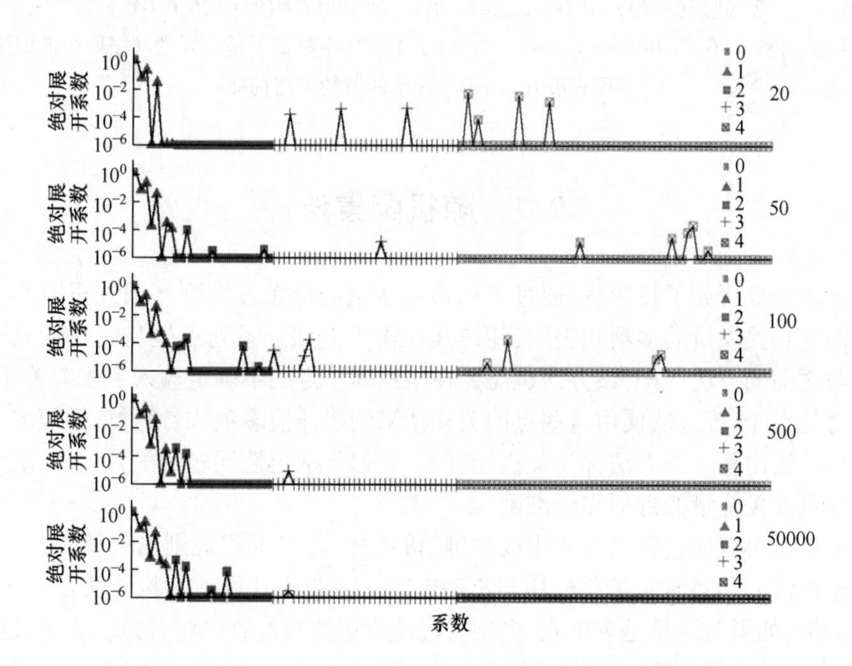

图 9.26 看涨期权价值展开中系数的幅值与三个不确定参数的函数关系,$r=0.0048x$ 且 $x\sim G(0,1)$,$Q\sim U(0.025,0.045)$,$\Sigma\sim G(5.46636,41.8142)$(根据弹性网络回归计算,$\alpha=0.75$,$\lambda$ 根据交叉验证得到)。各子图表示不同样本数量 n。展示的系数最小值为 10^{-6}

尽管未能准确估计量级小的系数,但图 9.27 表明,正则回归得到的分布捕捉到了真实的分布特征(蒙特卡洛抽样估计得到)。

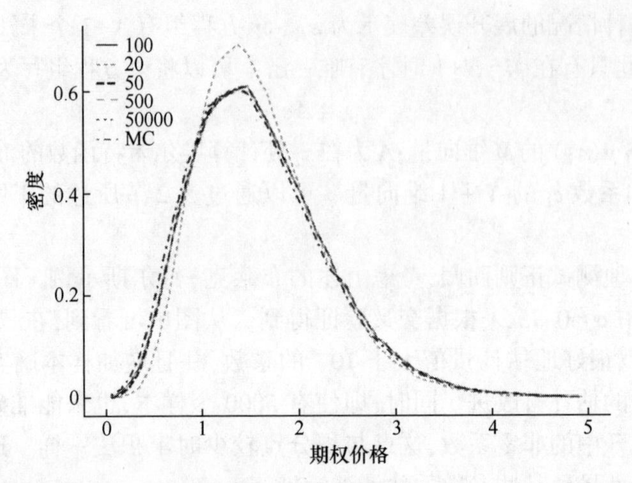

图 9.27 期权价格分布,其中行使价为 44 美元、股价为 44.15 美元、股权期限为 158 天,
无风险利率为 $r=0.0048x, x\sim G(0,1)$,股息率 $Q\sim U(0.025,0.045)$,
股票波动率 $\Sigma\sim G(5.46636,41.8142)$。比较了不同样本数量下基于弹性网络回归的混沌多项式展开与 10^5 个样本的蒙特卡洛抽样

9.7 随机配置法

本章迄今研究了投影法,通过求积将关注量的分布投影到多项式子空间。本节试图找到关注量的多项式表示,使得其在输入空间一系列点处与关注量完全匹配。与之前的方法一样,该方法也需要在一系列特定的不确定输入下求解关注量。不同之处在于,该方法使用这些点的关注量来创建插值多项式,通过该插值多项式可以估计输出量。该方法称为随机配置法,类似于确定性问题的配置方法,能够确保抽样点处关注量的近似完全准确。

样本点可以通过任何方式生成(如随机抽样,若与求积规则结合使用,则称为蒙特卡洛法),但最常见的是使用与不确定输入分布或其稀疏结构相关的积分点。这样的话,如果关注量是多项式,多项式混沌投影法与配置法将等效。为了证明这一点,考虑关注量是单输入的 d 个自由度多项式:

$$Q(x)=\sum_{i=0}^{d} c_i P_i(x)$$

式中,$P_i(x)$为 i 阶正交多项式。显然,$Q(x)$在多项式 P_i上的投影是准确的,投影所需的积分将是 d^2个自由度或更少的多项式的积分。因此,如果使用高斯求积规则,计算 $Q(x)$在 P_i上的投影将需要 $d+1$ 个积分点,因为 n 个点的高斯求积对于不超过 $2n-1$ 阶的多项式是准确的。

此外,如果使用求积规则给出的 $d+1$ 个积分点,随机配置法将得到一个 d 个自由度的多项式。将该多项式投影到 P_i上得到的系数将与谱投影法相同,因为配置多项式在积分点处是准确的。那么,由于多项式的唯一性,配置法和投影法必然等效。

如果关注量不是多项式形式,两种方法就会存在差异。对于投影法,积分点的数量可以不受多项式展开自由度的影响。借用前述章节的例子,要准确估计投影到四阶多项式上的系数,需要 8~10 个积分点。采用随机插值,10 个配置点可构建一个 10 自由度多项式。这个高阶多项式可能存在振荡或其他假象。

配置法的好处是可以处理随机变量没有相应正交多项式的情况。例如,如果用经验直方图的样条拟合表示输入的不确定度,可能无法恰当地将其表示为“标准”随机变量。针对这种变量,就可以使用配置法。但是,在这种情况下,可能无法依靠标准求积来选择配置点。不过,配置法原则上仍是可行的。

为了演示随机配置法,考虑随机变量 $g(x)=\cos(x)$,其中 $x\sim N(0.5,2^2)$。在 $x=\mu+\sigma Z$ 的不同取值下求解该函数,其中 Z 由高斯-埃尔米特求积规则给出,如 9.1.3 节所述。对于 n 点的求积规则,用拉格朗日公式构造插值多项式:

$$g(x) \approx \sum_{i=1}^{n} \prod_{j=1, i\neq j}^{n} \frac{x-x_j}{x_i-x_j} f(x_i) \tag{9.102}$$

也可以构造其他多项式,但是由于多项式的唯一性,将给出相同的多项式。只有一个 $n-1$ 阶多项式通过 n 个点$(x_i,f(x_i))$。

图 9.28 给出了算例结果。这与图 9.3 中使用不同的求积精度近似函数在五

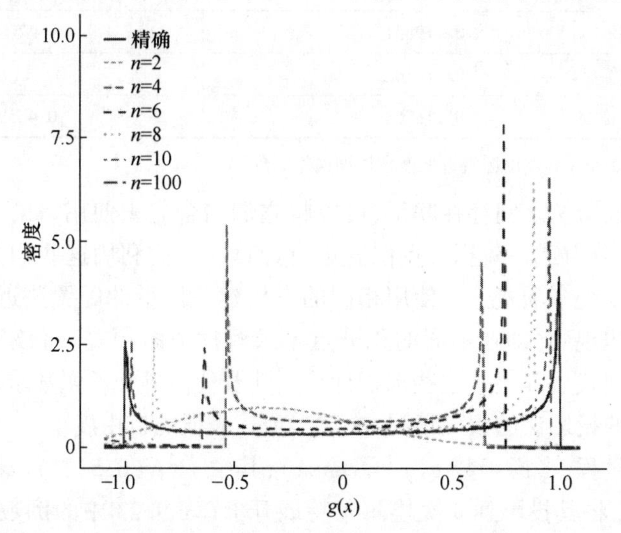

图 9.28 随机变量 $g(x)=\cos(x)$的概率密度函数,式中,$x\sim N(0.5,2^2)$,通过基于不同高斯-埃尔米特积分点的随机配置法来插值。图中给出了各种近似和 10^6个样本的结果

阶埃尔米特多项式上投影的结果非常相似。两者最大的区别是:配置法逐渐向精确分布收敛,因为随着点的增加,插值多项式的自由度必然增加;而投影法中,固定了所需的统计矩的项数,因此,即使积分点数量增加了,近似结果也会在达到某一水平后不再改进。另一个明显的区别是,$n=2$ 时,这两种方法的近似结果大不相同。配置法的分布是单峰的,而投影法所得结果与精确结果形态相似,只是有移位。

随机配置法近似关注量统计矩时会存在误差,正如积分点太少时投影法也会产生误差一样。可以采用两种方法估算:一是对配置法近似进行抽样,估计经验分布(表 9.22);二是将配置法估计投影到特定阶数的埃尔米特多项式上。当配置点的数量足够估计矩的积分时,第二种方法得到的近似值与之前相同。如表 9.22 中的结果所示,经验分布估计可能存在问题,因为抽样点估计时可能需要多项式外推,即抽样点 x 位于配置点区域之外,可能存在较大的误差。这就是配置点 $n=100$ 时方差估计出现的问题:用高阶多项式外推具有风险性。

表 9.22 $g(x)=\cos(x)$ 中均值和方差的收敛性,其中 $x\sim N(0.5,2^2)$
(根据不同的高斯-埃尔米特求积规则的积分点采用配置法估计)

n	均值	方差
2	-0.365375	0.189648
4	0.065227	0.228159
6	0.116899	0.324055
8	0.119714	0.431657
10	0.119851	0.475111
100	0.114505	1.411939
∞	0.118768	0.48599

注:通过求得 10^6 个 x 样本的配置近似值来估算这些矩数。

配置法和投影法之间存在联系,可以将它们结合起来使用。给定可以承受的样本数量,在积分点或稀疏积分点位置进行计算。然后利用这些积分点将关注量投影到一系列正交多项式上。使用相同的点构建关注量的配置法近似,然后可以利用不同的求积规则(即在不同的积分点上求解插值多项式)将该近似投影到不同阶的正交多项式展开上。这些求积计算不涉及任何额外的函数求解。比较与基于所有积分点的投影法的收敛情况,决定多项式表征的自由度。

为说明该过程,考虑函数 $g(x)=\cos(x)$,其中 $x\sim N(0.5,2^2)$。假设只能承受 10 次函数求解,将其投影到 9 次埃尔米特展开上(表 9.23 中的倒数第二行)。然后以这 10 个点为配置点,构造插值多项式,对 $g(x)$ 予以近似。利用该近似,对插值多项式使用不同阶的高斯-埃尔米特求积进行投影。该过程有助于投影阶数的选择。如表 9.23 所示,系数 c_9显然没有收敛,10 个积分点的估计结果也不可信。同样,c_7和 c_8的值仅在 $n=9$ 和 $n=10$ 时一致。与系数的精确值相比,估计偏差分别为 5%和 15%。对于 c_6及以下的系数,系数估计似乎已经收敛。结果表明,在函数求解 10 次情况下,投影到六阶埃尔米特多项式是最好的选择。

表 9.23 函数 $g(x)=\cos(x)$九阶配置法近似的 9 阶埃尔米特展开的系数,其中 $x\sim N(0.5, 2^2)$(利用不同的高斯-埃尔米特求积规则估计)

n	c_0	c_1	c_2	c_3	c_4	c_5	c_6	c_7	c_8	c_9
2	-0.291235	-0.445239	-0.000000	0.148413	0.024270	-0.022262	-0.006472	0.001767	0.000953	-0.000034
3	0.239458	0.098535	-0.578011	-0.000000	0.144503	-0.004927	-0.016446	0.000938	0.000965	-0.000088
4	0.103214	-0.216895	-0.050571	0.176795	0.000000	-0.035359	0.001686	0.003558	-0.000302	-0.000215
5	0.118767	-0.114544	-0.276399	0.031698	0.140768	0.000000	-0.023461	-0.000755	0.002079	0.000122
6	0.118767	-0.129769	-0.237515	0.101766	0.059634	-0.030029	-0.000000	0.004290	-0.001065	-0.000381
7	0.118767	-0.129769	-0.237515	0.086541	0.079075	-0.012053	-0.014931	-0.000000	0.001866	0.000167
8	0.118767	-0.129769	-0.237515	0.086541	0.079075	-0.017382	-0.010394	0.002742	0.000000	-0.000305
9	0.118767	-0.129769	-0.237515	0.086541	0.079075	-0.017382	-0.010394	0.001727	0.000648	-0.000000
10	0.118767	-0.129769	-0.237515	0.086541	0.079075	-0.017382	-0.010394	0.001727	0.000648	-0.000127
∞	0.118768	-0.129766	-0.237536	0.086511	0.079179	-0.017302	-0.010557	0.001648	0.000754	-0.000092

注:$n<7$ 时,c_n 值与精确值非常一致,且根据不同的求积规则呈现收敛。

这个例子表明,混沌多项式投影法和随机配置法结合可以提高结果的可信度。然而不能忽视的是,由于近似,分布中会有细节的遗漏。函数求解次数有限时,确定结果是不太可靠的。

上述例子未通过多维插值详细说明。多维多项式插值是可行的,尽管公式会变得很烦琐。在大多数编码平台上都有处理二维插值的库。对于一般维度,自动化构造的最佳工具可能是 Mathematica 的 InterpolatingPolynomial 函数。

9.8 随机有限元法

另一种基于正交多项式投影的方法是随机有限元法(Stochastic Finite Element Method,SFEM)。该方法从原始偏微分方程组开始,对解进行多项式近似。然后,利用投影法获得关于偏微分方程解(视为随机过程)的可变性信息。

为了演示该方法,考虑通用变量 $u(z,t;\boldsymbol{x})$的时变偏微分方程,其中 z 为空间变量,t 为时间变量,$\boldsymbol{x}$ 为 p 维随机变量向量;注意到 u 是随机函数,因此是随机过程。将偏微分方程表示为

$$F(u,\dot{u},\boldsymbol{x}) = 0,\ \dot{u} = \frac{\partial u}{\partial x} \tag{9.103}$$

函数 F 也依赖于 $\boldsymbol{x}$。

将 u 表示为截断的混沌多项式展开(参见式(9.79)):

$$\hat{u}(z,t;x) \approx \sum_{l_1=0}^{N_1} \cdots \sum_{l_p=0}^{N_P} u_{l_1,\cdots,l_p}(z,t)\,\Omega_{l_1,\cdots,l_p}(\boldsymbol{x}) \tag{9.104}$$

式中,$\Omega_{l_1,\cdots,l_p}(\boldsymbol{x})$ 为 p 个正交多项式的乘积:

$$\boldsymbol{\Omega}_{l_1,\cdots,l_p}(x) = \prod_{i=1}^{p} P_{l_i}(x_i)$$

系数由多项式上的投影给出:

$$u_{l_1,\cdots,l_p}(\boldsymbol{z},t) = \int_{D_1} \mathrm{d}x_1 \cdots \int_{D_p} \mathrm{d}x_p \boldsymbol{\Omega}_{l_1,\cdots,l_p}(x)\, c_{l_1,\cdots,l_p}^{-1} u(\boldsymbol{z},t;\boldsymbol{x}) \tag{9.105}$$

式中,$c_{l_1,\cdots,l_p}$ 为归一化常数。

$$c_{l_1,\cdots,l_p}^{-1} = \int_{D_1} \mathrm{d}x_1 \cdots \int_{D_p} \mathrm{d}x_p \boldsymbol{\Omega}_{l_1,\cdots,l_p}(\boldsymbol{x})^2$$

利用式(9.104)的展开,尝试通过加权残差法确定系数 $u_{l_1,\cdots,l_p}(z,t)$ 。也就是说,利用式(9.103)的展开,将结果乘以权函数 $w_{l_1,\cdots,l_d}(\boldsymbol{x})$,在每个随机变量的支撑域上求积分。得到的方程组为

$$\int_{D_1} \mathrm{d}x_1 \cdots \int_{D_p} \mathrm{d}x_p w_{l_1,\cdots,l_d}(\boldsymbol{x}) F(\hat{u},\dot{\hat{u}},\boldsymbol{x}) = 0 \tag{9.106}$$

如果使用 $\boldsymbol{\Omega}_{l_1,\cdots,l_d}(\boldsymbol{x})$ 作为权函数,即伽辽金(Galerkin)权,将得到 $u_{l_1,\cdots,l_p}(z,t)$ 的偏微分耦合方程组。该方法的优点是,如果选择多项式使得 $\Omega_{0,\cdots,0}$ 为 $\boldsymbol{x}$ 的联合分布概率密度函数(假设每个输入是独立的),那么函数 $u_{0,\cdots,0}(z,t)$ 将是随机过程 $u(z,t;\boldsymbol{x})$ 的均值函数。方差可以表示为展开函数的平方和,正如在投影法中所讨论的。

为了演示该方法,使用包含不确定源项的二维泊松方程(参见9.2.7节):

$$-\left(\frac{\partial^2}{\partial x^2} + \frac{\partial^2}{\partial y^2}\right) u(x,y;\tau) = q(x,y;\tau) \tag{9.107}$$

$$u(1,y;\tau) = u(x,1;\tau) = u(-1,y;\tau) = u(x,-1;\tau) = 0 \tag{9.108}$$

源项 q 在空间中呈正态分布,中心的 y 坐标包含不确定性:

$$q(x,y;\tau) = \exp[-x^2 - (y-\tau)^2],\ \tau \sim U(-0.25,0.25) \tag{9.109}$$

对于该问题,在方程(9.103)的记号中,$\boldsymbol{z} = (x,y)$,$\boldsymbol{x} = \tau$,且

$$F(u,\dot{u},\boldsymbol{x}) = \left(\frac{\partial^2}{\partial x^2} + \frac{\partial^2}{\partial y^2}\right) u(x,y;\tau) - q(x,y;\tau) = 0$$

本算例中包含单个均匀随机变量,因此将 $u(x,y;\ \tau)$ 展开为勒让德多项式。

这里选择三阶展开：

$$\hat{u}(x,y;\tau) \approx u_0(x,y)P_0(\theta) + u_1(x,y)P_1(\theta) + u_2(x,y)P_2(\theta) + u_3(x,y)P_3(\theta) \tag{9.110}$$

式中，为简单起见，选择 $\theta=4\tau$。据此有

$$\int_{-1}^{1}\hat{u}(x,y;\theta)P_n(\theta)\,\mathrm{d}\theta = u_n(x,y), 0 \leqslant n \leqslant 3$$

此外，将源项 q 进行勒让德展开：

$$q(x,y;\tau) \approx q_0(x,y)P_0(\theta) + q_1(x,y)P_1(\theta) + q_2(x,y)P_2(\theta) + q_3(x,y)P_3(\theta)$$

系数函数 $q_n(x,y)$ 如表 9.24 所示。利用这些结果，将 $\hat{u}$ 代入 $F(u,\hat{u};\boldsymbol{x})=0$，乘以勒让德多项式，并求积，得到 4 个方程：

$$\left(\frac{\partial^2}{\partial x^2} + \frac{\partial^2}{\partial y^2}\right)u_n(x,y) = q_n(x,y), 0 \leqslant n \leqslant 3 \tag{9.111}$$

这是 $u_n(x,y)$ 满足的 4 个非耦合偏微分方程。之所以不耦合，是因为不确定度只存在方程的源项中。

表 9.24 源项的勒让德多项式展开

n	$q_n(x,y)$
0	$\mathrm{e}^{-x^2}\sqrt{\pi}\left(\mathrm{erf}\left(\frac{1}{4}-y\right)+\mathrm{erf}\left(y+\frac{1}{4}\right)\right)$
1	$12\mathrm{e}^{-x^2}\left(\sqrt{\pi}y\left(\mathrm{erf}\left(\frac{1}{4}-y\right)+\mathrm{erf}\left(y+\frac{1}{4}\right)\right)-\mathrm{e}^{-\frac{1}{16}(4y+1)^2}(-1+\mathrm{e}^y)\right)$
2	$\frac{5}{2}\mathrm{e}^{-x^2}\left(\sqrt{\pi}(48y^2+23)\left(\mathrm{erf}\left(\frac{1}{4}-y\right)+\mathrm{erf}\left(y+\frac{1}{4}\right)\right)-12\mathrm{e}^{-\frac{1}{16}(4y+1)^2}(-4y+\mathrm{e}^y(4y+1)+1)\right)$
3	$14\mathrm{e}^{-x^2}(\mathrm{e}^{-\frac{1}{16}(4y+1)^2}(20y(4y-1)-2\mathrm{e}^y(10y(4y+1)+41)+82)+$ $\sqrt{\pi}y(80y^2+117)\left(\mathrm{erf}\left(\frac{1}{4}-y\right)+\mathrm{erf}\left(y+\frac{1}{4}\right)\right))$

还可以看到，通过式(9.110)$\hat{u}$ 的展开，可以得到随机过程 $u(x,y;\tau)$ 的均值函数为

$$2\int_{-1/4}^{1/4}\hat{u}(x,y;\theta)\,\mathrm{d}\tau = \frac{1}{2}\int_{-1}^{1}\hat{u}(x,y;\theta)\,\mathrm{d}\theta = u_0(x,y)$$

同样，随机过程的方差为

$$\frac{1}{2}\int_{-1}^{1}P_0(\theta)\,(\hat{u}(x,y;\theta))^2\mathrm{d}\theta - (u_0(x,y))^2 \approx \sum_{n=1}^{3}\frac{u_n\,(x,y)^2}{2n+1} \tag{9.112}$$

通过混沌多项式展开和伽辽金加权残差法求解展开系数，单个偏微分方程变为 4 个。方程间不耦合这一点是有利的，意味着可以分别对这些方程求解，得到

$u(x,y;\tau)$的近似。为此,使用 Mathematica 软件的 NDSolve 函数求解。利用式(9.112)计算方差(方差是空间的函数),并与用10^4个蒙特卡洛样本结果进行比较。$x=0.25$处的结果如图9.29所示。可以看到蒙特卡洛法和随机有限元法所得结果几乎相同。但是,随机有限元法需要求解4个偏微分方程,而蒙特卡洛法需要数千次求解偏微分方程。此外注意到,由于边界条件没有随机性(解总是归零),方差在域的边界处归于零。

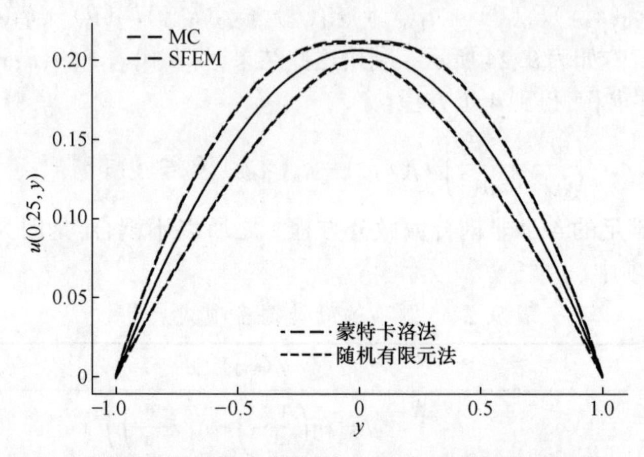

图9.29 包含不确定源项的泊松方程解$u(0.25,y;\tau)$的均值(实线)和±2标准差,比较了基于三阶勒让德展开的随机有限元法和10^4个蒙特卡洛样本两种方法,两者均值函数在图中比例下重合

当方程中出现随机变量的乘积时,基于伽辽金加权残差的随机有限元法得到的方程更难求解。考虑稳态的对流-扩散-反应方程,$u(z;\boldsymbol{x})$满足:

$$v(x_1)\frac{\mathrm{d}u}{\mathrm{d}z}-\omega\frac{\mathrm{d}^2u}{\mathrm{d}z^2}+\kappa(x_2)u=qz(10-z),u(0;x)=u(10;x)=0 \tag{9.113}$$

其中

$$v(x_1)=10+x_1,x_1\sim N(0,1)$$

$$\kappa(x_2)=\begin{cases}0.1+0.01x_2,5\leqslant z\leqslant 7.5\\1+0.1x_2,其他\end{cases}\equiv\kappa_0(z)+\kappa_1(z)x_2,\ x_2\sim N(0,1)$$

使用线性埃尔米特展开近似$u(z,\boldsymbol{x})$,得

$$\hat{u}(z,\boldsymbol{x})=u_0(z)+u_{10}(z)x_1+u_{01}(z)x_2$$

v和κ也通过埃尔米特多项式展开。为了确定系数,将式(9.113)中的u替换为$\hat{u}$,乘以权函数和埃尔米特多项式,然后逐项计算积分。从扩散项开始,有

$$\int_{-\infty}^{\infty} \mathrm{d}x_1 \int_{-\infty}^{\infty} \mathrm{d}x_2 \frac{\mathrm{e}^{-x_1^2/2-x_2^2/2}}{2\pi n!\ m!} \mathrm{He}_n(x_1)\mathrm{He}_m(x_2)\omega \times \frac{\mathrm{d}^2}{\mathrm{d}z^2}(u_0(z)+u_{10}(z)x_1+u_{01}(z)x_2)$$
$$= \omega \frac{\mathrm{d}^2}{\mathrm{d}z^2} \int_{-\infty}^{\infty} \mathrm{d}x_1 \int_{-\infty}^{\infty} \mathrm{d}x_2 \mathrm{e}^{-x_1^2/2} \mathrm{He}_n(x_1) \mathrm{e}^{-x_2^2/2} \mathrm{He}_m(x_2) \times (u_0(z) + u_{10}(z)x_1 +$$
$$u_{01}(z)x_2) = \omega \frac{\mathrm{d}^2}{\mathrm{d}z^2}(\delta_{m0}\delta_{n0}u_0(z) + \delta_{n1}\delta_{m0}u_{10}(z) + \delta_{n0}\delta_{m1}u_{01}(z)) \tag{9.114}$$

类似地,对源项求积分得

$$\int_{-\infty}^{\infty} \mathrm{d}x_1 \int_{-\infty}^{\infty} \mathrm{d}x_2 \frac{\mathrm{e}^{-x_1^2/2-x_2^2/2}}{2\pi n!\ m!} \mathrm{He}_n(x_1)\mathrm{He}_m(x_2) qz(10-z) = \delta_{m0}\delta_{n0} qz(10-z) \tag{9.115}$$

包含 v 和 κ 的项有点棘手。换言之,κu 项的积分为

$$\int_{-\infty}^{\infty} \mathrm{d}x_1 \int_{-\infty}^{\infty} \mathrm{d}x_2 \frac{\mathrm{e}^{-x_1^2/2-x_2^2/2}}{2\pi n!\ m!} \mathrm{He}_n(x_1)\mathrm{He}_m(x_2)(\kappa_0 z + \kappa_1(z)x_2) \times$$
$$(u_0(z)+u_{10}(z)x_1+u_{01}(z)x_2)$$
$$= \begin{cases} \kappa_0(z)u_0(z) + \kappa_1(z)u_{01}(z), n=0 \text{ 和 } m=0 \\ \kappa_1(z)u_0(z) + \kappa(z), u_{01}(z)\ n=0 \text{ 和 } m=1 \\ \kappa_0(z)u_{10}(z), n=1 \text{ 和 } m=0 \\ \kappa_1(z)u_{10}(z), n=1 \text{ 和 } m=1 \\ 0, \text{其他} \end{cases} \tag{9.116}$$

注意到,该项耦合了两个不同变量的不确定度:κ 依赖于 x_2,而 u_{10} 是 u 对 x_1 的依赖。这是源自 $\kappa\hat{u}$ 中两个变量的乘积。对流项有类似的耦合关系:

$$\frac{\mathrm{d}}{\mathrm{d}z}\int_{-\infty}^{\infty} \mathrm{d}x_1 \int_{-\infty}^{\infty} \mathrm{d}x_2 \frac{\mathrm{e}^{-x_1^2/2-x_2^2/2}}{2\pi n!\ m!} \mathrm{He}_n(x_1)\mathrm{He}_m(x_2)(10+x_1) \times (u_0(z)+u_{10}(z)x_1+u_{01}(z)x_2)$$
$$= \frac{\mathrm{d}}{\mathrm{d}z}\begin{cases} 10u_0(z) + u_{10}(z), n=0 \text{ 和 } m=0 \\ u_0(z) + 10u_{10}(z), n=1 \text{ 和 } m=0 \\ 10u_{01}(z), n=0 \text{ 和 } m=1 \\ u_{01}(z), n=1 \text{ 和 } m=1 \\ 0, \text{其他} \end{cases} \tag{9.117}$$

将上述所有项组合得到方程(9.113)在 $\mathrm{He}_0(x_1)\mathrm{He}_0(x_2)$ 上的投影:

$$\left(10\frac{\mathrm{d}}{\mathrm{d}z} - \omega\frac{\mathrm{d}^2 u}{\mathrm{d}z^2} + \kappa_0(z)\right)u_0(z) + \frac{\mathrm{d}u_{10}}{\mathrm{d}z} + \kappa_1(z)u_{01}(z) = qz(10-z) \tag{9.118a}$$

注意到,该方程假定了 v 和 $\kappa(z)$ 的均值,并在两个随机变量的线性项上增加了额

外的耦合项。接下来,$He_1(x_1)He_0(x_2)$上的投影为

$$\left(10\frac{d}{dz}-\omega\frac{d^2u}{dz^2}+\kappa_0(z)\right)u_{10}(z)+\frac{du_0(z)}{dz}=0 \tag{9.118b}$$

最后,$He_0(x_1)He_1(x_2)$上的投影为

$$\left(10\frac{d}{dz}-\omega\frac{d^2u}{dz^2}+\kappa_0(z)\right)u_{01}(z)+\kappa_1(z)u_0(z)=0 \tag{9.118c}$$

下面是得出的几点结论:首先,所得方程形成了耦合的偏微分方程组。这意味着不能简单地使用求解对流-扩散-反应方程的代码来计算 $\hat{u}$ 的展开。所以,需要开发新的代码来求解耦合方程组。这是嵌入式不确定度量化方法的例子,底层模型的求解程序与不包含不确定度的原始方程的求解程序不同。对于像对流-扩散-反应这样的简单示例来说,这并不会带来很大的不便,但是对于现有的生产型代码来说,更改代码库可能完全实现不了。

此外,示例中只包含两个变量和线性展开,这对于许多问题来说可能不够。如果有更多的随机变量(在实践中很常见),就将得到耦合方程组(投影的项数呈几何级增长)。因此,只能将伽辽金随机有限元法用于解决随机变量不多和展开阶数不高的问题。如上所述,筛除不重要的参数是应用该方法的必要条件。

9.8.1 随机有限元配置法

可对随机有限元法进行修改,使其应用起来更加简单,并在许多情况下成为非嵌入式方法。在特定 $\boldsymbol{x}$ 取值下估计随机过程,然后使用插值得到随机变量其他取值下的随机过程值,而不是使用式(9.106)计算展开系数(式中,权函数为正交多项式,u 的展开为随机过程 $\hat{u}$ 的正交多项式展开)。我们将看到,该方法不需要求解耦合偏微分方程。

考虑式(9.103)中的通用方程组。给定随机变量 $\boldsymbol{x}$ 定义,在求积积分点或者稀疏积分点上求解函数。由此得到若干解耦的偏微分方程组,可以分别求解。通过多项式插值表征完整的随机过程,这与9.7节单关注量的情况类似。

针对9.8节的对流-扩散-反应方程,根据式(9.113)的定义,配置法具体过程如下:给定两个正态随机变量,将在 x_1 和 x_2 分别为 $x_i=\pm2^{-1/2}$ 处计算函数4次,如9.1.3节所述。得到方程:

$$\frac{1}{\sqrt{2}}\frac{du_1}{dz}-\omega\frac{d^2u_1}{dz^2}+\kappa\left(\frac{1}{\sqrt{2}}\right)u_1=qz(10-z) \tag{9.119a}$$

$$-\frac{1}{\sqrt{2}}\frac{du_2}{dz}-\omega\frac{d^2u_2}{dz^2}+\kappa\left(\frac{1}{\sqrt{2}}\right)u_2=qz(10-z) \tag{9.119b}$$

$$-\frac{1}{\sqrt{2}}\frac{du_3}{dz}-\omega\frac{d^2u_3}{dz^2}+\kappa\left(-\frac{1}{\sqrt{2}}\right)u_3=qz(10-z) \tag{9.119c}$$

且

$$\frac{1}{\sqrt{2}}\frac{\mathrm{d}u_4}{\mathrm{d}z} - \omega\frac{\mathrm{d}^2u_4}{\mathrm{d}z^2} + \kappa\left(-\frac{1}{\sqrt{2}}\right)u_4 = qz(10 - z) \tag{9.119d}$$

利用得到的 4 个 $u_i(z)$ 函数,通过拉格朗日插值构造 $u(z,\boldsymbol{x})$。

将结果与采用伽辽金随机有限元法结果比较,发现这时方程多一个,但不需要求解任何的耦合微分方程组。此外,该方法是非嵌入的。可以将求解对流-扩散-反应方程的代码包含在配置法程序中,这正是该方法明显优于标准随机有限元法的地方。配置法的其他优点可参见前文的讨论。如果随机变量不能用多项式表征,仍然可以使用配置法,不过收敛可能会更慢。

9.9 方 法 总 结

本章讨论了关注量或随机变量函数的多项式表征。以下是方法的总结。

9.9.1 关注量

9.9.1.1 投影法

(1) 针对给定的随机变量,选择恰当的正交多项式展开可得出以下结论:

① 展开系数的首项为关注量的均值。

② 剩余系数的平方和与关注量的方差有关。

③ 在随机变量较少的情况下,通过高斯求积可以有效地计算展开系数估计所需的积分。

④ 可采用非嵌入方式计算展开。

⑤ 如果关注量是随机变量的光滑函数,多项式展开将表现出快速收敛的特性。

(2) 研究人员必须意识到这种方法存在很大的缺陷:

① 随机变量较多时,函数求解次数呈几何级增长,即使是对中等规模的多项式展开,计算量也无法承受。这就是维数灾难问题。

② 稀疏网格求积和正则化回归法可以帮助解决这个难题,但也并不是万能之计。

③ 如果关注量不是随机变量的光滑函数,那么由此生成的展开可能不准确,这是由于 Gibbs 现象产生了虚假结果。

9.9.1.2 配置法

配置法利用在不同随机变量取值时的关注量值构造插值多项式。这种非嵌入式方法具有以下特点:

(1) 如果关注量可以表示为多项式,基于正交多项式高斯积分点的配置法等同于基于相同正交多项式的投影法。

(2) 稀疏求积点可以用于配置法。

(3) 当样本数量固定时,配置法和投影法可以联合使用,从可用样本中得到最佳展开。

配置法与投影法共同具有的缺点是:维数灾难问题和非光滑函数的 Gibbs 现象。

9.9.2 模型方程解的表征(随机有限元法)

9.9.2.1 伽辽金随机有限元法

伽辽金投影法将偏微分方程的解用多项式展开表示,其中展开系数是非随机变量(如空间和时间)的函数。

(1) 得到的方程通常是耦合的偏微分方程组,求解方法与原始方程不同,因此这种方法是嵌入式的(即需要编写新代码来求解)。

(2) 伽辽金随机有限元法仍然存在维数灾难问题和 Gibbs 振荡现象。

(3) 求解耦合偏微分方程组(可能是大型方程组)的成本通常比多次求解单个偏微分方程的成本高得多。

9.9.2.2 随机有限元配置法

可以采用类似于单个关注量的配置法进行计算,避免伽辽金随机有限元法的耦合偏微分方程组和嵌入式特征。但是,维数灾难问题和 Gibbs 振荡仍然存在。

9.10 注释和参考资料

博伊德(Boyd,2001)的专著详细介绍了谱方法理论。该著作涉及克服函数多项式表征相关缺点(如 Gibbs 振荡)的方法。特雷费森(Trefethen,2013)的研究论文对实践中的函数近似展开了全面的讨论,非常具有可读性。

9.11 练 习

1. 当辐射束击中一块材料板时,其强度将下降 $t=\exp(-kx)$,式中,x 是板的厚度,k 是消光系数,有时称为宏观截面。若 $k\sim N(5,1)$ 且 $x=1$,计算 $t(K)$ 的均值和方差,绘制 $t(K)$ 的分布图。

2. 使用 $K\sim N(2,1)$ 重复练习。

3. 考虑一种随机介质,其中两种不同材料的厚度分布未知。在这种情况下,

束流传输为

$$t=\exp(-k_1x_1-k_2(x-x_1))$$

若 $k_1=5, k_2=0.2, x=1$ 且 $x_1 \sim N(0.5, 0.1)$，计算 $t(2)$ 的均值和方差，并绘制分布图。是否存在 $\bar{k}$ 值进行定义，满足：

$$\exp(-\bar{k}x)=E[\exp(-k_1x_1-k_2(x-x_1))]$$

4. 函数 $f(x)=1/(1+x^2)$ 被称为阿涅西的女巫（Witch of Agnesi）。若 $x \sim U(-2,2)$，通过 10 次和 100 次函数求解来建立混沌多项式投影和随机配置，找到分布的最佳近似。将结果与解析的分布及统计矩进行比较。

5. 使用离散方法求解方程：

$$\frac{\partial u}{\partial t}+v\frac{\partial u}{\partial x}=D\frac{\partial^2 u}{\partial x^2}-\omega u$$

其中，$u(x,t)$ 的空间定义域 $x\in[0,10]$，具有周期性边界条件 $u(0^-)=u(10^+)$，初始条件为

$$u(x,0)=\begin{cases}1, x\in[0,2.5]\\0,\text{其他}\end{cases}$$

使用混沌多项式展开，估计总反应数的均值和方差。

$$\int_5^6 \mathrm{d}x\int_0^5 \mathrm{d}t\omega u(x,t)$$

令 $v=0.5, D=0.125$，假设 ω 是不确定参数，其分布用 $\omega \sim \mathrm{G}(1,1)$ 表示。此外，估计总反应数的分布。

6. 编写代码求解方程(9.118)，将结果与随机有限元配置法及蒙特卡洛抽样法进行比较。

第四部分　结合使用模拟、实验和代理模型

本部分将结合模拟数据与实验数据进行预测。很多情况下,通过模拟求解关注量的次数是有限的,因此讨论构建代理模型替代模拟过程。代理模型能缩小有限次模拟与实验之间的差距,从而利用校准参数以及观测的模拟与过往实验间的差异进行预测。第 10 章将介绍执行该任务的工具——高斯过程回归模型。第 11 章根据 Kennedy 和 O' Hagan 的校准框架利用高斯过程构建基于数据的预测模型。第 12 章讨论了认知不确定度现象,并提供了处理不确定度未知问题的工具。

第 10 章　高斯过程仿真器和代理模型

代理模型或仿真器为关注量的计算提供了一种低成本的替代方案,即相对于运行模拟程序求解关注量,还可以采用与该过程充分近似的函数来计算,该函数有时称为响应面。有了足够精确的仿真器后,可以在无须额外计算的情况下研究不确定度,这将有助于辅助设计、识别最糟糕场景,以及需要在许多不同输入点计算关注量的其他应用。

构建代理模型背后的理念是,关注量是根据多个输入值得到一个标量的函数。因此,可以使用函数近似方法构建仿真器/代理模型,我们在之前的章节中构建过代理模型,只是并未将其称为代理模型。关注量的混沌多项式展开法与线性回归近似法均为代理模型:它们是从输入到输出映射的近似过程。

本章研究了一种在以往不确定度分析中有用的方法:高斯过程回归。该方法不仅估算关注量,同时也估计该估算值的误差。可将代理模型预测的不确定度估计添加到系统中的其他不确定度中。我们讨论的方法主要是贝叶斯统计,接下来将首先介绍贝叶斯线性回归,然后类推到高斯过程回归。

10.1　贝叶斯线性回归

考虑一个因变量 y(输出变量)与一组 p 个自变量 $\boldsymbol{x}$(输入变量)的情况。对于这些成对的输入/输出变量,我们可以得出 n 个值,即对于 n 个不同 $\boldsymbol{x}_i$值,其中 $i=1,2,\cdots,n$,能得到对应的 y_i。我们关注的是如何计算 y 的线性近似值,即

$$y = \boldsymbol{x}^{\mathrm{T}}\boldsymbol{w} + \varepsilon \tag{10.1}$$

式中,$\boldsymbol{w}$ 为加权长度为 p 的向量;$\varepsilon \sim N(0,\sigma_d^2)$ 为模型中独立、同一分布的误差。在第 5 章中,我们讨论了使用最小二乘法计算权值。接下来将看到,该方法是一种最大似然法,可以最大限度地减小模型误差。由于假定对函数关系的全部了解体现在自变量中,所以可将误差视作随机的。若误差可能是由于一次实验中的测量不确定度造成的,则将这种误差视为正态分布的假设是合理的;否则,这种假设是为了图方便,可能需要重新审视。

为了得到$\boldsymbol{w}$,将根据贝叶斯法则建立权值分配(参见 2.7 节)。若需求解贝叶斯法则,则需在已知权值为$\boldsymbol{w}$ 、输入值为 $\boldsymbol{x}_i$、误差方差为 σ_d^2 的条件下,计算观测值

y_i的概率密度。由于误差服从正态分布，所以可将概率密度（有时也称为数据似然）表示为

$$f(y_i|\boldsymbol{x}_i,\boldsymbol{w},\sigma_d)=\frac{1}{\sigma_d\sqrt{2\pi}}\exp\left[-\frac{(y_i-\boldsymbol{x}_i^{\mathrm{T}}\boldsymbol{w})^2}{2\sigma_d^2}\right] \tag{10.2}$$

方程（10.2）表明，$y_i|\boldsymbol{x}_i,\boldsymbol{w},\sigma_d \sim N(\boldsymbol{x}_i^{\mathrm{T}}\boldsymbol{w},\sigma_d^2)$ 或者 y_i的数据似然服从均值为 $\boldsymbol{x}_i^{\mathrm{T}}\boldsymbol{w}$、方差为 σ_d^2 的正态分布。此外，误差是独立的，所以在已知全部 n 个数据点的情况下可以把似然表示为

$$\begin{aligned}f(\boldsymbol{y}|\boldsymbol{X},\boldsymbol{w},\sigma_d)&=\prod_{i=1}^{n}\frac{1}{\sigma_d\sqrt{2\pi}}\exp\left[-\frac{(y_i-\boldsymbol{x}_i^{\mathrm{T}}\boldsymbol{w})^2}{2\sigma_d^2}\right]\\&=\frac{1}{(2\pi\sigma_d^2)^{n/2}}\exp\left[-\frac{1}{2\sigma_d^2}(\boldsymbol{y}-\boldsymbol{X}\boldsymbol{w})^{\mathrm{T}}(\boldsymbol{y}-\boldsymbol{X}\boldsymbol{w})\right]\end{aligned} \tag{10.3}$$

式中，$\boldsymbol{X}$ 为 $n\times p$ 的数据矩阵，每列一个 $\boldsymbol{x}_i$ 和 $\boldsymbol{y}=(y_1,\cdots,y_n)^{\mathrm{T}}$。方程（10.3）表明，$n$ 元因变量服从均值向量为 $\boldsymbol{X}\boldsymbol{w}$，对角协方差矩阵为 $\sigma_d^2\boldsymbol{I}$ 的多元正态分布，即 $y\sim N(\boldsymbol{X}\boldsymbol{w},\sigma_d^2\boldsymbol{I})$。

因此，根据贝叶斯法则，给定 n 个观测值 $\boldsymbol{y}$、数据矩阵 $\boldsymbol{X}$ 时，权值概率表示为

$$\pi(\boldsymbol{w}|\boldsymbol{X},\boldsymbol{y},\sigma_d)=\frac{f(\boldsymbol{y}|\boldsymbol{X},\boldsymbol{w},\sigma_d)\pi(\boldsymbol{w})}{\int f(\boldsymbol{y}|\boldsymbol{X},\boldsymbol{w},\sigma_d)\pi(\boldsymbol{w})\mathrm{d}\boldsymbol{w}} \tag{10.4}$$

式中，$\pi(\boldsymbol{w})$ 为权值的先验分布。若需根据给定数据计算权值的后验分布，则需指定权值的先验分布。一个合理的先验分布为 $\boldsymbol{w}\sim N(\boldsymbol{0},\boldsymbol{\Sigma}_p)$，其中 $\boldsymbol{\Sigma}_p$ 是 $p\times p$ 协方差矩阵。选择先验分布尽量使权值接近零（先验分布的均值为零），同时，将在下文看到，也是一种正则化形式。

使用方程（10.4）中的先验分布，权值的后验分布可以表示为

$$\begin{aligned}\pi(\boldsymbol{w}|\boldsymbol{X},\boldsymbol{y},\sigma_d)&\propto\exp\left[-\frac{1}{2\sigma_d^2}(\boldsymbol{y}-\boldsymbol{X}\boldsymbol{w})^{\mathrm{T}}(\boldsymbol{y}-\boldsymbol{X}\boldsymbol{w})\right]\exp\left[-\frac{1}{2}\boldsymbol{w}^{\mathrm{T}}\sum\nolimits_p^{-1}\boldsymbol{w}\right]\\&\propto\exp\left[-\frac{1}{2}(\boldsymbol{w}-\boldsymbol{w}^*)^{\mathrm{T}}\boldsymbol{A}(\boldsymbol{w}-\boldsymbol{w}^*)\right]\end{aligned} \tag{10.5}$$

定义

$$\boldsymbol{w}^*=\frac{1}{\sigma_d^2}\boldsymbol{A}^{-1}\boldsymbol{X}^{\mathrm{T}}\boldsymbol{y}$$

和

$$\boldsymbol{A}=\frac{1}{\sigma_d^2}\boldsymbol{X}^{\mathrm{T}}\boldsymbol{X}+\sum\nolimits_p^{-1}$$

方程(10.5)显示后验分布与一些项成比例,同时也属于一种概率分布,因而必须利用比例常数将分布适当地归一化。从论证与推导可以看出,后验分布服从均值为$\boldsymbol{w}^*$、协方差矩阵为$\boldsymbol{w} \mid \boldsymbol{X},\boldsymbol{y},\sigma_d \sim N(\boldsymbol{w}^*,\boldsymbol{A}^{-1})$的正态分布。

借助后验分布,可以从多元正态分布中对权值抽样并求解模型。然而,若是想在$\boldsymbol{X}^*$表示的矩阵中求解模型,并在权值的后验分布上求取结果的均值,则指定一组点会更加方便。可将该均值视为给定数据条件下$\boldsymbol{X}^*\boldsymbol{w}$的概率密度,$\boldsymbol{X}^*$为

$$f(\boldsymbol{X}^*\boldsymbol{w} \mid \boldsymbol{X}^*,\boldsymbol{X},\boldsymbol{y},\sigma_d) = \int f(\boldsymbol{X}^*\boldsymbol{w} \mid \boldsymbol{X}^*,\boldsymbol{w})\pi(\boldsymbol{w} \mid \boldsymbol{X},\boldsymbol{y},\sigma_d)\mathrm{d}\boldsymbol{w} \quad (10.6)$$

$\boldsymbol{X}^*\boldsymbol{w}$的分布为多元正态分布,因此有

$$\boldsymbol{X}^*\boldsymbol{w} \mid \boldsymbol{X}^*,\boldsymbol{X},\boldsymbol{y},\sigma_d \sim N(\boldsymbol{X}^*\boldsymbol{w}^*,\boldsymbol{X}^*\boldsymbol{A}^{-1}\boldsymbol{X}^{*\mathrm{T}}) \quad (10.7)$$

方程(10.7)的结果提供了一种从多元正态分布中抽样获得线性模型在$\boldsymbol{X}^*$点的预测分布方式。得到预测分布后,则可以计算预测方差、置信区间等。协方差矩阵形式表明,用$\boldsymbol{X}^*$表示的不确定度是二次项形式,因此预测不确定度随$\boldsymbol{X}^*$的增大而增加。此外,$\boldsymbol{\Sigma}_p$的特征值越大,预测不确定度就越大。该结论合理的原因是$\boldsymbol{\Sigma}_p$表示不确定度,即我们认为在权值的先验分布中权值将/应具有的不确定度。

到目前为止,我们尚未得到误差的方差σ_d^2。在实践中很可能会不知道这个误差,此时,可以修改程序,考虑一个先验的σ_d^2,通过计算后验的权值和误差的方差,推导σ_d^2的值。遗憾的是,修改程序会引入大量复杂的代数运算,并且这些运算不会给研究带来多大益处。

考虑一个简单的线性模型作为例子:

$$y = w_1 + w_2x_1 + \varepsilon$$

$n=3$时,输入$x_1=\{-5,1,5\}$,相应地输出$y=\{-5.1,0.25,4.9\}$。若规定权值的先验分布为$\boldsymbol{w} \sim N(\boldsymbol{0},\boldsymbol{I})$,则得到以下数值:

$$\boldsymbol{X} = \begin{pmatrix} 1 & -5 \\ 1 & 1 \\ 1 & 5 \end{pmatrix},\ \boldsymbol{w} = (w_1,w_2)^{\mathrm{T}}$$

$$\boldsymbol{A} = \begin{pmatrix} \dfrac{3}{\sigma_d^2}+1 & \dfrac{1}{\sigma_d^2} \\ \dfrac{1}{\sigma_d^2} & \dfrac{51}{\sigma_d^2}+1 \end{pmatrix},\ \boldsymbol{w}^* = \begin{pmatrix} \dfrac{0.05\sigma_d^2 - 47.7}{\sigma_d^4 + 54\sigma_d^2 + 152} \\ \dfrac{50.25\sigma_d^2 + 150.7}{\dfrac{0.05\sigma_d^2 - 47.7}{\sigma_d^4 + 54\sigma_d^2 + 152}} \end{pmatrix}$$

规定$\boldsymbol{X}^*$有x_1在$-6\sim6$的100个等距点:

$$
\boldsymbol{X}^{*}=\begin{pmatrix} 1 & -6 \\ 1 & -5.8787 \\ \vdots & \vdots \\ 1 & 5.8787 \\ 1 & 6 \end{pmatrix}
$$

$\sigma_d^2=1$ 时,拟合结果如图 10.1 所示。从图中可以看到预测的均值模型(即权值的后验均值)和表示模型估计不确定度的±2 个标准差。预测不确定度将随着 $|x_1|$ 的增大而增加,体现在不确定度区间的宽度。

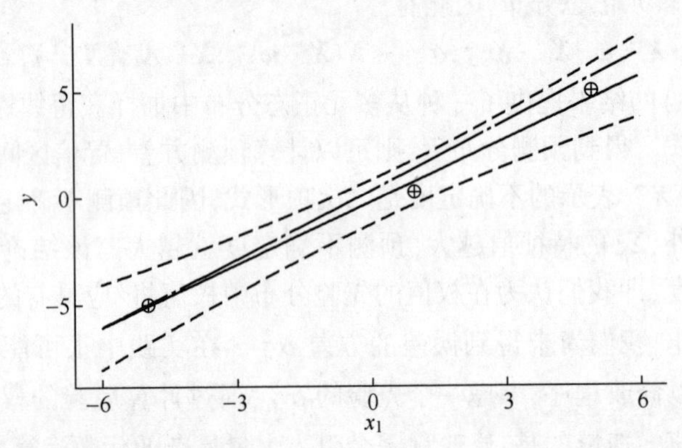

图 10.1 模型 $y=\omega_1+\omega_2 x_1$(使用数据 $x_1=\{-5,1,5\}$,$y=\{-5.1,0.25,4.9\}$(三个符号),$\sigma_d^2=1$)的贝叶斯线性回归均值模型(实线)和±2 个标准差(由短线构成的虚线)的结果图。来自权值后验分布的样本由短线和点构成的虚线所示

有多种方式可用于改进模型,如理想的方式是将 σ_d 作为一个数据的函数。根据选定的 σ_d 先验分布类型,很可能无法将后验分布表示为多元正态分布,结果是需要有方法用贝叶斯法则计算后验分布。一种方法是对分母进行数值积分,另一种方法是在未知完整分布情况下获取后验的样本。这一想法将留到第 11 章讨论。本章我们将讨论如何在回归模型中增加函数类型。

10.2 高斯过程回归

可以尝试增加拟合模型的函数类型,使输入函数或其他函数中包含多项式。复杂度增加意味着特征空间增强,因为用于构建模型的数据和对该数据的任何操作通常称为模型特征。令人惊讶的是,我们或许可以推导出这样一个函数:复杂度与线性回归模型几乎相同,但能模拟各种各样的非线性函数。这可以理解为寻找自变量的变换来找到一组新的变量,表示因变量的线性形式。

考虑单个变量 x 的最多 $d-1$ 次的单项式集,表示为

$$\phi(x)=\{1,x,x^2,\cdots,x^{d-1}\}$$

已知 p 个变量 $\boldsymbol{X}$ 的 n 个点的数据矩阵,定义一个 $n\times pd$ 的数据矩阵 $\boldsymbol{\Phi}(\boldsymbol{X})$,矩阵的第 i 行为 $(1,x_{1i},x_{1i}^2,\cdots,x_{1i}^{d-1},\cdots,1,x_{pi}^1,\cdots,x_{pi}^{d-1})$。然后,因变量的模型表示为

$$y_i=\phi(\boldsymbol{x})^{\mathrm{T}}\boldsymbol{w}+\varepsilon$$

式中包含了 pd 个权值。这个模型明显比纯线性模型更具有普遍性,我们预期该模型能够匹配更多类型的函数。不过,我们可以用 $\boldsymbol{\Phi}(\boldsymbol{X})$ 替代之前推导的贝叶斯线性回归模型里的数据矩阵 $\boldsymbol{X}$,得出一组点 $\boldsymbol{X}^*$ 的预测分布,即

$$\boldsymbol{\Phi}(\boldsymbol{X}^*)\boldsymbol{w}\mid\boldsymbol{X}^*,\boldsymbol{X},\boldsymbol{y}\sim N\left(\frac{1}{\sigma_d^2}\boldsymbol{\Phi}(\boldsymbol{X}^*)\boldsymbol{A}^{-1}\boldsymbol{X}^{\mathrm{T}}\boldsymbol{y},\boldsymbol{\Phi}(\boldsymbol{X}^*)\boldsymbol{A}^{-1}(\boldsymbol{X}^*)^{\mathrm{T}}\right)\tag{10.8}$$

矩阵 $\boldsymbol{A}$ 定义为

$$\boldsymbol{A}=\frac{1}{\sigma_d^2}\boldsymbol{\Phi}(\boldsymbol{X})^{\mathrm{T}}\boldsymbol{\Phi}(\boldsymbol{X})+\boldsymbol{\Sigma}_p^{-1}$$

给定预测分布的形式,若 p 与 d 的乘积较大,则对矩阵 $\boldsymbol{A}$ 求逆的成本可能会很高。可以使用核技巧指定任意大小的 d,前提是特征空间只以二次函数(如 $\boldsymbol{\Phi}(\boldsymbol{X})^{\mathrm{T}}\boldsymbol{\Phi}(\boldsymbol{X})$)出现。若可以指定一个等同于二次函数的核函数,则不需要处理整个特征空间。事实上,可以指定一个等同于二次函数并且包含无限个特征的核函数,将在接下来讨论。

为了证明核技巧,重新整理方程(10.8)为

$$\begin{aligned}&\boldsymbol{\Phi}(\boldsymbol{X}^*)\boldsymbol{w}\mid\boldsymbol{X}^*,\boldsymbol{X},\boldsymbol{y}\sim N(\boldsymbol{\Phi}(\boldsymbol{X}^*)\boldsymbol{\Sigma}_p\boldsymbol{\Phi}(\boldsymbol{X})(\boldsymbol{K}+\sigma_d^2\boldsymbol{I})^{-1}\boldsymbol{y},\\&\boldsymbol{\Phi}(\boldsymbol{X}^*)^{\mathrm{T}}\boldsymbol{\Sigma}_p\boldsymbol{\Phi}(\boldsymbol{X}^*)-\boldsymbol{\Phi}(\boldsymbol{X}^*)^{\mathrm{T}}\boldsymbol{\Sigma}_p\boldsymbol{\Phi}(\boldsymbol{X})(\boldsymbol{K}+\sigma_d^2\boldsymbol{I})^{-1}(\boldsymbol{X})^{\mathrm{T}}\boldsymbol{\Sigma}_p\boldsymbol{\Phi}(\boldsymbol{X}^*))\end{aligned}\tag{10.9}$$

式中,$\boldsymbol{K}=\boldsymbol{\Phi}(\boldsymbol{X})^{\mathrm{T}}\boldsymbol{\Sigma}_p\boldsymbol{\Phi}(\boldsymbol{X})$。方程(10.9)中,特征空间仅以 $\boldsymbol{\Phi}(\hat{\boldsymbol{X}})^{\mathrm{T}}\boldsymbol{\Sigma}_p\boldsymbol{\Phi}(\hat{\boldsymbol{X}})$ 的形式呈现,其中 $\hat{\boldsymbol{X}}$ 等于 $\boldsymbol{X}$ 或 $\boldsymbol{X}^*$。因此,若要指定如下方程的核函数:

$$k(x,x')=\phi(x)^{\mathrm{T}}\boldsymbol{\Sigma}_p\phi(x')\tag{10.10}$$

则只需指定特征空间的加权内积,不需要指定特征空间。

这里回顾 2.4 节中关于高斯过程的一些讨论,该节将高斯过程定义为一个有限点集为多元正态分布的随机过程,$\boldsymbol{\Phi}(\boldsymbol{X}^*)\boldsymbol{w}$ 的预测分布是一个已知协方差矩阵与核函数相关的高斯过程。

10.2.1 指定核函数

如上文所述,核函数也称为协方差函数,可替代特征空间。也就是说,指定核函数与指定特征空间一样。给出幂指数核函数:

$$k(\boldsymbol{x},\boldsymbol{x}')=\frac{1}{\lambda}\exp\left[-\sum_{k=1}^{p}\beta_k\ |x_k-x_k'|^{\alpha}\right] \tag{10.11}$$

可以证明(Rasmussen 和 Williams,2006)该核函数产生了一个包含无限个基函数的特征空间。参数 β_k^{-1} 可以视为变量 x_k 的长度尺度。幂 α 与模型的光滑度有关:α=2 时,可产生一个无限可微协方差函数。最后,计算模型时,λ 越大,协方差函数值越小,模型就越忽略邻近点。在统计学上解释为:如果 λ 较大,数据就重要,模型需要考虑这一事实。虽然幂指数协方差在实践中最常用,但其他核函数也是可用的。

使用数据矩阵上的核函数时,将矩阵 $K(\boldsymbol{X},\boldsymbol{X}')$ 定义为

$$K(\boldsymbol{X},\boldsymbol{X}')=\begin{pmatrix} k(x_1,x_1') & k(x_1,x_2') & \cdots & k(x_1,x_{n'}') \\ & & \vdots & \\ k(x_n,x_1') & k(x_n,x_2') & \cdots & k(x_n,x_{n'}') \end{pmatrix}$$

矩阵的大小为 $n\times n'$,其中 n 为数据矩阵 $\boldsymbol{X}$ 中的行数,n 为 $\boldsymbol{X}'$中的行数。

10.2.2 $\sigma_d=0$ 时的预测

若假设模型中没有不确定度,即模型误差为零且 $\sigma_d=0$,则可将方程(10.9)简化为

$$\begin{aligned}\Phi(\boldsymbol{X}^*)\ \boldsymbol{w}\ |\boldsymbol{X}^*,\boldsymbol{X},\boldsymbol{y}\sim N(K(\boldsymbol{X}^*,\boldsymbol{X})K(\boldsymbol{X},\boldsymbol{X})^{-1}\boldsymbol{y},K(\boldsymbol{X}^*,\boldsymbol{X}^*)\\ -K(\boldsymbol{X}^*,\boldsymbol{X})K(\boldsymbol{X},\boldsymbol{X})^{-1}K(\boldsymbol{X},\boldsymbol{X}^*))\end{aligned} \tag{10.12}$$

该方程定义了高斯过程的均值函数和协方差函数。均值函数与协方差矩阵的计算均涉及求解 $n\times n$ 的线性方程组。

方程(10.12)定义的回归模型称为高斯过程模型或高斯过程回归(Gaussian Process Regression,GPR)。该模型完全由输入数据和核函数定义,具有明显的灵活性,缺点在于,协方差矩阵和均值函数是由 $n\times n$ 矩阵的逆矩阵定义的。因此,若存在大量训练数据,则计算成本可能会很高。

参数 β_k、α、λ 有时也称为超参数。这一名称表明,这些值是拟合模型所需的,但也会影响模型如何拟合数据。接下来将讨论如何根据数据确定数值,暂时假定这些参数固定。“超参数”一词不仅指这三个参数,还可以指影响模型拟合但数据中未给出的任何参数。

在求导时,隐含的假设是:均值函数的先验均值为零函数(即函数值始终为零的函数)。该假设源于原始的贝叶斯线性回归模型。这种先验分布可以放宽或训练数据可以进行中心化处理(减去均值)。Rasmussen 和 Williams(2006)论证了定义非零均值函数的方式。为达到目的,将假设已对训练数据完成中心化处理。

为了演示高斯过程回归,使用函数 $y=\mathrm{e}^{-x}\sin 4x+(x-1)H(x-1)-0.732$ 生成数据集。得到如下的数据点:

$$x=\{1.475,1.859,0.757,0.665,0.161,0.175,0.185,1.243,0.939,1.606\}$$

和

$$y=\{-0.343,0.269,-0.68,-0.493,-0.221,-0.191,-0.172,-0.767,-0.857,-0.097\}$$

设定 x^* 为 0~2 的 100 个等距点。选择 $\beta=1$、$\alpha=1.9$、$\lambda=1$ 和上述数据拟合高斯过程回归模型,得到图 10.2 中的结果。在图中,高斯过程回归模型进行了数据插值并给出了估算的不确定度(见±2 个标准差置信区间),不确定度在模型外推处增加。此外,均值函数显得光滑,而方程(10.12)给出的分布中的抽样函数并不光滑。

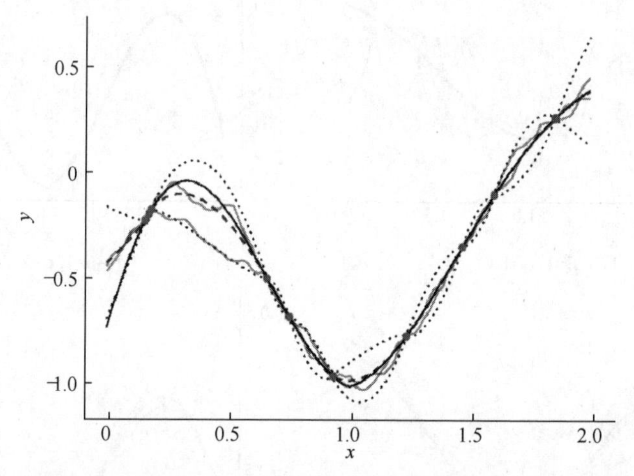

图 10.2 函数 $y=\mathrm{e}^{-x}\sin 4x+(x-1)H(x-1)-0.732$ 的高斯过程回归拟合示例,其中 $H(x)$ 为赫维赛德阶跃函数。图示的 10 个点用于拟合模型,超参数为 $\beta=1$、$\alpha=1.9$、$\lambda=1$。黑色实线表示"真"函数,由短线构成的虚线表示依据方程(10.12)估算的均值函数,由点构成的虚线表示在均值附近的±2 个标准差。除此之外,还显示了两个抽样函数

超参数变化时,结果会如何变化。当超参数从图 10.2 中的标称情况开始变化时,相同数据的结果变化情况如图 10.3 所示。从这些结果可以得知,减小或增大 β 可以调整函数随 x 变化的速度。$\beta=0.5$ 时,邻近的 x 点之间的协方差较大,估算的均值函数与峰值附近的"真"函数不匹配,因为均值函数是基于数据估算的。类似地,当 β 较大时,抽样函数的变化幅度更大。

光滑参数 α 对结果的影响很大。$\alpha=1.1$ 时,表明函数的光滑度低于标称示例的光滑度,则可以看到预测的置信区间更大,抽样函数的变化幅度更大,这种拟合效果显然比标称示例中的拟合效果更差。这是因为除单个点($x=1$)外,试图拟合

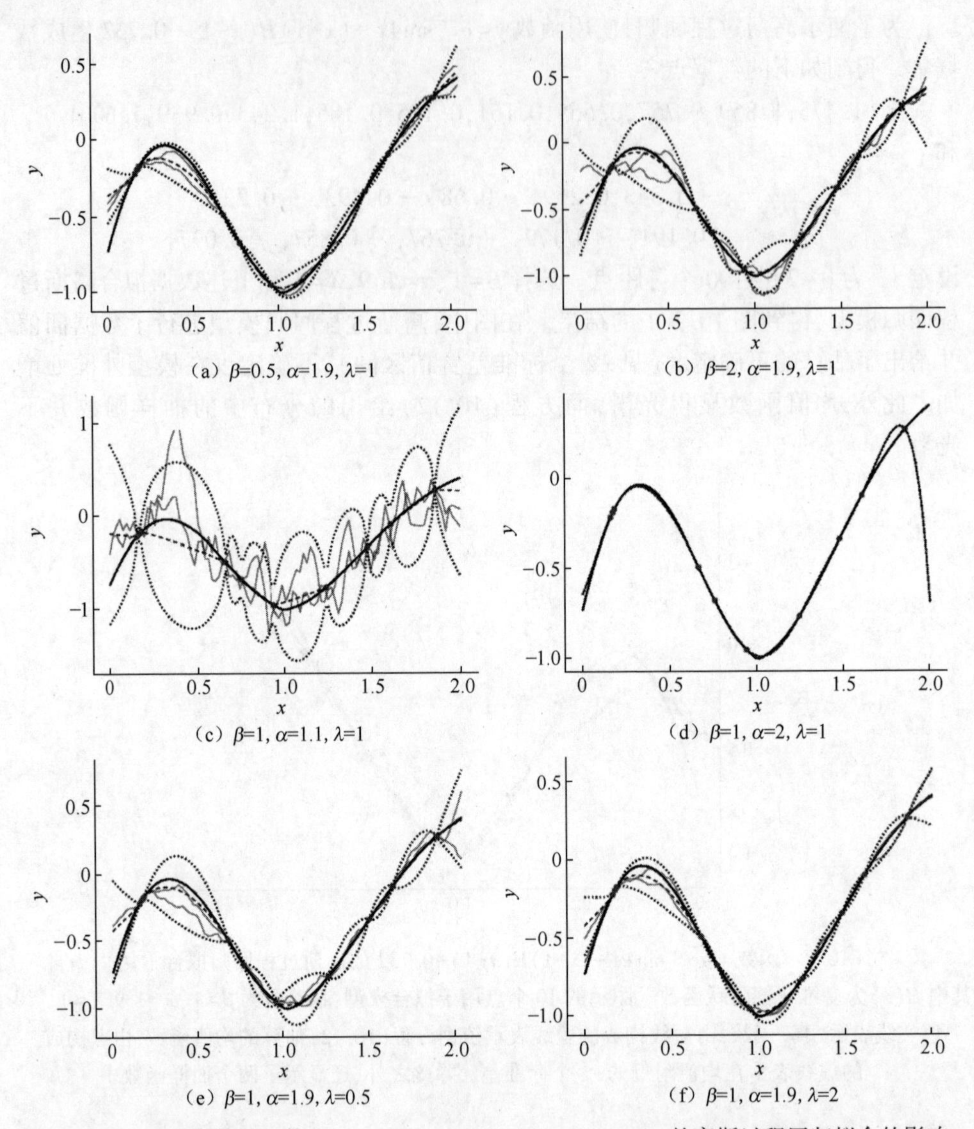

图 10.3 不同超参数对函数 $y=\mathrm{e}^{-x}\sin 4x+(x-1)H(x-1)-0.732$ 的高斯过程回归拟合的影响。黑色实线表示"真"函数,由短线构成的虚线表示依据方程(10.12)估算的均值函数,由点构成的虚线表示在均值附近的±2个标准差。除此之外,还显示了各模型的两个抽样函数

的函数是光滑的。若通过设定 $\alpha=2$ 来增加拟合函数的光滑度,则可以看到拟合结果是一个光滑函数(且抽样函数几乎与均值一致)。这种拟合效果看起来比标称示例要好,只是在接近非光滑点时,预测存在些许误差。此外,在外推或接近训练数据边缘时,这种拟合也存在较大误差。

最后,λ 影响模型的置信度。$\lambda=0.5$ 时的置信区间比 $\lambda=1$ 时的标称示例更

大。增大 λ 会缩小置信区间。

10.2.3 根据噪声数据预测

如果放宽 σ_d 为零的假设，通过以下定义，可以把 $\boldsymbol{\Phi}(\boldsymbol{X}^*)\boldsymbol{w}$ 的后验分布表示为有限样本的高斯过程。

$$\mathrm{cov}(y)=K(\boldsymbol{X},\boldsymbol{X})+\sigma_d^2\boldsymbol{I} \tag{10.13}$$

根据该定义，可将方程(10.9)表示为

$$\begin{aligned}\boldsymbol{\Phi}(\boldsymbol{X}^*)\boldsymbol{w}\mid\boldsymbol{X}^*,\boldsymbol{X},y\sim N(&K(\boldsymbol{X}^*,\boldsymbol{X})\mathrm{cov}(y)^{-1}y,K(\boldsymbol{X}^*,\boldsymbol{X}^*)-\\&K(\boldsymbol{X}^*,\boldsymbol{X})\mathrm{cov}(y)^{-1}K(\boldsymbol{X},\boldsymbol{X}^*))\end{aligned} \tag{10.14}$$

添加的不为零的 σ_d 给出了协方差函数的下限，并使模型在训练数据附近的置信度更低。

我们将修改前文示例，使其包含噪声数据，来检验对所得模型的影响。引入 $\sigma_d=0.05$ 的测量不确定度，并以同样的方式扰动 y 值，使得 $y=\mathrm{e}^{-x}\sin4x+(x-1)H(x-1)-0.732+\varepsilon$，式中，$\varepsilon\sim N(0,\sigma_d^2)$。在这种情况下，由于已知测量不确定度的精确值，因而可以强制高斯过程模型在数据点附近具有准确的不确定度。图 10.4 分别使用 10 个和 25 个训练点显示该模型的两种实现方式，超参数值为 $\beta=1$、$\alpha=1.9$、$\lambda=1$。从图中可以看出，添加噪声数据后，模型的不确定度在数据点处不为零，即数据点处的置信区间不为零。此外，由于数据的可信度因不确定度而降低，数据对推断底层函数形状的影响变小。在 10 个数据点的结果中这种现象尤为明显，0~0.5 的峰值因噪声数据在峰值左侧而被低估。随着训练集数据点增多，此例中总数为 25，可以发现模型中的估计不确定度的确降低，且模型更好地接近真实的底层函数。

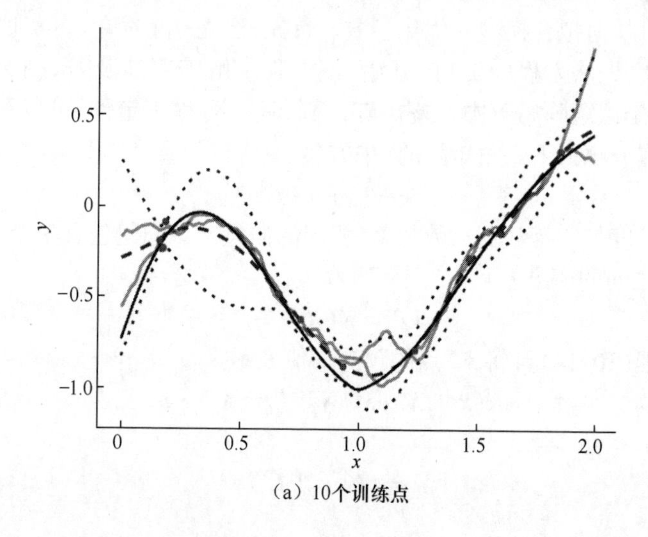

(a) 10个训练点

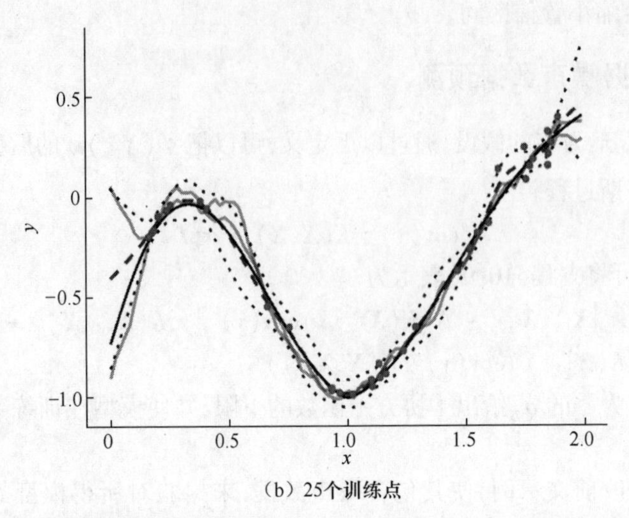

(b) 25个训练点

图 10.4 所用训练点数量不同时,噪声对函数 $y = e^{-x}\sin 4x + (x-1)H(x-1) - 0.732 + \varepsilon$ (其中,$\varepsilon \sim N(0,\sigma_d^2)$)高斯过程回归拟合中因变量的影响。黑色实线为不含噪声数据的"真"函数,由短线构成的虚线表示依据方程(10.14)估算的均值函数,由点构成的虚线表示在均值附近的±2 个标准差。除此以外,还显示了各模型的两个抽样函数

从该例中我们了解了数据 σ_d 是什么并假定了其他参数的数值。10.3 节将解决更常见的问题,即如何在参数未知的情况下拟合高斯过程仿真器。

10.3 拟合高斯过程回归模型

从高斯过程的上述超参数可知,回归模型可能对模型拟合产生很大的影响。接下来将探讨如何拟合模型和优化参数。首先,建立一个简单、可实现的高斯过程仿真器。为此,先从方程(10.14)开始,该方程求解需要涉及 $\text{cov}(y)$ 的两个方程组。此外,由于该矩阵属于协方差矩阵,因而具有对称正定性,可以利用 Cholesky 分解法将矩阵分解为下三角矩阵的"平方":

$$\text{cov}(y) = \boldsymbol{L}\boldsymbol{L}^{\text{T}}$$

还定义一个长度与训练数据点数量 $\boldsymbol{k}^*$ 相同的向量。该向量包含单个预测点 $\boldsymbol{x}^*$ 和训练数据 $\boldsymbol{X}$ 之间的协方差:

$$\boldsymbol{k}^* = K(\boldsymbol{X},\boldsymbol{x}^*) \tag{10.15}$$

然后利用方程(10.14)可将 $\boldsymbol{x}^*$ 点的预测均值表示为

$$K(\boldsymbol{x}^*,\boldsymbol{X})\,\text{cov}(\boldsymbol{y})^{-1}\boldsymbol{y} = \boldsymbol{k}^* \cdot \boldsymbol{u} \tag{10.16}$$

以及

$$\boldsymbol{u} = (\boldsymbol{L}^{\text{T}})^{-1}\boldsymbol{L}^{-1}\boldsymbol{y} \tag{10.17}$$

向量 $\boldsymbol{u}$ 可以通过求解两个三角矩阵来计算;注意该向量不依赖预测点,只取决于数据。所以,可通过向量 $\boldsymbol{u}$ 点乘以预测点的协方差函数,获得 $\boldsymbol{x}^*$ 点的预测均值。方程(10.16)中利用了一个事实:协方差核是其参数的对称函数。

为了计算 $\boldsymbol{x}^*$ 点的预测方差,还需求解一个线性方程组,但在这种情况下,方差确实取决于 $\boldsymbol{k}^*$。根据方程(10.14),可以将单个预测点的方差表示为

$$K(\boldsymbol{x}^*,\boldsymbol{x}^*) - K(\boldsymbol{x}^*,\boldsymbol{X})\operatorname{cov}(\boldsymbol{y})^{-1}K(\boldsymbol{X},x^*) = K(x^*,x^*) - \boldsymbol{k}^* \cdot (\boldsymbol{L}^{\mathrm{T}})^{-1}\boldsymbol{L}^{-1}\boldsymbol{k}^* \tag{10.18}$$

注意,该方程将涉及求解各 $\boldsymbol{x}^*$ 点的线性方程组。此外,还必须求解 $\boldsymbol{x}^*$ 点的协方差函数。

因此,$f^* = \boldsymbol{\Phi}(x*)\boldsymbol{w}$ 的预测均值和方差为

$$E[f^*] = \boldsymbol{k}^* \cdot \boldsymbol{u}, \operatorname{Var}(f^*) = K(x^*,x^*) - k^* \cdot (\boldsymbol{L}^{\mathrm{T}})^{-1}\boldsymbol{L}^{-1}\boldsymbol{k}^* \tag{10.19}$$

基于 Python 的高斯过程回归仿真器拟合参见算法 10.1。该算法是基于 Rasmussen 和 Williams(2006)中的通用算法。定义的协方差函数命名为参数 k。该函数只能取两个参数,即 $k(x,y)$。因此,如果协方差函数中存在其他参数,可以定义一个 lambda 函数,使协方差函数与高斯过程回归函数兼容。算法 10.2 中,定义了一个基于方程(10.11)的协方差函数示例以及一个 lambda 函数示例,使协方差函数与高斯过程回归函数兼容。

算法 10.1 拟合高斯过程回归模型的 Python 代码。假定协方差函数 k 只取两个参数:

```
将 numpy 导入为 np
def GPR(X,y,Xstar,k,sigma_n):
    N=y.size
    #构建协方差矩阵
    K=np.zeros((N,N))
    kstar=np.zeros(N)
    对于范围(N)内的 i:
        对于范围(0,i+1)内的 j:
            K[i,j]=k(X[i,:],X[j,:])
            如果不是(i==j):
                K[j,i]=K[i,j]
            否则:
                K[i,j] += sigma_n**2
#计算 Cholesky 分解
L=np.linalg.cholesky(K)
u=np.linalg.solve(L,y)
u=np.linalg.solve(np.transpose(L),u)
```

```
#现在循环超过预测点
    Nstar=Xstar.shape[0]
ystar=np.zeros(Nstar)
varstar=np.zeros(Nstar)
kstar=np.zeros(N)
对于范围(Nstar)内的 i:
    #填写 kstar
    对于范围(N)内的 j:
        kstar[j]=k(Xstar[i,:],X[j,:])
    ystar[i]=np.dot(u,kstar)
    tmp_var=np.linalg.solve(L,kstar)
    varstar[i]=k(Xstar[i,:],Xstar[i,:])
    - np.dot(tmp_var,tmp_var)
返回 ystar,varstar
```

算法 10.2 算法 10.1 中与高斯过程回归模型结合使用的协方差函数示例

```
def cov(x,y,beta,l,alpha):
    exponent=np.sum(beta * np.abs(x-y) * * alpha)
    返回 1/l * np.exp(-exponent)
beta=[1.0,2.0]
lambda=1.0
alpha=1.9
k=lambda x,y: cov(x,y,beta,lambda,alpha)
```

以上提供了一种方法在给定的数据下拟合高斯过程仿真器并计算 $\boldsymbol{x}^*$ 点处的值,但并未提供选择超参数的方法。我们可以使用交叉验证法来估计超参数。在此过程,选择超参数集的值,使用 N-1 个点构建模型,计算在未用于构建模型的点 f^* 处的预测均值和方差。这类交叉验证称为"留一法"交叉验证,因为这种方法会反复留下一个实例用于测试,而将其他实例用作训练数据。对单点进行预测,可以利用由模型预测的均值与方差根据正态分布计算实际值 y 的似然。然后重复 N 次,计算在相同超参数值 $\varepsilon(t)$ 下每次测试的似然之和(t 为超参数集)。此时面临一个优化问题:让基于超参数预测的似然之和尽可能的大。求解优化问题时超参数应受到合理限制,得到的高斯过程模型在新数据点的预测有很大可能是"正确的"。

算法 10.3 提供了一个 Python 函数,由该函数进行交叉验证,可以计算预测点的似然之和。该函数可以作为 Python 语言 SciPy 包中优化函数的一个输入,以便找到能使预测似然最大的超参数。

算法 10.3　对高斯过程回归模型进行留一法交叉验证的交叉验证函数。函数返回各预测点的似然之和：

```
来自 scipy.stats import norm
def cross_validate(X,y,k,sigma_n):
    assert X.shape[0] = = y.size
    N=y.size
    total_like=0
    对于范围(N)内的 i:
        Xstar=np.reshape(X[i,:],(1,X.shape[1]))
        Xtmp=X[np.arange(N) ! = i,:]
        ytmp=y[np.arange(N) ! = i]
        ystar,varstar=GPR(Xtmp,ytmp,Xstar,k,sigma_n)
        total_like += norm.pdf(ystar-y[i],
                               scale=math.sqrt(varstar))
    返回 total_like
```

为了用本节中定义的算法演示高斯过程拟合，运行一组 McClarren 等(2011)和 Stripling 等(2013)报告的铍盘内激光驱动冲击模拟。这些数据中，关注量选择为冲击突破时间，有 5 个变化参数：铍盘厚度、激光能量、铍的 γ 数(理想气体状态方程中的一个参数)、壁面不透明度、通量限制器，更多参数信息参见 McClarren 等(2011)的著作。关注量作为这些参数的函数，如图 10.5 所示。根据图中突破时间随参数变化的趋势，可以观察到铍盘厚度、铍的 γ 数是相当重要的参数。

现在将这些数据代入上文定义的高斯过程回归函数。首先，将各变量减去各自的最大值与最小值的均值再除以两者差构成的值域，进行归一化、中心化处理，由此得到各参数变化范围为-0.5~0.5。其次，使用交叉验证法和优化函数，得到超参数的最佳取值。我们打算通过设置超参数取值范围，保证超参数具有物理意义。在这个例子中，由于使用了幂指数协方差函数，β_i 的范围设置为[0.001,10]，λ 的变化范围为[0.001,10]，α 固定为 2 且在问题中始终不变。此外，观察发现模拟数据不受噪声影响(即相同条件的再次模拟会得到相同的结果)，设置 $\sigma_d=0$。拟合模型时，将数据分成测试集与训练集，80%的数据随机放在训练集中，确保使用交叉验证法和最大化模型似然时不会过度拟合现有数据。

利用算法 10.3 中提供的交叉验证法和 scipy.optimize 中的最小化函数，得到从 $\beta=(1,1,1.5,0.01,0.05)$ 和 $\lambda=1$ 开始的最大似然值。拟合结果如图 10.6 所示。最优值为

$$\beta=(0.98944159,0.95621941,1.50252907,0.02134776,0.04615761)$$

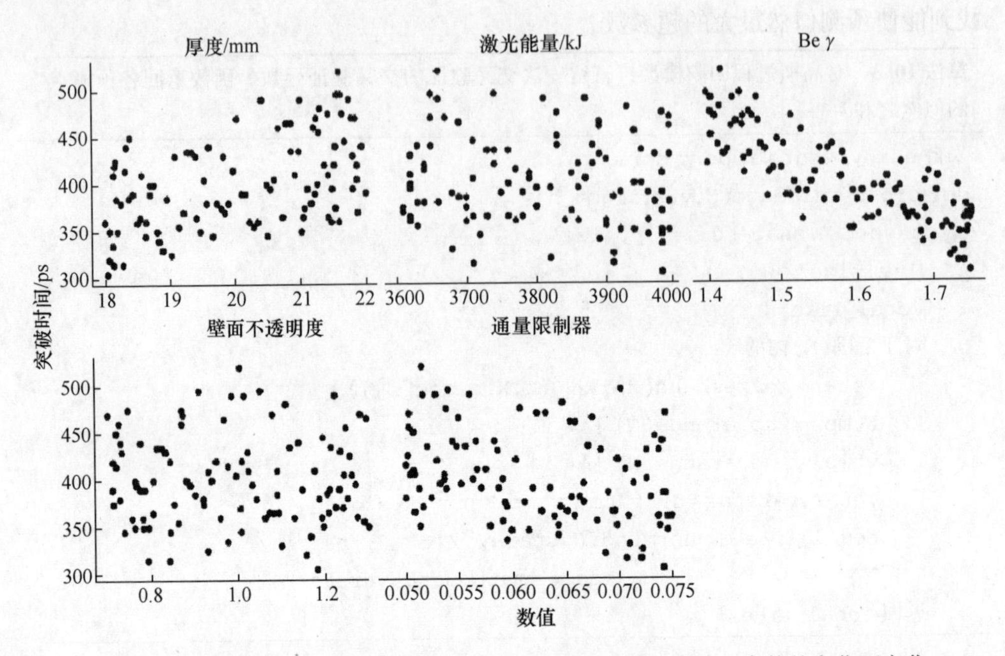

图 10.5 激光驱动冲击模拟时,关注量冲击突破时间随5个输入参数的变化而变化

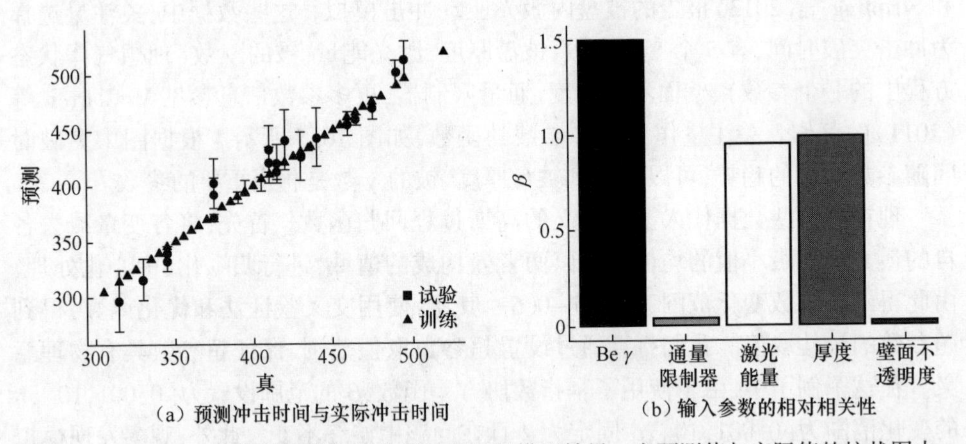

(a) 预测冲击时间与实际冲击时间　(b) 输入参数的相对相关性

图 10.6 根据80%模拟数据拟合的高斯过程回归模型结果。在预测值与实际值的柱状图中,误差带是预测值中估算的标准差的两倍

结果表明:由于β值变化不大,所以是从似然值的局部最大值附近开始查找的。也表明了铍的γ值是预测突破时间的最重要输入变量。由于对输入变量进行了归一化,β值可以表明哪些变量对协方差函数的影响最大:β_i值越大,表明其对应的变量越重要。β_i值有时称为相对相关性。这个例子中,相对相关性表明,铍的γ数、激光能量和圆盘厚度是影响冲击突破时间的关键变量。

从图 10.6 中可以看出,高斯过程回归模型精确地预测了训练数据(与设定 $\sigma_d=0$后的预期情况一样),而一些测试数据点存在略微不一致。在许多测试点,实际值在预测值的±2 个标准差范围内,部分实际值在该范围之外。大体上,预测的平均误差为 9.74ps。

10.4　高斯过程回归模型的缺点与备选模型

高斯过程回归模型最常见的负面反馈是,存在大量训练数据时,构建模型的成本很高。这是因为构建模型时,需要对尺度相当于训练点数量的稠密矩阵进行 Cholesky 分解;对稠密矩阵进行 Cholesky 分解时,需要对尺度为 N 的矩阵进行 $O(N^3)$运算。常见的做法是构建许多高斯过程回归模型,从中找到最优模型,这在上文中已提到且在 10.5 节中将会继续予以说明,因而成本还要乘以构建的模型数量。为此,已经对仅包含数据子集的局部高斯过程模型开展研究(Gramacy 和 Apley,2015),显示可以有效实施(Gramacy 等,2014)。

本章所用的高斯过程模型涉及的另一个问题是,协方差核被用到了整个输入空间;也就是说,我们假设协方差函数是一种平稳函数。在许多问题中,协方差函数的性质需要在不同的区域内变化。在这类问题中尤为突出:因变量在较大的空间区域内属于常量,一旦越过某一阈值后就开始变化。为了解决这个问题,Gramacy 和 Lee(2008)建立了一个混合树-高斯过程模型,该模型允许协方差函数在输入数据的范围内变化。

事实上,高斯过程回归并非构建计算机仿真器的唯一可行方法。也有人用过 Denison 等(2002,1998)的贝叶斯多元自适应回归样条(Multiple Adaptive Regression Splines,MARS)法成功地建立了计算机模拟模型。该方法利用分段多项式函数与数据相拟合。这些方法可以自动解决一些涉及非平稳协方差的问题,拟合贝叶斯多元自适应回归样条模型的底层计算可通过最小二乘方法高效实现。

高斯过程模型方法与贝叶斯多元自适应回归样条法只是机器学习方法的两个例子,用于寻找给定数据集的底层函数。完整探讨机器学习方法应包含神经网络,该方法可以确定输入/输出数据集拟合的函数用于解决各种问题(LeCun 等,2015),包括针对复杂多学科问题的计算机模拟构建代理模型(Spears,2017;Humbird 等,2017),以及发现物理定律(Raissi 和 Karniadakis,2018)。此外,神经网络理论表明,正则化神经网络的常用方法随机失活(dropout)等效于高斯过程(Gal 和 Ghahramani,2016),由此建立了高斯过程方法与神经网络的联系。

除神经网络之外,基于决策树的方法也是开发代理模型的常用黑盒子方法。尤其是随机森林法,集成多棵决策树来进行预测(Breiman,2001),几乎没有需调整的超参数,且可以针对各种问题提供良好的解决方案。例如,把随机森林用作替代模拟数据,用于发现在实验中增加核聚变数量的新方法(Peterson 等,2017),并了解何时会违反数学模型假设(Ling,2015)。随机森林和神经网络的组合也表明有希望建立模拟数据的仿真器(Humbird 等,2017)。

10.5 注释和参考资料

Rasmussen 和 Williams(2006)的专著全文对回归和分类用的高斯过程模型进行了探讨。可以通过 Python 语言的 sklearn 库实现高斯过程回归,也可以通过 R 语言的 tgp 包实现高斯过程回归(Gramacy 等,2007)。

10.6 练　　习

1. 证明基于权值得到方程(10.2)的最大似然,会产生标准最小二乘回归模型。

2. 考虑函数:

$$f(x,k)=\frac{1}{1+e^{kx}}+\varepsilon$$

式中,$\varepsilon \sim N(0,0.1^2)$。根据 $x\in[-2,2]$ 与 $k\in[1,10]$ 的函数,生成 100 个样本。使用正确的测量不确定度,$\alpha=2$ 和 β_i-1,用随 x 和 k 的变化而变化的数据拟合高斯过程回归模型。比较结果与真函数。从超参数附近开始搜索,找到超参数的最大似然值,反复练习。

第 11 章　通过模拟、测量和代理得出的预测模型

在本章中,我们提出了使用统计模型将实验/测量与模拟数据融合的想法。我们将利用高斯过程模型来对模拟结果以及模拟和实验之间的差异进行建模。所有这些方法背后的想法都是构建一个模型,通过训练将测量和模拟之间的差异用校准参数来表示,并在必要时找出结果和模拟之间差异的函数。关于校准和 Kennedy-O'Hagan 模型的符号及形式参见 Higdon 等(2004)的讨论。我们鼓励感兴趣的读者查阅上述作者的文章,以了解这些模型的更多应用。我们还介绍了关于模拟层次的想法以及如何将各个层次的模拟结合起来,包括如何使用可以"零成本"求解的低保真模型。

11.1　校　　准

首先探讨校准问题。针对校准问题,我们拥有计算机模型(即模拟工具)。当某些参数经恰当校准得到正确值时,该模型是我们认为在实验中能测量出真实关注量的有效模型。这些校准参数可以是湍流模型、本构模型,甚至是现象学模型等近似模型中的系数。我们可能得出这些参数的边界值甚至估计值。

我们用 $\boldsymbol{t}=(t_1,t_2,\cdots,t_q)^{\mathrm{T}}$ 表示校准参数,用 $\boldsymbol{x}=(x_1,x_2,\cdots,x_p)^{\mathrm{T}}$ 表示可控参数,以此将校准参数与受控实验参数区分开来。将关注量的模拟预测结果表示为 $\boldsymbol{x}$ 和 $\boldsymbol{t}$ 的函数 $\boldsymbol{\eta}(\boldsymbol{x},\boldsymbol{t})$。如果关注量 y 存在 N 个测量值,那么校准问题可用下列公式表示:

$$y(\boldsymbol{x}_i)=\boldsymbol{\eta}(\boldsymbol{x}_i,\boldsymbol{t}_i)+\varepsilon_i,\ i=1,2,\cdots,N$$

在这个问题中,我们将关注量的模拟和测量之间的所有差异用测量误差 ε 来表示。此外,我们还特意将 y 表示为 $\boldsymbol{x}$ 的函数,而非 $\boldsymbol{t}$ 的函数。这是因为通常校准参数可能不存在物理解释:我们在代码中引入这些参数是为了更好地解决问题。换言之,这些校准参数不会对本质产生影响。

校准问题提供了一种简单直接的方法,试图结合实验数据和模拟数据来改进模拟。不过,目前我们尚不清楚如何解决这个问题,也未针对这个问题的解决做出具体说明。由于该问题与统计相关,并结合了确定性信息(模拟器)和随机信息(测量),解决该问题的合理方法是使用贝叶斯法则。

要使用贝叶斯法则，我们需要为校准参数和测量误差指定先验。校准参数通常存在数值区间（各参数可在相应区间取值）或者其他可用信息用来构造先验。测量误差通常由实验者根据可用于得出先验的某种分布提供。值得注意的是，切勿总是假设实验得出的测量误差呈正态分布，即便实验中使用了正态随机变量的术语（如标准差）。根据笔者的经验，通过进一步的研究，会发现某些来源的误差并非呈正态分布。

如果提供了校准参数和测量误差的先验，我们就可以利用贝叶斯法则来更新$\boldsymbol{t}$的估计值及测量误差分布（给定一组测量值$\boldsymbol{y}$），并用下式表示：

$$\boldsymbol{\pi}(\boldsymbol{t},\varepsilon \mid \boldsymbol{y},\boldsymbol{x}) = \frac{f(\boldsymbol{y} \mid \boldsymbol{x},\boldsymbol{t},\varepsilon)\boldsymbol{\pi}(\boldsymbol{t})\boldsymbol{\pi}(\varepsilon)}{\int \mathrm{d}t \int \mathrm{d}\varepsilon f(\boldsymbol{y} \mid \boldsymbol{x},\boldsymbol{t},\varepsilon)\boldsymbol{\pi}(\boldsymbol{t})\boldsymbol{\pi}(\varepsilon)} \tag{11.1}$$

11.1.1 简单校准示例

可能实验误差已经充分表征，并且我们了解分布的特征。我们将探讨测量误差分布已知的情况下如何进行校准。如果测量误差是独立的，并且每个误差都呈正态分布，且均值为零、标准差为$\boldsymbol{\sigma}$，那么可以将式（11.1）的似然函数表示为

$$f(\boldsymbol{y} \mid \boldsymbol{x},\boldsymbol{t},\varepsilon) = \frac{1}{(2\pi)^{N/2\sigma^N}}\exp\left[-\frac{1}{2\sigma^2}\sum_{i=1}^{N}\left(y(\boldsymbol{x}_i) - \boldsymbol{\eta}(\boldsymbol{x}_i,\boldsymbol{t}_i)\right)^2\right] \tag{11.2}$$

如此一来，后验分布可以表示为

$$\boldsymbol{\pi}(\boldsymbol{t},\varepsilon \mid \boldsymbol{y},\boldsymbol{x}) = \frac{f(\boldsymbol{y} \mid \boldsymbol{x},\boldsymbol{t},\varepsilon)\boldsymbol{\pi}(\boldsymbol{t})}{\int \mathrm{d}t f(\boldsymbol{y} \mid \boldsymbol{x},\boldsymbol{t},\varepsilon)\boldsymbol{\pi}(\boldsymbol{t})} \tag{11.3}$$

为了进一步探讨这种情况，我们考虑一个简单的实验，用于测量重力加速度。我们使静止物体在真空容器中从已知高度坠落，并测量其坠落到容器底部的时间。利用简单的运动学模型得出物体坠落距离x（单位：m）所用的时间y（单位：s）为

$$\boldsymbol{\eta}(x,g) = \sqrt{\frac{2x}{g}}$$

式中，g（单位：$\mathrm{m/s^2}$）为校准参数。我们获得了以下测量值和模型计算值：

$$x[\mathrm{m}] = \{11.3315, 10.1265, 10.5592, 11.7906, 10.8204\}$$

$$y[\mathrm{s}] = \{1.51877, 1.43567, 1.46605, 1.54926, 1.48409\}$$

我们还知道测量误差呈正态分布，且均值为零、标准差为0.001s。g的先验分布为正态分布，且均值为$9.81\mathrm{m/s^2}$、标准差为$0.01\mathrm{m/s^2}$。使用数值积分求解后验分布，得到g的后验分布对数为

$$\log\boldsymbol{\pi}(g \mid \boldsymbol{y},\boldsymbol{x}) \approx -200g^2 + 3924g + \frac{3.486 \times 10^7}{\sqrt{g}} - \frac{5.463 \times 10^7}{g} - 5.58 \times 10^6$$

该校准的结果如图 11.1 和图 11.2 所示。时间的先验估计值和后验估计值以及置信区间如图 11.2 所示。显然,测量数据选择的 g 值与测量误差范围内的数据一致。此外,可以看到,当我们比较图 11.1 中 g 的后验分布与先验分布的区间宽度时,这 5 个测量值使我们对 g 的认识有所提高。

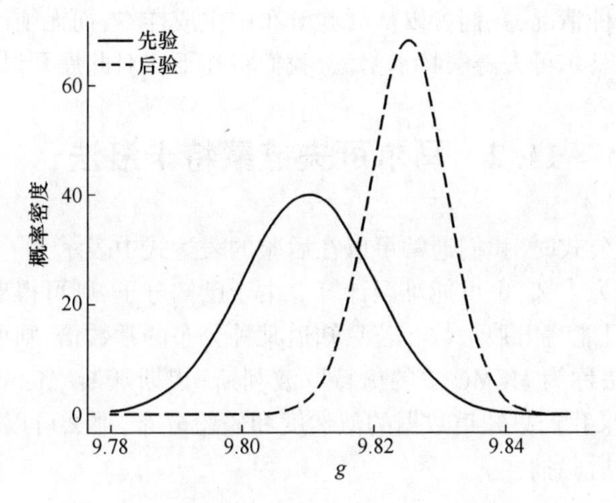

图 11.1 5 次测量后校准示例的后验和先验分布比较

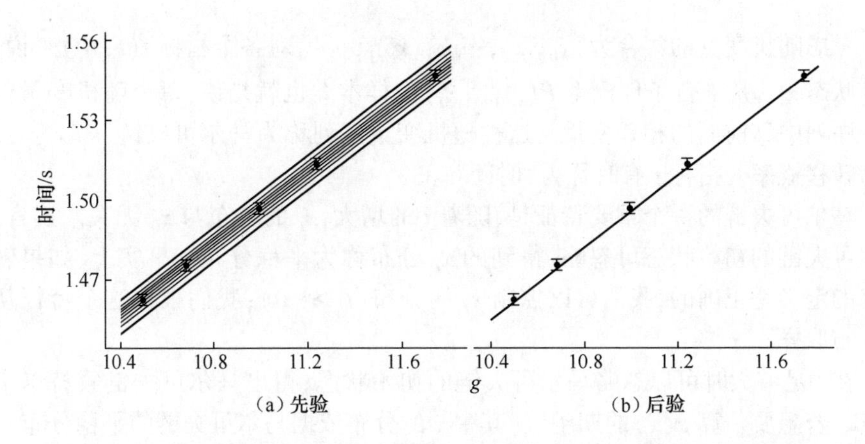

图 11.2 校准前后利用模型得出的结果。这些线条表示利用模型得出的结果,其中 g 分别选自先验分布和后验分布的第 5 个、15 个、…、85 个、95 个百分位数。这些点是具有两个标准差不确定度的实验测量值

11.1.2 测量误差未知情况下的校准

由于一些原因,上述例子很简单。其中两个原因与校准问题的公式有关:该公式只有一个校准变量,且实验测量不确定度是已知的。关注量求解是“零成本

的”,因此校准操作变得简单。我们可以通过数值积分对贝叶斯公式求积,并得到闭式先验分布。在实践中,大多数关注量的计算都需要运行计算机代码,而我们不可能像对贝叶斯公式中的分母进行数值求积那样多次计算,并且每次求解后验分布都需要再对关注量求解一次。

为了应对这种情况,我们可以从后验分布中生成样本,而无须计算分母中的积分。抽样方法为马尔可夫链蒙特卡洛法,我们将在下文对此展开讨论。

11.2 马尔可夫链蒙特卡洛法

求解贝叶斯公式时,我们通常可以在后验的表达式中表示分子,但是将分布归一化的分母可能为未知,也可能难以计算。由于已知分子,则可得出后验分布的表达式,但是最多只能写出乘常数。若只知道某种分布的常数倍,则可根据该分布生成样本,这种方法称为 MCMC 法的梅特罗波利斯-黑斯廷斯(Metropolis-Hastings,M-H)算法。如果我们只知道数据的似然度和先验分布,那么可以使用该算法,根据贝叶斯公式对后验抽样。

11.2.1 马尔可夫链

考虑随机变量的集合为$\{x_0, x_1, \cdots, x_t, x_{t+1}, \cdots\}$,对各个指标 $t(t\geqslant 0)$来说,下一个状态 x_{t+1}是来自条件概率 $P(x_{t+1} \mid x_t)$的样本。也就是说,每个随机变量仅取决于序列中其前面的相邻变量。这种随机变量序列称为马尔可夫链,$P(x_{t+1} \mid x_t)$称为转移概率。指标 t 有时称为“时间”。

马尔可夫链的一个重要特征是,随着 t 的增大,x_t 的分布与 x_0 无关。换言之,马尔可夫链的初始状态可忽略,得到的 x_t 分布称为平稳分布。事实上,如果转移概率的定义是正确的,我们可以控制 x_t 的分布($t \gg 0$);我们根据这个特征从后验分布取样。

在 t 足够大时可以忽略马尔可夫链的初始状态,得出马尔可夫链蒙特卡洛估计量。若想要估算 $g(x)$的期望值(其中 x 的分布依据马尔可夫链的平稳分布),则定义时间 m,一旦 $t>m$,就实现了平稳分布。这个丢弃样本的时间段称为“预烧”期,得到的估计量为

$$E[g(x)] \approx \frac{1}{n-m}\sum_{t=m+1}^{n} g(x_t) \tag{11.4}$$

“预烧”时长的选择非常重要,下文接着讨论。

11.2.2 M-H 算法

我们希望构造呈平稳分布的马尔可夫链,使其作为贝叶斯公式的后验分布。

M-H 算法提供了一种完成这项任务的方法。我们将其称为非归一化目标分布 $\hat{p}(x)$，前提是我们能够计算先验函数和似然函数的乘积。M-H 算法是一种拒绝抽样法，使用非目标分布来生成拟定样本。该算法从建议分布 $q(y\mid x_t)$ 开始，建议分布由当前的马尔可夫链状态决定。在实践中，通常选择具有均值 x_t 的多元正态分布为建议分布。通过从 $q(y\mid x_t)$ 抽取 y 的一个样本。那么 y 的接受概率计算如下：

$$\alpha(x_t,y)=\min\left(1,\frac{\dfrac{\hat{p}(y)}{q(y|x_t)}}{\dfrac{\hat{p}(x_t)}{q(x_t|y)}}\right)=\min(1,\frac{\hat{p}(y)q(x_t|y)}{\hat{p}(x_t)q(y|x_t)}) \tag{11.5}$$

接受概率的定义是，如果建议点与其被建议概率之比大于当前链状态的似然度与其从 y 开始被建议的概率之比，那么始终接受该建议。换言之，如果与当前链返回到 x_t 的似然度相比，似然度的增加相对于被建议的似然度高，我们就接受。否则，基于式(11.5)中的比率，我们以一定概率接受。如此一来，马尔可夫链就不会卡在局部最大值，而是存在具有某种概率的较小似然度。

若建议 y 被接受，则 $x_{t+1}=y$，否则马尔可夫链不变，且 $x_{t+1}=x_t$。M-H 算法参见算法 11.1。

M-H 算法生成一个马尔可夫链，其中平稳分布是 $\hat{p}$ 的恰当归一化形式。此外，一旦 M-H 算法从目标分布生成样本，所有后续样本也将来自目标分布。这解释了预烧期存在的必要性。在 11.2.3 节中，我们将演示利用 M-H 算法创建的平稳分布的特征。可选择性阅读此部分内容，这些内容不会影响对本章其余内容的理解。

算法 11.1 从具有非归一化平稳分布 $p(x)$ 的马尔可夫链生成样本的 M-H 算法

```
Pick x_0
    for t = 0 to T do
        样本 y ~ q( · | x_t)。
        根据方程(11.5)计算 α(x_t, y)。
        样本 u~U(0,1)。
        若u ≤α(x_t,y),则
            设 x_{t+1} = y
        否则
            设 x_{t+1} = x_t
        end if
    end for
```

11.2.3 M–H 算法的特点

我们考虑了这样一种情况:目标分布为根据贝叶斯公式得出的后验分布,即

$$\hat{p}(x) \equiv \pi(x|D)\int p(D|x)\pi(x)\,\mathrm{d}x = p(D|x)\pi(x) \tag{11.6}$$

式中,D 表示我们拥有的数据;$p(D \mid x)$ 是以 x 值为条件的数据似然度;$\pi(x)$ 是 x 上的先验函数。根据式(11.5),由 $\alpha(x_t, y)$ 的定义得出

$$\alpha(x_t,y) = \min\left(1,\frac{\pi(y|D)q(x_t|y)}{\pi(x_t|D)q(y|x_t)}\right)$$

$$= \min\left(1,\frac{\hat{p}(y)q(x_t|y)}{\hat{p}(x_t)q(y|x_t)}\right)$$

注意,由于归一化常数取消,后验分布出现在 α 的表达式中。通过处理这个方程,可以得到等式:

$$\pi(x_t|D)q(x_{t+1}|x_t)\alpha(x_t,x_{t+1}) = \pi(x_{t+1}|D)q(x_t|x_{t+1})\alpha(x_{t+1},x_t) \tag{11.7}$$

我们注意到,$q(x_{t+1}|x_t)\alpha(x_t, x_{t+1})$是从 x_t 转移到 x_{t+1} 的概率密度(提议 x_{t+1} 的概率密度乘以接受概率)。因此

$$P(x_{t+1}|x_t) = q(x_{t+1}|x_t)\alpha(x_t,x_{t+1})$$

因此,由式(11.7)得出细致平衡方程:

$$\pi(x_t|D)P(x_{t+1}|x_t) = \pi(x_{t+1}|D)P(x_t|x_{t+1}) \tag{11.8}$$

该方程表明,从 x_t 转移到状态 x_{t+1} 的概率与从状态 x_{t+1} 转移到状态 x_t 的概率相同。这样的马尔可夫链是可逆的。

如果在 x_t 的所有值条件下对细致平衡方程求积,我们得

$$\int\pi(x_t|D)P(x_{t+1}|x_t)\,\mathrm{d}x_t = \pi(x_{t+1}|D)\overbrace{\int P(x_t|x_{t+1})\,\mathrm{d}x_t}^{1} \tag{11.9}$$

式(11.9)中的结果表示在状态 x_{t+1} 下求解的后验分布,因为状态 x_t 是来自后验的样本。根据马尔可夫链平稳分布的特性,只要有一个样本 x_t 来自后验分布,那么后续所有样本也将来自后验分布。因此,经过足够长的样品预烧期后,x_t 将是来自 $\pi(x \mid D)$ 的样本。

11.2.4 关于 M–H 算法的进一步讨论

Metropolis 等提出的原始算法(1953)具有对称的建议分布,即 $q(y \mid x) = q(x \mid y)$。由于式(11.5)中的建议分布被抵消,$\alpha$ 的计算变得更加容易。该原始算法用于针对统计力学的计算生成可能的原子构型,在这种情况下,原子将遵循细致平衡,能量分布是已知的,最多具有一个乘积因子。在实践中 q 需要具有更普遍的灵活性,这一点非常有用。

可根据 M-H 算法衍生出其他算法,提高该算法的效果。例如,尝试从多元分布中抽样时,可以一次提议一个维度的点。这将提高建议的接受率,因为 d 维空间中产生接受点的似然度小于单维空间的似然度。例如,若 d 维中的每个维度都是根据独立分布提出的,并且任何单个维度的接受概率为 θ,则接受 d 维建议的概率为 $\theta^d \leqslant \theta$。

根据 M-H 算法衍生出的一种常见的单维度抽样法,也称为 Gibbs 抽样法。该方法对维度 i 使用状态 $t+1$ 的建议分布,即以 $j<i$ 时的 $x_{j,t+1}$ 值和 $j>i$ 时的 $x_{j,t}$ 值为条件的目标分布。该建议分布能够确保该建议被接受。要使用该方法,必须能够根据条件目标分布完成计算/抽样。一些贝叶斯模型非常适合这种类型的抽样。

也可以用 M-H 算法并行地生成几个马尔可夫链。如果我们能够访问多个处理器,每个处理器可以生成一个独立的马尔可夫链,该马尔可夫链将对目标分布进行抽样(根据随机建议分布生成不同的样本)。此外,还可以跨链,在平行链之间交换链状态的某些维度。例如,若有两个链并行运行,且样本中有 p 个维度,则在马尔可夫链中每进行 τ 个步骤之后,链 1 的第一个 $p/2$ 个维度与链 2 的第一个 $p/2$ 个维度交换,以获得新的建议分布。这具有混合马尔可夫链的效果,可以更好地探索状态空间。

遗憾的是,预烧时长更像是一门艺术,而不是一门科学。一般建议是使用总样品的 1%~2% 预烧(Gilks 和 Spiegelhalter,1996)。已经研究出诊断方法,试图提醒何时完成预烧。但是,对于给定的诊断方法,可以证明能够创建一个链避开这种诊断。因此,有必要对链进行监控(并通过从单个链中提取子链或使用平行链来研究不同长度的链),以确定链的特性是否稳定。

在预烧期间,通常最好监测一段时间内链的接受率,并调整建议分布,直到单变量的抽样器接受率约为 0.5,或者对于具有大量维度的多元情况抽样器接受率约为 0.23(Roberts 等,1997)。这将确保链在探索状态空间(取大步长)和丢弃太多样本(浪费精力生成样本)之间取得平衡。

最后,我们注意到,在实际应用中,可以修改式(11.4)中的估计量,以处理链中的自相关问题。链中的值与以前的值相关,这是因为算法能够拒绝建议,并且该建议可能是当前链状态的函数。为了在估计量中说明这一点,通常会引入一个抽样周期 s,这样只有链上的每 s 个状态都包括在估计量中。

$$E[g(x)] \approx \frac{1}{n_s} \sum_{t=m+1}^{n} g(x_t) \delta_{0,t \bmod s} \tag{11.10}$$

式中,n_s 为在估计量中使用的 $m+1$ 和 n 之间的点数。该估计量有助于抵消样本的自相关性。可以选择 s 的值,以便在样本点之间出现多次接受的可能性。也可根据链的自相关性选择 s:自相关性越大,需要的 s 越大。因此,若自相关性越大,则估计量中使用的样本数量越少。据称,实际运用中默认取值 $s=5$(Denison 等,

2002)。

11.2.5 MCMC法抽样示例

为了举例说明M-H算法,我们考虑从标准正态分布$N(0, 1)$中取样。虽然有更好的方法可以完成这项任务,但我们还是可以使用M-H算法。关于这项任务,该方法的有趣之处在于,我们可以利用不同的分布来提出新的点。尤其是,我们可以利用建议分布$N(x_t, \sigma^2)$,其中σ具有不同的值。如此一来,我们可以使用非标准正态分布的样本对标准正态分布进行抽样。

图11.3显示了在建议分布中不同的σ值下,采用M-H算法生成的马尔可夫链(初始状态$x_0 = 3$)。当$\sigma = 0.01$时,马尔可夫链距初始状态还不算太远。这表明,建议分布没有生成距马尔可夫链当前状态足够远的样本。此外,马尔可夫链的接受率也很低。当$\sigma = 0.1$时,马尔可夫链对建议分布的接受率超过89%,并且也确实开始对目标分布进行探索。但是,与基于$\sigma=1$建议分布和上述理论相比,$\sigma=0.1$的结果接受率太高,动态范围不够。建议分布远离当前链状态时(如$\sigma=10$的结果),接受率可能较低。这些结果确实探索了目标分布的范围,代价是丢弃了许多样本。

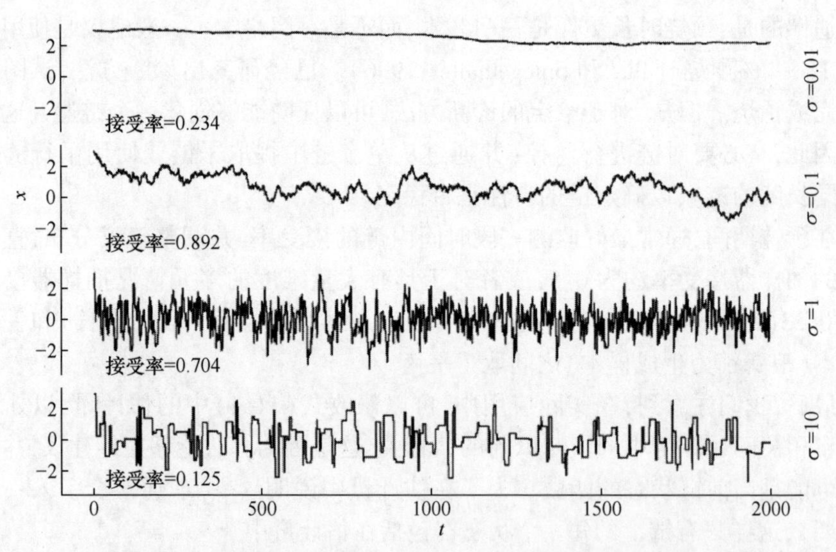

图11.3 采用目标分布的标准正态分布$\hat{p}(x) = \phi(x)$和不同σ值的建议分布$N(x_t, \sigma^2)$,并运用M-H算法生成的马尔可夫链,各链起始点为$x_0 = 3$

这些链延续到10^5个点。使用10^4的预烧时长并在每10个点处选取一点,生成图11.4中的直方图。在这些直方图中,我们看到$\sigma \geq 0.1$的结果分布似乎是标准正态分布,计算的均值和标准差分别与预期值0和1之间存在合理的一致性。

然而,$\sigma=0.01$ 的结果并没有产生近似于标准正态分布的样本。可以通过延长链算法运行时间来生成一个合理的直方图。

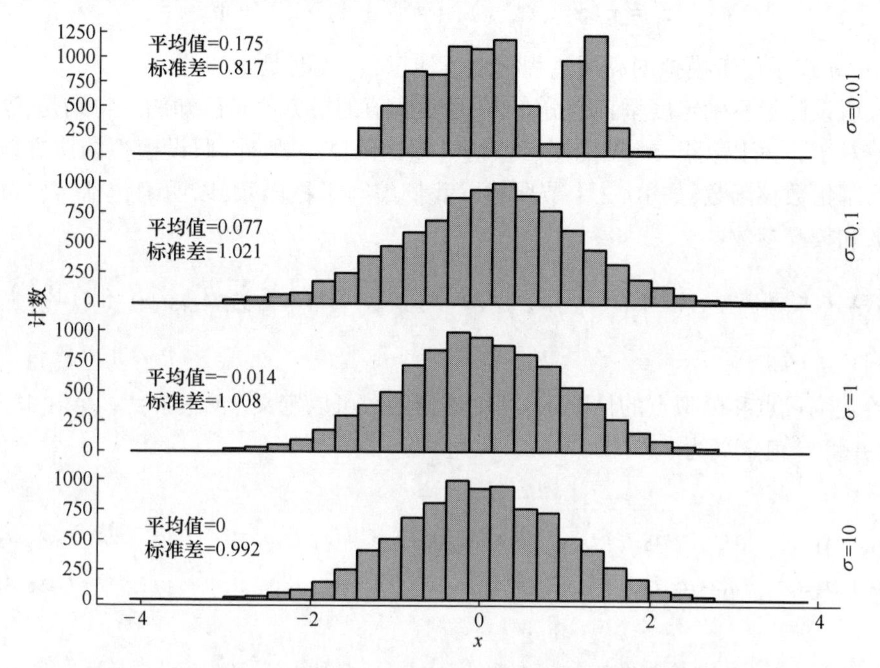

图 11.4 长度为 10^5 的马尔可夫链,其中预烧期为 10^4,抽样周期为 10,采用 M-H 算法,以标准正态分布为目标分布($\hat{p}(x)=\phi(x)$)和建议分布 $N(x_t,\sigma^2)$,在不同 σ 值下生成的直方图

11.3 采用 MCMC 法校准

可以利用 MCMC 法从校准参数 $\boldsymbol{t}$ 的后验分布中抽样。有了这种方法,我们可以根据有限的模拟输出次数从后验中获得样本。为了提出这个问题,我们考虑在点 $\boldsymbol{x}_i$ 上有 N 个测量值的情况,即 $\{y(\boldsymbol{x}_1),\cdots,y(\boldsymbol{x}_N)\}$。在这些点上,我们希望知道校准后的模拟值 $\{\boldsymbol{\eta}(\boldsymbol{x}_1,\boldsymbol{t}_c),\cdots,\boldsymbol{\eta}(\boldsymbol{x}_N,\boldsymbol{t}_c)\}$。在输入空间的其他点上也有 M 个模拟值 $\{\boldsymbol{\eta}(\boldsymbol{x}_1^*,\boldsymbol{t}_1^*),\cdots,\boldsymbol{\eta}(\boldsymbol{x}_M^*,\boldsymbol{t}_M^*)\}$;这里的星号表示模拟值不一定对应于实验测量值。

将测量值和模拟值组合成单个向量:

$$\boldsymbol{z}=\{y(\boldsymbol{x}_1),\cdots,y(\boldsymbol{x}_N),\boldsymbol{\eta}(\boldsymbol{x}_1^*,\boldsymbol{t}_1^*),\cdots,\boldsymbol{\eta}(\boldsymbol{x}_M^*,\boldsymbol{t}_M^*)\}$$

利用这个向量,我们可以采用高斯过程回归模型来模拟,得出校准问题的相应方程:

$$\begin{cases} z_i = \hat{\boldsymbol{\eta}}(\boldsymbol{x}_i, \boldsymbol{t}_c) + \varepsilon_i,\ i = 1, 2, \cdots, N \\ z_i = \hat{\boldsymbol{\eta}}(\boldsymbol{x}_{i-N}^*, \boldsymbol{t}_{i-N}^*),\ i = N+1, \cdots, N+M \end{cases} \tag{11.11}$$

式中，$\hat{\eta}$ 表示用于模拟的高斯过程模型。注意，$\boldsymbol{t}_c$ 此时是未知的。

假设测量不确定度呈正态分布，并且观测值的协方差是已知的。特别是，这意味着对于 ε，可以得出 $N \times N$ 的测量值协方差矩阵 Σ_y。另外，假设模拟的协方差函数为幂指数核函数，如 10.2.1 节所述。我们编写了核函数，以明确包括实验可控参数和校准参数：

$$k(\boldsymbol{x}, \boldsymbol{t}, \boldsymbol{x}', \boldsymbol{t}') = \frac{1}{\lambda}\left(\exp\left[-\sum_{k=1}^{p}\beta_k \mid x_k - x'_k \mid^{\alpha}\right] + \exp\left[-\sum_{k=1}^{q}\beta_{k+p} \mid t_k - t'_k \mid^{\alpha}\right]\right) \tag{11.12}$$

在给定测量点和模拟点的情况下，利用该核函数可以定义 $(N+M) \times (N+M)$ 矩阵，并将 $\boldsymbol{t}_c$ 值定义为

$$\Sigma_\eta = \begin{pmatrix} k(\boldsymbol{x}_1, \boldsymbol{t}_c, \boldsymbol{x}_1, \boldsymbol{t}_c) & k(\boldsymbol{x}_1, \boldsymbol{t}_c, \boldsymbol{x}_2, \boldsymbol{t}_c) & \cdots & k(\boldsymbol{x}_1, \boldsymbol{t}_c, \boldsymbol{x}_N, \boldsymbol{t}_c) & k(\boldsymbol{x}_1, \boldsymbol{t}_c, x_1^*, t_1^*) & \cdots & k(\boldsymbol{x}_1, \boldsymbol{t}_c, x_M^*, t_M^*) \\ k(\boldsymbol{x}_2, \boldsymbol{t}_c, \boldsymbol{x}_1, \boldsymbol{t}_c) & k(\boldsymbol{x}_2, \boldsymbol{t}_c, \boldsymbol{x}_2, \boldsymbol{t}_c) & \cdots & k(\boldsymbol{x}_2, \boldsymbol{t}_c, \boldsymbol{x}_N, \boldsymbol{t}_c) & k(\boldsymbol{x}_2, \boldsymbol{t}_c, x_1^*, t_1^*) & \cdots & k(\boldsymbol{x}_2, \boldsymbol{t}_c, x_M^*, t_M^*) \\ \vdots & & & & & & \\ k(\boldsymbol{x}_N, \boldsymbol{t}_c, \boldsymbol{x}_1, \boldsymbol{t}_c) & k(\boldsymbol{x}_N, \boldsymbol{t}_c, \boldsymbol{x}_2, \boldsymbol{t}_c) & \cdots & k(\boldsymbol{x}_N, \boldsymbol{t}_c, \boldsymbol{x}_N, \boldsymbol{t}_c) & k(\boldsymbol{x}_N, \boldsymbol{t}_c, x_1^*, t_1^*) & \cdots & k(\boldsymbol{x}_N, \boldsymbol{t}_c, x_M^*, t_M^*) \\ k(\boldsymbol{x}_1^*, t_1^*, \boldsymbol{x}_1, \boldsymbol{t}_c) & k(\boldsymbol{x}_1^*, t_1^*, \boldsymbol{x}_2, \boldsymbol{t}_c) & \cdots & k(\boldsymbol{x}_1^*, t_1^*, \boldsymbol{x}_N, \boldsymbol{t}_c) & k(\boldsymbol{x}_1^*, t_1^*, x_1^*, t_1^*) & \cdots & k(\boldsymbol{x}_1^*, t_1^*, x_M^*, t_M^*) \\ \vdots & & & & & & \\ k(\boldsymbol{x}_M^*, t_M^*, \boldsymbol{x}_1, \boldsymbol{t}_c) & k(\boldsymbol{x}_M^*, t_M^*, \boldsymbol{x}_2, \boldsymbol{t}_c) & \cdots & k(\boldsymbol{x}_M^*, t_M^*, \boldsymbol{x}_N, \boldsymbol{t}_c) & k(\boldsymbol{x}_M^*, t_M^*, x_M^*, t_1^*) & \cdots & k(\boldsymbol{x}_M^*, t_M^*, x_M^*, t_M^*) \end{pmatrix}$$

假设模拟被高斯过程回归模型取代，且测量值具有正态不确定度，考虑到式(11.12)中的超参数值和测量误差的协方差，向量 z 的似然度可能是多元正态概率密度函数，即

$$f(z \mid \boldsymbol{t}_c, \beta_k, \lambda, \alpha, \Sigma_y) \propto \mid \Sigma_z \mid^{-1/2} \exp\left[-\frac{1}{2} z^{\mathrm{T}} \Sigma_z^{-1} z\right] \tag{11.13}$$

式中，$\mid \Sigma_z \mid$ 是 $(N+M) \times (N+M)$ 矩阵 Σ_z 的行列式

$$\Sigma_z = \Sigma_\eta + \begin{pmatrix} \Sigma_y & 0 \\ 0 & 0 \end{pmatrix} \tag{11.14}$$

在这种似然度情况下，假定 z 被标准化，均值为零。利用该似然函数，我们可以为校准参数和高斯过程回归超参数指定一个后验，即

$$\pi(\boldsymbol{t}_c, \beta_k, \lambda, \alpha \mid z, \Sigma_y) \propto f(z \mid \boldsymbol{t}_c, \beta_k, \lambda, \alpha, \Sigma_y)\pi(\boldsymbol{t}_c)\pi(\beta_k)\pi(\lambda)\pi(\alpha) \tag{11.15}$$

因此，如果可以使用 MCMC 法从这个后验中对点进行抽样，我们将同时进行校准

和构建模拟模型。这种方法的好处是,能够在构建模拟模型时将测量数据与模拟数据结合起来。

为了使用 MCMC 法对式(11.15)中的后验抽样,需要指定超参数和校准参数的先验分布。选择校准参数时,通常依据它们所代表的模型的有效限制,如参数必须在某个范围内或为正值等。若我们在查看数据之前对某个值没有偏好,则通常为这些变量设置平滑、均匀的先验。对于超参数,我们采用 Higdon 等(2004)的方案,并设置

$$\pi(\lambda) \propto \lambda^{a-1}\mathrm{e}^{-b\lambda} \tag{11.16}$$

$$\pi(\beta) \propto \prod_{k=1}^{p+q}(1-\mathrm{e}^{-\beta_k})^{-\frac{1}{2}}\mathrm{e}^{-\beta_k} \tag{11.17}$$

式中,$a = b = 5$。我们将协方差函数中的幂设置为 2,即 $\alpha = 2$,将其视为已知数。这只是一个假设,但若我们认为关注量应该是输入参数的光滑函数,则这个假设通常是合理的。

在 M-H 算法的 MCMC 法中,通常使用概率的对数是很方便的。这是因为,概率分布的尺度可以随着尺度的数量级而变化。为了提高数值效率(并避免对非常大或非常小的数字进行比较),可以用对数来计算,从而

$$\begin{aligned}
&\log\pi(t_\mathrm{c},\beta_k,\lambda,\alpha|z,\Sigma_y) + \text{常数} = \log f(z|t_\mathrm{c},\beta_k,\lambda,\alpha,\Sigma_y) + \\
&\log\pi(t_\mathrm{c}) + \log\pi(\beta_k) + \log\pi(\lambda) + \log\pi(\alpha) \\
&= -\frac{1}{2}\log|\Sigma_z| - \frac{1}{2}z^\mathrm{T}\Sigma_z^{-1}z + \\
&(a-1)\log\lambda - b\lambda + \sum_{k=1}^{p+q}\left(-\frac{1}{2}\log(1-\mathrm{e}^{-\beta_k}) - \beta_k\right)
\end{aligned} \tag{11.18}$$

那么在 M-H 算法中,能够根据式(11.5)求出接受概率的对数值:

$$\log\alpha(x_t,y) = \min(0,\log\hat{p}(y) + \log q(x_t|y) - \log\hat{p}(x_t) - \log q(y|x_t))$$

然后根据这个公式,我们取 0~1 均匀分布随机数的对数,若该对数小于接受概率的对数,则接受该建议。

为了根据校准后的模型进行预测,我们需要使用预烧后采用 MCMC 法取样生成的样本,使用第 10 章的算法构建高斯过程模型。其中一种方法是从马尔可夫链中抽取一个样本,并使用超参数的值构建高斯过程模型,然后加以预测。重复这一步骤,每次抽取新样本,估算校准后模型的均值预测和置信区间。在执行模拟代码时将校准过的参数用于新的预测,这也是很有用的。

我们尚未讨论的一个重要问题是:如何选择运行模拟的点,即 $\boldsymbol{x}_i^*$ 和 $\boldsymbol{t}_i^*$。可以采用空间填充设计、正交阵列或伪蒙特卡洛法,如第 7 章中所讨论的内容。这些方法的好处是,可以在批处理模式下运用:确定好执行模拟的输入参数后,可以并行运行所有模拟。然而,也有使用输入空间自适应抽样的方法,即运行一批模拟,建

立高斯过程回归,然后将不确定度预测值最高的点作为训练点加入。这确实限制了可以执行的批处理理量,但是可以显著增加执行校准所需的模拟运行次数。

11.3.1 真实数据校准应用

我们可以将该校准模型用于第 10 章的冲击突破数据。在该数据集中,激光能量和盘厚度是实验参数,其他三个输入参数(铍的 γ 数、壁面不透明度和通量限制器)是计算中近似模型的校准参数。此外,还有冲击突破时间的 8 个实验测量值。因此,我们可以利用这些实验参数来求得校准参数的恰当后验估计值。我们使用上述指定的先验和 10^4 个预烧样品,并在 t 的先验校准参数范围内使用平滑的分布。图 11.5 显示了 β 超参数的分布,图 11.6 比较了经校准的参数和先验分布。

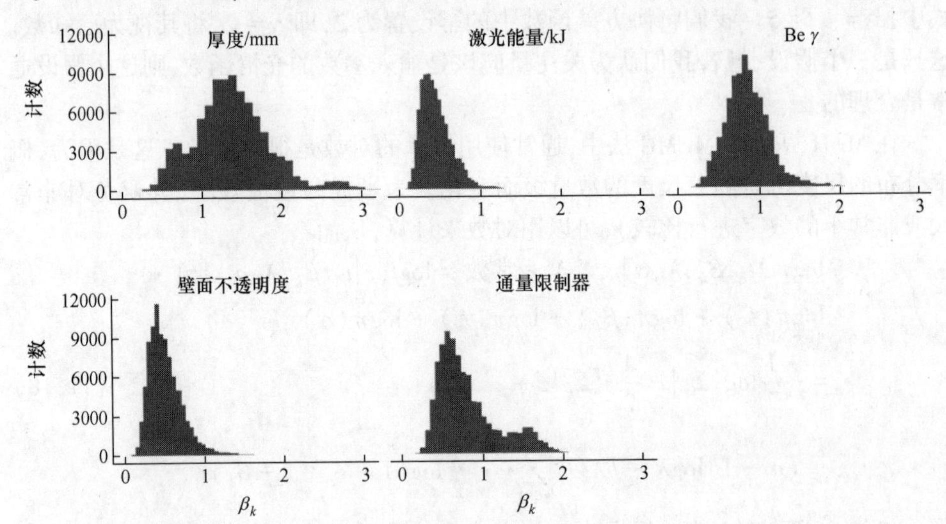

图 11.5 针对用于模拟的 5 个输入参数,通过 MCMC 法取样所得的 β_k 样本;前两幅图为 x 参数,后三幅为校准参数

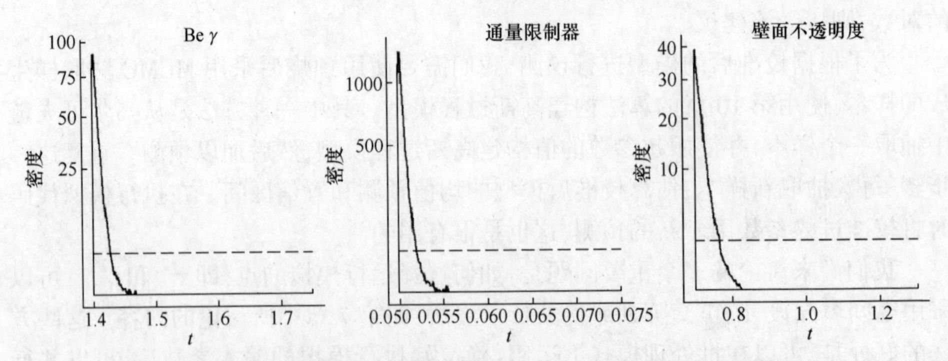

图 11.6 针对校准问题的三个校准参数,通过 MCMC 法取样,并根据样本构建的经验密度函数。这些参数的平滑先验分布用短线构成的虚线表示

校准结果表明,校准参数应设置为校准参数范围的下限,以便与实验数据保持最佳一致性。此外,盘厚度是描述冲击突破时间最重要的参数,其次是铍的γ数和通量限制器。

11.4 Kennedy-O'Hagan 预测模型

计算模型能够再现实验结果时,上述校准程序是有效的。但如果以怀疑的眼光来看,那么只有当代码中"有足够可以转动的旋钮来获取正确的答案"时,校准才有效。许多情况下,我们可能知道模拟并不能充分代表现实情况,我们希望创建一个函数来弥补代码和实验结果之间的差异。也就是说,我们想知道如何修正代码来匹配实验情况。

我们将使用最初由 Kennedy 和 O'Hagan(2000)提出的预测模型,该模型通常称为 Kennedy-O'Hagan 模型(根据当时流行的 Hibernian 命名法)。关于该模型的想法是,我们希望纳入一个仅取决于实验参数(之前的$\boldsymbol{x}$)的项,以实现对计算机模型的修正。为此,我们将实验观察结果$y(\boldsymbol{x}_i)$表示为

$y(\boldsymbol{x}_i)=\hat{\boldsymbol{\eta}}(\boldsymbol{x}_i,\boldsymbol{t}_i)+\delta(\boldsymbol{x}_i)+\varepsilon_i,\ i=1,2,\cdots,N$ Kennedy-O'Hagan 模型

函数$\delta(\boldsymbol{x}_i)$称为差异函数。现在的问题是,如何对校准问题进行修正,以同时估算差异函数和模拟函数的高斯过程模型。

如上所述,我们将N个测量值和M个模拟结果组合成$N+M$维的向量z。通过这种表述,拟合 Kennedy-O'Hagan 模型和校准函数之间的唯一变化是协方差矩阵$\boldsymbol{\Sigma}_z$的维度。对于预测模型,采用$N\times N$矩阵$\boldsymbol{\Sigma}_\delta$:

$$\boldsymbol{\Sigma}_z=\boldsymbol{\Sigma}_\eta+\begin{pmatrix}\boldsymbol{\Sigma}_y+\boldsymbol{\Sigma}_\delta & 0\\ 0 & 0\end{pmatrix} \tag{11.19}$$

元素$(\boldsymbol{\Sigma}_\delta)_{ij}$通过求解测量值对应的$N$个输入参数的核函数$k_\delta(\boldsymbol{x}_i,\boldsymbol{x}_j)$得到。对于这个核函数,可以使用与以前相同的形式:

$$k_\delta(\boldsymbol{x},\boldsymbol{x}')=\frac{1}{\lambda_\delta}\left(\exp\left[-\sum_{k=1}^{p}\beta_k^{(\delta)}\ |x_k-x'_k|^{\alpha_\delta}\right]\right) \tag{11.20}$$

假定已经引入$p+1$个新的超参数,那么需要获得λ_δ和$\beta_k{}^{(\delta)}$的先验。根据 Higdon 等(2004)的观点,使用

$$\pi(\lambda_\delta)\propto\lambda_\delta^{a-1}\mathrm{e}^{-b\lambda_\delta} \tag{11.21}$$

$$\pi(\beta^{(\delta)})\propto\prod_{k=1}^{p+q}(1-\mathrm{e}^{-\beta_k^{(\delta)}})^{-\frac{6}{10}}\mathrm{e}^{-\beta_k} \tag{11.22}$$

为了给出λ_δ的平滑先验,我们设$a=2$和$b=0.001$。选择$\beta^{(\delta)}$的先验是为了使差异函数比模拟模型更平滑,具体表现为,模拟协方差中β先验中的幂为6/10,而

此处先验中的幂为1/2。这种选择背后的逻辑是,我们更倾向于将实验值与模拟值尽可能相匹配,并使差异函数更小。

使用差异进行预测自然会产生问题。若想将代码用于新的实验,如何以最佳方式运用预测模型?如果新的实验值是插值,即用于建立预测模型的先前数据凸集内含有输入参数,那么应使用差异函数来修正模拟模型的预测。但是,若要在以前的实验数据之外进行外推,则应谨慎使用差异函数。对于远离训练数据的点,差异函数的高斯过程将返回该函数的均值,在当前情况下均值为零。这并不意味着我们应该相信模拟模型的预测是正确的。在这种外推中,我们可以研究已知测量值的差异函数如何变化:如果差异函数的量级很小,我们可以利用这一点来证明外推的模拟预测具有可靠性。当然,这需要专家的判断和对认知不确定度的考虑,使外推中的不确定度完全透明,我们将在后面的章节中对此进行讨论。

为了使用 Kennedy-O' Hagan 模型进行预测,必须修改式(10.15)中 $\boldsymbol{k}^*$ 的定义,将核函数纳入差异函数。向量的各元素为

$$(\boldsymbol{k}^*)_i = \begin{cases} k(\boldsymbol{x}_i, \boldsymbol{t}, \boldsymbol{x}^*, \boldsymbol{t}^*) + k_\delta(\boldsymbol{x}_i, \boldsymbol{x}^*), i = 1, 2, \cdots, N \\ k(\boldsymbol{x}_i, t, \boldsymbol{x}^*, \boldsymbol{t}^*), i = N+1, \cdots, N+M \end{cases} \tag{11.23}$$

式中,$k(\boldsymbol{x}_i, \boldsymbol{t}, \boldsymbol{x}^*, \boldsymbol{t}^*)$ 为模拟的协方差核函数。预测时,需要将 $\boldsymbol{k}^*$ 的这个定义赋予预测向量:当与模拟训练点和测量点之间的协方差相比时,预测值之间的协方差应该有不同的形式。式(11.23)用于在式(10.19)中生成预测模型的预测值。通过删除式(11.23)中的 $k_\delta(\boldsymbol{x}_i, \boldsymbol{x}^*)$ 项,可以求得预测模型的预期模拟结果,获得无偏差的预测。然后,从完整预测结果中减去该模拟预测结果,求得差异函数。

11.4.1 Kennedy - O' Hagan 模型的简单示例

为了证明预测模型的特性,考虑一个简单的模拟代码,该代码采用单个实验输入参数和以下方程给出的单个校准参数:

$$\eta(x, t) = \sin(xt)$$

同时还考虑以下函数生成的测量值:

$$\begin{aligned} y(x) &= \sin(1.2x) + 0.1x + \varepsilon \\ &= \eta(x, 1.2) + 0.1x + \varepsilon \end{aligned} \tag{11.24}$$

式中,ε 为测量误差,通常为均值为0、标准差为0.005的正态分布。我们将使用 Kennedy - O' Hagan 模型来估算校准参数(在此情况下,真值 $t = 1.2$),并拟合差异函数。已知真实差异函数为线性函数,可将估计函数与真实函数进行比较。

为了建立模型,使用分层抽样法从标准正态分布中抽取 x,从而生成10个测量值。此外,我们在40个点处完成了模拟抽样:采用二维拉丁超立方抽样法,针对 x 通过标准正态分布抽样;针对 t 变量,通过均值为1、标准差为0.2的正态分布抽

样。对于模拟函数和差异协方差函数,均设 $\alpha = 2$。对于校准参数 t,我们设置了平滑先验,即校准参数取任何值的似然度相同。

在预烧 10^4 个样本后,采用 MCMC 法生成了 10^4 个样本,以拟合该数据的预测模型。所有的 MCMC 链如图 11.7 所示。就这个问题而言,链集中在少量样本的正确值 t 上;我们还发现,β_x 的值是最大的,表明 x 是最重要的变量,如模型估计的一样。此外,先验表明,模拟中 λ_δ 的估计值大于 λ,说明模型更强调使模拟的高斯过程与数据匹配,而不是使差异函数更大。

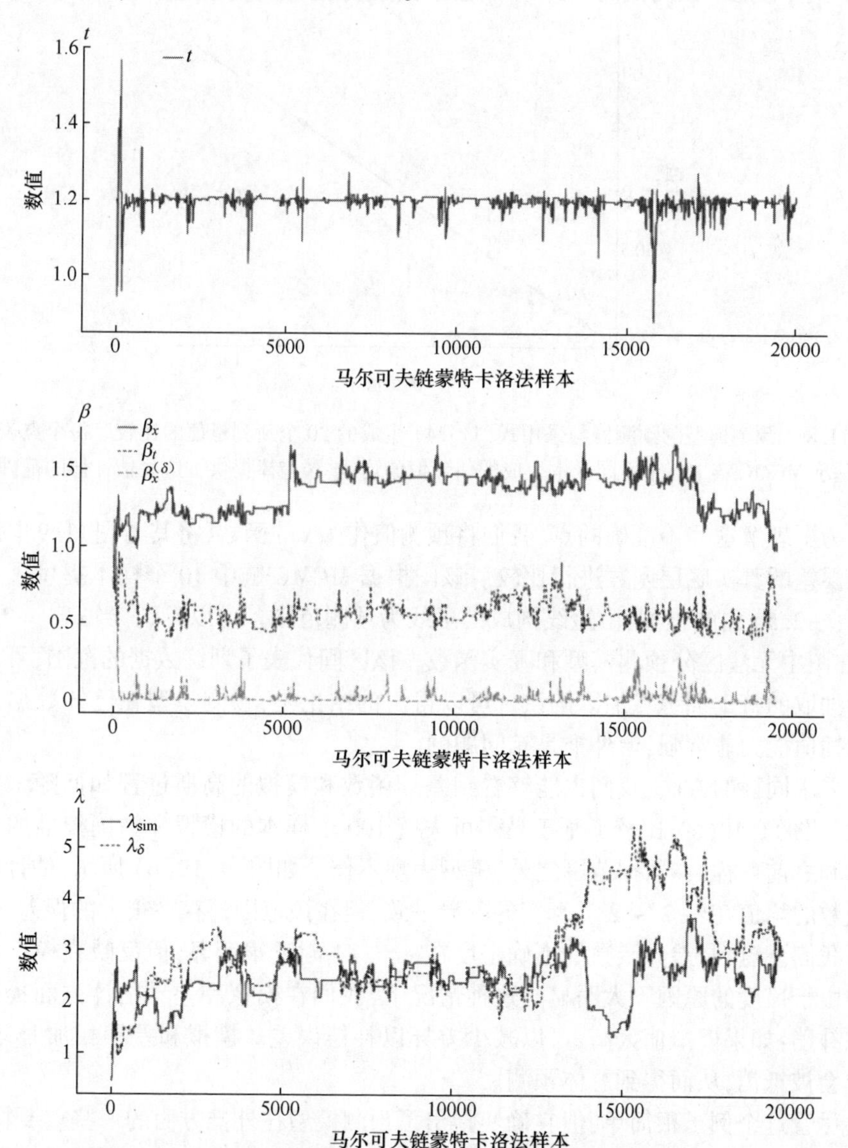

图 11.7　校准参数 t 和超参数的 MCMC 样本,预烧的样本个数为 10^4

为了测试预测模型,我们生成了一组由20个新测量值组成的测试数据,这些测量数据用 ±3之间的均匀分布中抽取的x值表示。为了进行预测,我们从MCMC链中选择了100个样本,以获得超参数和t的估计值,用于预测测试数据中的每个x。结果如图11.8所示,该图为预测值与测量值的关系图。在该图中,用一个点表示MCMC样本的100个预测值的均值,用一个误差棒表示样本的范围;测量不确定度小于这些点的宽度。我们发现,预测模型可以再现测试数据中的大多数测量值。但是,有几个预测值的估计不确定度很高,并且与测量结果不一致。

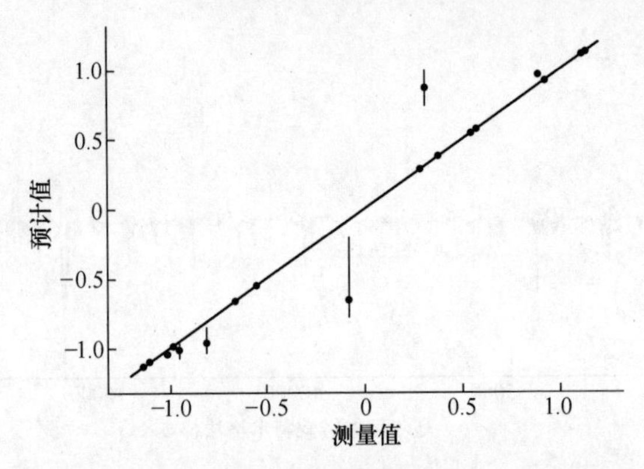

图11.8 预测模型的预测值与采用式(11.24)生成的20个新测量值的比较。每个点表示基于MCMC链100个不同样本生成的估计值的均值,误差棒提供了这些估计值的范围

为了理解这些不准确的点,我们将预测值作为x的函数,将其与图11.9中没有测量误差的真实底层函数进行比较。该图根据MCMC链中10个样本提供了x值范围(±2.5)内的预测;由短线构成的虚线为预测范围。可以看到,当$x \in [-2, 2]$时,在图中无法区分预测模型和真实函数。该区间代表了训练数据的范围,可通过查看抽取的特定训练点加以确认。可以得出的结论是,预测模型在已知数据点之间的插值能力非常强,但外推是有问题的。

采用同样的方法,我们也能够看到差异函数和模拟的高斯过程如何随x发生变化。图11.10(a)比较了基于马尔可夫链100个样本的模拟和精确校准的模拟器。和之前一样,在数据范围之外,模型表现不佳。如图11.10(b)所示,估计的差异函数的均值在 -2 ~ 2与真实的差异一致,但在该范围外存在很大的误差。

我们注意到,差异函数的不确定度在$x = \pm 1$附近很明显,但反映在模拟估计值中由于尺度的原因不太明显。这种情况下,我们在模拟和差异估计方面提供了误差补偿:如果模拟值太高,可以减少差异以补偿误差。模拟和差异相加时,这些误差会被抵消,从而得到总体预测。

尽管这个例子很简单,但它确实指出了预测模型在外推方面的一些重要特征,以及差异函数和模拟的高斯过程如何对预测产生补偿效应。这些现象也存在于现

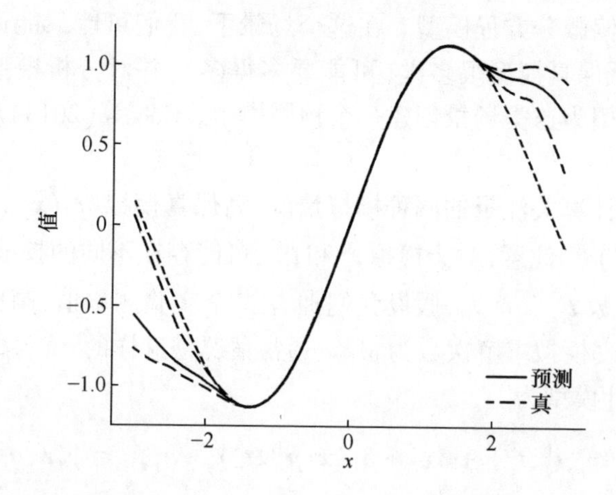

图 11.9 预测模型的预测值与 x 的函数关系以及由式(11.24)得到的底层真实函数。预测曲线表示基于马尔可夫链 10 个不同样本生成的估计值的均值,由短线构成的虚线表示这些估计值的范围

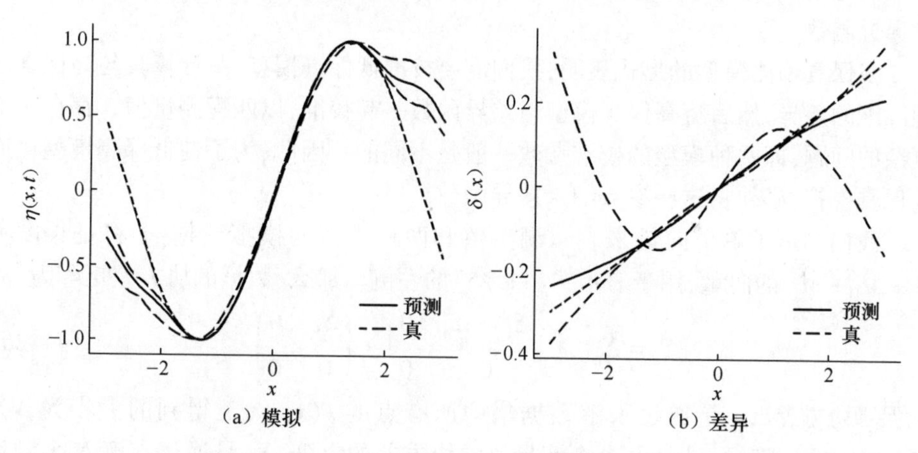

图 11.10 采用预测模型估计的模拟器响应 $\eta(x, t)$ 与函数 $\sin(1.2x)$(图(a))的比较,以及采用预测模型估计的差异函数与真实差异的比较(图(b))。由短线构成的虚线表示基于马尔可夫链 100 个样本产生的估计值范围

实世界的问题。后文需要多重保真度模型时,我们再回到这个例子讨论。

11.5 层次模型

在科学计算中,通常将一系列不同保真度的模型用于解决问题。例如,假设存在一个已知是数量级近似的分析模型、一个模拟行为的常微分方程模型,以及一个完整的三维时变偏微分方程模型。在这个场景下,我们可能只能运行高保真模型几次,而能运行低保真模型很多次(可能要多得多),并对分析模型进行任意次数的求解。我们希望为这类场景创建一个预测模型。Goh 等(2013)对此类场景开展了研究。

我们考虑了计算关注量的两种模拟情况:高保真模拟 $\boldsymbol{\eta}_{\mathrm{H}}(\boldsymbol{x}_i, \boldsymbol{t}_i^{\mathrm{H}}, \boldsymbol{t}_i^{\mathrm{S}})$ 和低保真模拟 $\boldsymbol{\eta}_{\mathrm{L}}(\boldsymbol{x}_i, \boldsymbol{t}_i^{\mathrm{L}}, \boldsymbol{t}_i^{\mathrm{S}})$ 。注意,对于模拟 $\boldsymbol{t}_i^{\mathrm{L}}$ 和 $\boldsymbol{t}_i^{\mathrm{H}}$,可能存在不同的校准参数,也可能存在相同的校准参数 $\boldsymbol{t}_i^{\mathrm{S}}$ 。首先,假设我们拥有 N 个实验测量值,高保真模拟求解次数为 M_{H} 且低保真模拟求解次数为 M_{L}。通常情况是这样的:$N \ll M_{\mathrm{H}} \ll M_{\mathrm{L}}$ 。在这种场景下,统计模型为

$$
\begin{aligned}
y(\boldsymbol{x}_i) &= \hat{\boldsymbol{\eta}}_{\mathrm{L}}(\boldsymbol{x}_i, \boldsymbol{t}_{\mathrm{c}}^{\mathrm{L}}, \boldsymbol{t}_{\mathrm{c}}^{\mathrm{S}}) + \delta \boldsymbol{x}_i + \delta_{\mathrm{L}}(\boldsymbol{x}_i, \boldsymbol{t}_{\mathrm{c}}^{\mathrm{H}}, \boldsymbol{t}_{\mathrm{c}}^{\mathrm{S}}) + \varepsilon_i,\ i = 1,2,\cdots,N \\
\boldsymbol{\eta}_{\mathrm{H}}(\boldsymbol{x}_i, \boldsymbol{t}_i^{\mathrm{H}}, \boldsymbol{t}_i^{\mathrm{S}}) &= \hat{\boldsymbol{\eta}}_{\mathrm{L}}(\boldsymbol{x}_i, \boldsymbol{t}_{\mathrm{c}}^{\mathrm{L}}, \boldsymbol{t}_i^{\mathrm{S}}) + \delta_{\mathrm{L}}(\boldsymbol{x}_i, \boldsymbol{t}_i^{\mathrm{H}}, \boldsymbol{t}_i^{\mathrm{S}}),\ i = N+1,\cdots,N+M_{\mathrm{H}} \\
\boldsymbol{\eta}_{\mathrm{L}}(\boldsymbol{x}_i, \boldsymbol{t}_i^{\mathrm{L}}, \boldsymbol{t}_i^{\mathrm{S}}) &= \hat{\boldsymbol{\eta}}_{\mathrm{L}}(\boldsymbol{x}_i, \boldsymbol{t}_i^{\mathrm{L}}, \boldsymbol{t}_i^{\mathrm{S}}),\ i = N+M_{\mathrm{H}}+1,2,\cdots,N+M_{\mathrm{H}}+M_{\mathrm{L}}
\end{aligned}
\tag{11.25}
$$

在该模型中,下标 c 表示校准量,带尖号“^”的 η 函数表示基于高斯过程回归的模拟逼近函数。

多保真预测模型的形式表明,我们需要校准低保真模型,并计算其与高保真模型匹配的差异,然后将高保真模型与差异函数一起校准,以匹配测量值。存在一个复杂的问题,即两种模型的校准参数一般是不同的。因此,为了使低保真模型接近高保真模拟,必须将这些参数纳入差异函数。

我们构造了单个向量来表示测量值和两种类型的模拟数据:z 将是长度为 $N + M_{\mathrm{H}} + M_{\mathrm{L}}$ 的向量,用于表示式(11.25)的左侧。那么,数据的协方差矩阵为

$$
\Sigma_z = \Sigma_{\eta \mathrm{L}} + \begin{pmatrix} \Sigma_y + \Sigma_\delta & 0 \\ 0 & 0 \end{pmatrix} + \begin{pmatrix} \Sigma_{\mathrm{L}} & 0 \\ 0 & 0 \end{pmatrix} \tag{11.26}
$$

低保真协方差 $\Sigma_{\eta \mathrm{L}}$ 是通过求解数据集中所有点的 $k(\boldsymbol{x}_i, \boldsymbol{x}_j)$ 得到的大小为 $N + M_{\mathrm{H}} + M_{\mathrm{L}}$ 的方阵;Σ_y 是包含 N 个测量值的协方差的方阵;Σ_δ 是通过求解 N 个测量点的 $k_\delta(\boldsymbol{x}_i, \boldsymbol{x}_j)$ 得到的大小为 N 的方阵;低保真差异协方差 Σ_{L} 是通过求解测量点和高保真模拟点的 $k_{\mathrm{L}}(\boldsymbol{x}_i, \boldsymbol{x}_j)$ 得到的大小为 $N + M_{\mathrm{H}}$ 的方阵。

核协方差函数的形式与之前相同,只是现在超参数更多。将实验变量的数量表示为 p, $\boldsymbol{t}^{\mathrm{H}}$ 的长度表示为 q_{H}, $\boldsymbol{t}^{\mathrm{L}}$ 的长度表示为 q_{L}, $\boldsymbol{t}^{\mathrm{S}}$ 的长度表示为 r。那么用于求解式(11.26)的核函数为

$$
\begin{aligned}
k(\boldsymbol{x}, \boldsymbol{t}^{\mathrm{L}}, \boldsymbol{t}^{\mathrm{S}}, \boldsymbol{x}', \boldsymbol{t}^{\mathrm{L}'}, \boldsymbol{t}^{\mathrm{S}'}) = \frac{1}{\lambda}\Big(& \exp\Big[-\sum_{k=1}^{p} \beta_k \,|x_k - x'_k|^{\alpha}\Big] + \exp\Big[-\sum_{k=1}^{q_{\mathrm{L}}} \beta_{k+p} \,|t_k^{\mathrm{L}} - t_k^{\mathrm{L}'}|^{\alpha}\Big] + \\
& \exp\Big[-\sum_{k=1}^{r} \beta_{k+p+q\mathrm{L}} \,|\boldsymbol{t}_k^{\mathrm{S}} - \boldsymbol{t}_k^{\mathrm{S}'}|^{\alpha}\Big] \Big)
\end{aligned}
\tag{11.27a}
$$

$$k(\boldsymbol{x},\boldsymbol{t}^{\mathrm{H}},\boldsymbol{t}^{\mathrm{S}},\boldsymbol{x}',\boldsymbol{t}^{\mathrm{H}'},\boldsymbol{t}^{\mathrm{S}'})=\frac{1}{\lambda_{\mathrm{L}}}\Big(\exp\Big[-\sum_{k=1}^{p}\beta_k^{(\mathrm{L})}\ |x_k-x'_k|^{\alpha_{\mathrm{L}}}\Big]+\exp\Big[-\sum_{k=1}^{q_{\mathrm{H}}}\beta_{k+p}^{(\mathrm{L})}\ |t_k^{\mathrm{H}}-t_k^{\mathrm{H}'}|^{\alpha_{\mathrm{L}}}\Big]+\exp\Big[-\sum_{k=1}^{r}\beta_{k+p+q\mathrm{H}}^{(\mathrm{L})}\ |t_k^{\mathrm{S}}-t_k^{\mathrm{S}'}|^{\alpha_{\mathrm{L}}}\Big]\Big) \tag{11.27b}$$

$$k_{\delta}(\boldsymbol{x},\boldsymbol{x}')=\frac{1}{\lambda_{\delta}}\Big(\exp\Big[-\sum_{k=1}^{p}\beta_k^{(\delta)}\ |x_k-x'_k|^{\alpha_{\delta}}\Big]\Big) \tag{11.27c}$$

包括 $(p+q_{\mathrm{L}}+r)+(p+q_{\mathrm{H}}+r)+p$ 个 β 超参数、3 个 λ 超参数和 3 个 α 超参数。

对于先验分布，我们使用方程（11.16）作为式（11.27a）中超参数的先验，并使用式（11.21）中的先验作为式（11.27b）和式（11.27c）的超参数的先验。在下述例子中，我们假设 α 参数已知。为了估计这些超参数和校准参数，我们使用 MCMC 法抽样，从后验分布生成样本。

$$\pi(\boldsymbol{t}_{\mathrm{c}}^{\mathrm{L}},\boldsymbol{t}_{\mathrm{c}}^{\mathrm{H}},\boldsymbol{t}_{\mathrm{c}}^{\mathrm{S}},\boldsymbol{\beta},\boldsymbol{\lambda},\boldsymbol{\alpha}\,|\,z,\Sigma_y)\propto f(z\,|\,\boldsymbol{t}_{\mathrm{c}}^{\mathrm{L}},\boldsymbol{t}_{\mathrm{c}}^{\mathrm{H}},\boldsymbol{t}_{\mathrm{c}}^{\mathrm{S}},\boldsymbol{\beta},\boldsymbol{\lambda},\boldsymbol{\alpha},\Sigma_y)\,\pi(\boldsymbol{t}_{\mathrm{c}}^{\mathrm{L}},\boldsymbol{t}_{\mathrm{c}}^{\mathrm{H}},\boldsymbol{t}_{\mathrm{c}}^{\mathrm{S}})\,\pi(\boldsymbol{\beta})\,\pi(\boldsymbol{\lambda})\,\pi(\boldsymbol{\alpha}) \tag{11.28}$$

其中，似然函数为

$$f(z\,|\,\boldsymbol{t}_{\mathrm{c}}^{\mathrm{L}},\boldsymbol{t}_{\mathrm{c}}^{\mathrm{H}},\boldsymbol{t}_{\mathrm{c}}^{\mathrm{S}},\boldsymbol{\beta},\boldsymbol{\lambda},\boldsymbol{\alpha},\Sigma_y)\ \propto\ |\Sigma_z|^{-1/2}\exp\left[-\frac{1}{2}z^{\mathrm{T}}\Sigma_z^{-1}z\right] \tag{11.29}$$

式中，我们滥用了符号，使用一个变量来表示所有的 β、λ 和 α 超参数。

可以采用简单直接（尽管在符号上有点混乱）的方式来扩展层次模型，纳入更多的层次。此外，还可以开发一个预测模型，该模型可以包含多个层次未知的模型。在这样的模型中，我们可能不知道哪个计算模型更好，但我们希望使用每个模型的模拟数据来预测。Goh（2014）对这类预测模型开展了研究。

11.5.1 采用低成本低保真模型预测

若可以对低保真模型进行任意次数的求解或按需求解，则可以大大简化多保真模型。这种低保真模型可能相当于一种解析近似法，或者相当于一种代码，这种代码的运行时间与似然函数的求解时间相当。在这个例子中，不需要针对低保真模型拟合高斯过程模拟模型，而是将模型指定为

$$\begin{cases}\boldsymbol{y}(\boldsymbol{x}_i)=\boldsymbol{\eta}_{\mathrm{L}}(\boldsymbol{x}_i,\boldsymbol{t}_{\mathrm{c}}^{\mathrm{L}},\boldsymbol{t}_{\mathrm{c}}^{\mathrm{S}})+\boldsymbol{\delta}(\boldsymbol{x}_i)+\boldsymbol{\delta}_{\mathrm{L}}(\boldsymbol{x}_i,\boldsymbol{t}_{\mathrm{c}}^{\mathrm{H}},\boldsymbol{t}_{\mathrm{c}}^{\mathrm{S}})+\boldsymbol{\varepsilon}_i,\ i=1,2,\cdots,N\\ \boldsymbol{\eta}_{\mathrm{H}}(\boldsymbol{x}_i,\boldsymbol{t}_i^{\mathrm{H}},\boldsymbol{t}_i^{\mathrm{S}})=\boldsymbol{\eta}_{\mathrm{L}}(\boldsymbol{x}_i,\boldsymbol{t}_{\mathrm{c}}^{\mathrm{L}},\boldsymbol{t}_i^{\mathrm{S}})+\boldsymbol{\delta}_{\mathrm{L}}(\boldsymbol{x}_i,\boldsymbol{t}_i^{\mathrm{H}},\boldsymbol{t}_i^{\mathrm{S}}),\ i=N+1,\cdots,N+M_{\mathrm{H}}\end{cases} \tag{11.30}$$

然后，定义向量 z，使之仅具有测量值和高保真模拟值，从而变为 $N+M_{\mathrm{H}}$ 向量。模型的协方差矩阵变为

$$\Sigma_z=\Sigma_{\mathrm{L}}+\begin{pmatrix}\Sigma_y+\Sigma_{\delta} & 0\\ 0 & 0\end{pmatrix} \tag{11.31}$$

后验分布不再基于零均值高斯过程。似然函数变为

$$f(z|\boldsymbol{t}_c^L,\boldsymbol{t}_c^H,\boldsymbol{t}_c^s,\boldsymbol{\beta},\boldsymbol{\lambda},\boldsymbol{\alpha},\boldsymbol{\Sigma}_y) \propto |\boldsymbol{\Sigma}_z|^{-1/2}\exp\left[-\frac{1}{2}(z-z_L)^T\boldsymbol{\Sigma}_z^{-1}(z-z_L)\right] \tag{11.32}$$

式中，z_L 为一个向量，表示在 $\boldsymbol{x}_i$、$\boldsymbol{t}_c^L$ 和 $\boldsymbol{t}_c^s$ 处($i=1,2,\cdots,N$时)，以及在 $\boldsymbol{x}_i$、$\boldsymbol{t}_i^L$ 和 $\boldsymbol{t}_i^s$ 处($i=N+1,\cdots,N+M_H$ 时)求解的低保真模型的值。我们注意到，每次计算似然度时，都必须对低保真模型求解 N 次。然后，和之前一样，通过式(11.28)得到后验分布。

11.5.2 层次模型示例

为了演示层次模型和多保真模型的应用，我们考虑对11.4.1节的示例问题加以改动。在这种情况下，低保真模型将是高保真模拟函数的泰勒级数展开式。高保真模型由下式给出

$$\eta_H(x,t^H,t^s)=\sin(xt^s+t^H)$$

低保真模型是高保真模型的泰勒级数展开式，具有两个额外的校准参数：

$$\eta_L(x,t_1^L,t_2^L,t^s)=t_1^L+t^st_2^Lx-\frac{1}{2}(t^s)^2t_1^Lx^2-\frac{1}{6}(t^s)^3t_2^Lx^3$$

注意，如果 $t_1^L=\sin t^H$ 且 $t_2^L=\cos t^H$，则泰勒级数是正确的；这些是我们期望在校准程序中恢复的值。测量值由下式求得

$$\begin{aligned} y(x) &= \sin(1.2x+0.1)+0.1x+\varepsilon \\ &= \eta_H(x,0.1,1.2)+0.1x+\varepsilon \end{aligned} \tag{11.33}$$

式中，ε 为测量误差，通常呈均值为0、标准差为0.005的正态分布。在该示例中，需要一个差异函数来修正高保真模拟，并且需要一个差异函数来使低保真模拟与高保真模拟一致。这两个差异函数都可以用解析法表示出来。

为了建立模型，使用分层抽样法从标准正态分布中抽取 x，从而生成10个测量值。此外，我们在40个点处完成了模拟抽样：采用五维拉丁超立方抽样法，针对 x，通过 $U(-2,2)$ 抽样；针对各 t^s 和 t_2^L 变量，通过均值为1、标准差为0.2的正态分布抽样；针对各 t^H 和 t_1^L 变量，通过均值为0、标准差为0.2的标准正态分布抽样。对于模拟函数和差异协方差函数，均设 $\alpha=2$。对于校准参数，我们设置了平滑先验，即校准参数取任何值的似然度相同。此外，假设可以对低保真模型进行任意次数的求解，以便使用11.5.1节的方法。

在预烧 10^4 个样本后，采用MCMC法生成了 10^4 个样本，以拟合该数据的预测模型。所有的MCMC链如图11.11所示。与非层次模型相比，校准参数似乎与其真值有所差异。正如我们即将看到的，这是因为这些参数可以相互补偿。

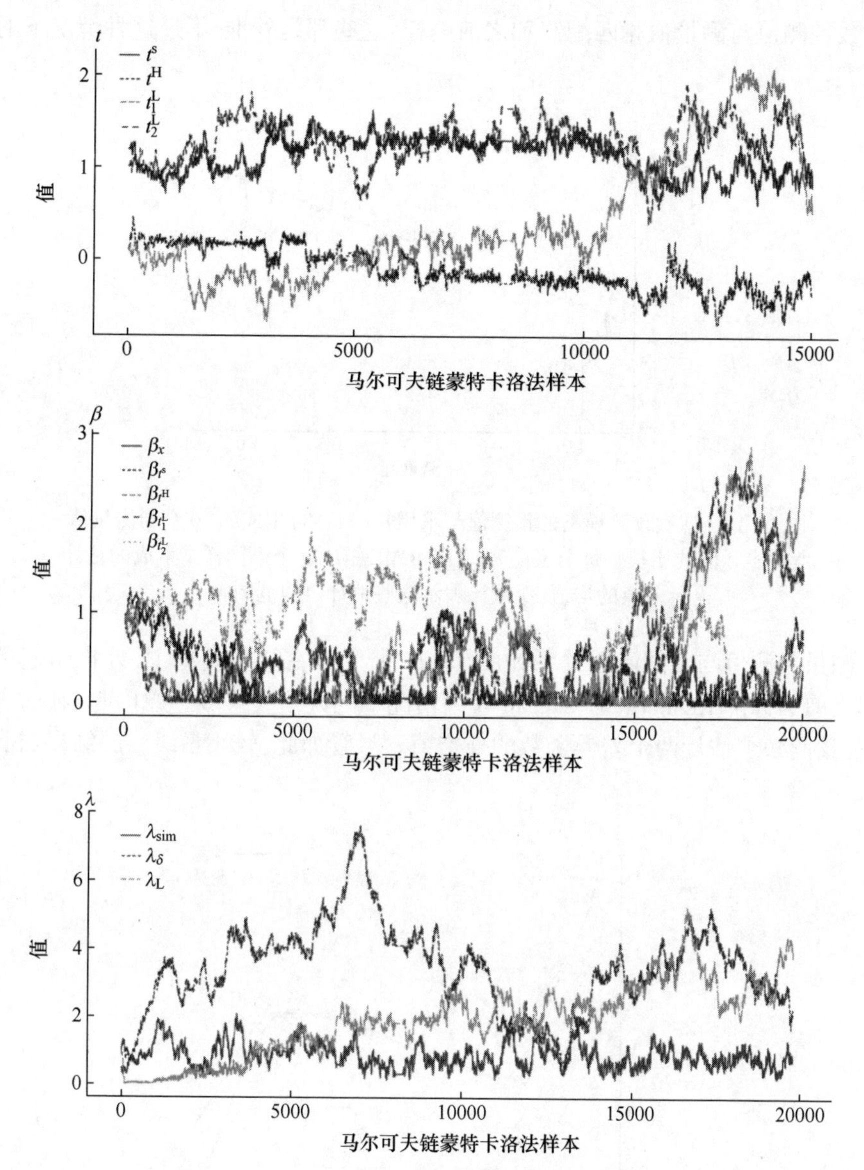

图 11.11 校准参数 t 和层次模型超参数的 MCMC 样本，预烧的样本个数为 10^4

为了测试预测模型，我们生成了一组由 20 个新测量值组成的测试数据，这些测量数据用±3 之间的均匀分布中抽取的 x 值表示。为了进行预测，我们从 MCMC 链中选择了 100 个样本，以获得超参数和校准参数的估计值，用于预测测试数据中的每个 x。结果如图 11.12 所示，该图为预测值与测量值的关系图。在该图中，用一个点表示 MCMC 样本的 100 个预测值的均值，用一个误差棒表示样本的范围；测量不确定度小于这些点的宽度。与前面的预测模型示例一样，除少数预测值外，大多数预测值与测量值相匹配。和之前一样，这些都是外推，不过这种情况下的误差更大。

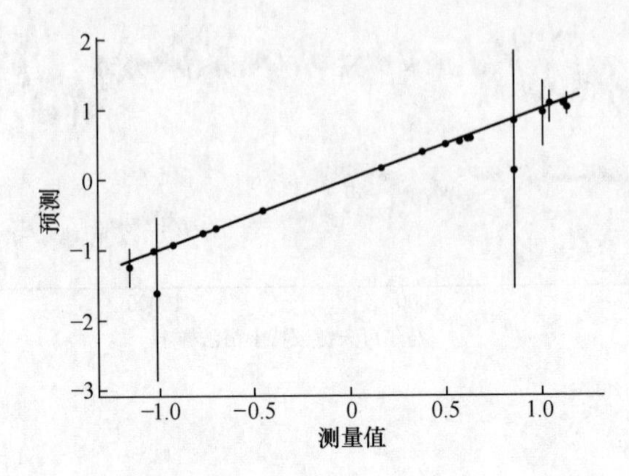

图 11.12 层次预测模型的预测值与采用式(11.33)生成的 20 个新测量值所得实际值的比较。每个点代表使用 MCMC 链 100 个不同样本生成的估计值的均值，误差棒表示这些估计值的范围

测量预测值与 x 的函数关系如图 11.13 所示。在层次模型中，外推引起的误差比之前的标准 Kennedy-O'Hagan 模型情况下的误差大得多。原因是，在这种情况下，我们必须估计两个差异函数的外推值。尽管如此，较小量级 x 的结果与真值一致。

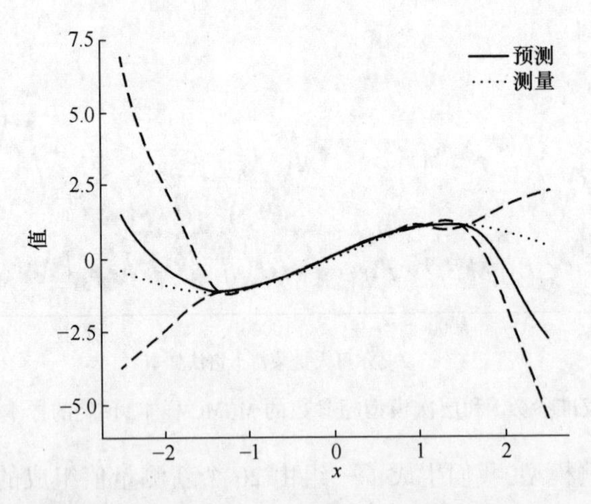

图 11.13 层次预测模型的预测值与 x 的函数关系以及利用式(11.33)得到的底层真实函数。预测曲线表示基于马尔可夫链 10 个不同样本生成的估计值的均值，由短线构成的虚线表示这些估计值的范围

预测模型可用于估算校准输入对应的高保真模型输出，如图 11.14(a)所示。

此处可以看到,估计值在训练数据的范围内是准确的,尽管在 $x \in [-1, 0]$ 时预测值略高,在 1~2 时预测值略低。对于差异函数(图 11.14(b)),结果与真实线性差异不匹配,除非在接近 $x = 0$ 的情况下。此外,差异估计的不确定度远大于之前采用单层预测模型的不确定度。

尽管在生成该数据的差异函数时存在误差,但层次预测模型在达成设计目标(即预测测量值)方面表现突出。这一点值得注意,因为我们要求模型在单个 MCMC 程序中完成 4 项任务:估计差异函数、校准低保真模型和高保真模型的参数,以及估计高保真模型的高斯过程模拟模型。

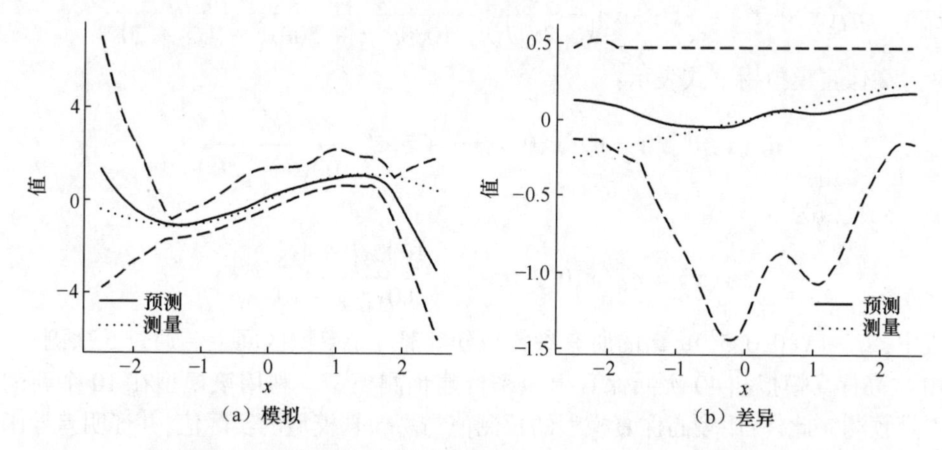

图 11.14 采用层次预测模型估计的模拟器响应 $\eta_{\mathrm{H}}(x,t^{\mathrm{H}},t^{\mathrm{s}})$ 与函数 $\sin(1.2x + 0.1)$(图(a))的比较,以及采用预测模型估计的差异函数 $\delta(x)$ 与真实差异的比较(图(b))。由短线构成的虚线表示基于马尔可夫链 100 个样本产生的估计值范围

11.6 注释和参考资料

我们在本章演示的模型都采用了相同的协方差函数(核函数)。在文献中还有其他常用的协方差。其中值得一提的是

$$k(\boldsymbol{x},\boldsymbol{x}') = \frac{1}{\lambda}\prod_{k=1}^{p}\rho_k^{4(x_k-x')^2},\boldsymbol{\rho}_k > 0$$

在该函数中,$\boldsymbol{\rho}_k$ 值越小,参数越重要。通常使用接近 1 的均值作为 p_k 的扁平先验。这个协方差函数得到了广泛应用;为了便于说明,我们选择单个函数作为示例。

除上述参考资料外,也可以发现其他论文中使用了预测模型。Holloway 等(2011)和 Gramacy 等(2015)使用 Kennedy-O'Hagan 模型对辐射冲击实验进行建模;Karagiannis 和 Lin(2017)结合几种保真度未知的模拟进行预测;Zheng 和 McClarren(2016)使用多种物理模型校准中子散射数据;Bayarri 等(2007)将预测模型与函数数据的小波分解相结合。此处的列举并非详尽无遗,但这些论文确实是借助本章所提及方法能够轻松理解的。

11.7 练　　习

问题 1 和 2 涉及 Goh 等(2013)列举的一个例子:

1. 构建层次预测模型,其中低保真模拟用下式表示:

$$\eta_{\mathrm{L}}(\boldsymbol{x},t^{\mathrm{L}},t^{\mathrm{s}})=\left(1-\exp\left(-\frac{1}{2x_2}\right)\right)\frac{1000t^{\mathrm{s}}x_1^3+1900x_1^2+2092x_1+60}{1000t^{\mathrm{L}}x_1^3+500x_1^2+4x_1+20}$$

高保真模拟用下式表示:

$$\eta_{\mathrm{H}}(\boldsymbol{x},t^{\mathrm{H}},t^{\mathrm{s}})=\eta_{\mathrm{L}}(\boldsymbol{x},0.1,t^{\mathrm{s}})+5\mathrm{e}^{-t^{\mathrm{s}}}\frac{x_1^{t^{\mathrm{H}}}}{100(x_2^{2+t^{\mathrm{H}}}+1)}$$

测量值为

$$y(\boldsymbol{x})=\eta_{\mathrm{H}}(\boldsymbol{x},0.3,0.2)+\frac{1000x_1^2+4x_2^2}{500x_1x_2+10}+\varepsilon$$

式中,$\varepsilon \sim N(0,0.5^2)$。$\boldsymbol{x}$ 的所有参数和分量都位于单位区间上。通过 5 次测量、10 次高保真模拟和 40 次低保真模拟来构建预测模型。利用该模型在 10 个新的点处预测。此外,比较高保真模型的预测值与高保真模型的实际值,并证明差异函数的准确度(或不准确度)。该模型对模型中 t 值的校准情况如何?

2. 仅考虑高保真模型和测量值,重复之前的练习。

3. 测量撞击平板的辐射束,然后以某种方式测量 $x = 1,1.5,3,5$ 时的粒子强度 $\phi(x)$:

$$\phi(1)=0.201131,\phi(1.5)=0.110135,\phi(3)=0.0228748,\phi(5)=0.00328249$$

使用粒子强度 $\phi(x)=E_2(\sigma x)$ 的简单模型,式中

$$E_n(x)=\int_1^{\infty}\frac{\mathrm{e}^{-xt}}{t^n}\mathrm{d}t$$

按照 $\sigma \sim G(8,0.1)$,并根据刚才给出的实验数据,推导出 σ 的后验分布(即校准 σ)。可以假设测量值的误差分布用 $N(0,\ 0.001^2)$ 表示。如果添加差异函数,答案是否会改变?

第 12 章　认知不确定度:关于认知不足的问题

在本章中,我们将改变对不确定变量的解读,从存在已知分布到可能不存在已知分布。这些不确定因素可能源于模型误差、离散误差或分析人员在指定输入随机变量的参数时所做的选择(如假设随机变量呈正态分布)等。所有这些误差都是由于认知不足引起的,因此被称为认知不确定度,即模型或数值解存在误差时,我们不知道误差是多少。或许能够给出误差的范围,这也是科学模拟中解验证的目标。此外,当对模型(包括模拟模型和预测模型)外推至已知实验数据以外的范围时,也会产生认知不确定度。如果仅知道不确定度的边界,不能简单地假设不确定度为均匀分布。对于认知不确定度而言,如数值误差,确实存在真值,只是我们不知道是多少而已。因此,应以不同的方式处理认知不确定度。

图 12.1 显示了变量 x,我们只知道变量取值在$[a,b]$区间内。若认为x在a与

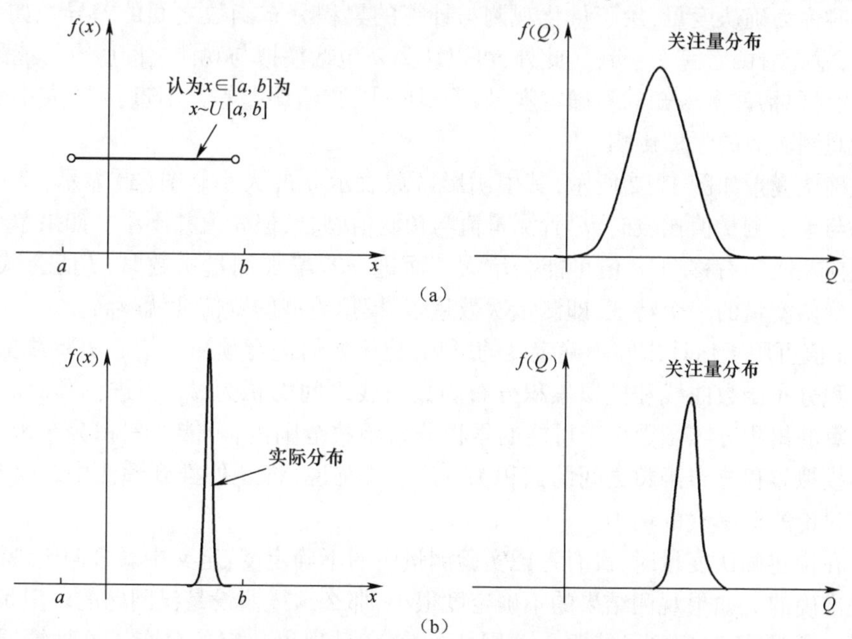

图 12.1　(a)将区间不确定度理解为均匀分布时可获得的不同结果。事实上,x 在区间右端有很高峰值,由此关注量分布的尾部比均匀分布得到的分布更高。(b)实际分布并不是均匀的,但确实位于区间内

b 之间均匀分布,则在区间内每个点取值概率相同的基础上,可以得到关注量(x 的函数)的分布。然而,区间内也可能存在很高的峰值,由此得到的关注量分布可能与前一种情况大不相同。从图中可以看出,当 x 在区间均匀分布时,关注量的实际分布在尾部出现峰值。

12.1 模型不确定度和 L_1 确认度量

在讨论认知不确定度之前,首先了解一下基于 L_1 范数的确认度量。考虑具有偶然不确定度的关注量,得到其累积分布函数。累积分布函数可以用之前讨论的任何方法生成,包括蒙特卡洛、混沌多项式、代理模型等。

除了模拟的累积分布函数,还考虑有许多关注量的实验测量值。这时关注关注量的累积分布函数与实测数据的一致性。用 $F_{\text{sim}}(Q)$ 表示模拟得到的累积分布函数,$F_{\text{obs}}(Q)$ 表示测量(观测)得到的累积分布函数。

可以使用闵可夫斯基(Minkowski)L_1 度量进行量化:

$$d(F_{\text{sim}},F_{\text{obs}})=\int_{-\infty}^{\infty}|F_{\text{sim}}(Q)-F_{\text{obs}}(Q)|\mathrm{d}Q \tag{12.1}$$

d,有时称为确认度量,用于量化观测与计算的累积分布函数之间的差异。如果 d 为零,意味着两者完全一致。此外,可以认为 d 包括模拟与观测之间所有可能的不确定度,包括许多未知的不确定度,如模型形式、数值误差等。不过,d 的大小受到实验观测次数的强烈影响。

确认度量如图12.2所示,其中阴影区域表示 d 的大小。图(a)显示,将计算结果与单个测量值比较时,尽管测量值与预测值吻合,但 d 值并不小。如果单个测量值向左或向右移动,d 值可能会增大。而进一步增加测量次数时,d 值会减小。这是确认度量的一个特征,即测量次数越多,模拟模型的置信度就越高。

d 值可用于估计未知不确定度的影响,建议如何进行预测。给定实验数据,经验累积分布函数曲线和模拟累积分布函数曲线之间面积为 d。当进行预测时,假设计算的累积分布函数位于可能的累积分布函数范围内,可能的累积分布函数与标称模拟累积分布函数之间的面积为 d。也就是说,将 d 外推到预测中。这是下面要讨论的概率盒的例子。

在构建确认度量时,没有考虑实验测量中的不确定度:定义中隐含假定观测结果是准确的。如果观测结果的不确定度很小,那么这样假设是没问题的。但是,在实践中,测量不确定度可能很大。因此,d 值会呈现出一定的分布。这种情况下,观测的累积分布函数就不是分段常值函数。不过 d 的计算是相同的。

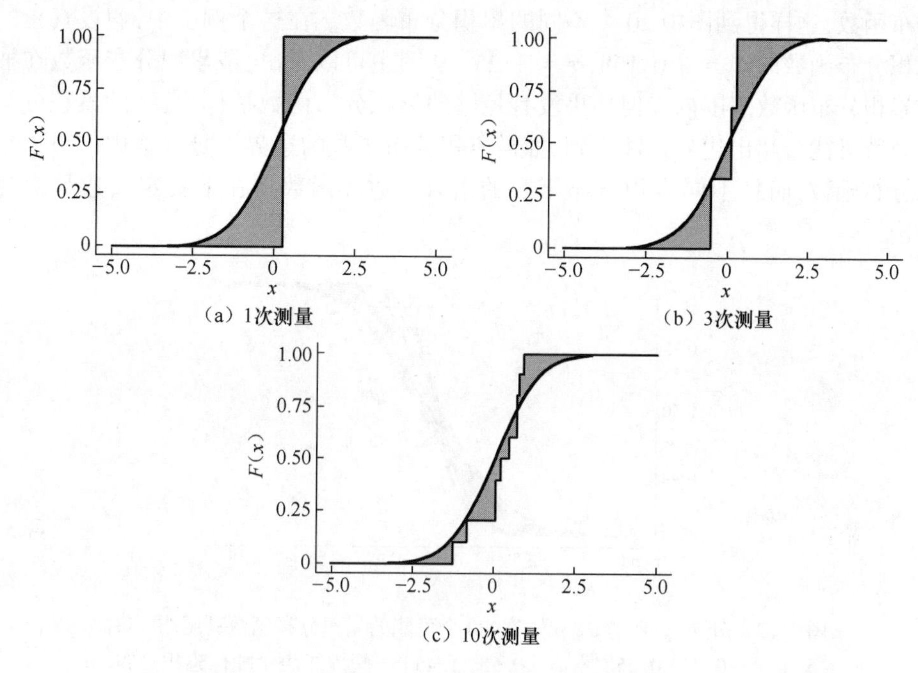

图 12.2 观测与模拟(黑线)得到的关注量累积分布函数的比较。观测次数会影响对两者一致程度所做的结论。每个图中的阴影区域表示确认度量 d 的大小

12.2 马尾图和二次抽样

12.1 节讨论了基于偶然不确定度传播,得到模拟的累积分布函数。现在来探讨关注量中同时存在认知不确定度和偶然不确定度的情况。这种情况下,对于认知不确定度的每个可能取值,都存在基于偶然不确定度的关注量累积分布函数。但是由于认知不确定输入取值未知,我们不知道所有可能的累积分布函数中哪一个是真实的。

为了估计认知不确定度可能结果的范围,可以使用二次抽样方法。假设认知不确定输入值固定不变,可以得到关注量的累积分布函数;事实上,这是一个强假设,因为其涉及所有偶然不确定度的传播。从认知不确定度中抽样,如同其在最大值和最小值之间均匀分布。对于每个样本,都得到一个关注量的累积分布函数。如果绘图,就会得到马尾图。马尾图中累积分布函数的范围是实际累积分布函数范围的估计。这是估计值,因为认知不确定度取值数量有限。

图 12.3 显示的是均值和标准差具有认知不确定度的正态分布的马尾图。在 $\mu \in [-0.25, 0.25]$ 以及 $\sigma \in [0.55, 1.45]$ 中使用均匀分布抽样,绘制得到累积

分布函数,这样得到图中20个不同的累积分布函数。在这个例子中,假设真正的累积分布函数的$\mu = -0.168, \sigma = 1.25$;从图中可以看出,该累积分布函数在抽样累积分布函数范围内。但如果没有足够的累积分布函数抽样,真正的累积分布函数就可能会超出边界。注意到,抽样累积分布函数的边界不是样本中的单个累积分布函数,而是不同累积分布函数的组合。边界函数将在下文定义边界盒时讨论。

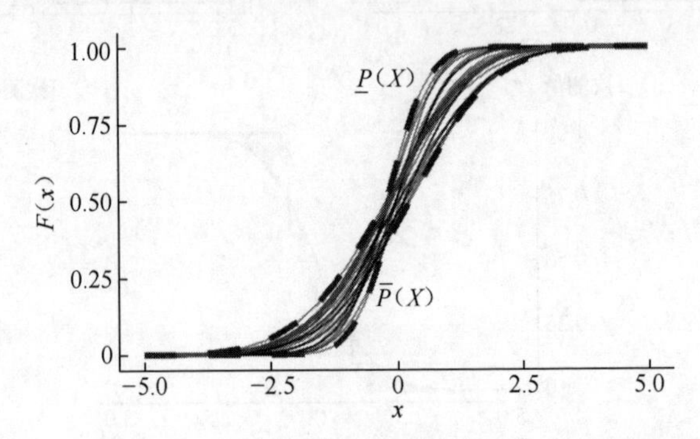

图12.3 分布$x \sim N(\mu, \sigma^2)$的20个可能的累积分布函数马尾图,其中$\mu \in [-0.25, 0.25]$,$\sigma \in [0.55, 1.45]$。短虚线表示抽样累积分布函数的上下界。粗实线表示真实分布,其中$\mu = -0.168, \sigma = 1.25$

虽然是从均匀分布中抽样,但并没有认为输出来自均匀分布,记住这一点很重要。这就是为什么对于N个样本,得到了N个不同的累积分布函数,而不是一个。由于使用抽样法,二次抽样过程可以采用分层抽样和其他方法,提高简单随机抽样效率。事实上,当存在许多认知不确定参数时,从成本角度考虑,这些方法必不可少。

12.3 概率盒和模型证据

将马尾图中累积分布函数的上界表示为$\underline{P}(x)$,因为真正的累积分布函数在该函数下方;马尾图中累积分布函数的下界表示为$\overline{P}(x)$,因为真正的累积分布函数在该函数上方,如图12.3所示。函数$\overline{P}(x)$和$\underline{P}(x)$之间的区域,称为概率盒。如此一来,就得到了可以表征系统的可能的累积分布函数范围,但问题是,在这种情况下,如何量化模型和实验之间的一致性。

一种可能的解决办法是,扩展确认度量算子,使其囊括实验值和概率盒之间的差异。为此,可以将确认度量算子定义为

$$d(F_{\text{sim}}, F_{\text{obs}}) = \int_{-\infty}^{\infty} D(\overline{P}(Q), \underline{P}(Q), F_{\text{obs}}(Q))\,\mathrm{d}Q \tag{12.2}$$

其中

$$D(\overline{P}(Q),\overline{P}(Q),F_{\text{obs}}(Q))$$

$$=\begin{cases}0 & ,F_{\text{obs}}(Q)\in[\overline{P}(Q),\overline{P}(Q)]\\ \min(|F_{\text{obs}}(Q)-\overline{P}(Q)|,|F_{\text{obs}}(Q)-\underline{P}(Q)|),&F_{\text{obs}}(Q)\notin[\overline{P}(Q),\overline{P}(Q)]\end{cases}\tag{12.3}$$

由此得到确认度量,来衡量测量值与给定认知不确定度的累积分布函数可能范围之间的一致性。有概率盒时的 d 值如图 12.4 所示。在图(a)中,d 值约为 0。但这并不意味着模拟是完美的。而是说,可以得出结论:没有证据表明模拟和测量是不一致的,也就是说,存在与测量一致的认知不确定参数值。在图(b)和图(c)中,d 值更大,表示概率盒最近边缘与测量值之间的区域面积。如上所述,如果 d 尚未接近零,随着与数据"一致"的实验测量值的增加,确认度量可以得到改进。

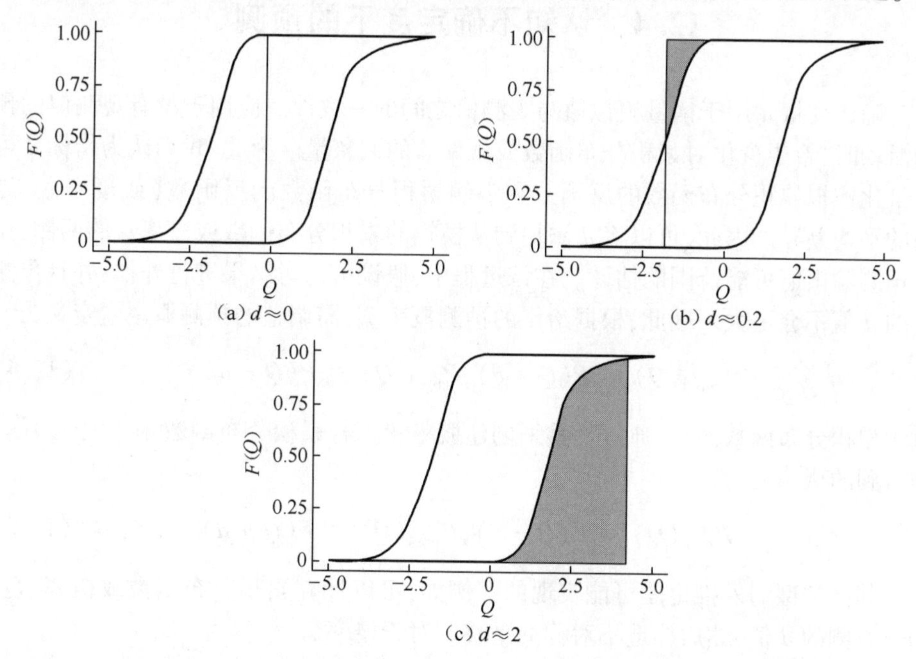

(a) $d\approx0$　(b) $d\approx0.2$　(c) $d\approx2$

图 12.4 模拟累积分布函数为概率盒且仅存在一个实验测量值时,确认度量 d 的三个示例。阴影区域相当于每种情况下的 d 值。在每个图中,概率盒相同,但观测值不同

当涉及概率盒并且包含认知不确定度时,d 值不包含计算模型精度的任何信息。如图 12.5 所示,较大的概率盒表示较大的认知不确定度,由于较大的范围包围测量值,所以很容易得到较小的 d 值。较小的概率盒,表明模型认知不确定度较

小,也可能具有相同的 d 值。通过 d 值无法选出具有较小认知不确定度的方法或过程;实现这种量化需要开展不同的分析,而计算概率盒的面积可能是一种方法。

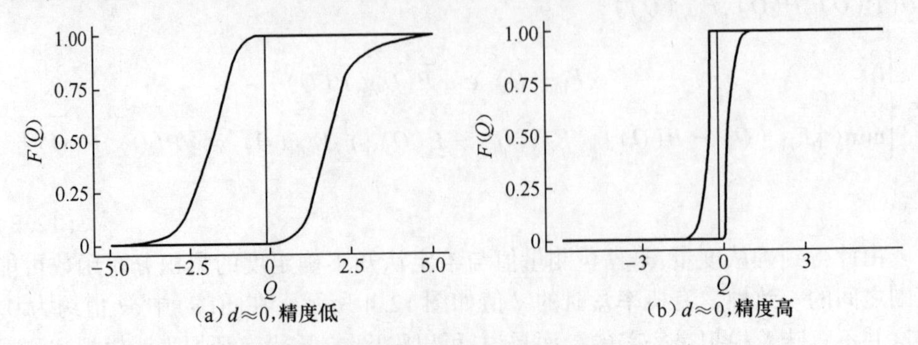

图 12.5 证明 $d=0$ 并不意味着预测中的不确定度小:在图(a)中,模拟结果与测量结果一致,但认知不确定度相当大

12.4 认知不确定度下的预测

确认度量 d 用于衡量模拟值与观测值之间的一致性。应用于没有观测值的预测活动时,希望量化对累积分布函数或概率盒的调整量。为此,我们认为指标 d 可以量化模拟累积分布函数的反函数和观测累积分布函数的反函数(或概率盒)之间的平均差异。因此,可以将 d 添加到从模拟的累积分布函数或概率盒的两侧,作为预测输出值可能范围的估计。在该过程中,假设可以对结果进行外推,并且预测中的 d 值不会更大。因此,根据给定的预测概率盒,需调整的预测概率盒定义为

$$\underline{P}_{\text{pred}}(Q) \equiv \underline{P}(Q+d), \overline{P}_{\text{pred}}(Q) \equiv \overline{P}(Q-d) \tag{12.4}$$

对于累积分布函数而言,通过平移来创建概率盒。若累积分布函数用 $F(Q)$ 表示,则得到的概率盒为

$$\underline{P}_{\text{pred}}(Q) \equiv \underline{F}(Q-d), \overline{P}_{\text{pred}}(Q) \equiv \overline{F}(Q+d) \tag{12.5}$$

其他类型的外推也是可能实现的。例如,可以计算累积分布函数或概率盒左侧或右侧的 d 值,然后构造不对称的平移。对于概率盒,平移为

$$d_{\text{left}}(F_{\text{sim}}, F_{\text{obs}}) = d(\underline{P}(Q), F_{\text{obs}}(Q)) \tag{12.6}$$

且

$$d_{\text{right}}(F_{\text{sim}}, F_{\text{obs}}) = d(\overline{P}(Q), F_{\text{obs}}(Q)) \tag{12.7}$$

根据这些结果,可以分别使用 d_{left} 和 d_{right} 定义 $\underline{P}_{\text{pred}}(Q)$ 和 $\overline{P}_{\text{pred}}(Q)$。计算概

率盒左/右侧的 d 值有明显的好处。不足之处在于,外推时差异的结构可能不成立:在一种情况下预测值一直偏低的模型在另一种情况下可能不会偏低。

为了说明上述方法,考虑端部施加载荷的悬臂梁的挠度问题,如图 12.6 所示。悬臂梁的挠度 y 表示为

$$y = \frac{4fL^3}{Ewh^3} \tag{12.8}$$

式中,f 表示力(N);E 表示弹性模量。尺寸 L、w 和 h 如图所示。由于制造公差,梁的尺寸分布为正态分布:

$$\mu_{\mathrm{L}} = 1\mathrm{m}, \sigma_{\mathrm{L}} = 0.05\mathrm{m}$$

$$\mu_{\mathrm{w}} = 0.01\mathrm{m}, \sigma_{\mathrm{w}} = 0.0005\mathrm{m}$$

$$\mu_{\mathrm{h}} = 0.02\mathrm{m}, \sigma_{\mathrm{h}} = 0.0005\mathrm{m}$$

对于这种材料,仅知道弹性模量位于区间:$E \in [69,\ 100]$ GPa。

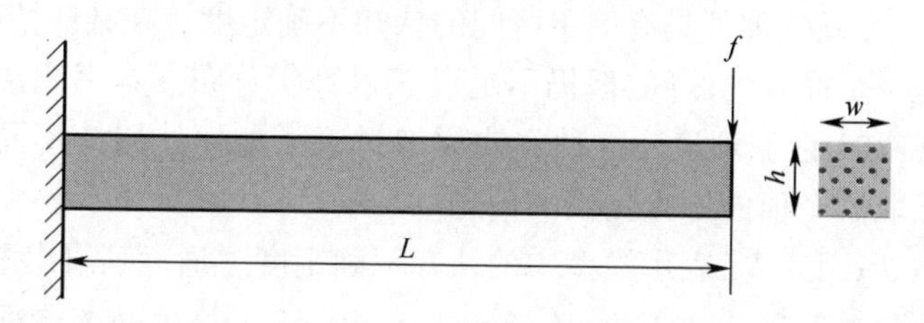

图 12.6 边缘施加 f 载荷的悬臂梁形状具有偶然不确定度,梁的弹性模量具有认知不确定度

首先,在 $f = 75$N 时进行 10 次挠度测量,将得到的累积分布函数与根据式(12.8)计算的概率盒进行比较,如图 12.7 所示。根据 $f = 75$N 时得到的测量值,计算得出 $d \approx 0.00572$m,$d_{\mathrm{left}} \approx 0.556$m 以及 $d_{\mathrm{right}} \approx 0.0001$m。使用二次抽样得到的概率盒,以此来预测 100N 时的挠度。通过对称平移 d(图 12.7(b))或者分别平移 d_{left} 和 d_{right}(图 12.7(c))调整概率盒。在该问题中,计算模型得到的挠度值明显偏高于实验。因此,当对概率盒进行不对称调整时,$\overline{P}(y)$ 几乎不受影响。

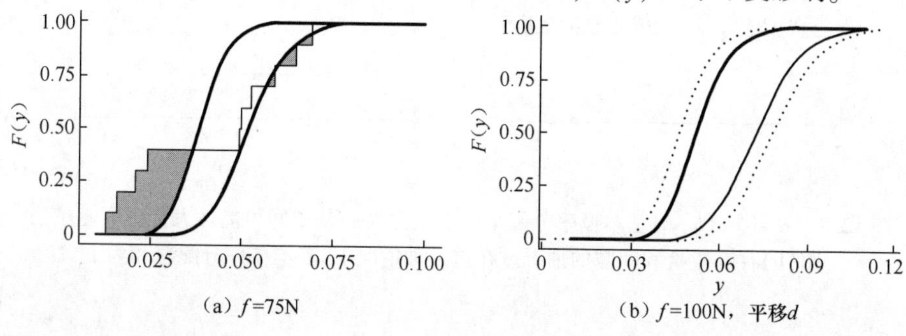

(a) f=75N (b) f=100N, 平移 d

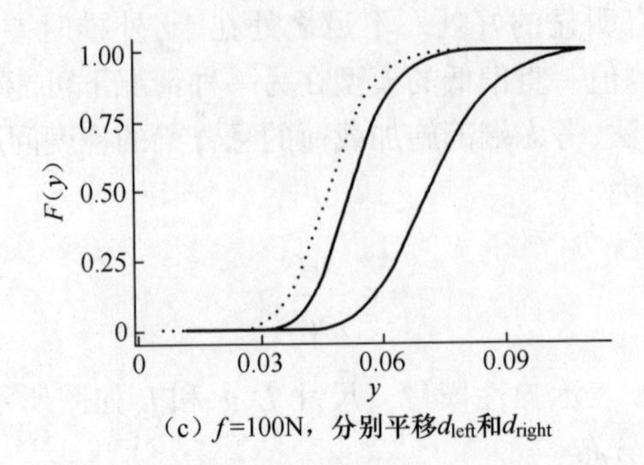

(c) f=100N，分别平移d_{left}和d_{right}

图 12.7 使用 d 调整概率盒来预测悬臂梁挠度的示例。在 $f=75\text{N}$ 时测试模型,然后将 d 外插到 $f=100\text{N}$ 情况

12.5 考虑专家判断的区间不确定度

到目前为止,仅处理了具有简单区间的认知不确定度。在某些情况下,所掌握的信息不仅是一个简单的区间,但仍不足以获得真实分布。本书想法是基于简化的 Dempster-Shafer 证据理论。这种方法详细讨论了如何使用持不同意见且只清楚变量更可能取哪个值的专家提供的信息。

假设参数 $\theta \in [a,b]$ 表示模型中的认知不确定度。请专家给出不同区间范围的基本概率分配(Basic Probability Assignment, BPA)。每个基本概率分配必须在 $[0,1]$ 范围内,且总和必须为 1。例如,若 $\theta \in [0,1]$,专家认为区间中间取值可能性更大,且 θ 的值接近 1 的可能性很小,则基本概率分配可能是

$$\text{BPA}(\theta)=\begin{cases}0.09, \theta \in [0,0.35) \\ 0.9, \theta \in [0.35,0.8] \\ 0.01, \theta \in (0.8,1)\end{cases}$$

该基本概率分配结构如图 12.8(a)所示。根据不同情况,基本概率分配可能重叠或存在间隙,如图 12.8(b)所示。

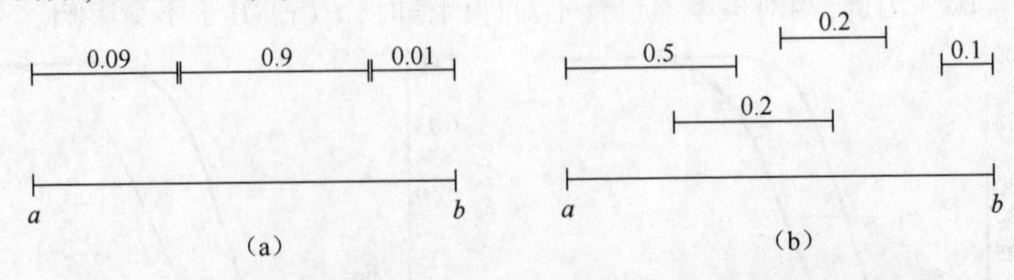

图 12.8 $\theta \in [a,b]$ 时基本概率分配结构示意:图(a)是中间可能性大并更可能左偏,图(b)存在重叠和间隙的情况。在这两种情况下,基本概率分配总和为 1

然后使用基本概率分配进行二次抽样。根据基本概率值(较大的值更可能被选中)选择相应区间,再在该区间中选择一个均匀随机数。这个过程将像之前一样创建概率盒,但依据的是专家给出的基本概率分配。基本概率分配仅决定 θ 的抽样,并不会对概率盒创建中得到的累积分布函数给出任何权重。因此,在二次抽样中 θ 样本数量无限的极限情况下,结果与将 θ 视为简单区间相同,但事实上,当样本数量有限时,得到的概率盒将取决于专家意见。

若有多个专家给出 θ 的基本概率分配,则可以将每个专家的基本概率分配求并集,再除以专家人数,从而将专家意见加以融合。这将产生一组总和为 1 的基本概率分配,然后可以像之前一样用于二次抽样。由此得到的基本概率分配结构在专家持相同意见时赋值较大,但仍然包含专家持不同意见时的信息。这种组合情况如图 12.9 所示。图中是两个专家不同的基本概率分配结构,通过取并集然后除以 2(专家数量)得到的融合结构。

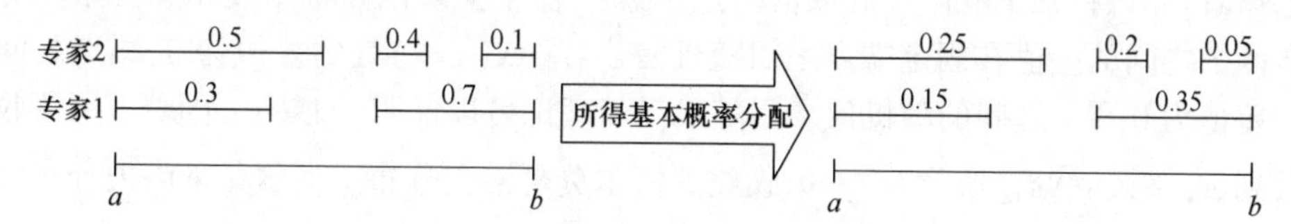

图 12.9 两个专家基本概率分配结构融合的示例:基本概率分配除以专家人数,得到一个基本概率分配结构

融合后得到的基本概率分配结构将视为来自单个专家的基本概率分配,并用于二次抽样。所得概率盒的性质与单个专家的概率盒性质相同。

12.6 柯尔莫哥洛夫-斯米尔诺夫置信区间

在前面的章节中,讨论了存在认知不确定度时利用二次抽样来估计概率盒。自然而来的问题是,由于生成累积分布函数的样本数量有限,概率盒的不确定度如何。一种解决方法是基于柯尔莫哥洛夫-斯米尔诺夫(Kolmogorov-Smirnoff,KS)检验,使用柯尔莫哥洛夫分布添加置信区间。这种方法不受分布影响,适用于任何连续分布,也适合对分布形式认知很少的情况。然而,这种方法得到的置信区间相当大,因为除了样本数量,没有利用任何其他的数据信息。如果将确认度量 d 外推到其他场景中,置信区间也会扩大。

KS 检验统计量 δ_N 是真实(但未知)累积分布函数 $F(x)$ 与根据 N 个样本推导出的经验累积分布函数 $F_N(x)$ 之间的最大垂直距离:

$$\delta_N = \sup_x \left| F_N(x) - F(x) \right| \tag{12.9}$$

该距离如图 12.10 所示。

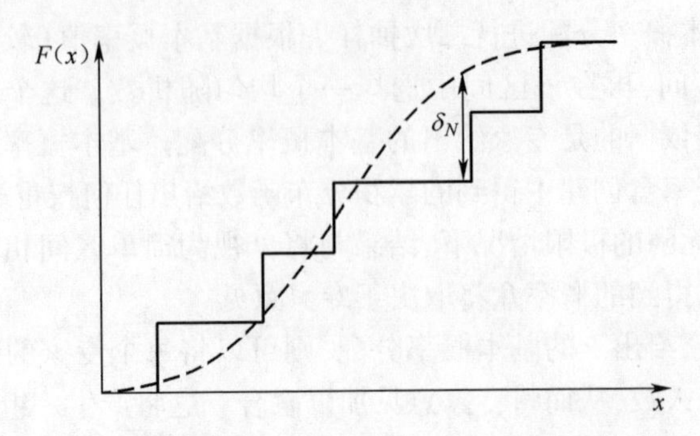

图12.10 δ_N 示例:真实累积分布函数 $F(x)$(短虚线)与根据 N 个样本推导出的经验累积分布函数 $F_N(x)$(实线)之间的最大垂直距离

已知当 $x\to\pm\infty$ 时,真实累积分布函数和经验累积分布函数分别为0和1。这意味着 δ_N 将在某个有限 x 处取值。这也意味着经验累积分布函数和真实累积分布函数之间的差值在固定端点之间随机漫步:端点($\pm\infty$)处的差值为0,端点之间的差值为0和1之间的随机值。用随机漫步理论可以证明,如果 F_N 随着 $N\to\infty$ 收敛到 F,那么 $\sqrt{N}\delta_N$ 随着 $N\to\infty$ 收敛到柯尔莫哥洛夫分布。柯尔莫哥洛夫分布的累积分布函数为

$$F_{\kappa}(x)\approx\frac{\sqrt{2\pi}}{x}\sum_{i=1}^{\infty}\exp\left(-\frac{(2i-1)^2\pi^2}{8x^2}\right) \tag{12.10}$$

因此,如果用柯尔莫哥洛夫分布描述 $\sqrt{N}\delta_N$,想要知道在某个置信度 α 下何时 $F_K(\sqrt{N}\delta_N)=1-\alpha$。换句话说,如果想知道95%置信度($\alpha=0.05$)条件下的 δ_N 值,就需要求解 $F_K(\sqrt{N}\delta_N)=0.95$。但求解上式非常困难,因为在 N 较小时,无法通过式(12.10)合理估计 δ_N。Marsaglia 等(2003)提出了分布和样本数量 N 的方程,在给定样本数量的情况下,可以确定 δ_N 的各种置信度。δ_N 的95%置信度近似公式为

$$\delta_N^{95\%}\approx\begin{cases}\dfrac{1.1897N^{3/2}+0.00863443N^2+1.04231N-3.893\sqrt{N}+4.32736}{N^2}, & 5\leqslant N\leqslant 50\\[2ex]\dfrac{1.3581}{\sqrt{N}}, & N>50\end{cases} \tag{12.11}$$

利用式(12.11),考虑到有限样本数量,可以通过定义 $\hat{\underline{P}}$ 和 $\hat{\overline{P}}$ 为

$$\hat{\underline{P}}(Q)=\min(\underline{P}(Q)+\delta_N,1) \tag{12.12a}$$

$$\hat{\overline{P}}(Q)=\max(\overline{P}(Q)-\delta_N,0) \qquad (12.12b)$$

来扩展概率盒。扩展的概率盒限制在[0,1]区间之内。由于物理限制(如 Q 始终为正值或处于某个范围内),也可以进行其他调整。

为了演示使用 δ_N 扩展概率盒,回到悬臂梁这个示例。在 $f=75$N 时,通过二次抽样构造了一个概率盒。过程中使用了弹性模量 E 的 20 个抽样值,在每个弹性模量下,仅使用 10 个偶然不确定度样本。使用式(12.11),计算得到 $\delta_N^{95\%}(10)=0.4092477$。所得的分布及其调整后的概率盒 $[\hat{\underline{P}},\hat{\overline{P}}]$ 如图 12.11 所示。此外,图中还显示了每个累积分布函数使用 10^4 个样本的概率盒。该例证明,95%KS 置信区间确实包含了真实的概率盒,尽管在原始概率盒极值附近,置信区间估计非常保守。

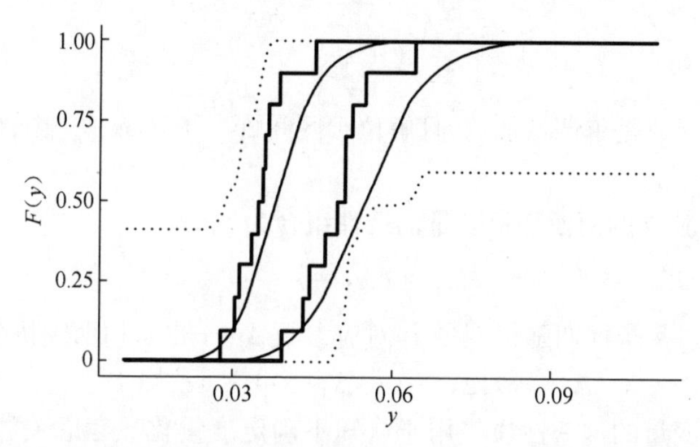

图 12.11 $f=75$N 时悬臂梁问题的概率盒,其中 $N=10$ 个样本用于二次抽样构建累积分布函数(实线、分段常数线),95%KS 置信区间如虚线所示。光滑概率盒每个累积分布函数利用 10^4 个样本构建

总体而言,当模型求解成本较高且使用二次抽样仅能粗略构建累积分布函数时,概率盒的 KS 置信区间是有用的。这个方法可能得到较大的概率盒,但其应用十分广泛,可用于了解特定场景中性能限制或指令是否存在潜在风险。

12.7 柯西偏差法

当存在多维认知不确定度时,为充分探索认知不确定度空间,在马尾图和概率盒构建中需要开展多次计算。为此,可以使用均值和方差不定的柯西分布来估计认知不确定度引起的响应范围(Kreinovich 和 Ferson,2004; Kreinovich 等,2004; Kreinovich 和 Nguyen,2009)。这是第 9 章中出现过的阿涅西女巫函数的另一个奇妙之处,因为柯西分布的概率密度函数等同于阿涅西女巫函数。

柯西分布由单个参数 $\Delta > 0$ 表示,其概率密度函数为

$$f(x) = \frac{\Delta}{\pi(x^2 + \Delta^2)} \tag{12.13}$$

累积分布函数为

$$F(x) = \frac{1}{2} + \frac{1}{\pi}\arctan\left(\frac{x}{\Delta}\right) \tag{12.14}$$

柯西分布的均值和方差未定义,众数为 $x = 0$。由于均值和方差未定义,所以中心极限定理不适用于柯西随机变量之和,即 N 个柯西随机变量之和不会随着 $N \to \infty$ 趋近于正态分布。

给定柯西分布的 N 个样本 x_n,Δ 的最大似然估计为

$$\sum_{n=1}^{N} \frac{1}{1 + \frac{x_n^2}{\Delta^2}} = \frac{N}{2} \tag{12.15}$$

注意到左端项函数是单调增加的,且解位于区间 $\Delta \in [0, \max_n x_n]$ 内,因此可以使用闭式求根法。

此外,p 个独立的柯西随机变量的线性组合为

$$\hat{x} = c_1 x_1 + c_2 x_2 + \cdots + c_p x_p$$

其中,c_i 是实数,每个柯西随机变量 x_i 对应参数 Δ_i。$\hat{x}$ 也是柯西随机变量,参数为

$$\Delta = |c_1|\Delta_1 + |c_2|\Delta_2 + \cdots + |c_p|\Delta_p$$

柯西随机变量的这一性质将用于认知不确定度量化。考虑关注量 $Q(x, \theta)$,其中 x 是偶然不确定度的向量,θ 是 p 维认知不确定度向量 $\theta_i \in [\underline{\theta}_i, \overline{\theta}_i]$。此外,还定义了 $\hat{\theta}_i = 0.5(\underline{\theta}_i + \overline{\theta}_i)$ 和 $\Delta\theta_i = 0.5(\overline{\theta}_i - \underline{\theta}_i)$。然后,将在每个 x 处的 Q 近似为认知不确定度的线性函数:

$$Q(x, \hat{\theta}_1 + \delta\theta_1, \cdots, \hat{\theta}_p + \delta\theta_p) = Q(x, \hat{\theta}_1, \cdots, \hat{\theta}_p) + \delta Q \tag{12.16}$$

其中,$\delta\theta_i \in [-\Delta\theta_i, \Delta\theta_i]$,且

$$\delta Q = c_1\delta\theta_1 + c_2\delta\theta_2 + \cdots + c_p\delta\theta_p \tag{12.17}$$

$c_i = \frac{\partial Q}{\partial \theta_i}$。根据上述性质,如果 $\delta\theta_i$ 是柯西分布,那么 δQ 也将是柯西分布,参数 Δ 可以计算。注意,δQ 是 x 的函数,如此一来,线性近似的限制有所减少。

算法 12.1 中给出了具体过程,在 M 个不同的偶然不确定参数 x 处,确定柯西分布 δQ 的参数。该算法需要求解关注量 $M(N+1)$ 次。此外,每次迭代都需要求解单个非线性方程确定 Δ_m,即 x_m 处的分布参数。该方程可以用简单的闭式法(如二分法)求解,不需要进一步求解关注量。在算法中,调整了 $\delta\theta_i$ 值的范围,使其始

终在$\pm\Delta\theta_i$之间。采用这种方式定义的δQ和归一化的样本,使得$Q(x_m,\theta)\in[Q_{m,\mathrm{mid}}-\Delta_m,Q_{m,\mathrm{mid}}+\Delta_m]$。因此,该算法可估计特定$x$值下的$Q$值边界。

算法 12.1 用于二次抽样中确定式(12.16)$\delta Q(x,\theta)$分布的算法

for m = 1 to M **do**

  对偶然不确定度抽样得到x_m

  计算$Q_{m,\mathrm{mid}}=Q(x_m,\hat{\theta}_1,\cdots,\hat{\theta}_p)$

  for n = 1 to N **do**

    对θ_i进行柯西随机变量抽样:$d_{in}=\tan\left(\pi\left(\xi_i+\frac{1}{2}\right)\right)$,其中$\xi\sim U(0,1)$。

    计算$K_n=\max_i|d_{in}|$

    设定$\delta\theta_{in}=d_{in}/K_n\Delta\theta_i$

    计算$\delta Q_{nm}=K_n(Q(x_m,\hat{\theta}_1+\delta\theta_{1n},\cdots,\hat{\theta}_p+\delta\theta_{pn})-Q_{m,\mathrm{mid}})$

  end for

  通过求解下式得到Δ_m

$$\sum_{n=1}^{N}\frac{1}{1+\dfrac{\delta Q_{nm}^2}{\Delta_m^2}}=\frac{N}{2}$$

end for

由于样本数量有限,所以通过算法12.1得到的Δ_m值是近似值。Kreinovich和Ferson(2004)指出,如果使用数量有限的样本来计算Δ的近似值,将高估关注量的范围,比例$(1+2\sqrt{2/N})$,其中N表示样本数量。例如,使用50个样本将高估40%。

使用柯西偏差法的一个考虑因素是参数p的数量。原则上,估计可以通过数值微分计算c_i,再使用线性近似计算Q的范围。估计导数需要求解函数$p+1$次,而柯西偏差法不依赖于p。因此,当p较大且能忍受高估时,柯西偏差法是适用的。

为了演示柯西偏差法,对Kreinovich和Ferson(2004)提出的问题做了一点修改。考虑多振子问题,关注量为

$$Q(x,k_i,m_i,c_i)=\sum_{i=1}^{400}\frac{k_i}{\sqrt{(k_i-m_ix^2)^2+c_ix^2}}\tag{12.18}$$

认知不确定度为:

(1) $k_i\in[\underline{k}_i,\overline{k}_i]$,其中区间范围为[60, 230]分成的400等份,即$k_1\in[60,$

60.425],$k_2 \in [60.425, 60.85]$,…。

(2) $m_i \in [\underline{m}_i, \overline{m}_i]$,其中区间范围为[10, 12]分成的400等份,即 $m_1 \in [10, 10.005]$,$m_2 \in [10.005, 10.01]$,…。

(3) $c_i \in [\underline{c}_i, \overline{c}_i]$,其中区间范围为[5, 25]分为的400等份,即 $c_1 \in [5, 5.05]$,$c_2 \in [5.05, 5.1]$,…。

偶然不确定变量为 $x \sim N(2.75, 0.01^2)$。由于认知不确定参数较多(1200个),所以需要对关注量进行多次求值。而使用柯西偏差法,通过设置 $M = 20$ 和 $N = 50$,仅通过1020次函数求值,即可估计 Q 的概率盒。在此条件下,得到图12.12所示的概率盒。针对 x 的20个样本中的每一个,对关注量求解了50次,得到 δQ_m 的值。然后使用 $\overline{Q}_m \pm \Delta_m$,通过计算边界情况的经验累积分布函数,构建概率盒的上下界。

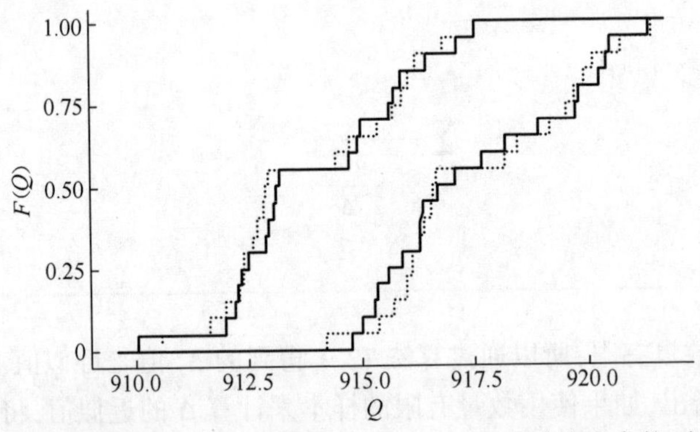

图12.12 多振子问题的概率盒,该问题涉及1200个认知不确定度参数,实线是柯西偏差法得到的概率盒,短虚线是二次抽样结果,每个 x 值处使用 10^5 个认知不确定度样本

将柯西偏差法得到的概率盒与对每个 x 值使用 10^5 个样本进行二次抽样的结果进行比较。结果表明,柯西偏差法得到的概率盒确实比二次抽样的略小,但关注量求值次数要比二次抽样少100倍左右。

12.8 注释和参考资料

Oberkampf 和 Roy(2010)的著作详细讨论了概率盒、确认度量和二次抽样。该著作中还提供了来自真实工程设计系统的示例,讲解了如何将关注量组合成单一指标以及其他相关内容。其他著作(通常与桑迪亚国家实验室相关)更加详细地描述了 Dempster-Shafer 结构(Ferson 等,2003)以及区间不确定度(Ferson 等,2007)。

输入概率的扰动、先验分布影响等研究内容进一步扩展了认知不确定范畴。关于扰动的研究可参见 Chowdhary 和 Dupuis (2013)以及 Owhadi(2013,2015)等的著作。

12.9 练 习

1. 使用二次抽样从正态分布 $x \sim N(\mu, \sigma^2)$ 中抽样构建概率盒,其中每个累积分布函数由 100 个点构建,认知不确定度有 10 个和 100 个样本,其中

(1) $a \in [-0.2, 0.2]$, $b \in [0.9, 1.1]$;

(2) a 由如下基本概率分配结构给出:

$$\mathrm{BPA}(a) = \begin{cases} 0.1, a \in [-0.2, -0.05) \\ 0.8, a \in [-0.05, 0.05] \\ 0.1, a \in (0.05, 0.2) \end{cases}$$

b 由如下基本概率分配结构给出:

$$\mathrm{BPA}(b) = \begin{cases} 0.4, b \in [0.9, 0.95) \\ 0.6, b \in [1, 1.1] \end{cases}$$

2. 使用离散方法求解方程:

$$\frac{\partial u}{\partial t} + v\frac{\partial u}{\partial x} = D\frac{\partial^2 u}{\partial x^2} - \omega u$$

其中,$u(x, t)$ 的空间定义域 $x \in [0, 10]$,具有周期性边界条件 $u(0^-) = u(10^+)$,初始条件为

$$u(x,0) = \begin{cases} 1, x \in [0, 2.5] \\ 0, \text{其他} \end{cases}$$

使用该解计算总反应:

$$\int_5^6 \mathrm{d}x \int_0^5 \mathrm{d}t\omega u(x,t)$$

假定下述变量为均匀分布,上、下边界为其均值的±10%:

(1) $\mu_v = 0.5$;

(2) $\mu_D = 0.125$;

(3) $\mu_\omega = 0.1$。

将空间网格和时间步长视为认知不确定度:

(1) $\Delta x \in [0.001, 0.5]$;

(2) $\Delta t \in [0.001, 0.5]$,使用二次抽样估计 Q 的概率盒。

(3) 使用 KS 置信区间重复之前的问题。

(4) 将 ω 视为在每个网格区域 i 独立的认知不确定变量 ω_i,位于区间[0.05, 0.15]。假设 v 和 D 在域中是均匀的,并且分布形式与之前相同。使用柯西偏差法计算概率盒,与二次抽样结果进行比较。

附录A 分布汇总

本附录给出了随机变量各种典型分布的定义和特性。本书的其他地方对这些分布的大部分内容也做了讨论,不过在集中提供定义对参考是很有帮助的。除非另有说明,否则此处使用的符号与其他标准参考文献中的符号相同。

A.1 伯努利分布

这是一种离散分布,其中随机变量取值为1的概率为p,取值为0的概率为$1-p$。如果我们考虑抛出一枚硬币(fair coin,正反面概率都是1/2),并且赋予正面的结果$x=1$,反面的结果$x=0$,那么x为伯努利分布,$p=0.5$。为简单起见,我们还定义了$q=1-p$。

A.1.1 概率质量函数

$$f(x|p)=\begin{cases}1-p, x=0\\ p, x=1\end{cases}$$

A.1.2 累积分布函数

$$F(x|p)=\begin{cases}0, x<0\\ 1-p, 0\leqslant x<1\\ 1, x\geqslant 1\end{cases}$$

A.1.3 特性

(1) 均值:$E[x]=p$。

(2) 中位数:

$$\text{中位数}=\begin{cases}0, q>p\\ 0.5, q=p\\ 1, q<p\end{cases}$$

(3) 众数:

$$\text{众数} = \begin{cases} 0, q > p \\ \{0,1\}, q = p \\ 1, q < p \end{cases}$$

(4) 方差: $pq = p(1-p)$。

(5) 偏度:

$$\gamma_1 = \frac{1-2p}{\sqrt{pq}}$$

(6) 超值峰度:

$$\text{Kurt} = \frac{1-6pq}{qp}$$

A.2 二项分布

二项分布是一种离散分布,它给出了在 $n \in \mathbb{N}$ 次试验中,当每个试验的成功概率为 p 时,成功事件的数量(即 n 次试验概率和为1)。举个例子,如果我抛出一枚硬币($p = 0.5$)10次($n = 10$),那么这10次抛出的硬币中,正面的次数 x 服从二项分布。伯努利分布是 $n = 1$ 时二项分布的特例。

A.2.1 概率质量函数

$$f(x|n,p) = \binom{n}{x} p^x (1-p)^{n-x}$$

式中,二项系数由下式求得

$$\binom{n}{x} = \frac{n!}{x!\,(n-x)!}$$

A.2.2 累积分布函数

$$F(x|n,p) = I_{1-p}(n-x, 1+x) = (n-x)\binom{n}{x}\int_0^{1-p} t^{n-x-1}(1-x)^x \mathrm{d}t$$

式中,$I_{1-\mathrm{p}}$为正则化不完全贝塔函数。

A.2.3 特性

(1) 均值: $E[x] = np$。

（2）二项分布的中位数没有一个简单的公式，但它位于 np 的整数部分和 np 四舍五入到最接近的整数的值之间，即中位数位于 $\lfloor np \rfloor$ 和 $\lceil np \rceil$ 之间。

（3）众数：

$$\text{众数} = \begin{cases} \lfloor (n+1)p \rfloor, (n+1)p \text{ 为 0 或为非整数} \\ (n+1)p \text{ 且 } (n+1)p - 1, (n+1)p \in \{1,2,\cdots,n\} \\ n, (n+1)p = n+1 \end{cases}$$

（4）方差：$np(1-p)$。

（5）偏度：

$$\gamma_1 = \frac{1-2p}{\sqrt{pq(1-p)}}$$

（6）超值峰度：

$$\text{Kurt} = \frac{1-6p(1-p)}{np(1-p)}$$

A.3 泊 松 分 布

泊松分布是非负整数上的离散分布，该分布具有单个参数 $\lambda > 0$，若事件以已知的平均速率独立发生，则该参数给出事件发生 x 次的概率。

A.3.1 概率质量函数

$$f(x \mid \lambda) = \frac{\lambda^x \mathrm{e}^{-x}}{x!}$$

A.3.2 累积分布函数

$$F(x \mid \lambda) = \mathrm{e}^{-\lambda} \sum_{i=0}^{\lfloor x \rfloor} \frac{\lambda^i}{i!}$$

A.3.3 特性

（1）均值：$E[x] = \lambda$。

（2）中位数大于或等于 $\lambda - \log 2$ 且小于 $\lambda + \frac{1}{3}$。

（3）有两个众数：$\lfloor \lambda \rfloor$ 和 $\lceil \lambda \rceil - 1$。

（4）方差：λ。

(5) 偏度:

$$\gamma_1 = \frac{1}{\sqrt{\lambda}}$$

(6) 超值峰度:

$$\mathrm{Kurt} = \lambda^{-1}$$

A.4 正态分布,高斯分布

正态分布或高斯分布是最为人熟知的连续分布。它有两个参数,即$\mu \in \mathbb{R}$和$\sigma^2 > 0$,对应于分布的均值和方差。我们把参数为μ和σ^2的正态分布的随机变量x记为$x \sim N(\mu,\sigma^2)$。

A.4.1 概率密度函数

$$f(x|\mu,\sigma^2) = \frac{1}{\sqrt{2\pi\sigma^2}}\mathrm{e}^{-\frac{(x-\mu)^2}{2\sigma^2}}$$

A.4.2 累积分布函数

$$F(x|\mu,\sigma^2) = \frac{1}{2}\left[1 + \mathrm{erf}\left(\frac{x-\mu}{\sigma\sqrt{2}}\right)\right]$$

式中,误差函数$\mathrm{erf}(x)$定义为

$$\mathrm{erf}(x) = \frac{2}{\sqrt{\pi}}\int_0^x \mathrm{e}^{-t^2}\mathrm{d}t$$

A.4.3 特性

(1) 均值、中位数和众数为μ。
(2) 方差为σ^2。
(3) 偏度和超值峰度为0。

标准正态分布有$\mu = 0$和$\sigma = 1$。任何正态分布都可以通过中心化和缩放转换成标准正态分布。如果$x \sim N(\mu,\sigma^2)$,那么,$z \sim N(0, 1)$,且

$$z = \frac{x-\mu}{\sigma}$$

A.5 多元正态分布

多元正态分布是正态分布的多维泛化。式中,$\boldsymbol{x}$ 为 k 维向量,$\boldsymbol{x} = (x_1, x_2, \cdots, x_k)^{\mathrm{T}}$,$\boldsymbol{\mu}$ 为期望值的向量,或各随机变量 X_i 的均值:

$$\boldsymbol{\mu} = (E[x_1], E[x_2], \cdots, E[x_k])^{\mathrm{T}} = (\mu_1, \mu_2, \cdots, \mu_k)^{\mathrm{T}}$$

协方差矩阵 Σ 是一个对称的正定矩阵,该矩阵的行列式写为 $|\Sigma|$。一个均值向量为 $\boldsymbol{\mu}$ 和协方差矩阵为 Σ 的多元正态分布的向量写成 $\boldsymbol{x} \sim N(\boldsymbol{\mu}, \boldsymbol{\Sigma})$。

A.5.1 概率密度函数

$$f(\boldsymbol{x} | \boldsymbol{\mu}, \Sigma) = \frac{1}{\sqrt{(2\pi)^k |\Sigma|}} \exp\left(-\frac{1}{2} (\boldsymbol{x} - \boldsymbol{\mu})^{\mathrm{T}} \boldsymbol{\Sigma}^{-1} (\boldsymbol{x} - \boldsymbol{\mu}) \right)$$

A.5.2 累积分布函数

累积分布函数没有封闭形式表达式。

A.5.3 特性

(1) 均值和众数为 $\boldsymbol{\mu}$。

(2) 方差是 Σ 的对角线。

A.6 学生 t-分布,t 分布

t 分布(也称为学生 t-分布),类似于标准正态分布,但其具有附加的正实参数 $v > 0$。当 $v \to \infty$ 时,t-分布趋于标准正态分布。参数 v 通常称为自由度。当 $v = 1$ 时,t-分布等同于柯西分布(见下文)。v 值越小,t-分布的尾部越厚。

除了厚尾,该分布还用于模拟正态分布中少量样本的可能误差。给定正态分布的 n 个样本,样本均值和分布真实均值之间的差异为 t-分布,且 $v = n-1$。

A.6.1 概率密度函数

$$f(x | v) = \frac{\Gamma\left(\frac{v+1}{2}\right)}{\sqrt{v\pi}\,\Gamma\left(\frac{v}{2}\right)} \left(1 + \frac{x^2}{v}\right)^{-\frac{v+1}{2}}$$

式中,$\Gamma(\cdot)$ 为伽马函数。

A.6.2 累积分布函数

$$F(x|v)=\frac{1}{2}+x\Gamma\left(\frac{v+1}{2}\right)\times\frac{{}_2F_1\left(\frac{1}{2},\frac{v+1}{2};\frac{3}{2};-\frac{x^2}{v}\right)}{\sqrt{v\pi}\,\Gamma\left(\frac{v}{2}\right)}$$

式中，${}_2F_1(x)$为超几何函数。

A.6.3 特性

(1) 中位数和众数为0。当$v>1$时，均值亦为0，当$v\leqslant 1$时，均值未定义。

(2) 方差有三种不同的情况：根据v的取值，它可以是未定义的、无限的或有限的：

$$\text{Var}=\begin{cases}\text{未定义}, & v\leqslant 1\\ \infty, & 1<v\leqslant 2\\ \dfrac{v}{v-2}, & v>2\end{cases}$$

(3) $v>3$时偏度为0，其他情况为未定义。

(4) $v>4$时超值峰度为$6(v-3)$，其他情况为未定义。

可以改变t-分布，当$v\to\infty$变化时，该分布变成均值为μ、方差为σ^2的正态分布。如果z是参数为v的t-分布，那么$x=\mu+z\sigma$将是一个移位和重新缩放的随机变量，当$v\to\infty$变化时，它就变成了均值为μ、方差为σ^2的正态分布。

也存在多元t-分布，与多元正态分布类似，该分布有均值向量$\boldsymbol{\mu}$、正定矩阵$\boldsymbol{\Sigma}$和参数$v>0$。该分布中存在概率密度函数

$$f(\boldsymbol{x}|\boldsymbol{\mu},\Sigma,v)=\frac{\Gamma[(v+p)/2]}{\Gamma(v/2)v^{p/2}\pi^{p/2}|\Sigma|^{1/2}}\left[1+\frac{1}{v}(\boldsymbol{x}-\boldsymbol{\mu})^{\mathrm{T}}\Sigma^{-1}(\boldsymbol{x}-\boldsymbol{\mu})\right]^{-(v+p)/2}$$

当$v\to\infty$变化时，该分布趋向于多元正态分布，有均值向量$\boldsymbol{\mu}$和协方差矩阵$\boldsymbol{\Sigma}$。

A.7 Logistic 分布

Logistic 分布类似于正态分布，但属于厚尾分布(即超值峰度不为零)。该分布之所以称为 Logistic 分布，是因为它的累积分布函数是逻辑函数。Logistic 分布有实参数p和正实参数s两个参数。

A.7.1 概率密度函数

$$f(x|\mu,s)=\frac{\mathrm{e}^{-\frac{x-\mu}{s}}}{(1+\mathrm{e}^{-\frac{x-\mu}{s}})^2 s}=\frac{1}{4s}\operatorname{sech}^2\left(\frac{x-\mu}{2s}\right)$$

A.7.2 累积分布函数

$$F(x|\mu,s)=\frac{1}{1+\mathrm{e}^{-\frac{x-\mu}{s}}}=\frac{1}{2}+\frac{1}{2}\tanh\left(\frac{x-\mu}{2s}\right)$$

A.7.3 特性

(1) 均值、中位数和众数为μ。

(2) 方差与s成正比：

$$\mathrm{Var}=\frac{\pi^2}{3}s^2$$

(3) 偏度为0。

(4) 超值峰度为1.2。

A.8 柯西分布、洛伦兹(Lorentz)分布或布赖特-维格纳(Breit-Wigner)分布

柯西分布是$v=1$时t-分布的特例。它的概率密度函数在任何情况下都是有限的，但有未定义的均值、方差、偏度和超值峰度。该分布包含$x_0\in\mathbb{R}$和$\gamma>0$两个参数。分布的中位数和众数都在x_0处。

A.8.1 概率密度函数

$$f(x|x_0,\gamma)=\frac{1}{\pi\gamma}\left[1+\left(\frac{x-x_0}{\gamma}\right)^2\right]^{-1}$$

A.8.2 累积分布函数

$$F(x|x_0,\gamma)=\frac{1}{2}+\frac{1}{\pi}\mathrm{acrtan}\left(\frac{x-x_0}{\gamma}\right)$$

A.9 耿贝尔分布

耿贝尔分布通常用于模拟随机变量的最大值。它包含 $m \in \mathbb{R}$ 和 $\beta > 0$ 两个参数。它有正偏度和超值峰度。累积分布函数是趋于指数的指数形式的。

A.9.1 概率密度函数

$$f(x|m,\beta) = \frac{1}{\beta}\mathrm{e}^{-(z+\mathrm{e}^{-z})}, z = \frac{x-m}{\beta}$$

A.9.2 累积分布函数

$$F(x|m,\beta) = \mathrm{e}^{\mathrm{e}^{-(z-\mu)/\beta}}$$

A.9.3 特性

(1) 耿贝尔分布的均值为 $\mu = m + \beta\gamma$,式中,$\gamma \approx 0.5772$ 是欧拉-马歇罗尼常数。

(2) 中位数为 $m - \beta\log(\log 2)$。

(3) 众数为 m。

(4) 方差与 β^2 成正比:

$$\mathrm{Var} = \frac{\pi^2}{6}\beta^2$$

(5) 偏度为正:

$$\gamma_1 = \frac{12\sqrt{6}\ \varsigma(3)}{\pi^3} \approx 1.14$$

式中,$\varsigma(3) \approx 1.20205$ 是阿培里常数(Apéry's constant)。

(6) 超值峰度为$\frac{12}{5}$。

A.10 拉普拉斯分布,双指数分布

拉普拉斯(Laplace)分布类似于正态分布,只是在指数中有一个绝对值,而不是二次指数。它包含 $m \in \mathbb{R}$ 和 $b > 0$ 两个参数。这是一个关于 m 的对称分布,并且具有非零超值峰度。

A.10.1　概率密度函数

$$f(x|m,b)=\frac{1}{2b}\mathrm{e}^{-\frac{|x-m|}{b}}$$

A.10.2　累积分布函数

$$F(x|m,b)=\begin{cases}\frac{1}{2}\mathrm{e}^{\frac{x-m}{b}},x<m\\ \frac{1}{2}+\frac{1}{2}\mathrm{e}^{-\frac{x-m}{b}},x\geqslant m\end{cases}$$

A.10.3　特性

（1）均值、中位数和众数均为 m。
（2）方差与 b^2 成正比：

$$\mathrm{Var}=2b^2$$

（3）偏度为 0。
（4）超值峰度为 3。

A.11　均 匀 分 布

均匀随机变量在区间 $[a, b]$ 内对任何值的取值可能性是相等的，且 $b>a$。如果 x 是一个均匀随机变量，那么 $x\sim U(a, b)$。

A.11.1　概率密度函数

$$f(x|a,b)=\begin{cases}\frac{1}{b-a},x\in[a,b]\\ 0,其他\end{cases}$$

A.11.2　累积分布函数

$$F(x|a,b)=\begin{cases}0,x<a\\ \frac{x-a}{b-a},x\in[a,b)\\ 1,x\geqslant b\end{cases}$$

A.11.3　特性

（1）均值和中位数为 $(a+b)/2$。

(2) 众数为区间[a, b]内的任意值。

(3) 方差为$(b-a)^2/12$。

(4) 偏度为0。

(5) 超值峰度为-6/5。

通过取值 $x \sim U(a, b)$, 并做如下定义,我们可以指定一个标准化的均匀随机变量,它在区间[-1, 1]有支撑集,我们称之为 $z \sim U(-1, 1)$

$$z = \frac{a + b - 2x}{a - b}$$

A.12 贝塔分布

贝塔分布描述了在区间[-1, 1]内取值的随机变量,可以用两个参数 $\alpha > -1$ 和$\beta > -1$来描述。如果 z 是一个贝塔分布的随机变量,那么 $x \sim \mathrm{Be}(\alpha,\beta)$。

A.12.1 概率密度函数

$$f(x|\alpha,\beta) = \frac{2^{-(\alpha+\beta+1)}}{\alpha+\beta+1}\frac{\Gamma(\alpha+1)+\Gamma(\beta+1)}{\Gamma(\alpha+\beta+1)}(1+x)^{\beta}(1-x)^{\alpha}, x \in [-1,1]$$

概率密度函数也可用 B 函数表示:

$$\mathrm{B}(\alpha,\beta) = \frac{\Gamma(\alpha)\Gamma(\beta)}{\Gamma(\alpha+\beta)}$$

表示为

$$f(x|\alpha,\beta) = \frac{2^{-(\alpha+\beta+1)}}{\mathrm{B}(\alpha+1,\beta+1)}(1+z)^{\beta}(1-z)^{\alpha}, z \in [-1,1]$$

A.12.2 累积分布函数

$$F(x|\alpha,\beta) = I_x(\alpha+1,\beta+1)$$

式中, $I_x(\alpha, \beta)$ 为正则化不完全贝塔函数:

$$I_x(a,b) = \frac{\mathrm{B}(x;a,b)}{\mathrm{B}(a,b)}$$

且

$$\mathrm{B}(x;a,b) = \int_0^x t^{a-1}(1-t)^{b-1}\mathrm{d}t$$

A.12.3 特性

(1) 均值为

$$E[x]=\frac{-(\alpha+1)+(\beta+1)b}{\alpha+\beta+2}$$

(2) 方差为

$$\mathrm{Var}(x)=\frac{4(\alpha+1)(\beta+1)}{(\alpha+\beta+2)^2(\alpha+\beta+3)}$$

我们可以将一个贝塔随机变量 $z \sim \mathrm{Be}(\alpha,\beta)$ 扩展为在区间[a, b] 的形式，写成

$$x=\frac{b-a}{2}z+\frac{a+b}{2}$$

注意：更常见的贝塔随机变量的定义是使用 $\alpha'=\alpha+1$ 和 $\beta'=\beta+1$，并且其分布在区间[0, 1]有支撑集。在本书中，我们之所以选择这样的定义，是为了使标准化 γ 随机变量的概率密度函数作为雅可比多项式正交关系中的加权函数，其域为[-1. 1]。

A. 13 伽 马 分 布

伽马分布描述了在正实数轴上取值的随机变量，可以用两个参数 $\alpha>-1$ 和 $\beta>0$ 来描述。如果 x 是一个伽马分布的随机变量，那么 $x\sim \mathrm{G}(\alpha,\beta)$。

A. 13. 1 概率密度函数

$$f(x|\alpha,\beta)=\frac{\beta^{(\alpha+1)}x^{\alpha}\mathrm{e}^{-\beta x}}{\Gamma(\alpha+1)},\ x\in(0,\infty),\alpha>-1,\beta>0$$

A. 13. 2 累积分布函数

$$F(x|\alpha,\beta)=\frac{\gamma(\alpha+1,\beta x)}{\Gamma(\alpha+1)}$$

式中，$\gamma(a, b)$ 为低阶不完全伽马函数。

A. 13. 3 特性

(1) 均值为 $(\alpha+1)\beta^{-1}$。

(2) 没有简单的中位数公式。

(3) 当 $\alpha>0$ 时，众数为 $\alpha\beta^{-1}$。

(4) 方差为 $(\alpha+1)\beta^{-2}$。

(5) 偏度为

$$\gamma_1=\frac{2}{\sqrt{\alpha+1}}$$

(6) 超值峰度为

$$\mathrm{Kur} = \frac{6}{\alpha + 1}$$

标准化伽马随机变量可定义为$z = \beta x$,式中,$x \sim \mathrm{G}(\alpha,\beta)$且$z \sim \mathrm{G}(\alpha, 1)$。现在$z$的概率密度函数为

$$f(z|\alpha) = \frac{z^{\alpha}\mathrm{e}^{-z}}{\Gamma(\alpha + 1)},\ z \in (0,\infty),\alpha > -1$$

注意:伽马随机变量的更常见定义是使用$\alpha' = \alpha + 1$,但使用相同的参数β。在本书中,我们之所以选择这样的定义,是为了使标准化伽马随机变量的概率密度函数作为广义拉盖尔多项式正交关系中的加权函数。

A.14 逆伽马分布

逆伽马分布描述了倒数为伽马随机变量的随机变量。在正实数轴上取值的逆伽马随机变量,可以用两个参数$\alpha > 0$和$\beta > 0$来描述。如果x是一个逆伽马分布的随机变量,那么$x \sim \mathrm{IG}(\alpha, \beta)$。在这种情况下,也有$x^{-1} \sim \mathrm{G}(\alpha + 1,\beta)$。

A.14.1 概率密度函数

$$f(x|\alpha,\beta) = \frac{\beta^{(\alpha)}x^{-\alpha-1}\mathrm{e}^{-\frac{\beta}{x}}}{\Gamma(\alpha)},\ x \in (0,\infty),\alpha > 0,\beta > 0$$

A.14.2 累积分布函数

$$F(x|\alpha,\beta) = \frac{\Gamma\left(\alpha,\dfrac{\beta}{x}\right)}{\Gamma(\alpha)}$$

式中,$\Gamma(a, b)$为上不完全伽马函数。

A.14.3 特性

(1) $\alpha > 1$时,均值为$(\alpha-1)^{-1}\beta$。

(2) 没有简单的中位数公式。

(3) 众数为$(\alpha + 1)^{-1}\beta$。

(4) $\alpha > 2$时,方差为$(\alpha-1)^{-2}(\alpha-2)^{-1}\beta^2$。

(5) 偏度为

$$\gamma_1 = \frac{4\sqrt{\alpha - 21}}{\alpha - 3},\alpha > 3$$

（6）超值峰度为

$$\mathrm{Kur} = \frac{30\alpha - 66}{(\alpha - 3)(\alpha - 4)}, \alpha > 4$$

A.15 指数分布

指数分布用于具有单个正参数 λ 的非负随机变量。指数分布是 $\alpha = 0$ 和 $\beta = \lambda$ 的伽马分布的特例。指数分布用于描述亚原子粒子(如光、中子、电子)在特定介质中的碰撞间距离，λ^{-1} 是碰撞间的平均距离。

A.15.1 概率密度函数

$$f(x|\lambda) = \lambda e^{-\lambda x}$$

A.15.2 累积分布函数

$$F(x|m,b) = 1 - e^{-\lambda x}$$

A.15.3 特性

（1）均值为 λ^{-1}。
（2）中位数为 $\lambda^{-1}\log 2$。
（3）众数为0。
（4）方差为 λ^{-2}。
（5）偏度为2。
（6）超值峰度为6。

参考文献

Agnesi M (1748) Instituzioni analitiche ad uso della gioventú italiana. Nella Regia-Ducal Corte

Barth A, Schwab C, Zollinger N (2011) Multi-level Monte Carlo finite element method for elliptic PDEs with stochastic coefficients. Numer Math 119(1):123-161

Bastidas-Arteaga E, Soubra AH (2006) Reliability analysis methods. In: Stochastic analysis and inverse modelling, ALERT Doctoral School 2014, pp 53-77

Bayarri MJ, Berger JO, Cafeo J, Garcia-Donato G, Liu F, Palomo J, Parthasarathy RJ, Paulo R, Sacks J, Walsh D (2007) Computer model validation with functional output. Ann Stat 35(5): 1874-1906

Bernoulli J (1713) Ars conjectandi, opus posthumum. Accedit Tractatus de seriebus infinitis, et epistola gallic scripta de ludo pilae reticularis. Thurneysen Brothers, Basel

Boyd JP (2001) Chebyshev and fourier spectral methods. Dover Publications, Mineola

Bratley P, Fox BL, Niederreiter H (1992) Implementation and tests of low-discrepancy sequences. ACM Trans Model Comput Simul 2(3):195-213

Breiman L (2001) Random forests. Mach Learn 45(1):5-32

Cacuci DG (2015) Second-order adjoint sensitivity analysis methodology (2nd-ASAM) for computing exactly and efficiently first- and second-order sensitivities in large-scale linear systems: I. Computational methodology. J Comput Phys 284:687-699

Carlin BP, Louis TA (2008) Bayesian methods for data analysis. Chapman & Hall/CRC texts in statistical science, 3rd edn. CRC Press, Boca Raton

Carpentier A, Munos R (2012) Adaptive stratified sampling for Monte-Carlo integration of differentiable functions. In: Advances in neural information processing systems, vol. 25, pp 251-259

Chowdhary K, Dupuis P (2013) Distinguishing and integrating aleatoric and epistemic variation in uncertainty quantification. ESAIM Math Model Numer Anal 47(3):635-662

Cliffe KA, Giles MB, Scheichl R, Teckentrup AL (2011) Multilevel Monte Carlo methods and applications to elliptic PDEs with random coefficients. Comput Vis Sci 14(1):3-15

Collaboration OS et al (2015) Estimating the reproducibility of psychological science. Science 349 (6251):aac4716

Collier N, Haji-Ali AL, Nobile F, Schwerin E, Tempone R (2015) A continuation multilevel Monte Carlo algorithm. BIT Numer Math 55(2):1-34

Collins GP (2009) Within any possible universe, no intellect can ever know it all. Scientific American

Constantine PG (2015) Active subspaces: emerging ideas for dimension reduction in parameter studies. SIAM spotlights, vol 2. SIAM, Philadelphia. ISBN 1611973864, 9781611973860

Cook AH (1965) The absolute determination of the acceleration due to gravity. Metrologia 1(3): 84-114

Denison DG, Mallick BK, Smith AF (1998) Bayesian MARS. Stat Comput 8(4):337-346

Denison DGT, Holmes CC, Mallick BK, Smith AFM (2002) Bayesian methods for nonlinear classification and regression. Wiley, Chichester

Der Kiureghian A, Ditlevsen O (2009) Aleatory or epistemic? Does it matter? Struct Saf 31(2): 105-112

Farrell PE, Ham DA, Funke SW, Rognes ME (2013) Automated derivation of the adjoint of highlevel transient finite element programs. SIAM J Sci Comput 35(4):C369-C393

Faure H (1982) Discrépance de suites associées à un système de numération (en dimension s). Acta Arith 41(4):337-351

Ferson S, Kreinovich V, Ginzburg L, Myers D, Sentz K (2003) Constructing probability boxes and dempster-shafer structures. Tech. Rep. SAND2002-4015, Sandia National Laboratories

Ferson S, Kreinovich V, Hajagos J, Oberkampf W, Ginzburg L (2007) Experimental uncertainty estimation and statistics for data having interval uncertainty. Tech. Rep. SAND2007-0939, Sandia National Laboratories

Fox BL (1986) Algorithm 647: implementation and relative efficiency of quasirandom sequence generators. ACM Trans Math Softw 12(4):362-376

Gal Y, Ghahramani Z (2016) Dropout as a Bayesian approximation: representing model uncertainty in deep learning. In: International conference on machine learning, pp 1050-1059

Ghanem RG, Spanos PD (1991) Stochastic finite elements: a spectral approach. Springer, Berlin

Giles MB (2013) Multilevel monte carlo methods. In: Monte Carlo and Quasi-Monte Carlo methods 2012. Springer, Berlin, pp 83-103

GilksW, Spiegelhalter D (1996) Markov chain Monte Carlo in practice. Chapman & Hall, London

Goh J (2014) Prediction and calibration using outputs from multiple computer simulators. PhD thesis, Simon Fraser University

Goh J, Bingham D, Holloway JP, Grosskopf MJ, Kuranz CC, Rutter E (2013) Prediction and computer model calibration using outputs from multifidelity simulators. Technometrics 55(4):501-512

Gramacy RB, Apley DW (2015) Local Gaussian process approximation for large computer experiments. J Comput Graph Stat 24(2):561-578

Gramacy RB, Lee HKH (2008) Bayesian treed Gaussian process models with an application to computer modeling. J Am Stat Assoc 103(483):1119-1130

Gramacy RB et al (2007) TGP: an R package for Bayesian nonstationary, semiparametric nonlinear regression and design by treed Gaussian process models. J Stat Softw 19(9):6

Gramacy RB, Niemi J, Weiss RM (2014) Massively parallel approximate Gaussian process regression. SIAM/ASA J Uncertain Quantif 2(1):564-584

Gramacy RB, Bingham D, Holloway JP, Grosskopf MJ, Kuranz CC, Rutter E, Trantham M,

Drake RP et al (2015) Calibrating a large computer experiment simulating radiative shock hydrodynamics. Ann Appl Stat 9(3):1141-1168

Griewank A, Walther A (2008) Evaluating derivatives: principles and techniques of algorithmic differentiation, vol 105. SIAM, Philadelphia

Gunzburger MD, Webster CG, Zhang G (2014) Stochastic finite element methods for partial differential equations with random input data. Acta Numer 23:521-650

Haldar A, Mahadevan S (2000) Probability, reliability, and statistical methods in engineering design. Wiley, New York

Halpern JY (2017) Reasoning about uncertainty. MIT Press, Cambridge

Hastie T, Tibshirani R, Friedman J (2009) The elements of statistical learning. Data Mining, Inference, and Prediction, 2nd edn. Springer Science & Business Media, New York

Higdon D, Kennedy M, Cavendish JC, Cafeo JA, Ryne RD (2004) Combining field data and computer simulations for calibration and prediction. SIAM J Sci Comput 26(2):448

Hoerl AE, Kennard RW (1970) Ridge regression: biased estimation for nonorthogonal problems. Technometrics 12(1):55-67

Holloway JP, Bingham D, Chou CC, Doss F, Drake RP, Fryxell B, Grosskopf M, van der Holst B, Mallick BK, McClarren R, Mukherjee A, Nair V, Powell KG, Ryu D, Sokolov I, Toth G, Zhang Z (2011) Predictive modeling of a radiative shock system. Reliab Eng Syst Saf 96(9):1184-1193

Holtz M (2011) Sparse grid quadrature in high dimensions with applications in finance and insurance. Lecture notes in computational science and engineering, vol 77. Springer, Berlin

Humbird KD, McClarren RG (2017) Adjoint-based sensitivity analysis for high-energy density radiative transfer using flux-limited diffusion. High Energy Density Phys 22:12-16

Humbird K, Peterson J, McClarren R (2017) Deep jointly - informed neural networks. arXiv:170700784

John LK, Loewenstein G, Prelec D (2012) Measuring the prevalence of questionable research practices with incentives for truth telling. Psychol Sci 23 (5): 524 - 532. https://doi.org/10.1177/0956797611430953

Jolliffe I (2002) Principal component analysis. Springer series in statistics. Springer, Berlin

Jones S (2009) The formula that felled Wall St. The Financial Times

Kalos M, Whitlock P (2008) Monte Carlo methods. Wiley-Blackwell, Hoboken

Karagiannis G, Lin G (2017) On the Bayesian calibration of computer model mixtures through experimental data, and the design of predictive models. J Comput Phys 342:139-160

Kennedy MC, O'Hagan A (2000) Predicting the output from a complex computer code when fast approximations are available. Biometrika 87(1):1-13

Knupp P, Salari K (2002) Verification of computer codes in computational science and engineering. Discrete mathematics and its applications. CRC Press, Boca Raton

Kreinovich V, Ferson SA (2004) A new Cauchy-based black-box technique for uncertainty in risk analysis. Reliab Eng Syst Saf 85(1-3):267-279

Kreinovich V, Nguyen HT (2009) Towards intuitive understanding of the Cauchy deviate method for processing interval and fuzzy uncertainty. In: Proceedings of the 2015 conference of the international fuzzy systems association and the european society for fuzzy logic and technology conference, pp 1264-1269

Kreinovich V, Beck J, Ferregut C, Sanchez A, Keller G, Averill M, Starks S (2004) Monte-Carlo-type techniques for processing interval uncertainty, and their engineering applications. In: Proceedings of the workshop on reliable engineering computing, pp 15-17

Kurowicka D, Cooke RM (2006) Uncertainty analysis with high dimensional dependence modelling. Wiley, Chichester

Lahman S (2017) Baseball database. http://wwwseanlahmancom/baseball-archive/statistics

LeCun Y, Bengio Y, Hinton G (2015) Deep learning. Nature 521(7553):436-444

Ling J (2015) Using machine learning to understand and mitigate model form uncertainty in turbulence models. In: 2015 IEEE 14th international conference on machine learning and applications (ICMLA). IEEE, Piscataway, pp 813-818

Lyness JN, Moler CB (1967) Numerical differentiation of analytic functions. SIAM J Numer Anal 4(2):202-210

Marsaglia G, Tsang WW, Wang J (2003) Evaluating Kolmogorov's distribution. J Stat Softw 8(18): 1-4. https://doi.org/10.18637/jss.v008.i18

McClarren RG, Ryu D, Drake RP, Grosskopf M, Bingham D, Chou CC, Fryxell B, van der Holst B, Holloway JP, Kuranz CC, Mallick B, Rutter E, Torralva BR (2011) A physics informed emulator for laser-driven radiating shock simulations. Reliab Eng Syst Saf 96(9):1194-1207

Metropolis N, Rosenbluth AW, Rosenbluth MN, Teller AH, Teller E (1953) Equation of state calculations by fast computing machines. J Chem Phys 21(6): 1087-1092. https://doi.org/10.1063/1.1699114

National Academy of Science (2012) Building confidence in computational models: the science of verification, validation, and uncertainty quantification. National Academies Press, Washington

Oberkampf WL, Roy CJ (2010) Verification and validation in scientific computing, 1st edn. Cambridge University Press, New York

Owhadi H, Scovel C, Sullivan TJ, McKerns M, Ortiz M (2013) Optimal uncertainty quantification. SIAM Rev 55(2):271-345

Owhadi H, Scovel C, Sullivan T (2015) Brittleness of Bayesian inference under finite information in a continuous world. Electron J Stat 9(1):1-79

Peterson J, Humbird K, Field J, Brandon S, Langer S, Nora R, Spears B, Springer P (2017) Zonal flow generation in inertial confinement fusion implosions. Phys Plasmas 24(3):032702

Rackwitz R, Flessler B (1978) Structural reliability under combined random load sequences. Comput Struct 9(5):489-494

Raissi M, Karniadakis GE (2018) Hidden physics models: machine learning of nonlinear partial differential equations. J Computat Phys 357:125-141

Rasmussen CE, Williams CKI (2006) Gaussian processes for machine learning. MIT Press, Cambridge

Roache PJ (1998) Verification and validation in computational science and engineering. Hermosa Publishers, Albuquerque

Robert C, Casella G (2013) Monte Carlo statistical methods. Springer Science & Business Media, New York

Roberts GO, Gelman A, Gilks WR (1997) Weak convergence and optimal scaling of random walk metropolis algorithms. Ann Appl Probab 7(1):110-120

Saltelli A, RattoM, Andres T, Campolongo F, Cariboni J, Gatelli D, SaisanaM, Tarantola S (2008) Global sensitivity analysis: the primer. Wiley, Chichester

Saltelli A, Annoni P, Azzini I, Campolongo F, Ratto M, Tarantola S (2010) Variance based sensitivity analysis of model output. Design and estimator for the total sensitivity index. Comput Phys Commun 181(2):259-270

Santner TJ, Williams BJ, Notz WI (2013) The design and analysis of computer experiments. Springer Science & Business Media, New York

Schilders WH, Van der Vorst HA, Rommes J (2008) Model order reduction: theory, research aspects and applications, vol 13. Springer, Berlin

Sobol IM (1967) On the distribution of points in a cube and the approximate evaluation of integrals. USSR Comput Math Math Phys 7(4):86-112

Spears BK (2017) Contemporary machine learning: a guide for practitioners in the physical sciences. arXiv:171208523

Stein M (1987) Large sample properties of simulations using latin hypercube sampling. Technometrics 29(2):143

Stripling HF, McClarren RG, Kuranz CC, Grosskopf MJ, Rutter E, Torralva BR (2013) A calibration and data assimilation method using the Bayesian MARS emulator. Ann Nucl Energy 52: 103-112

Student (1908) The probable error of a mean. Biometrika 6:1-25

Tate DR (1968) Acceleration due to gravity at the national bureau of standards. J Res Natl Bur Stand Sect C Eng Instrum 72C(1):1

Tibshirani R (1996) Regression shrinkage and selection via the lasso. J R Stat Soc Ser B (Methodological) 58(1):267-288

Townsend A (2015) The race for high order Gauss-Legendre quadrature. SIAM News, pp 1-3

Trefethen LN (2013) Approximation theory and approximation practice. Other titles in applied mathematics. SIAM, Philadelphia

Wagner JC, Haghighat A (1998) Automated variance reduction of Monte Carlo shielding calculations using the discrete ordinates adjoint function. Nucl Sci Eng 128(2):186-208

Wang Z, Navon IM, Le Dimet FX, Zou X (1992) The second order adjoint analysis: theory and applications. Meteorol Atmos Phys 50(1-3):3-20

Wilcox LC, Stadler G, Bui-Thanh T, Ghattas O (2015) Discretely exact derivatives for hyperbolic PDE-constrained optimization problems discretized by the discontinuous Galerkin method. J Sci Comput 63(1):138-162

Wolpert DH (2008) Physical limits of inference. Phys D Nonlinear Phenom 237(9):1257-1281

Zheng W, McClarren RG (2016) Emulation-based calibration for parameters in parameterized phonon spectrum of ZrHx in TRIGA reactor simulations. Nucl Sci Eng 183(1):78-95

Zou H, Hastie T (2005) Regularization and variable selection via the elastic net. J R Stat Soc Ser B (Stat Methodol) 67(2):301-320

